普通高等教育"十一五"国家级规

U0627815

物理学概论

Wulixue Gailun

张淳民　主编

刘凤英　徐忠锋　编

高等教育出版社·北京

HIGHER EDUCATION PRESS　BEIJING

内容提要

本书是普通高等教育"十一五"国家级规划教材。本书从现代科技、经济、社会发展对高素质创新人才培养的总体要求出发,在课程内容的优化及现代化方面做了较大幅度的改革:注重物理学思想、科学思维方法和科学观点的传授,强调物理学基础知识与学科前沿的交叉与融合,增加物理学概念、基础理论引导的重大突破和科技成就,以及物理学前沿、现代科技知识等内容。

本书分为概述篇、力学篇、波动篇、电磁篇、统计量子篇5篇,内容包括绪论天体运动与牛顿力学、对称性与守恒定律、运动与时空、引力与时空、振动与波动、波动光学、静电场和恒定磁场、电磁感应定律与麦克斯韦电磁理论、气体动理论与热力学基础、原子结构与核辐射、量子物理基础理论。全书共12章。

本书可作为高等学校理工科非物理类专业的大学物理课程教材,也可作为人文、社科、经济、管理专业的物理教材,还可作为一般读者了解物理学发展的参考读物。

图书在版编目(CIP)数据

物理学概论/张淳民主编. --北京:高等教育出版社,2012.9(2019.9重印)

ISBN 978 - 7 - 04 - 035455 - 3

Ⅰ.①物… Ⅱ.①张… Ⅲ.①物理学-高等学校-教材 Ⅳ.①O4

中国版本图书馆 CIP 数据核字(2012)第 158408 号

策划编辑	陶 铮	责任编辑	陶 铮	封面设计	于 涛	版式设计	杜微言
插图绘制	尹 莉	责任校对	陈旭颖	责任印制	田 甜		

出版发行	高等教育出版社	咨询电话	400 - 810 - 0598	
社　　址	北京市西城区德外大街4号	网　　址	http://www.hep.edu.cn	
邮政编码	100120		http://www.hep.com.cn	
印　　刷	北京铭传印刷有限公司	网上订购	http://www.landraco.com	
开　　本	787mm×960mm　1/16		http://www.landraco.com.cn	
印　　张	26.25	版　　次	2012年9月第1版	
字　　数	470千字	印　　次	2019年9月第2次印刷	
购书热线	010 - 58581118	定　　价	35.50元	

物 料 号　35455 - 00

为《物理学概论》作序

十几年前张淳民教授主编了一本适用于人文、社科、经济、管理类的《大学物理》,邀我写了一篇序言。后又相继编写了适用于理、工科各专业的《物理学》教材。现在他们在原来的基础上扩充、新编了一本《物理学概论》,又邀我写序言。我想说的,无非是物理学课程不仅对理工科重要,对社科、文科学生也是很有益的,在前一篇序言里已经说了,不再重复,只说说这些年来国际上对重视物理学发出的强烈呼吁。

1999年3月国际纯粹物理和应用物理联合会第23届代表大会通过决议五:

"物理学——研究物质、能量和它们的相互作用的学科——是一项国际事业,它对人类未来的进步起着关键的作用。对物理教育的支持和研究,在所有国家都是重要的,这是因为:

1. 物理学是一项激动人心的智力探险活动,它鼓舞着年轻人,扩展着我们关于大自然知识的疆界。

2. 物理学发展着未来技术进步所需的基本知识,而技术进步将持续驱动着世界经济发动机的运转。

3. 物理学有助于技术的基本建设,它为科学进步和发明的利用,提供所需训练有素的人才。

4. 物理学在培养化学家、工程师、计算机科学家,以及其它物理科学和生物医学科学工作者的教育中,是一个重要的组成部分。

5. 物理学扩展和提高我们对其它学科的理解,诸如地球科学、农业科学、化学、生物学、环境科学,以及天文学和宇宙学——这些学科对世界上所有民族都是至关重要的。

6. 物理学提供发展应用于医学的新设备和新技术所需的基本知识,如计算机层析术(CT)、核磁共振成像、正电子发射层析术、超声波成像和激光手术等,改善了我们生活的质量。"

2004年联合国大会鼓掌通过了决议,规定2005年为"国际物理年"。决议确认:

1. 物理学是认识自然界的的基础;

2. 物理学是当今众多技术发展的基石;

3. 物理教育为人材培养提供了必要的科学基础。

这正是举办"国际物理年"活动的宗旨。

我们认为,因为物理学是一门理论和实验高度结合的精密科学,物理学中有一套最全面最有效的科学方法。无论对于学习什么专业的学生,在提高科学素质方面,物理课都有着无可替代的作用。我们相信,张淳民教授的这本《物理学概论》在已使用多年的教材基础上修改编写而成,希望能对培养非物理专业的理、工科学生以及文科学生的科学素质方面,将发挥更大的作用。

北京大学　赵凯华

2012 年 7 月

序

在人类文明的伟大历史进程中,物理学扮演什么角色呢？物理学研究和阐明物质的基本结构形态和基本运动规律,物理学是一门重要的基础学科,是整个自然科学的基础。物理学的发展不仅推动了整个自然科学的发展,而且对人类的物质观、时空观、宇宙观,对人类文化都产生了极其深刻的影响。19世纪和20世纪的历史已经无可辩驳地证明了物理学是技术发展的最主要的源泉。随着物理学和化学、生命科学、地学等学科的发展,特别是其间一系列边缘学科的迅猛发展,必将引领和推动当今及未来的技术进步。此外,物理学固有的崇尚理性、崇尚实践、追求真理的精神所显示的文化功能也正在发扬光大。对物理学的上述定位就是张淳民教授《物理学概论》一书的根据和出发点。

以"概论"冠名表明,作者不再拘泥于某类物理课程的具体要求和衔接关系,而是直面物理学的全局,以近50万字的篇幅,纵论古今,博涉各方,恣意挥洒,与此同时,把读者对象拓展为具有高中文化基础的广大群体。"概论"是一个向导,引领大众参观物理学的殿堂,在欣赏、惊叹它的雄伟壮美之余,进而初识门径,渐窥堂奥,余味绵长。北大赵凯华教授关于普物课程有一段精辟的论述:"普通物理在整个大学培养阶段是最基本的课程,其目的是使学生对物理学的内容和方法、工作语言、概念和物理图像、其历史、现状和前沿,从整体上有个全面的了解。"我们曾把北大传承的物理讲课风格概括为:"立论严谨,图像清晰,深入浅出,溯源通今。""概论"作者秉持同样的理念,首先,在取材和框架上下工夫,确立了5篇12章的宏大体系,大致涵盖了经典物理与近代物理的主要方面,并汲取了不少新鲜的材料,视野开阔,颇具新意。其次,在阐述上,强调思想、观点、方法的传授,并与具体内容相结合,力求浑然一体,相得益彰,历代大师拨云见日、点石成金的大手笔会使读者有豁然开朗,顿悟愉悦之感。

总之,我相信张淳民教授的《物理学概论》将为此类书提供一个范本,愿与读者诸君一起先睹为快。

陈秉乾

2012.8 于北京大学

前　言

20 世纪初期,随着相对论和量子论的建立,物理学家们揭开了原子内部结构的奥秘。20 世纪 90 年代中期,科学研究揭示出,6 种"味道"的夸克及其反粒子和胶子是构成质子和中子等强子的粒子。这一发现宣告了人类探索更深层次的微观世界取得了突破性的进展。近年来,粒子物理学的研究揭开了广阔宇宙诞生及其演化的奥秘,使人类向探求未知的宏观及微观世界迈出了决定性的一步。2000 年 2 月,欧洲核子研究中心宣布:首次获得宇宙诞生之初物质形态——"夸克胶子等离子体",从而证明在宇宙诞生之初,瞬间的超高温、超高能量密度状态下,确实存在过这种物质形态并且充斥了整个宇宙,然后再凝聚结合形成原子核等物质。这项重大突破不仅使物理学的研究疆域拓展至接近宇宙诞生初期,而且对考察宇宙的起源、物质的本性以及验证现有的粒子物理标准模型和宇宙标准模型都具有十分重要的意义。

目前,科学与技术创造性地结合在一起,新型交叉学科不断涌现,学科发展方向日趋综合,其他学科的发展与物理学的发展紧密相关,互相促进。现代物理学的概念、研究方法及实验技术在其他学科得到了广泛的应用,更突出了物理学在整个自然科学中的基础地位和重要作用,也更加显示了物理课程在培养学生科学素质与科学思维方法,提高学生科学研究能力方面作为基础课程的重要地位。现在,物理学已经成为各类人才所必须具备的基础知识。

本书为普通高等教育"十一五"国家级规划教材,得到了西安交通大学重点教材编写出版资金的资助。

我们在广泛调研了国内外工科、理科非物理专业和人文、社科、经济、管理类专业物理学课程的教学教改状况、培养模式和对物理学要求的基础上,广泛汲取了国内外,特别是国外各类物理学教材的优点,结合我国教育现状并充分考虑到面向新世纪创新人才培养的要求,确定了编写体系和内容,形成了独特的风格:

在教材整体规划上,在课程体系构建、教学内容选取上,既考虑到物理学这门基础课程在人才培养中所处的地位和作用,同时又考虑到本书是一本面向新世纪的物理学教材,考虑到当今科技、经济、社会发展对高素质创新人才的要求,故在教材编写的整体思路上,在传授知识的同时,注重物理学思想、科学思维方法、科学观点的传授和创新意识、能力的培养;在重点讲授物理学经典基础的同时,强调物理学基础知识与前沿的交叉与融合;还注意增加物理学前沿、物理学基础理论引导的重大突破等内容。

在教材的体系构架上,对理工科教材的传统模式做了尝试性改变,在考虑到按运动形态对课程体系进行分类的同时,兼顾了按运动规律对体系分类的尝试。构建了概述篇、力学篇、波动篇、电磁篇、统计量子篇等 5 篇 12 章的新型课程内容。

教学内容的改革则是优化了经典内容,增添了反映物理学的新发展及其在高新技术中的应用等新内容。大幅度地增加了现代物理学前沿知识、物理学原理在高新技术中的应用以及与物理学相关的技术科学。

本书的特点是:

1. 注意阐明物理学的概念与联系;说明物质世界是怎样运动的,物质世界为什么那样运动,力求展现给读者一幅物质世界及其运动机理的图像。正如诺贝尔物理学奖获得者理查德·费曼所说:科学是一种方法,它教导人们一些事物是怎样被了解的,什么事情是已知的,现在了解到什么程度,如何对待疑问和不确定性,证据服从什么法则,如何去思考事物,做出判断,如何区别真伪和表面现象。

2. 注重物理学思想、科学思维方法、科学观点的传授,启迪学生的创造性思维和创新意识。注意介绍科学研究的方法论和认识论,重视提出问题、分析问题、解决问题的研究方法。如第 11 章量子物理基础理论中,首先介绍了能量子、光量子以及原子结构的量子化等创造性思维成果;然后详细论述了德布罗意基于物质与辐射之间应该存在着某种对称性这一思想,提出了物质波假说;薛定谔根据类比这一物理学的创造性研究方法,通过经典力学与光学类比,建立了波动力学,提出了微观力学过程是波动过程的论断,建立了描述微观粒子运动状态的基本方程——薛定谔方程。

3. 力求涉及的物理学知识面广一些,内容新一些,给出较宽阔的物理图像,使学生既能掌握物理学的基础知识,又能了解到物理学的前沿领域及其重要应用,扩大学生视野。在全书的 12 章内容中,其中有多个章节为扩充的新内容,这些内容在传统的物理学或大学物理教材中是没有或涉及不多的,其知识面涉及物理学科的前沿领域或最新研究动态,如对称性与守恒定律、运动与时空、引力与时空、原子结构与核辐射等。这些内容有些按单独章节呈现,有些穿插在基础内容中。

4. 在注意物理学的定量研究和理论推演的同时,某些章节还注意采用了以定量与定性相结合的方法阐述物理学的概念、理论及规律,从而使本书成为理工科非物理专业和文科的通用物理学教材。根据理工科非物理专业和文科的特点,教师讲授时可根据实际情况以及各专业要求的不同以及学时安排对内容进行灵活取舍。教学内容可分为全讲或选讲部分章节,一些内容也可以留给学生去自学和课外阅读。

5. 阐述物理学在科技发展、人类社会进步中所起的重大的革命性的推动作用,充分考虑了与物理学密切相关的社会内容的安排和比重,注意增加这方面的内容。

6. 力求物理概念、图像清晰,内容精练,篇幅短小,文字流畅。集科学性、系统性、趣味性、通俗性于一体。

力求使学生明白:学习物理学,不能仅仅掌握一些知识、定律和公式,更不要把注意力集中在解题上,而应在学习过程中努力使自己逐渐对物理学的内容和方法、工作语言、概念和物理图像以及其历史、现状和前沿等方面从整体上有一个全面的了解。

本书第1、2章由清华大学刘凤英教授编写;第0、3、4、5、6、7、8、9、11章由西安交通大学张淳民教授编写;第10章由西安交通大学徐忠锋教授编写。张淳民教授任本书主编,主持了教材编写大纲的制订及本书的编写工作,并对全书进行了认真的修改和统稿。

西安交通大学王小力教授、张孝林教授、樊亚萍副教授、任韧副教授、田蓬勃副教授、卜涛副教授对本书编写大纲的制订以及教材体系、内容选取和优化提出了建设性的意见。

北京大学赵凯华教授、陈秉乾教授对本书的编写给予了热情的关怀和大力支持,提供了许多指导性和建设性的意见,并为本书作序。

北京大学钟锡华教授应作者邀请,认真审阅了全书内容,提出了许多修改建议和意见。

西安交通大学李福利教授、陈光德教授、张胜利教授对本书的编写给予了大力支持并提出了宝贵的意见。

加拿大纽布朗什维克大学物理系王鼎益研究员、北京大学吴崇试教授、中国科学院西安光机所赵葆常研究员、西安重型机械研究所张长民高级工程师对本书的编写工作给予了热情的关怀与支持。

高等教育出版社物理分社刘伟社长为本书的出版做了大量的工作,为本书编写方案的制订和体系的形成提出了重要建议。

博士研究生任文艺、穆廷魁、吴海英、张霖、朱化春、艾晶晶、高鹏、祝莹莹、张宣妮、曹奇志、康永强,硕士研究生代海山、吴庆淼、杜勇、李莹、曲燕、李刚、贾辰凌、陆琳、栗彦芬、张璐等参加了本书部分章节内容的撰写、文字录入及校对工作。

在此一并向大家表示衷心的感谢。

由于编者水平所限,教材体系、内容等方面还存在许多需要调整之处,许多地方一定还存在这样或那样的错误和不妥,希望读者提出宝贵意见。

编者
2012 年 6 月于西安交通大学

目　　录

波　动　篇

概　述　篇

第0章　绪　论

　　物理学是研究物质物质世界最基本、最普遍规律的科学。物理学的一个永恒主题是寻找各种序(orders)、对称性(symmetry)和对称破缺(symmetry-breaking)、守恒律(conservation laws)或不变性(invariance)。物理学借助数学建立统一的理论体系,旨在尽可能广泛深刻地揭示自然界的基本规律,从而使得物理学成为自然科学的理论基础。物理学基础理论的突破导致重大高新技术领域的创立;通过物理学的进展而逐步形成的科学的物质观、自然观、时空观、宇宙观对整个人类的进步和社会发展产生了深刻的影响。物理学课程将把物质世界中最精彩、最具吸引力的部分展示给学生,将大家带进五彩缤纷的物理世界中去并给出相当深刻的理论解释,物理课必将激发学生不断探索自然奥秘的兴趣和热情。

0.1　物理学和物质世界

0.1.1　物理学描绘了物质世界

　　物理学的研究对象是整个物质世界,它为人们深刻认识物质世界提供了理论和实验依据。

1. 物质世界的时空跨度

　　物理学涉及的最大空间尺度是宇宙,人类认识已达到的范围大约是 10^{26} m(约 150 亿光年);可能达到的最小空间尺度是普朗克长度,大约是 10^{-35} m,相当于一个质子大小的 10^{-20},这是"长度的量子",即仍然有意义的最小可测长度。最长的时间尺度是宇宙的年龄,大约是 10^{18} s(约 150 亿年);最小的有可能观测的时间尺度是普朗克时间,大约是 10^{-43} s,它是"时间的量子",即有意义的最小可测时间,也是宇宙形成之初的时间。物理学按照空间的尺度把物质世界分为宇观体系、宏观体系、介观体系和微观体系。

2. 物质世界的总图像

人们从自己所处的空间尺度向小尺度探求物质的组成,相应的物理学分支是"粒子物理学";同时,人们又向大尺度探索宇宙的结构、起源与演化,相应的物理学分支是"天体物理学"和"宇宙学"。这是当前人们最关心的两个课题,也是物理学的前沿。目前粒子物理学为我们揭示出物质组成的信息是:组成物质的最小粒子是夸克(quark)、轻子和传递基本相互作用的场粒子(规范玻色子);物质之间基本的相互作用是:电磁相互作用、强相互作用、弱相互作用和引力相互作用。天体物理学和宇宙学揭示的宇宙奥秘是:第一,给出宇宙起源的标准模型。该模型指出,宇宙起源于约 150 亿年前,当时物质处于极端密集、极端高温和极小的尺度之下,由目前尚不清楚的原因引起一次大爆炸,然后通过绝热膨胀,使宇宙半径不断增大,宇宙密度、宇宙温度不断降低,直到目前的宇宙背景温度——2.7 K。在这个过程中,粒子、原子、分子、星球、星系渐次产生和形成。第二,宇宙膨胀。近代由哈勃红移定律得知所有星系都在彼此相互远离,宇宙正在不断膨胀。那么宇宙有多大?给出的回答简洁而明确,即宇宙有限而无边!如图 0-1 所示给出了宇宙膨胀的基本模式。通过宇宙的年龄可推得宇宙的大小,光在约 150 亿年中走过的距离 $R_0 = 1.5 \times 10^{10}$ 光年(150 亿光年),即为目前可观察的宇宙的半径。超出这一范围的星球发出的光至今还未到达地球,所以目前我们还无法通过直接观测得知宇宙的大小。

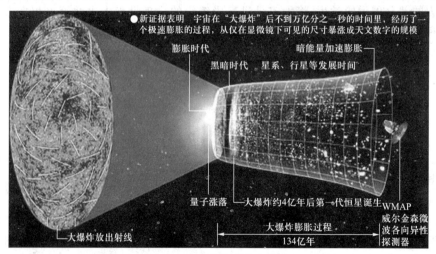

图 0-1　宇宙膨胀基本模式

0.1.2　物理学的两个前沿理论

1. 微观理论的前沿——粒子物理学

粒子物理学又称高能物理学。它是研究比原子核更深层次的微观世界中物质的结构、性质和在很高能量下这些物质相互转化及其产生原因和规律的物理学分支。粒子物理提出物质组成的标准模型。粒子物理学的标准模型是一套描述强力、弱力及电磁力这三种基本力及组成所有物质的基本粒子的理论。该模型指出：组成物质的基本组元有三族，即夸克、轻子和规范玻色子。人们通过高能物理实验的手段使粒子产生各种反应，取得物质组成成分的实验数据，从而逐步建立并验证理论。人们对物质组成的更深入的认识无疑取决于加速器和各种天文观测手段的发展。

2. 宇观理论的前沿——宇宙学

宇宙学是从整体上研究宇宙的结构和演化，以及研究河外天体在宇宙年龄时间上演化的天文学分支。宇宙是目前物理学所涉及的空间尺度最大的研究对象。天体物理学和宇宙学共同给出宇宙演化的标准模型。该模型的核心思想就是所谓的大爆炸理论。这个理论为我们勾画出一幅用"温度计"作计时器的宇宙演化图像，如下表左箭头所示的宇宙演化时间表 0-1。

表 0-1　宇宙演化时间表

温度/K	能量/eV	时间	密度/(kg·m^{-3})	物理过程
10^{32}	10^{28} (10^{19} GeV)	10^{-44} s	10^{43}	普朗克时代 时间、空间、真空场
10^{28}	10^{24} (10^{15} GeV)	10^{-36} s		大统一时代粒子产生 重子不对称性产生
10^{13}	10^{9} (1 GeV)	10^{-6} s		强子时代 大量强子产生
10^{11}	10^{7}	10^{-2} s		轻子时代 轻子过程
5×10^{9}	5×10^{5}	5 s		e^{-}、e^{+}湮灭 中子自由衰变
10^{9}	10^{5}	3 min		核合成时代 ^{4}He 等生成
4×10^{3}	0.4	4×10^{5} 年		复合时代 中性原子生成……
		10 亿年		星系、恒星开始形成
	3×10^{4}	100 亿年		银河系、太阳、行星
2.7	3×10^{-4}	140 亿年		智人 人类进行科学实验

3. 两个理论前沿的和谐

　　如果我们在表 0-1 的右侧往上画一个箭头,可以清晰地展示出粒子物理在研究宇宙演化中的重要作用。右箭头说明人类探索物质组成的历程和目前达到的水平。想把这个箭头继续往上延伸,则有赖于科学技术的发展。

　　左右这两个箭头向人们展示了这样一个事实,即物理学的两个前沿理论从两个极端探索物质世界的奥秘,得到的结论是一致的。这充分体现了物理学的和谐、完美和对称。一位物理学家把物理学上的这种和谐、统一用一条蛇清晰完美地展现出来,如图 0-2 所示,

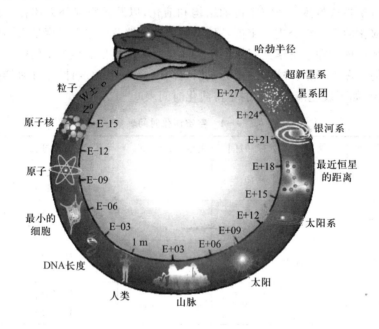

图 0-2　和谐、统一、对称的物质世界

　　这条蛇清晰地展现了人们认识物质世界的历程。这两个前沿理论已成为密不可分的姊妹学科,相互补充、相互验证。人们对物质组成认识的深度一定程度上取决于加速器的发展。目前研究粒子性质的加速器最大能量可达 10^3 GeV,离物理学的大统一时代,即物理学的绿洲所需的能量 10^{15} GeV 差 12～13 个量级。当人类能够从技术上达到这样的能量水平后,宇宙的初始状态将通过实验展现在我们面前。另外,人们通过直接观测验证和间接推断的统一而获取了诸如宇宙射线等物质世界深层次的奥秘。2002 年,欧洲核子研究中心首次获得宇宙诞生之初物质形态——"夸克胶子等离子体",从而证明在宇宙诞生之后瞬间的超高温、超高能量密度状态下,确实存在过这种物质形态并且充斥了整个宇

宙,然后再凝聚结合形成原子核等物质。这项重大突破不仅使物理学的研究疆域拓展至接近宇宙诞生初期,且对考察宇宙起源、物质的本性以及验证现有的粒子物理标准模型和宇宙标准模型都有十分重要的意义。

0.1.3　物理学使人们深刻认识物质世界

1. 物质存在的基本形式

物质存在的基本形式有两种,即场和粒子。

物理学的最新理论指出,量子场是物质存在的基本形式,每种粒子都对应着一种场。例如,与光子相对应有电磁场;与电子相对应有电子场等,它们同时存在于全空间。

场具有不同的能量状态。能量最低态称为基态。当一种场处于基态时,没有直接的物理效应,从而看不到粒子;当场处于激发态时,表现为出现粒子。所以,物质存在的两种形式中,场更基本,粒子只是场的激发态的表现。如光子是交换电磁相互作用的媒介,又是电磁场的激发态。

按照这样的观点,当所有的场都处于基态时,任何一个场都不可能给出信号显现出粒子,这就是物理上的真空。

2. 物质的聚集状态

物理学家通常把物质分为五种聚集状态:固态、液态(与固态统称为凝聚态)、气态、等离子态;在天体和宇宙学研究中,还发现第五种状态——致密态。密到什么程度呢?人们生活的地球表面物质的密度大约是 10^{-3} kg/cm^3(数量级)。在宇宙中,当恒星进入晚年时就会演化为白矮星、中子星和黑洞。白矮星的密度是 10^2 kg/cm^3。1967 年发现的中子星(脉冲星),其密度是 $10^8 \sim 10^{12}$ kg/cm^3。根据目前理论,有些天体可以塌缩到比中子星更高的密度,即称为黑洞,其总体密度可达 10^{13} kg/cm^3 以上。这种高密度状态称为致密态。

0.2　物理学科学思维与研究方法

0.2.1　物理学的研究方法

物理学的研究方法很多,如理论与实验、归纳与演绎、分析与综合、类比联想与猜测试探、理想化方法与模拟化方法、估算与概算等。在辩证唯物主义指导下从事物理学研究,将使研究工作进行得更科学、更有效。一般说,物理学家根据观测事实、实验或原理提出命题;然后根据问题进行抽象与简化,建立相应的物理模型;用已知原理和推测对现象做出定性解释,并根据现有理论和数学工具做定量计算和分析推理。当新事实与旧理论不符时,可提出假说,然后进行理论预言,进而进行实验检验或对自然界有关现象进行观测,看预言的结果与事实是否符合。如果假说与实验、观测事实有出入,就应修正假说或理论,再进行检验,经过反复多次的修改补充,人的认识就能逐步地、最大限度地接近客观真理,原来的假说也就上升为较为成熟的理论,并付诸应用。

0.2.2　物理学家的科学态度

在探索未知的历程中,很多事情无法预料。物理学家的态度是:实验的结果验证了理论,固然可喜;但实验结果与已有理论不符合会更让物理学家兴奋,因为,这种不符合正预示着重大的突破。爱因斯坦是善于抓住旧理论的困难,而提出新的革命性理论的典范。他以大无畏的胆识提出了狭义相对论、广义相对论和光的量子性等革命性的理论。在科学界,最不满意的气氛就是较少发现与理论不符合的结果。他们说,最令人惊讶的是没有出现令人惊讶的事,这就是物理学家的得失观。在科学研究的进程中,物理学家的三分之一的激奋在于建立理论;三分之一的激奋在于证实理论;三分之一的激奋在于突破理论。在实验事实面前,实验物理学家无权修改实验的结果,但可检验实验的设计(本身受理论指导)是否合理,设备有无缺陷,外界有无干扰,解释是否正确等。而理论物理学家必须审查过去的理论并发展之。如 19 世纪末,开尔文在总结 19 世纪物理学的巨大成就时曾经指出:物理学晴朗的天空中还有两朵令人不安的乌云,即迈克耳孙-莫雷实验的零结果和紫外灾难,这是用当时的经典理论无法解释的。在实验事实面前,物理学家审查过去的理论,提出大胆的假设,从而诞生新的理论:相对论和量子论,驱散了笼罩物理学晴朗天际的两朵乌云。20 世纪末,李政道先生指出,物理学晴朗的天空中也有新的两朵乌云,即对称性的丢失和夸克的禁闭。物理学最基本的规律中存在的这两大疑难,预示着可能诞生新的有重大意义的物理规律。同时天文学中也存在着暗物质与类星体(能量为太阳能量的 10^{15} 倍)两朵乌云,它们也与物理学密切联系,不可分割。

物理学是一门实验科学,实验是理论的基础,在实验基础上建立的正确理论将给实践予以指导。很多物理学的概念、原理是从实验中抽象、归纳、提炼出来的,理论正确与否最终要接受实验的检验。但是正确深刻的理论是在飞跃式的提高中形成的,光靠个别甚至大量的数据并不能自然地获得深刻的理论体系,往往只能达到经验公式。在物理学发展的历程中,无数事实说明"一个矛盾的实验结果就足以推翻一种理论";"没有实验家,理论家就会迷失方向;没有理论家,实验家就会迟疑不决,不知道该做什么!"

0.3 物理学与其他学科发展

科学技术是第一生产力,物理学则是科学技术发展最强大的推动力。近代几乎所有重大的新技术领域(如电子学、原子核能、激光、信息技术和生命科学等)的创立,事前均在物理学中经过了长期的酝酿,在理论和实验上积累了大量的知识,然后才取得突破。例如,1947 年贝尔实验室的巴丁、布拉顿和肖克莱发明了晶体管,标志着信息时代的开始,继而发明了集成电路、大规模集成电路直到现代信息技术的应用和发展。这是一部科学界几乎人人都熟悉的辉煌历史。

以相对论和量子力学为标志的近代物理的发展,丰富了物理学的研究内容,使物理学包含了固体物理、半导体物理、统计物理、原子分子物理、光学、等离子体物理、表面物理、核物理、粒子物理、高能物理和天体物理等多个分支。而在此基础上发展起来的能源技术、材料技术、激光技术和显微技术等又进一步促使电子与信息技术、航天航空技术以及生物与医学技术等在原理和技术上均有了突破性的发展。特别是 20 世纪 60 年代以来,表面物理、激光物理和等离子体物理的长足发展促进了集成电路技术和激光与光纤通信技术的发展,带来了一次划时代的信息革命,从而又促使大量高新技术产业的不断涌现,把人类带入了一个利用物理知识谋取职业和大量创造财富的新时代。

当今,我们面临的几个重大的新问题有:能源的利用问题;信息技术的发展问题;生命的本质与新的医疗技术问题;生存环境问题等。而这些问题的解决,都需要物理学提出新的思想和新的研究方法,找出新材料,做出新器件、新设备。

(1) 能源的利用问题

今天我们所使用的能源的主要形式有:火力发电,水力发电、风力发电、太阳能以及核电。然而火力发电所依赖的煤、石油和天然气为不可再生能源,终有枯竭之日;江河的水力发电资源有限,而海潮(浪)发电又受地域、季节及气候变化的限制;风力发电主要在陆地上,同样受地域、季节和气候变化的限制;太阳能的利用效率至今远远小于 20%;核电的安全问题至今困扰着人类。

那么我们的出路在何方? 人类在近现代物理技术的发展基础上,提出了以下一些新的途径:① 可控核聚变发电——除了技术上的困难,同样有安全性问题;② 等离子体/磁流体发电——存在技术问题;③ 为了提高电能的利用效率,寻找合适的高温超导材料——但是至今理论上仍未搞清楚高温超导现象的动力学机制,实验上只好靠运气;④ 最理想的能源——来自太阳和大海;⑤ 风力发电——到海面上找地方竖风车去;⑥ 太阳能——为了提高太阳能的利用效率,迫切需要寻找到新材料;如到外层空间建立太阳能电站,再把电送回地球又将面临如何传输的问题；到外层空间建立太阳光集束装置，送回地球直接利用，或将海水变成蒸气或离子体发电——对地球环境的影响如何？

（2）信息技术的发展问题

对于今天的电子信息技术，其信息获取主要依靠各种功能（光/电/磁/声/超声/次声/压/热/湿/气敏）器件和技术，如：可见光摄影与红外摄影；模拟相机与数码相机；复印机与扫描仪；各种电磁、光学显微镜，磁共振成像等。

而信息的显示器件和技术主要有：真空管、发光二极管阵列、液晶、等离子体和纳米结构的场致发光等。

芯片和磁盘的集成度：从光刻技术发展到电子束刻蚀和等离子体刻蚀技术，促使了计算机芯片的集成度加速增长，10 年增长百倍左右，磁盘存储密度也增长百倍左右。

运算速度：电子计算机芯片的的主频 10 年增长仅 10 倍左右，现在仅达到约 3 GHz 线路传输带宽：目前 100 MHz 集成度、运算速度、信息传输密度和带宽是信息技术的核心问题。

今天的电子计算机，上述性能几乎已接近极限，根本原因在于：

① 集成度在平面上刻蚀晶体管的密度受到现有材料与刻蚀束宽的限制；信息存储密度同样受到现有材料的限制。

② 运算速度 pn 结状态反转的理论时间为 $10^{-10} \sim 10^{-9}$ s，即理论上的最高主频仅为几十 GHz。即使芯片主频能达到几十 GHz，现在的集中参数电子电路也难以保证可以稳定地处理这样高频的信号，磁/光盘的读写速度亦难以跟上。

③ 信息传输密度和带宽

电子数字信息以电脉冲表示，而电脉冲的宽度由于受到 pn 结响应时间的限制，不可能做到很窄，这意味着每一个信息基元都会占有相当的带宽，而且基（主）频也不可能高，这便使每一路信号都要占据相当的带宽，因而限制了信息的传输密度，也限制了信号的编码、调制与解调的方式。

解决以上信息技术难题的出路：

① 量子计算机原理：纳米尺度结构的量子态反转是一个超快过程，远小于 10^{-10} s，以此实现信息的产生、处理、存储与传输可以大大提高集成度、运算速度、信息传输密度（大大减少每路信息占用的带宽）。

② 近年来，已观察到约瑟夫森结的隧穿效应，玻色-爱因斯坦凝聚（BEC）原子波宏观量子效应。

③ 为了探测各种微结构及其超快过程，实验上已做出纳米探针扫描隧穿显微镜。

④ 超短硬 X 射线脉冲（300 fs 脉宽）。

⑤ 原子激光器(100 fs 激光)。

⑥ 磁共振力显微镜(MRFM,可以探测单原子的自旋态),以及初步实现了光孤子传送做出硅点单电子记忆元件(772 nm)等。

物理学在信息技术应用方面有待解决的问题主要有:

① 什么样的微结构及其超快过程最适合作量子器件?

物质凝聚/相变过程是非线性过程,并有相干性,强场(强光)作用下许多物质(尤其是晶体)也显示出非线性效应,亦有相干性,但是现有物理学的基本理论,都是线性理论和局域作用理论,因此必须深入研究各种凝聚态物质和纳米结构的物理效应及其动力学机制。

② 由于量子态不可以复制,应当用什么方式使一个(或一组)量子态替代另一个或另一组量子态? 这涉及信息的存储和传输方式。

③ 怎样实现量子信息的编码、调制与解调? 新的数理逻辑/语言及其实现问题等。

(3) 生命的本质与新的医疗技术问题

生命科学需要物理学。物理学所创造的各种显示和显微技术,不仅从实验手段上加速了晶体结构分析、凝聚态和纳米材料的研究进程,也被广泛地应用到地矿、化学、生物工程与医学技术中。例如,医学检查技术:X 射线透视、心电图、脑电图、胃肠镜,超声波检查,医用快速磁共振成像技术正呈现出迅猛发展的势头;治疗技术:放射治疗,激光/γ 刀手术,磁流体灭癌;基因转移技术:生物工程中的细胞融合和基因转移。

打开生命物质的结构与相互作用机制之谜,这是生命科学最基本的问题,也是 21 世纪物理学、化学和生命科学的共同热点——三大基础学科相互交叉的最重要领域。这个大谜团中,包括:各种基因的结构、遗传与变异机制;各种细胞及组织的结构、衰老、病变和死亡机制;各种生命信息(视觉、听觉、嗅觉、味觉、触觉,甚至幻觉)的产生、传递与存储机制;大脑的思维机制:只有对后两个问题有相当的了解,才会实现真正意义上的人工智能。

要了解生命系统各种微结构及其变化过程(其中许多是超快过程),必须依靠物理学去创造超快、精确的显微技术(如纳米探针、原子激光器);要了解生命系统的各种动力学机制,必然需要物理学参与建立相应的模型和定量理论。

(4) 生存环境问题

我们面对的生存环境问题主要有:保护地球,善待我们自己;引力到底是什么;邻居,你住哪里;为子孙寻找他乡;宇宙演变规律;强作用的理论与实验问题;继续寻找基本粒子,暗物质和反物质等。所有这些问题的解决其实都有赖于物理学的长足发展。

综上所述,物理学在各基础学科、交叉学科和边缘学科的发展中是最有生命力和最活跃的学科,是众多学科发展的基础和支柱。

什么是物理学? 物理学在人类认识、改造物质世界过程中的重大意义和作用,我们已经有了较为清楚的了解,这就是我们为什么要学习物理学的原因。学生学习物理学的目的是掌握物质世界最基本、最普遍的规律,掌握物理学的科学思想和科学思维方法,以便为学习各自的专业和在各自的方向做出重大发现(通常与物理学有密切联系)、发明做好准备,为在现代社会生活中成为强者,为提高各自的整体素质和培养各自的能力和创新意识方面奠定基础。

大学物理课程的任务是把学生领进物理学的大门,使学生在物理学展示的丰富多彩的物质世界中汲取营养,面对世纪的挑战;使学生对物理学的内容、科学方法、工作语言、基本概念和物理图像以及物理学的发展历史、现状和前沿有一个较为全面的了解。用物理学家理查德·费曼的话概括物理课的任务十分恰当:"科学是一种方法,它教导人们:一切事情是怎样被了解的,什么事情是已知的,现在了解到什么程度,如何对待疑问和不确定性,证据服从什么法则,如何去思考事物,做出判断,如何区分真伪和表面现象。"

习　题

0-1　讨论一个科学理论(如开普勒理论)与一件艺术品(如一首摇滚音乐)之间的相似点与不同点。

0-2　列出科学技术直接或间接改善我们生活的 10 个方面,再列出它们使我们生活恶化的 10 个方面。

0-3　科学的最重要和最有特色的特点是什么?

0-4　两个不同的理论能够在下面的意义上都正确吗? 即在历史上某一特定时期,它们都正确预言已知观测数据。用一个历史例子支持你的答案。

0-5　"某些人有超感官知觉的天赋,比如能用自己的意念移动物体。但是,超感官知觉能力是如此的娇气,每个想要证实它的企图总是使它不灵。"这是一个科学假说吗?

0-6　一个典型的星系中大约有 1 000 亿颗星,而已知的宇宙内至少有 1 000 亿个星系,那么总共有多少颗星?

0-7　蟹状星云是一颗恒星爆炸后的残余物。中国人在公元 1054 年观察到这次爆炸。然而,蟹状星云离地球大约 3500 光年。这个恒星的爆炸实际发生在什么地球年代?

力 学 篇

第1章 天体运动与牛顿力学

1.1 人类宇宙观的发展

1.1.1 古代人类对天体运动的认识

两千多年前,古希腊的学者就对天体运动做出了整体性的描述。其主要的代表学说就是**地心说**。当时,大多数的学者认为地球是一个静止不动的球体,日月星辰都围绕着地球运转。亚里士多德根据星体绕地运动周期的长短,排列了星体层与地心的距离。月亮运行周期最短,距地最近;恒星运行周期最长,距地最远。

直到公元 150 年,亚历山大城的托勒密(90—168 年)进一步发展了地心说。他经过二十多年的观测和计算,根据运动越快离地球越近的观念,排列了日月行星距地球的顺序,历史上第一次给出了完整的宇宙结构模型,这就是著名的托勒密**地心说**。托勒密**地心说**认为,宇宙有"九重天",这是九个运转着的同心的晶莹球壳,如图 1-1 所示:最低的一重天是月亮天;第二、第三重天分别是水星天和金星天;太阳居住于第四重天球上,它是宇宙的主宰,世界的灵魂,它以巨大的光辉照耀整个宇宙;再依次是火星天、木星天、土星天;第八重天是恒星天,全部恒星像宝石一样镶嵌在这层天球上;最高的是第九重天,称为"原动天",那里是神灵居住的天堂。地球位于宇宙的中心,巍然不动。

在中世纪,由于神权占统治地位,教会把托勒密的学说与宗教教义结合起来,认为上帝创造了万物。上帝创造了人,使其居住于宇宙中心——地球这个星体上。上帝造的其他星体都是为人类服务的。比如上帝创造了太阳给人类以光明和温暖,月亮在黑夜中给人类以光明,其他星体的变化莫测,则是为了使人类能根据这些天象的变化预卜吉凶祸福。教会的统治席卷了整个欧洲,宗教神学被法定为一切思想的基础和出发点在欧洲延续了一千多年。其实,在当时也有

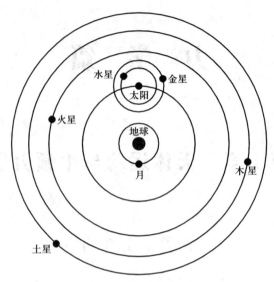

图 1-1　托勒密的地心体系

否定**地心说**的学说,即认为宇宙的中心不是地球而是太阳,地球、行星等其他星体都围绕太阳转动,这种以太阳为中心的**日心说**当时仅限于定性的说明。由于以太阳为中心的宇宙观与神权、宗教以及当时的哲学观点都格格不入,而受到来自各方面的批评和攻击,所以没有留传下来。

1.1.2　新宇宙观的诞生——哥白尼的太阳中心说

　　15~16 世纪,社会生产力的提高和航海事业的发展有力地推进了人们对天象的观测。随着天文观测设备的进一步提高,人类对天象的认识也进一步深化,出现了许多托勒密**地心说**无法解释的新问题。最突出的问题是,在公元前 1 世纪采用地心体系制定的历法,到了 15 世纪已比实际提前了 11 天之多,根本无法使用了。改革历法的需要冲击着**地心说**。波兰天文学家**哥白尼**详细分析了有关行星运动的资料,深信**地心说**是错误的。他阅读了大量古希腊的哲学原著,研究了关于地球和行星运动的各种各样的古代观点,使他产生了地球也在运动的想法。他自制了观测仪器,三十年如一日进行认真的观测和计算,终于完成了他的天体运行学说,于 1543 年出版了划时代的巨著《天体运行论》。哥白尼在《天体运行论》中,提出了新的宇宙结

哥白尼(1473—1543)

构。指出地球不是宇宙的中心,它和别的行星一样,是一颗一边自转又一边公转的普通行星,太阳才是宇宙的中心。如图 1-2 所示,天体距太阳从远到近的顺序如下:最远的是恒星天球,包罗一切,本身是不动的,它是其他天体位置和运动必需的参考背景。在行星中土星的位置最远,30 年绕太阳转一周;其次是木星,12 年绕太阳转一周;然后是火星,2 年绕太阳转一周;第四是 1 年绕太阳转一周的地球和同它在一起的月亮;金星居第五位,9 个月绕太阳转一周;第六是水星,80 天绕太阳转一周。

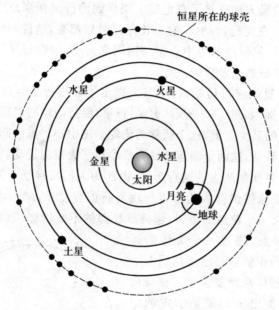

图 1-2　哥白尼的日心体系

　　哥白尼提出的太阳中心说,引起了人类宇宙观的巨大变革,在科学史上称 1543 年为科学革命的一年。哥白尼太阳中心说的发表,极大地鼓舞了广大的科学工作者,对宗教神学以沉重的打击,因此很快引起了教会的惊恐与不安,对相信和宣传哥白尼学说的人进行了残酷的迫害,并把《天体运行论》列为禁书。在被迫害的人当中,其代表之一是意大利的天文学家、哲学家布鲁诺。布鲁诺不仅宣传和提倡哥白尼的日心说,还进一步发展了哥白尼的学说,提出了多太阳体系和宇宙无限的思想。他认为,太阳并不是宇宙的中心,而是千万颗普通恒星之一;宇宙是无限的,在太阳系以外,还有无数个类似的天体系统;太阳只不过是一个天体系统的中心,太阳也不是不动的,它对于其他恒星的位置也是变动的;其他恒星周围也有行星,甚至也是可以居住的世界,在宇宙中有无数个这样可以居住的星球。他的这种思想,把人类对天体的认识提到了一个新的高度。

　　布鲁诺的先进哲学思想和他的积极宣传活动,引起了罗马宗教裁判所的恐惧和仇恨。1592年,罗马教会采用欺骗手法把他骗回意大利予以逮捕,并使尽了种种威胁利诱手段。布鲁诺坚贞不屈,经过8年的折磨,最终被处以火刑。1600年2月17日被烧死在罗马的鲜花广场,布鲁诺是为科学真理而献身的英雄。

1.1.3　行星运动之谜的揭开——开普勒行星运动三定律

　　从亚里士多德时代起,古希腊人就形成了天体必然做匀速圆周运动的传统观念。但是,古希腊人注意到了在地球上观察到的行星在绕地球运转时有时会出现逆行现象,且在逆行运动中,它会比任何时候都亮,这说明此时行星离地球最近。如果认为行星以地球为中心做匀速圆周运动,那么行星与地球之间的距离应保持不变,这显然是矛盾的。

　　为了解释行星的逆行运动,古希腊人提出了描述行星运动的本均轮理论。以火星的运动为例,如图1-3所示,火星(行星)保持匀速圆周运动,其运动中心在以地球为中心的某个圆上,这个圆称为均轮。图中小一点的圆称为本轮,本轮的中心沿着均轮移动,这两个圆运动的合成给出了火星的运动轨道。显然,这个理论能够解释行星偶尔产生的逆行运动,因此为人们所接受。但随着观测精度的不断提高,发现这样组合成的轨道与观测轨道有差异,就在本轮上再加一个轮,这样一个轮又一个轮地加上去,像叠罗汉似的不断增加。到了哥白尼时代,按照地心说的观点,描述一个天体的运动,所用本轮和均轮的数目已增加到八十多个,因此托勒密体系太复杂了。在哥白尼体系中,虽然提出了太阳是宇宙的中心,但仍然坚持天体必然做匀速圆周运动的传统观念,对天体运动的描述仍然采用了本均轮理论,虽然纠正了以地球为中心的错误,使问题简单了许多,但描述一个天体的运动,所用本轮和均轮的数目仍为三十多个。

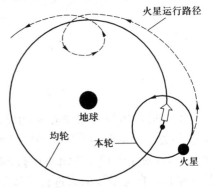

图1-3　本均轮理论

　　德国的天文学家开普勒深信哥白尼体系的正确性。他富有想象力,善于抽象思维和理论分析,很快就发现哥白尼把所有行星的运动都看做匀速圆周运动与实际有不小的出入,他决心要解开行星运动之谜。

　　丹麦天文学家第谷·布拉赫(1546—1601年)精于观察,不辞劳苦,几十年如一日,精确地观测和记录了数百颗恒星和行星的位置及运动情况。当时观察仪器相当简陋,还未发明望远镜,凭借他那双锐利的眼睛和严肃认真、一丝不苟的科学态度,使得他对各个星体位置的测定,误差不大于 4 角分,即 0.067 度,大致相当于把一枚针举到一臂远处,用眼睛看针尖所张的角度,因此有"星学之王"的美称。后来,开普勒成为第谷的助手,第谷去世后,将极其宝贵的观察资料留给了开普勒。开普勒是一位伟大的新教徒科学家,他深信上帝是依照完美和谐的数学原则创造世界的。他 24 岁时,想出一种自以为十分美妙的假说:用 5 种正多面体及它们的内切圆球来描绘当时已知的太阳系的 6 颗行星的运动轨道。立体几何告诉我们,正多面体只有 5 种:正四面体(面是正三角形)、正六面体(立方体)、正八面体(面是正三角形)、正十二面体(面是正五边形)、正二十面体(面是正三角形)。开普勒发现,在包含土星运行轨道的天球里,内接一个正六面体,那么木星轨道正好是在这个正六面体的内切圆球上;在木星运行轨道的天球(即上面讲的内切圆球)里,再内接一个正四面体,那么火星运行轨道又恰

开普勒(571—1630)

好是在这个正四面体的内切圆球上;在火星运行轨道的天球里,又内接一个正十二面体,地球运行的轨道又正好是在这个正十二面体的内切圆球上;在地球运行轨道的天球里,再内接一个正二十面体,金星运行轨道又恰在这个正二十面体的内切圆球上;最后,在金星运行轨道的天球里,内接一个正八面体,水星运行的轨道又正好在这个正八面体的内切圆球上,如图 1-4 所示。

　　由于当时人们只发现了 6 颗行星,而恰巧正多面体又只有 5 种,正好全部说明了这 6 颗行星的运行轨道,故他以为自己终于识破了造物主按照几何学原则创造世界的奥秘。后来,他又经过了非常繁杂的计算,把此论点发表在《神秘的宇宙》一书中。现在看来,太阳系的行星不止 6 颗,就已经否定了他的立论基础。但从初探行星之谜的尝试中,可以看出开普勒的想象力、数学才能和思考风格。而且,开普勒所创立的这种探究

图 1-4　开普勒最初得到的太阳系结构图

方法,对今天的粒子物理学的研究起到了重要的作用。

开普勒知道自己并没有真正揭开宇宙的奥秘,便想起求教于第谷。第谷独具慧眼,看出了开普勒是一位很有发展前途的天文学家,于是邀他到自己工作的布拉格天文台来共同研究。开普勒于 1600 年做了第谷的助手。开普勒和第谷的合作,是科学史上一个美好结合的范例。第谷的善于观察和开普勒的精于理论分析和思索有机的结合产生了重大的科学发现。不幸的是,开普勒与第谷合作的第二年,重病的第谷就去世了,临终前把他宝贵的天文观察资料留给了开普勒。第谷的资料为开普勒的理论创造奠定了基础。

在第谷的观察资料中,对火星的观测占有最大篇幅。开普勒想从火星的观测数据中找出它的运动规律,并用一条曲线来表示。他用传统的偏心圆来计算,经过大约 70 次试探之后,他找到的最佳方案与观察资料还相差 8 角分,即0.133 度。开普勒深信第谷的观测数据是精确可靠的,自己的数学计算在技术上也不会出错,不应该出现 8 角分的差异。他继续探索,又经过 4 年的艰苦计算,断定火星的运动轨道绝不可能是正圆,也不可能是偏心圆。开普勒大胆地冲破了天体必然做匀速圆周运动的传统观念,先是改用卵形曲线轨道计算,还是不对。在经过苦思后,他醒悟到,行星的轨道可能是椭圆。他决定试一下,结果很满意,与观测资料完全相符。

火星的运动之谜揭开之后,开普勒又进一步研究了其他几个行星的运动,证明它们的运动轨道都是椭圆,这就推翻了天体必然做匀速圆周运动的传统偏见,那种以本均轮理论描述行星运动的大圆套小圆的结构体系宣告结束。对于缺乏热情或思想不坚定的人,很容易把 8 角分的差异当做观察误差,得出行星轨道为偏心圆的结论,但开普勒不仅具有严谨的科学态度,而且思想坚定,继续探索,终于取得了重大突破。用开普勒的话说:"就凭这 8 角分的差异,引起了天文学的全部革新"。

1609 年,开普勒在出版的《新天文学》一书中介绍了他的第一、第二定律,分别是轨道定律:所有的行星分别在大小不同的椭圆轨道上围绕太阳运动,太阳位于这些椭圆的一个焦点上;面积定律:行星和太阳之间所连直线在相等的时间内扫过的面积相等。

开普勒在 1619 年出版的《宇宙谐和论》中,发表了他的第三定律,即周期定律或称调和定律:行星绕太阳一周所需的时间(公转周期)的平方,与其和太阳平均距离的立方成正比。

由于这三条定律的发现,太阳系的空间位形基本上得到澄清,在理论上证明和发展了哥白尼学说。开普勒被称为"天空立法者"。开普勒的一生,除了得到第谷的短期帮助外,几乎都是生活在逆境之中,开普勒一家经常过着半饥不饱的生活。1630 年,他死于贫病交加之中。哥白尼太阳中心说建立后,一直认为太阳系只有 6 颗行星,直到 1781 年,才知道土星外的天王星是太阳系的第 7 颗行星。随后又发现了海王星和冥王星。

1.1.4　目前观测的宇宙概貌

1609 年,伽利略把他自制的第一台放大倍数为 32 倍的望远镜指向了天空,结果发现了天空中许多用肉眼未能观察到的新奇现象。自此之后,人们对天体观察的仪器和方法得到了迅速的发展,从光学望远镜发展到射电望远镜,又从地面望远镜发展到在离地面 600 多千米的大型哈勃太空望远镜。由利用可见光扩展到利用微波、红外、紫外、X 射线和 γ 射线等电磁波的全部波段,已能观察到离地球 100 亿光年(光年的符号为 l. y. ,1 l. y. $=9.46\times10^{15}$ m)之外的天体和来自任何方向的,甚至是极其微弱的辐射,使得人类对宇宙的概貌有了更深一步的了解。离太阳最近的恒星是半人马座 α 星,距离为 4. 24 l. y. ,织女星离我们约 32.6 l. y. 。夜空中我们肉眼所见的无数恒星,组成了银河系,它是包括 10^{11} 颗恒星的一个庞大的旋涡星系。恒星的分布像一个扁平的盘状铁饼,盘的直径约 70 000 l. y. ,盘外有几条旋臂构成,我们的太阳位于离银心约 30 000 l. y. 的一条旋臂上,以 250 km/s 的速度沿圆轨道旋转。像银河系这样典型大小的星系,在宇宙中观测到约 10^{10} 个。最近的一个是肉眼依稀可见的仙女座星系,距我们约 2 500 000 l. y. 。星系的分布还呈现某种结团现象,结成大大小小的星系团,如我们的银河系、仙女座星系和另外 15 个较小的星系组成了本星系群。

从宇观尺度上看,宇宙在整体上是均匀的、各向同性的,宇宙没有中心,任何一个典型星系上的观测者所看到的宇宙学规律都应该是一样的。观测者在同一时刻向任何方向看,都看到同样的宇宙。宇宙学原理不排斥宇宙演化。目前观测的宇宙大小约 10^{26} m,但还不能明确回答宇宙是有限或无限的问题。关于宇宙的起源、演化和未来将在第 4 章论述。

1.2　质点运动的描述

1.2.1　理想模型　自由度

质点和刚体是力学中常用的理想模型。如果在所研究的问题中,物体形状的影响可以不计,那么就可以把物体简化成一个具有质量的几何点,这个具有质量的几何点叫做质点。如果在研究运动的过程中,物体的形状不能忽略,但形状改变的影响可以不计,所以把有一定形状但无形变的物体,叫做刚体。同一个物体视研究问题的不同可采用不同的模型。例如在研究地球绕太阳公转时,可以把地球看做质点;但在研究地球自转时,又要把地球视为刚体。一般的物体可以看做由无限多个质点(称为质量元)组成,叫做质点系。

　　机械运动有平动、转动和振动三种基本形式。物体在运动过程中,物体上任意两点的连线在运动前后保持平行,这种运动叫做平动。做平动的物体上各点的运动情况完全相同,可以用一个点来代表,因而可以把物体视为质点。物体绕一直线旋转(该直线叫转轴)的运动叫转动。在运动过程中,物体系的两质量元(质点)之间距离往复变化的运动形式叫振动。物体系的一般运动通常可以看做是上述三种基本运动的叠加。

　　确定物体位置的独立坐标数目称为物体的自由度。如果对物体系的运动加以约束,则自由度减少,约束愈多,自由度愈小。例如,一个自由运动的质点有三个自由度,如果限定质点只能在某平面(或某曲面)上运动,则自由度减为2;对于一个自由运动的刚体,要确定它的位置,至少需要定出刚体上不在同一直线的三个点的位置,确定第一个点需要 3 个独立坐标,第二个点由于和第一个点的距离是一定的,确定其坐标只需要两个独立坐标,而第三个点因为与另外两个点的距离都一定,确定其位置的独立坐标数减至 1,因而一个自由运动的刚体共有 6个自由度。如果令刚体绕固定轴转动,刚体上各点都在垂直于转轴的相互平行的平面(称为转动平面)上做圆周运动。由于圆心都在转轴上,因此只需要确定刚体上任一点与其圆心连线的方位即可。因而绕固定轴转动的刚体只有 1 个自由度。由 N 个自由质点组成的物体系中每个质点的自由度是3,因此总共有 $3N$个自由度。自由度愈大,确定物体系运动所需的独立方程愈多,所以自由度的数目直接关系到人们解决问题的繁复程度。

　　由于物体系的一般运动可以看做是平动、转动和振动的叠加,故可以把与各运动坐标相应的自由度冠以平动自由度、转动自由度和振动自由度之称,通常分别以符号 t、r、s 表示。例如,一个自由运动的刚体可以看做随某个点的平动加上绕通过该点的任意直线的转动,从而可以把 6 个自由度分为 3 个平动自由度($t=3$)和 3 个转动自由度($r=3$)。由 N 个独立质点组成的物体系,一般地说,$3N$ 个自由度中包括 3 个平动自由度($t=3$),3 个转动自由度($r=3$),其余的归入振动自由度,即 $s=3N-6$。

　　由于物体可以看做是由许多质点或质量元所组成的质点系,所以解决一般物体问题的思路就是一个质点(或质量元)一个质点地分别解决,然后再利用质点系的自身特征得到全面的解答。因此质点力学是整个力学的基础。

1.2.2　描述质点运动的物理量

位置矢量　位移　　在某参考系中,t 时刻质点运动到空间 P 点,描述该质点位置的物理量称为位置矢量,其定义是:任选该参考系中的某一定点为参考点 O (通常选坐标原点),从 O 点引向 P 点的有向线段就是质点在 t 时刻的位置矢量,简称位矢,如图 1-5 所示,记作 $\boldsymbol{r}$。

位置矢量随时间而变,是时刻 t 的函数,可写为 $\boldsymbol{r}=\boldsymbol{r}(t)$,该函数 $\boldsymbol{r}(t)$ 称为运动函数。

描述 $\Delta t=t_2-t_1$ 时间间隔内位置变化的物理量称为位移矢量。设 t_1 到 t_2 的时间间隔内,质点由 P 点运动到 Q 点,则从 P 引向 Q 的有向线段就是 Δt 时间内质点的位移,如图 1-6 所示。

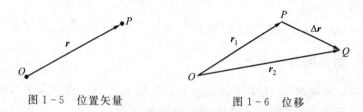

图 1-5　位置矢量　　　　　　图 1-6　位移

由矢量关系可知位移矢量与始末时刻位置矢量的关系为

$$\Delta \boldsymbol{r}=\boldsymbol{r}_2-\boldsymbol{r}_1 \tag{1-1}$$

位移的大小是质点始末位置的直线距离,它只给出相应时间间隔的始末时刻位置的变动,而与中间的经历无关。只有当时间间隔无限小时,位移的大小才等于路径的长度。

速度:是描述质点位置变化快慢状况的物理量。设在 $t \rightarrow t+\Delta t$ 时间内质点的位移为 $\Delta \boldsymbol{r}$,则这段位移除以相应的时间间隔称为这段时间间隔的平均速度,记作 $\bar{v}$

$$\bar{v}=\frac{\Delta \boldsymbol{r}}{\Delta t} \tag{1-2}$$

当时间间隔趋于零时,位移与时间间隔的比值的极限,定义为 t 时刻质点的瞬时速度(简称速度),记作 v

$$v=\lim_{\Delta t \to 0} \bar{v}=\lim_{\Delta t \to 0} \frac{\Delta \boldsymbol{r}}{\Delta t}=\frac{\mathrm{d}\boldsymbol{r}}{\mathrm{d}t} \tag{1-3}$$

平均速度的方向与相应位移矢量的方向相同,是这段时间位置的平均变化率。速度是质点位置的瞬时变化率,反映该时刻质点的运动状态,即该时刻运动的快慢和方向,速度的方向是时间间隔趋于零时位移的极限方向,即相应时刻质点运动轨迹的切线方向,如图 1-7 所示,速度的大小称为速率。

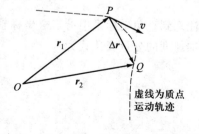

虚线为质点运动轨迹

图 1-7　速度

　　加速度：描述速度变化快慢情况的物理量是瞬时加速度（简称加速度）。若在时刻 $t \to t + \Delta t$ 期间内，速度的增量为 Δv，则称 Δv 与 Δt 的比值为这段时间的平均加速度，记作 $\bar{a}$，

$$\bar{a} = \frac{\Delta v}{\Delta t} \tag{1-4}$$

当时间间隔趋于零时，上述比值的极限定义为瞬时加速度，即：

$$a = \lim_{\Delta t \to 0} \frac{\Delta v}{\Delta t} = \frac{dv}{dt} = \frac{d^2 r}{dt^2} \tag{1-5}$$

　　加速度描述的是速度矢量的瞬时变化率，它同时反映了速度的大小和方向两个因素的变化状况。

　　r、v、a 这三个以矢量形式定义的物理量可以完整地表达质点运动状态的信息。

1.2.3　运动的坐标表示

　　对于运动的描述，采用矢量物理量的形式简洁、完备，便于文字表述。但在处理具体的运动学问题时，必须选择一定的坐标系来表述和进行计算。

　　1. 直角坐标系中运动的表述

　　直角坐标系有三个固定的相互正交的坐标轴，分别称为 x 轴、y 轴和 z 轴，如图 1-8 所示。位置、速度和加速度矢量可表达为三个分矢量的叠加：

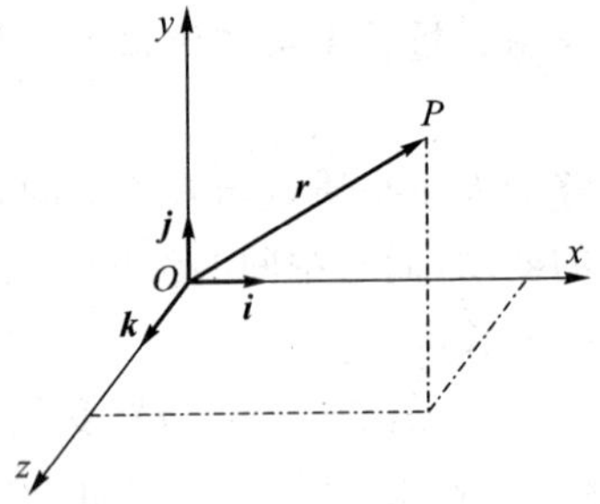

$$\begin{cases} r = xi + yj + zk \\ v = v_x i + v_y j + v_z k \\ a = a_x i + a_y j + a_z k \end{cases} \tag{1-6}$$

图 1-8　直角坐标系

式中　i、j、k 分别是沿 x、y、z 三个坐标轴的单位矢量。

　　根据速度和加速度的定义式

$$v = \frac{dr}{dt} \tag{1-7}$$

$$a = \frac{dv}{dt} \tag{1-8}$$

注意到直角坐标系中沿三个坐标轴的单位矢量不随时间改变，可以得出速度和加速度的分量表达式为

$$\begin{cases} v_x = \frac{dx}{dt} \\ v_y = \frac{dy}{dt} \\ v_z = \frac{dz}{dt} \end{cases} \tag{1-9}$$

$$\begin{cases} a_x = \dfrac{\mathrm{d}v_x}{\mathrm{d}t} = \dfrac{\mathrm{d}^2 x}{\mathrm{d}t^2} \\[2mm] a_y = \dfrac{\mathrm{d}v_y}{\mathrm{d}t} = \dfrac{\mathrm{d}^2 y}{\mathrm{d}t^2} \\[2mm] a_z = \dfrac{\mathrm{d}v_z}{\mathrm{d}t} = \dfrac{\mathrm{d}^2 z}{\mathrm{d}t^2} \end{cases} \qquad (1-10)$$

由上述表达式可知,质点的运动可以分解为三个正交方向的直线运动,而且这三个方向的运动在描述上是相互独立的。

直角坐标系常用于讨论加速度恒定或加速度方向沿一确定方向情况下的运动。

* 2. 自然坐标系中运动的表述

自然坐标系是质点运动轨迹已知时采用的坐标系。在轨迹上任选择一点为参考点 O,t 时刻质点运动到 P 点,沿轨迹由 O 到 P 的曲线长度 s,称为质点的曲线坐标,同时在该位置建立切向和法向两个单位矢量 e_t 和 e_n,规定前者指向运动前方,后者指向轨迹曲线的曲率中心,如图 1-9 所示。在轨迹的不同位置处有不同组的切向和法向单位矢量,不同时刻质点处于轨迹的不同位置,所以自然坐标系中单位矢量的方向是随时间变化的。

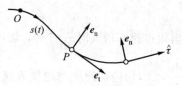

图 1-9　自然坐标系

在自然坐标系,质点位置由曲线坐标表示记作

$$s = s(t) \qquad (1-11)$$

速度

$$v = \frac{|\mathrm{d}\boldsymbol{r}|}{\mathrm{d}t}\boldsymbol{e}_v = \frac{\mathrm{d}s}{\mathrm{d}t}\boldsymbol{e}_t \qquad (1-12)$$

加速度

$$\boldsymbol{a} = \frac{\mathrm{d}\boldsymbol{v}}{\mathrm{d}t} = \frac{\mathrm{d}v_t}{\mathrm{d}t}\boldsymbol{e}_t + \boldsymbol{v}_\tau\frac{\mathrm{d}\boldsymbol{e}_t}{\mathrm{d}t} \qquad (1-13)$$

加速度分解为等号右端的两项所代表的两个分量。由表达式可以看出,第一个分量表示速度大小的变化率,它的方向沿轨迹切线方向,称为切向加速度,以 a_t 表示;第二项表示速度方向的变化率。根据单位矢量的变化率的规律,$\dfrac{\mathrm{d}\boldsymbol{e}_t}{\mathrm{d}t}$ 的方向垂直于 e_t(切向),故应沿轨迹的法向,它的大小等于切向单位矢量方位改变的角速度。

在 $t \to t + \Delta t$ 时间间隔内的轨迹可看做与这段轨迹密切的曲率圆上的一段弧,如图 1-10 所示。

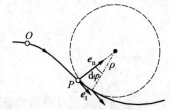

图 1-10　自然坐标系中的
法向加速度

设曲率圆半径为 ρ，则 $\mathrm{d}t$ 内轨迹切线方位改变的角度 $\mathrm{d}\varphi = \mathrm{d}s/\rho$，则

$$\left| \frac{\mathrm{d}\boldsymbol{e}_t}{\mathrm{d}t} \right| = \frac{\mathrm{d}\varphi}{\mathrm{d}t} = \frac{1}{\rho}\frac{\mathrm{d}s}{\mathrm{d}t} = \frac{v}{\rho} \tag{1-14}$$

代入式(1-13)等式后的第二项可得，该项的大小等于 v^2/ρ，方向沿轨迹法向，指向轨迹曲率中心，故称为法向加速度，用 $\boldsymbol{a}_n$ 表示。

因此，在自然坐标系中，加速度相应有切向加速度 $\boldsymbol{a}_t$ 和法向加速度 $\boldsymbol{a}_n$ 两个分量，分别描述速度大小和方向两个因素的变化率。两个加速度分量分别表示为

$$\boldsymbol{a}_t = \frac{\mathrm{d}v_t}{\mathrm{d}t}\boldsymbol{e}_t \tag{1-15}$$

和

$$\boldsymbol{a}_n = \frac{v^2}{\rho}\boldsymbol{e}_n \tag{1-16}$$

当质点速率增大时 $\dfrac{\mathrm{d}v_t}{\mathrm{d}t} > 0$，切向加速度与速度方向一致；而质点速率减小时，$\dfrac{\mathrm{d}v_t}{\mathrm{d}t} < 0$，切向加速度与速度方向相反。

总加速度为二者的矢量和

$$\boldsymbol{a} = \boldsymbol{a}_t + \boldsymbol{a}_n \tag{1-17}$$

加速度的大小为

$$a = \sqrt{a_t^2 + a_n^2} \tag{1-18}$$

自然坐标系的优点是直接表达出了各物理量所描述运动的物理内涵。

1.2.4 直线运动 圆周运动

1. 直线运动

选取运动的直线作为坐标轴最方便，这时只需一个坐标参量，各矢量的方向用正负号反映即可，所以直线运动是一维运动。相应运动各量可表述如下：

$$\begin{cases} x = x(t) \\ v = \dfrac{\mathrm{d}x}{\mathrm{d}t} \\ a = \dfrac{\mathrm{d}v}{\mathrm{d}t} \end{cases} \tag{1-19}$$

将上述公式积分可得出速度与位移的表达式：

$$v_2 - v_1 = \int_{t_1}^{t_2} a\,\mathrm{d}t \tag{1-20}$$

$$\Delta x = x_2 - x_1 = \int_{t_1}^{t_2} v dt \qquad (1-21)$$

利用上述关系读者可以推导出初速为 v_0，加速度为 a 的匀变速直线运动公式：

$$\begin{cases} v = v_0 + at \\ \Delta x = v_0 t + \dfrac{1}{2} at^2 \end{cases} \qquad (1-22)$$

例 1　一辆机动船，船速为 v_0 时关闭发动机，船因受阻力而减速。设加速度大小与速度大小成正比，比例系数为 A，求任一时刻的船速以及船从停机到停止运动所行进的距离。

解：船做直线运动，按题意，有 $a = \dfrac{\mathrm{d}v}{\mathrm{d}t} = -Av$

将上式分离变量并积分，有 $\displaystyle\int_{v_0}^{v} \dfrac{\mathrm{d}v}{v} = -A \int_0^t \mathrm{d}t$

解得 $v = v_0 \mathrm{e}^{-At}$

由上式可知，当 $t \to \infty$，$v \to 0$，又由 $v = \dfrac{\mathrm{d}x}{\mathrm{d}t} = v_0 \mathrm{e}^{-At}$ 积分，得船停机到停止运动所走过的距离

$$\Delta x = \int_0^\infty v dt = \int_0^\infty v_0 \mathrm{e}^{-At} dt = \frac{v_0}{A}$$

2. 圆周运动

做圆周运动的质点，其运动方向必定有变化，因此一定有加速度。由于轨迹已知，采用自然坐标系表述加速度最直观。这时轨迹上各点的曲率半径相同，为圆的半径；曲率中心为圆心。

特殊的圆周运动是匀速（率）圆周运动。这时速度大小不变而只有方向的改变，故切向加速度 $a_t = \dfrac{\mathrm{d}v}{\mathrm{d}t} = 0$；法向加速度 $a_n = \dfrac{v^2}{R}$，方向沿半径指向圆心，所以通常又将它称为向心加速度。

如果质点速度的大小也有改变，则同时具有向心加速度 $a_n = \dfrac{v^2}{R}$ 和切向加速度 $a_t = \dfrac{\mathrm{d}v}{\mathrm{d}t}$，总加速度为二者的矢量和。

3. 圆周运动的角量描述

当质点绕定点做圆周运动时，由于质点到圆心的距离不变，则引入角位置、角速度和角加速度等所谓"角量"来描述运动更为方便。设 t 时刻质点运动到 P 点，连线 OP 与参考方向的夹角 θ 称为 t 时刻质点的角位置，Δt 时间间隔内角位

置的增量 $\Delta\theta$ 称为 Δt 间隔内质点的角位移,如图 1 - 11 所示。

角速度的定义式为

$$\omega = \frac{\mathrm{d}\theta}{\mathrm{d}t} \qquad (1-23)$$

角加速度的定义式为

$$\alpha = \frac{\mathrm{d}\omega}{\mathrm{d}t} = \frac{\mathrm{d}^2\theta}{\mathrm{d}t^2} \qquad (1-24)$$

圆周运动中描述质点运动的线量与相应角量之
间有下述关系:

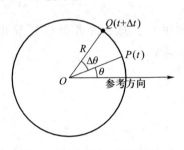

图 1 - 11 圆周运动的角量描述

$$v = \frac{\mathrm{d}\theta}{\mathrm{d}t}R = \omega R \qquad (1-25)$$

$$a_{\mathrm{n}} = \frac{v^2}{R} = \omega^2 R \qquad (1-26)$$

$$a_{\mathrm{t}} = \frac{\mathrm{d}v}{\mathrm{d}t} = \alpha R \qquad (1-27)$$

1.3 牛顿运动定律

动力学的任务是研究物体在周围物体作用下的运动规律。关于运动之谜,
历经两千余年,首先由伽利略破译,之后由笛卡儿、牛顿等人完善,从而形成了三
条基本定律,这三条定律给出了宏观、低速运动物体的运动规律。

1.3.1 牛顿运动定律

1. 牛顿运动定律

牛顿第一定律:一切物体都将维持其静止或运动状态不变,直到力的作用迫
使它改变为止。

第一定律中包含了经典力学中两个最基本的概念:惯性和力。惯性是指物
体维持其原有运动状态不变的特性,力是使物体运动状态改变的原因,所以第一
定律又称惯性定律。

惯性定律成立的参考系称为惯性(参考)系,反之则为非惯性(参考)系。哪
些参考系是惯性系只能由实验确定。即如果在某个参考系中,观测一远离其他
物体的物体做惯性运动,此参考系就是惯性系。工程实验表明太阳参考系、地球
参考系都是很好的惯性系,地面参考系是比较好的惯性系。在牛顿力学范畴内,
只能逐步接近理想的惯性系。

凡是相对已知惯性系做匀速直线运动的参考系也是惯性系,而相对已知惯

性系做加速运动的参考系是非惯性系。

牛顿第二定律:质点所受合力的大小与质点运动的动量变化率大小成正比,合力的方向与动量变化率的方向一致。

选择合适的单位制,第二定律可写为:

$$\boldsymbol{F} = \frac{\mathrm{d}(m\boldsymbol{v})}{\mathrm{d}t} \qquad (1-28)$$

在牛顿力学中,质量与运动无关,即质量不随时间变化,所以上式通常写为

$$\boldsymbol{F} = m\boldsymbol{a} = m\,\frac{\mathrm{d}^2\boldsymbol{r}}{\mathrm{d}t^2} \qquad (1-29)$$

运动速度高到可与光速相比时,质量和运动速率有关,上述两式不再等价。

牛顿第二定律只适用于惯性参考系。从 $\boldsymbol{a} = \boldsymbol{F}/m$ 中体现出质量 m 是惯性大小的量度,故式中的 m 称为惯性质量。

牛顿第三定律:物体 1 以某力作用于物体 2,则物体 2 同时以等值反向的力作用于物体 1。数学表示为:

$$\boldsymbol{F}_{12} = -\boldsymbol{F}_{21} \qquad (1-30)$$

该定律指出了作用的相互性,结论不受参考系性质的限制。

2. 牛顿定律的应用

在实际应用时,首先要确定研究的对象,然后建立合适的坐标系,写出牛顿第二定律的分量(或投影)表达式,最后求解方程。

牛顿第二定律在直角坐标系中的分量式为:

$$\begin{cases} F_x = ma_x = m\,\dfrac{\mathrm{d}^2 x}{\mathrm{d}t^2} \\[2mm] F_y = ma_y = m\,\dfrac{\mathrm{d}^2 y}{\mathrm{d}t^2} \\[2mm] F_z = ma_z = m\,\dfrac{\mathrm{d}^2 z}{\mathrm{d}t^2} \end{cases} \qquad (1-31)$$

自然坐标系中的分量式为:

$$\begin{cases} F_\tau = ma_\tau = m\,\dfrac{\mathrm{d}v}{\mathrm{d}t} \\[2mm] F_n = ma_n = m\,\dfrac{v^2}{\rho} \end{cases} \qquad (1-32)$$

注意:牛顿定律只适用于质点,若研究对象和其他物体相关联,应将对象隔离加以研究。

例 1　考虑空气阻力时自由落体运动

已知物体质量为 m,初速度大小为 0,任意时刻所受阻力大小与速率 v 成正

比,比例系数是 A(A 为正的常量),求此物体下落时的速率函数。

　　解:研究对象是下落的物体 m,建立坐标系和受力分析如图 1-12 所示。应用牛顿第二定律,有

$$mg-Av=m\frac{\mathrm{d}v}{\mathrm{d}t}$$

分离变量
$$\frac{\mathrm{d}t}{m}=\frac{\mathrm{d}v}{mg-Av}$$

两边分别积分
$$\int_0^t\frac{\mathrm{d}t}{m}=\int_0^v\frac{\mathrm{d}v}{mg-Av}$$

解得　$v=\dfrac{mg}{A}(1-\mathrm{e}^{-\frac{A}{m}t})$

　　其速率随时间呈指数衰减。利用 $v=\dfrac{\mathrm{d}y}{\mathrm{d}t}$,将上述结果代入并积分,还可求得上抛物体的位置函数。当 $t\rightarrow\infty$ 时,$v=\dfrac{mg}{A}$,这个结果是合理的。随着速率的增加,阻力将增加,当速率 v 达到使阻力等于重力时,质点受的合力为零,即 $Av=mg$ 时,质点匀速运动。该速率通常被称为收尾速度。

　　例 2　一长度为 l 的轻绳,其一端悬挂着一质量为 m 的小球组成一个单摆。初始时单摆在水平位置静止,当单摆摆至与水平方向夹角为 θ 时,球速为 $v=\sqrt{2gl\sin\theta}$,求此时绳对小球的拉力。

　　解:建立自然坐标系,小球在任意位置 θ 处的受力如图 1-13 所示,设此时绳子的张力为 $\boldsymbol{F}_{\mathrm{T}}$。在法向方向的牛顿方程为:　　　　$F_{\mathrm{T}}-mg\sin\theta=ma_{\mathrm{n}}$　　　　(1)
切向方向的牛顿方程为:　　　　　　　$mg\cos\theta=ma_{\mathrm{t}}$　　　　　　　　(2)

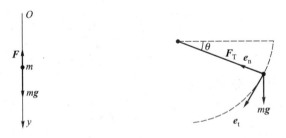

图1-12　例1受力图　　　　图1-13　小球的受力图

且　　　　　　　　　　　　　　　$a_{\mathrm{n}}=\dfrac{v^2}{l}$　　　　　　　　　　　　(3)

将 $v^2=2gl\sin\theta$ 代入(3)后,再代入(1)得

$$F_{\mathrm{T}}=mg\sin\theta+m\frac{v^2}{l}=mg\sin\theta+2mg\sin\theta=3mg\sin\theta \qquad (4)$$

1.3.2　牛顿第二定律的积分形式——运动定理

牛顿第二定律 $F = \dfrac{\mathrm{d}\boldsymbol{p}}{\mathrm{d}t}$ 是牛顿力学的基础,使用时要注意其瞬时性和矢量性。

但有时候,我们更关心的是力作用一段时间或位移后引起物体运动状态变化的总效果,而不太注意其瞬时性。于是,我们可以改变牛顿第二定律的表示方法(写法),得到一些用起来更方便的形式,于是就产生了一系列的运动定理。

1. 动量定理和动量守恒定律

牛顿第二定律

$$F = \frac{\mathrm{d}\boldsymbol{p}}{\mathrm{d}t} \tag{1-33}$$

可写为:

$$\boldsymbol{F}\mathrm{d}t = \mathrm{d}\boldsymbol{p} \tag{1-34}$$

我们将 $\boldsymbol{F}\mathrm{d}t$ 称作是力 $\boldsymbol{F}$ 在其作用时间 $\mathrm{d}t$ 内的冲量,记作 $\mathrm{d}\boldsymbol{I}$。

假设力 $\boldsymbol{F}$ 的作用时间为 $t_1 \to t_2$,在此作用时间内质点动量从 $\boldsymbol{p}_1 = m\boldsymbol{v}_1$ 变到 $\boldsymbol{p}_2 = m\boldsymbol{v}_2$,则有

$$\int_{t_1}^{t_2} \boldsymbol{F}\mathrm{d}t = \int_{\boldsymbol{p}_1}^{\boldsymbol{p}_2} \mathrm{d}\boldsymbol{p} \tag{1-35}$$

即

$$\boldsymbol{I} = \int_{t_1}^{t_2} \boldsymbol{F}\mathrm{d}t = \Delta\boldsymbol{p} \tag{1-36}$$

上式说明,作用在质点上的合力在作用时间内的冲量等于质点始末状态动量的增量,这就是**动量定理**,它是合力在时间上的累积效果。当质点所受合外力 $\boldsymbol{F} = 0$ 时,质点初末动量不变,这就是质点的**动量守恒定律**。

2. 动能定理和动能守恒

将 $F = m\dfrac{\mathrm{d}\boldsymbol{v}}{\mathrm{d}t}$ 两边分别标乘质点的位移 $\mathrm{d}\boldsymbol{r}$,得

$$\boldsymbol{F} \cdot \mathrm{d}\boldsymbol{r} = m\frac{\mathrm{d}\boldsymbol{v}}{\mathrm{d}t} \cdot \mathrm{d}\boldsymbol{r} \tag{1-37}$$

定义 $\boldsymbol{F} \cdot \mathrm{d}\boldsymbol{r}$ 为合力在位移的过程中所做的功,记为

$$A = \boldsymbol{F} \cdot \mathrm{d}\boldsymbol{r} \tag{1-38}$$

式(1-37)右端的 $m\dfrac{\mathrm{d}\boldsymbol{v}}{\mathrm{d}t} \cdot \mathrm{d}\boldsymbol{r}$ 就是 $\mathrm{d}A = \boldsymbol{F} \cdot \mathrm{d}\boldsymbol{r}$ 的作用结果,可以证明

$$m\frac{\mathrm{d}\boldsymbol{v}}{\mathrm{d}t} \cdot \mathrm{d}\boldsymbol{r} = mv\mathrm{d}v \tag{1-39}$$

若合力从 a 点到 b 点作用一段路径后,质点的速率从 v_1 变到 v_2,则有

$$A = \int \mathrm{d}A = \int_{(a)}^{(b)} \boldsymbol{F} \cdot \mathrm{d}\boldsymbol{r} = \int_{v_1}^{v_2} mv\,\mathrm{d}v = \frac{1}{2}mv_2^2 - \frac{1}{2}mv_1^2 \qquad (1-40)$$

定义 $E_k = \frac{1}{2}mv^2$ 为质点运动的动能,则上式写为

$$A = \frac{1}{2}mv_2^2 - \frac{1}{2}mv_1^2 = \Delta E_k \qquad (1-41)$$

上式说明,作用在质点上的合力在运动过程中所做的功等于质点始末状态动能的增量,这就是**动能定理**。它是合力在路程上的累积效果。如果质点在运动过程中,合力做功为零,则质点动能不变,这就是质点运动的**动能守恒定律**。

3. 角动量定理和角动量守恒定律

将 $\boldsymbol{F} = \dfrac{\mathrm{d}\boldsymbol{p}}{\mathrm{d}t}$ 与质点的位置矢量 $\boldsymbol{r}$(位置矢量的参考点为 O)进行矢乘运算,则有

$$\boldsymbol{r} \times \boldsymbol{F} = \boldsymbol{r} \times \frac{\mathrm{d}\boldsymbol{p}}{\mathrm{d}t} = \frac{\mathrm{d}(\boldsymbol{r} \times \boldsymbol{p})}{\mathrm{d}t} \qquad (1-42)$$

定义 $\boldsymbol{r} \times \boldsymbol{p} = \boldsymbol{L}$ 为质点对定点 O 的角动量,$\boldsymbol{r} \times \boldsymbol{F} = \boldsymbol{M}$ 为合力对定点 O 的力矩。故有

$$\boldsymbol{M} = \frac{\mathrm{d}\boldsymbol{L}}{\mathrm{d}t} \qquad (1-43)$$

将其积分形式为

$$\int_{t_1}^{t_2} \boldsymbol{M}\,\mathrm{d}t = \int_{L_1}^{L_2} \mathrm{d}\boldsymbol{L} = \Delta \boldsymbol{L} \qquad (1-44)$$

左边积分 $\displaystyle\int_{t_1}^{t_2} \boldsymbol{M}\,\mathrm{d}t$ 称为力矩的冲量。

上式表明,作用在质点上的合力对定点 O 的力矩在作用时间内的冲量等于质点始末状态角动量的增量,这就是**角动量定理**,它是合力矩在时间上的累积效果。

若合力对定点 O 的力矩为零,则质点对该定点的角动量不变,这就是质点的**角动量守恒定律**。

动量守恒定律和角动量守恒定律是相互独立的两个定律。

地球在太阳的引力作用下绕太阳的运转过程中,由于每时每刻地球都受到太阳的引力,故地球的运转过程动量不守恒,但由于地球受太阳的引力对太阳的力矩始终为零,所以地球运动过程中对太阳的角动量守恒。由于所有的行星对太阳的角动量守恒,即在运转过程中角动量的方向不能改变,所以行星的运动一定是平面运动。角动量守恒定律是开普勒第二定律的理论基础。

*1.3.3　非惯性系与惯性力

相对于惯性系做加速运动的参考系是非惯性系。我们生活的地球相对于太

阳参考系有公转和自转,故严格讲地球是非惯性系。牛顿力学的基本定律——牛顿运动定律只适用于惯性参考系,在非惯性系中不成立,但我们常常需要在地球参考系或地面参考系中进行测量和研究力学问题,怎么才能使我们在非惯性系中方便地使用牛顿运动定律呢?

设 S 系为惯性系,S′系为非惯性系,且相对于 S 系以加速度 a_0 平动,故 S′系称为平动非惯性系,即加速度参考系。

假设质点相对于 S′系的加速度为 a',由于 S′为非惯性系,故无法写出牛顿第二定律 $F=ma'$ 的形式。由于 S 系是惯性系,所以可以写出 $F=ma$ 的形式,但 a 是质点相对于 S 系的加速度。由加速度的变换知,质点相对 S 系的加速度是

$$a=a_0+a' \tag{1-45}$$

故有

$$F=m(a_0+a') \tag{1-46}$$

改写上式得

$$F+(-ma_0)=ma' \tag{1-47}$$

这个形式正是我们在 S′系中想写出来的形式。

令

$$F_I=-ma_0 \tag{1-48}$$

则有

$$F+F_I=ma' \tag{1-49}$$

上式告诉我们,在非惯性参考系 S′系中,想直接写出牛顿第二定律的形式,只要在分析质点受力时,除了要考虑物体所受的真实相互作用力 F 外,还要加上一个附加力 F_I。

由于这个附加力 F_I 的大小正比于物体的惯性质量,故称为惯性力,它的大小等于物体的惯性质量乘以非惯性参考系的加速度,负号说明其方向与非惯性系加速度的方向相反。

从牛顿力学的观点看,F 是相互作用力,为真实力,F_I 是为了使牛顿第二定律在非惯性参考系能够成立而引入的一种附加力,称为惯性力,只在非惯性系中出现。尽管它和非惯性系的运动有关,但它并非非惯性系施加给运动物体的作用力,它没有反作用。从这个意义上讲,惯性力是虚构力,但就产生加速度而言,或者说使运动发生变化而言,它和真实力的作用是完全相同的,其本质是物体的惯性在非惯性系中的表现。由于在加速平动的非惯性系中所有物体受到的惯性力的方向均相同,故此惯性力称为平动惯性力。

引力失重:所谓失重,就是重力为零,即零重力。失重是人们在自由下落过程中所经历的一种现象。航天器在环绕地球运行或在行星际空间航行中处于持

续的失重状态,在环绕地球运行的轨道上,实际上只有航天器的质心处重力为零,其他部分由于它们的向心力与地球引力不完全相等而获得相对于质心的微加速度,这称为微重力状态。航天器上轨道控制推进器点火、航天员的运动、电机的转动以及微小的气动阻力等都会使航天器产生微加速度。因此,航天器所处的失重状态严格说是微重力状态,航天器旋转会破坏这种状态。在失重状态下,人体和其他物体受到很小的力就能飘浮起来。长期失重会使人产生失重生理效应。失重对航天器上与流体流动有关的设备有很大影响。利用航天失重条件能进行某些在地面上难以实现或不可能实现的科学研究和材料加工,例如生长高纯度大单晶,制造超纯度金属和超导合金以及制取特殊生物药品等。失重为在太空组装结构庞大的航天器提供了有利条件。设想在自由降落的"电梯"(如图 1-14)(任何在引力作用下自由飞行的航天器)中观测附近一悬空的物体,它所受的重力和惯性力平衡,物体将做惯性运动。这样,我们在牛顿力学的一个特定的参考系中观察到了"真正"的惯性运动。

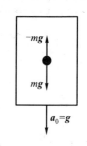

图 1-14　自由降落电梯中的惯性运动

1.4　引力思想与万有引力定律

1.4.1　引力思想的发展

开普勒三大定律的发表,轰动了整个学术界,神秘的行星运动之谜终于揭开了。然而,又一个新问题摆在了人们的面前,那就是什么力量的作用促使行星循规蹈矩地绕太阳沿着椭圆轨道运动? 这一新的问题激励着许多物理学家为之奋斗和探索。从开普勒、伽利略起,物理学家们就普遍萌发了从动力学角度解释天体运动的思想。**伽利略**认为物体有合并的趋势,这种趋势是所有物体都具有的一种性质。伽利略对引力学说的最大贡献是他所发现的重力加速度与质量无关的性质。英国的**吉尔伯特**(1544—1603)关于磁力性质的研究为引力观念提供了一个新的模型,磁石的磁力视其大小而定,磁的吸引力中心也不是什么几何点,而是具体的一堆物质,引力随质量的增加而增大,且与距离有关,距离越近,引力越大,引力的作用是相互的。他根据小磁针在磁球表面各个不同位置处的指向与磁针在地球表面指向的相似性,指出地球是一个大磁体,首次提出了关于宇宙结构的磁理论,认为太阳系的所有天体是通过磁力作用而相互制约的。**开普勒**也认为物体有相互结合的趋势。他说:"重力不过是物体之间的互相结合力,这种力使物体有结合在一起的趋向"。他假定两物体之间的相互引力的大小视物体的大小(多少)而定。开普勒认为支配行星运动的这个统一的力来自太阳,但由于受吉尔伯特思想的影响,认为引力就是太阳发出的磁力流,它在轨道平面内沿切线方向作用于行星上,它推动着行星沿轨道公转,其作用强度随距太阳距离的增大而减弱。英国的物理学家**胡克**认为,行星运动轨道的曲线必须是由于某种恒力所引起的,并认为行星对太阳的倾向力可用旋转中心具有某种吸引性质来解释。经过长期的观察,胡克又提出如下假设:一切天体都具有倾向其中心的吸引力,它不仅吸引其本身各部分,并且吸引其作用范围内的其他天体。因此,不仅太阳和月亮对地球的形状和运动发生影响,地球对太阳和月亮也同样有影响,水星、金星、火星、木星和土星都对地球的运动也有影响。当时物理学家们基本上都认同天体之间有相互引力作用的观点,但是各天体相距那么远,相互并不接触,这种引力是靠什么来传递的? 一些物理学家提出了通过真空传递力的超距作用假设。法国物理学家**笛卡儿**反对物体之间可以通过真空而传递力的观念,为了回答是什么原因使得行星在它们的轨道上运行的问题,笛卡儿在 1644 年出版的《哲学原理》一书中提出了他的以太旋涡论。他认为,在自然界中只有通过物质的接触才能发生作用和产生运动。他指出,虚空是不存在的,整个宇宙是一个致密无间的充实体,即整个宇宙间充满着一种不可见的、连续的、柔弱的、可压缩的流体——以太。正是在这种以太的作用下,物体相互接触产生圆周运动,从而形成许多大小不同的旋涡。笛卡儿认为,由于物质和以太充满整个宇宙,因此在以太初时期原始物质就只能经历旋涡运动,待天体形成之后,宇宙就形成了一个庞大的旋涡。行星所以能绕太阳运转,就是因为在太阳周围有一个巨大的旋涡,这个旋涡足以推动地球和其他各行星绕太阳运动。同时在地球和其他行星周围还存在着次旋涡,如地球周围的次旋涡在其运行过程中带着月球旋转,木星周围的次旋涡在其运行过程中带着它的四个卫星旋转。所有这些宇宙旋涡中,都将由于旋涡运动产生一种指向中心的内聚压力,表现为引力。正是在这种旋涡运动造成的引力作用下,重的物体逐渐向旋涡中心靠拢,轻的物体则背离旋涡中心散开。因此重物总是落向地面,而火则向高处上升。这样,笛卡儿不仅把行星的运动,而且把重物的下落都归之于旋涡的效果了。笛卡儿的以太旋涡论的特征很容易被掌握,人们的头脑中立即就会想到一幅旋风或水的涡流的图像,所以当时曾风靡一时,影响极广。著名的荷兰物理学家**惠更斯**在 1669 年做了一个实验,他在搅起旋涡的水碗内,放进小卵石,发现碗内的小卵石在旋涡作用下都做圆周运动,并逐渐被拉向碗底的旋涡中心。他以此作为笛卡儿旋涡论的佐证。实际上,以太旋涡论是想把天体运动归结为力学原因的一次大胆的尝试。青年时代的牛顿也曾受这一理论的熏陶,1679 年之前,牛顿一直认为重物之所以被吸向它们的引力中心乃是由于以太旋涡的作用,只是在他建立万有引力定律的过程中,运用以太旋涡论推演出的结果与开普勒第三定律不相符合,才逐渐否定了以太旋涡论。

1645 年,法国天文学家**布里阿德**提出一个假设,在他所著的《天文爱好者》一书中写到:"开普勒力的减少和离太阳的距离的平方成反比",这是科学史上第一次出现平方反比关系的思想。英国的天文学家**哈雷**和数学家**雷恩**也致力于这种性质的力的研究。看来,使行星绕太阳运动的原因是力的存在,但是怎样定量地描述这种力的大小呢? 布里阿德只是提出了一个设想,但必须有具体的事实和数学证明。1659 年,正在进行摆的研究的惠更斯发现,凡是绕一个固定中心做匀速圆周运动的物体,必然要受到一个指向中心的力的作用,他把这个力叫做向心力。1673 年,惠更斯得出了向心加速度 a 的大小等于物体在圆轨道上速度 v 的平方与半径 R 的比值,即 $a = \dfrac{v^2}{R}$。这个发现使正致力于开普勒定律研究的物理学家想到,既然认定有一种力作用于绕太阳运动的行星上,何不把这种力和惠更斯的向心力相联系呢? 由向心加速度 a 的表达式可知向心力正比于 $\dfrac{v^2}{R}$,若用 T 表示物体在圆周上运动的周期,则

$$v = \frac{2\pi R}{T} \tag{1-50}$$

根据开普勒第三定律,行星运动周期的平方与轨道半径的立方成正比,即 $T^2 \propto R^3$。由以上三式可得向心力正比于 $\dfrac{1}{R^2}$。

这样似乎得出了太阳作用于行星上的力和行星绕太阳轨道半径 R 的平方成反比,然而这是把它们的轨道当做圆得出来的。对于椭圆轨道,是否也遵守平方反比规律呢? 这自然需要具备娴熟数学技能和高度分析、概括能力的人才能完成。牛顿从他对运动定律的深入理解,意识到太阳可能是支配行星运动的那些力之渊源或机构所在,牛顿还进一步证明了行星在相等的时间内扫过相等面积这个事实——也就是面积定律是行星所受力都精确地指向太阳这一观点的一个直接结果。通过对开普勒第三定律的分析,可以看出,行星距太阳越远,作用力越弱,如果将离太阳距离不同的两个行星作比较,则可得出力与行星各自到太阳距离的平方成反比。把这两条定律结合起来,牛顿推断说,必定存在着一个力,它的大小与两个物体间距离的平方成反比,方向则沿着它们的连线方向。牛顿接着又作出一种假设,认为这个关系可以更普遍地加以应用,不只是限于太阳拉住行星这个事实。牛顿考虑到地球对地面上的每个物体都有一个力的作用的事实,综合后提出,这类力是一个普遍存在的动力——每个物体都吸引任何其他一个物体。牛顿要解决的另一个问题是地球拉住地面上物体的力和它拉住月球

的力是否相同。如果地面上一个物体原来在空中静止,然后释放,在 1 s 内它将下落 4.9 m,那么在同样时间内,月球将下落多少? 我们也许会说,月球根本没有下落。牛顿为回答这个问题,对地面附近物体的下落与月亮的运动认真进行了比较,只要考虑一下地面上的抛射体的运动,就很容易理解了。设想在山顶上把一颗炮弹水平发射出去,它本应根据惯性定律按照抛射方向走直线的,由于地球的拉力不得不离开直线路径在空中划出一条曲线路径,最后落到了地面,抛射时速度越大,它落地时就离得越远,但不管速度多大,它第一秒内离开直线落下的距离都是相同的。假定抛射炮弹的速度不断增大,它落地前就将划出更长的弧线,当抛射速度增大到一定值时,炮弹就会绕过地球的周界,而又回到抛射它的山上来了。这就是说,如果发射速度足够大,炮弹就会绕地球旋转,永远不落回地面,图 1-15 为牛顿的抛体运动图。以足够大的速度绕地球旋转的炮弹多么像月亮,而炮弹旋转时受到的力与炮弹由静止下落时受的力相比较没有丝毫的改变,这就是地球对它的吸引力。牛顿认为,月亮可以比作一抛体,如果月亮没有受到地球引力的作用,则应沿直线运动,正是由于地球引力的作用,使月亮离开直线,不断偏向地球。实际上月亮是从那个没有地球引力作用时所应处的位置上不断落下来了,其运动曲线的弯曲正好与地球表面的弯曲程度相同,因此月亮永远也不会掉到地球上,图 1-16 为月亮在地球引力作用下运动的示意图。这样,牛顿把重物下落所受到的重力和月亮绕地球旋转时所受的引力统一起来了。通过以上分析,牛顿建立了万有引力思想,而且认为引力与距离平方成反比,但是牛顿必须对物体做椭圆轨道运行时也遵从平方反比定律作出证明,这却是十分困难的。牛顿经过了 5 年左右的刻苦钻研,终于在他的《论运动》这篇短文中运用几何和求线段比例极限的概念,证明了椭圆轨道上的平方反比定律。牛顿还进一步指出,平方反比定律不仅适用于圆和椭圆轨道,而且适用于抛物线、双曲线等一切圆锥曲线。至此,引力的平方反比定律在数学上得到了严格的证明。他紧接着就开始探索两个物体间引力大小的定量关系了,定义了质量的概念之后,又利用变量数学证明了球形物体在吸引其他物体时就好像全部质量在它的中心上,同时球形物体在受其他物体吸引时其质量也可以看作全部集中在它的中心上。因此,太阳系中所有星球都可以看做是只有质量而没有大小的质点,这恰是定量描述引力的又一个关键。然后,牛顿先仔细考察了地面附近的物体所受重力与它的质量成正比的这一事实,进而把它推广到宇宙中去。例如,在地球表面附近,作用于物体的引力与它的质量成正比,那么太阳作用于行星上的引力就与行星的质量成正比,同样,行星作用于太阳的引力与太阳的质量成正比。根据牛顿第三定律,太阳和行星的相互作用力是大小相等的。由此可得出结论:两物体间的引力作用与它们的质量乘积成正比。牛顿进而推得此结论适用于宇宙间的一切物体。这样万有引力定律就被完全确定了。牛顿在 1686 年出版的巨著《自然哲学的数学原理》一书中,发表了万有引力定律。

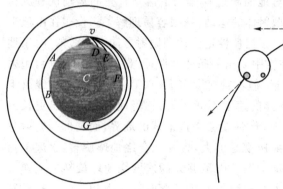

图 1-15　牛顿的抛体运动图

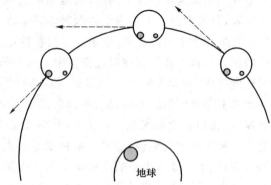

图 1-16　不断下落的月亮

1.4.2　万有引力定律　引力质量与惯性质量

1. 万有引力定律

万有引力定律是人类发现的第一个关于基本相互作用的规律,它给出:两个质量分别为 m_1、m_2,距离为 r 的质点间的万有引力大小为

$$F_G = G \frac{m_1 m_2}{r^2} \tag{1-51}$$

引力的方向沿二者连线,$G = 6.67 \times 10^{-11}$ Nm^2/kg^2,为万有引力常量。可以证明:两个质量均匀的球体间的万有引力和把质量集中在各自球心的两个质点间的万有引力相同,匀质球体对球体外质点的引力和把球体质量集中在球心的情况相同,如图 1-17 所示。

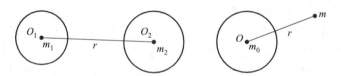

图 1-17　匀质球体间的万有引力

2. 引力质量和惯性质量

万有引力定律中的 m 是物体引力大小的量度,称作引力质量,用 m_G 表示。牛顿第二定律中的 m 是物体惯性大小的量度,称为惯性质量,以 m_I 表示。地面上物体在重力作用下其加速度大小 $a = F_G/m_I \propto m_G/m_I$。

实验表明,地面上同一地点的一切物体具有相同的重力加速度,即 $a_1 = a_2 = \cdots$,因此有 $m_{G_1}/m_{I_1} = m_{G_2}/m_{I_2} = \cdots$,即引力质量与惯性质量成正比,比值与具体物质无关。如果选择合适的单位,可使 $m_G = m_I = m$,即引力质量和惯性质量相等。

万有引力常量 $G = 6.67 \times 10^{-11}\ \mathrm{Nm^2/kg^2}$ 就是在这一单位制下测出的,这一结论对爱因斯坦建立广义相对论具有重要意义。

通常认为重力就是地球对地面附近物体的引力,故地面附近的重力加速度 $g = Gm_e/r_e^2$,代入地球质量和半径的数值,可计算得到 $g = 9.8\ \mathrm{m/s^2}$。

万有引力定律是经典力学大厦的一根重要支柱,它的出现使人们把地面上的重力和天体间的引力统一起来。尽管地面附近的自由落体的直线运动和行星绕太阳及月亮绕地球的旋转运动在形式上完全不同,但在它们之间起作用的却是同一性质的力。万有引力定律的创立,是许多科学家辛勤探索的结果。当然,牛顿对该定律的创立做出了重大贡献。

在地心参考系中,利用太阳公转时的平移惯性力和万有引力的空间分布不均匀性可解释潮汐现象。

1.4.3　万有引力的生动例证——海王星的发现

预见并发现新的行星是显示万有引力定律威力的最生动的例证。在 1781 年,人们通过观察确定天王星为太阳系的行星后,它的运动就成了研究的主题,逐渐积累了一些观测资料。1821 年,法国人布瓦德根据这些资料对天王星的轨道进行了计算,发现有一系列偏差。布瓦德再次把 1781 年前后的资料分别进行计算,并在计算中考虑到土星、木星对它的影响,结果竟得到两个完全不同的椭圆轨道,后一个轨道与当时的观察值较好地符合,而前一个轨道偏差较大。那时就认为大概是 1781 年之前的资料不可靠。可是到了 1830 年,新的观测与布瓦德计算的后一个轨道又发生了较大的偏离,调皮的天王星又"出轨"了。怎么会是这样呢? 当时的天文学界普遍认为,可能是天王星外尚有一个未知的行星,由于没有考虑它对天王星运动的影响,所以会有较大偏离。但要具体确定该未知新星的存在,并计算出它的轨道、质量等参量,又谈何容易! 这是一项十分艰苦而又复杂的工作,万有引力定律又将经受一场考验。许多人对寻找未知新星的工作望而生畏,幸好有两位年轻人完成了这项工作。法国的天文学助教的勒威耶(1811—1877 年)对太阳系诸行星的轨道变化逐个进行了计算和分析,经过一年多艰苦复杂的计算,于 1846 年 8 月 31 日写成了《使天王星运行失常的行星,它的质量、轨道和现在位置的确定》的论文,完成了寻找新星的理论计算工作。9 月 18 日,他写信给柏林天文台的天文观测家加勒,请求用他们优良的望远镜指向天空的某个指定位置,帮助寻找这颗亮度大约为九等星的新行星。9 月 23

日,加勒收到信后的当晚,他和他的助手在不到 30 分钟的时间内,就在勒威耶信中指定的范围内找到了这个太阳系的第 8 颗行星。其实,比这稍早一些时间,英国的亚当斯(1819—1892 年)就通过计算正确地指出了这个行星的位置。亚当斯还是剑桥大学的学生时,就对天王星外可能还有一颗未发现的行星怀有莫大的兴趣,经过艰难的探索和计算,直到毕业后两年,他超前于勒威耶获得了这个难题的答案。1845 年 9 月,他把计算结果通过剑桥大学天文学教授转呈给英国皇家天文台,但这个年轻人的论文未能引起权威们的重视。直到第二年,皇家天文台终于决定对亚当斯的计算予以观测,并在亚当斯预言的位置上发现了这颗新星。可惜为时已晚,德国柏林天文台已经宣布了根据勒威耶的计算发现海王星的消息。这样,海王星的发现被推迟了近一年的时间。海王星的发现,不仅有力地支持和证实了万有引力定律和哥白尼学说,而且成了理论指导实践的极为精彩的例证。最后介绍一下冥王星的发现。经过对海王星运动的一段观察,发现了海王星也出现了某些"越轨"现象,而用已知行星对它的作用得不到圆满解释,自然又想到海王星外还存在一颗新星了。从 1905 年开始,经历了长达 25 年的艰苦搜索,终于在 1930 年,美国的天文学家汤鲍孚发现了这颗新星,取名为冥王星。

1.5　物理学研究路线之一——因果律与决定论

在近代科学中,尤其在物理理论中,因果律一直被作为不可动摇的原则,它是指所有事物之间最重要、最直接(可以间接)的关系。表示任何一种现象或事物都必然有其原因,即"物有本末,事有终始"、"种瓜得瓜,种豆得豆"之意。而决定论在 18—19 世纪基本上统治了科学界,人们认为一切都是由"因果关系"联系起来的,一切世界的运动都是由确定的规律决定的,知道了原因以后就一定能知道结果,现在发生的一切都是由过去所决定的,它们是通过因果建立了确定关系。在这一基础上,科学得到了巨大的发展。例如,用牛顿力学推算出的天体运动,对未来具有准确的预见性。

在这种思想下,世界就像一部钟一样运行,人们可以预知未来的一切,这也称为机械论。这种观点得到了当时包括爱因斯坦在内的许多科学家的支持。爱因斯坦在给波尔的一封信中写道:"你信仰投骰子的上帝,我却信仰完备的定律和秩序"。所以,在牛顿主义者看来,世界都是有序的,都是按照严格的定律来的,它的行为完全可以预测,都由因果关系决定。

牛顿的科学观是因果决定论的科学观。他认为天体运动的原因就是万有引力,行星运动的规律是由万有引力定律决定的。他根据万有引力定律成功地解释了行星、卫星和彗星的运动,直至最微小的细节,同样也解释了潮汐和地球的进动。在牛顿力学中只要知道质点在初始时刻的位移和速度,根据牛顿定律就可以预言其后时刻的运动情况,这是典型的因果描写。但是,在牛顿以前往往并不用因果论来解释自然现象,而用目的论来解释自然现象,即按照某种目的或结果来解释运动现象,而不是用力的原因作解释。牛顿采用因果性的解释在物理学的发展中是重要的一步。爱因斯坦指出:"在牛顿以前还没有实际的科学成果来支持那种认为物理因果关系有完整链条的信念"。牛顿建立了物理因果性的完整体系,从而揭示了物理世界的深刻特征。

在决定论科学观的基础上,牛顿确立了他的物理框架,所谓物理框架就是对物理现象解释的一种标准。牛顿框架的核心是力和力所决定的因果性,认为找到了力的规律就是找到了对运动现象的解释。

亚里士多德认为一个物体的运动离不开力的作用。一辆马车要前进就得有马拉它,马不拉它,它就不走。16 世纪,意大利物理学家伽利略提出了惯性概念。他认为,力是改变运动状态的因素,而不是维持运动的因素。他指出,一辆运动着的马车,即使马不再用力,马车也不能立即停下来,而要继续运动一段距离。一旦有力作用于运动的物体上,那么物体的运动就不是匀速的,而是变速的。也就是说,物体的运动速度每时每刻都是不同的、变化的。这就产生了瞬时速度和瞬时加速度的问题。

为了描述瞬时速度和瞬时加速度,牛顿创造了微积分,瞬时速度为距离对时间的一阶导数,而瞬时加速度则为距离对时间的二阶导数。运动物体的瞬时状态被当做一个点,这时把物体看做质点。这个质点的速度和加速度,由位置的一阶导数和二阶导数确定。

当人们用微积分去研究物理学问题就要用到微分方程。牛顿第二运动定律和万有引力定律的数学表达式都是微分方程。微分方程描述的是一个动力学问题。对动力学方程的积分表示,从初始状态开始,逐渐延伸的相继运动状态,也就是质点运动轨迹的集合,也就是物体的运动轨道。这条轨道包含了质点运动的所有信息,完整地描述了这个动力系统。

轨道的特征是决定性和可逆性。为了计算一条轨道,需要知道运动物体的初始状态和运动规律。然后,就可以根据运动规律,从任何一个初始状态推演出系统随时间的推移所经历的一系列状态。也就是说,只要知道了作用力,从任何一个初始状态出发都可以确定系统的过去和未来的状态,因此一切都是给定的。发生在前面的事件是原因,发生在后面的事件是结果。这样就把自然界的一切运动变化用因果关系连接起来了。爱因斯坦说:"只有微分定律的形式才能完全满足近代物理学家对因果性的要求。微分定律的明晰概念是牛顿最伟大的成就之一"。

　　牛顿根据自己的理论,计算了地球的形状,并得到法国科学家的证实。同样,天文学家根据牛顿理论计算并预言哈雷彗星的回归日期,以及计算出了海王星在太空的位置。牛顿力学的辉煌成就,使人们相信它的前因后果的严格确定性,它的严格可预言性使人们认识到自然界因果联系的客观性和普遍性,并形成了哲学上的决定论。这种决定论实际上是牛顿力学巨大成就的产物。

　　因果律与决定论对近代科学的发展产生了巨大的促进作用,是物理学中一种不可或缺的研究方法。

教学参考 1.1　潮 汐 现 象

　　牛顿应用万有引力定律对潮汐现象做了解释(如图 1-18)。所谓潮汐,就是海水的一种周期性的升降或涨落运动,海水的涨落平均以 24 小时 50 分为一个周期,在一个周期内一般发生两涨两落。

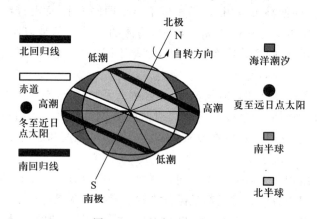

图 1-18　月亮引起的潮汐

　　古代人把白天海水的上涨称为潮,晚上海水的上涨称为汐,合称为潮汐。远在伽利略之前,就有人试图用各种学说来解释潮汐的起因,但均未获得成功。潮汐现象是由于太阳和月亮对地球的引力效应引起的,但起主要作用的是月亮对整个地球的引力效应。根据万有引力定律,太阳对地球的直接引力约为月亮对地球引力的 175 倍,那么为什么太阳的引力效应反比月亮的引力效应要小呢?这是因为潮汐现象是由于地球两面的海水所受的引力的差异造成的,而月亮造成的这种差异比太阳造成的差异大得多。整个地球在太阳和月亮的引力下,其加速度与其表面上海水的加速度不同而引起了潮汐现象。月亮与地球中心的距

离等于地球半径 R 的 60 倍,即 $60R$,在地球距月亮最近的一侧,水到月亮的距离只有 $59R$,在地球距月亮最远的一侧,水到月亮的距离却是 $61R$。根据万有引力定律可知,在地球靠近月亮的一侧,水指向月亮的加速度大于整个地球的加速度,净效应是水被加速而离开地球,在地球远离月亮的一侧,水指向月亮的加速度小于整个地球的加速度,净效应是地球被加速而离开水,所以海潮发生在地球的两侧(面对月亮和远离月亮的两侧)。阴历的每月初一和十五(新月和满月)时,由于太阳、月亮和地球在同一条直线上,太阳和月亮对海水的引力相互加强,所以每月出现两次大潮,在初八、二十三日,两种引力相互抵消一些,所以产生小潮。按照潮汐基本上来自月亮引力效应的分析,在任何时刻,围绕地球的海平面的总体分布有两个潮水突起部,这两个突起部的最高点应出现在地球表面离月亮最近和最远的地方。当地球转动 24 小时后,这两个突起部在地球上的位置将几乎保持不变。地球上某确定点相继两次涨潮之间的理论时间间隔应是 12 小时,但那只是假定月球的位置不动所确定的,实际的情况并非如此。由于地球自转的缘故,这两个突起部分会被陆地和海水的摩擦力拖着向前,其发生位置较月亮正下方稍向前移。所以,在看到月亮越过头顶之后的某个时刻才会遇到海洋中某处的潮,如图 1-18 所示。同时,由于月亮本身的运动,这些突起部分会慢慢地向前,这样就使得地球上某确定位置的相继两次潮汐之间的时间间隔为 12 小时 25 分钟,而不是正好 12 小时。潮汐现象的涨落形态与强度在很大程度上取决于岸线与海洋底的地形。例如,在开阔海面的中心,当其东西两岸的水面未同时下落时不会隆起,而在较窄的海域里,它们会交替起伏于沿岸。所以在距大陆较远的海岛上潮水涨落一般都较小,而在一些港口,涨潮与落潮比一般情形都大,波涛汹涌的海水不断地灌入和流出海湾。如我国杭州湾的钱塘江口涨潮时潮流汹涌澎湃,气吞山河,蔚为奇观。

习　题

1-1　某质点做直线运动的运动学方程为 $x=3t-5t^3+6$(SI 单位),则该质点做

A. 匀加速直线运动,加速度沿 x 轴正方向;

B. 匀加速直线运动,加速度沿 x 轴负方向;

C. 变加速直线运动,加速度沿 x 轴正方向;

D. 变加速直线运动,加速度沿 x 轴负方向。　　　　　[　　]

1-2　站在电梯内的一个人,看到用细线连接的质量不同的两个物体跨过电梯内的一个无摩擦的定滑轮而处于"平衡"状态。由此,他断定电梯做加速运

动,其加速度为

A. 大小为 g,方向向上; B. 大小为 g,方向向下;

C. 大小为 $\frac{1}{2}g$,方向向上; D. 大小为 $\frac{1}{2}g$,方向向下。 [ ]

1-3 质量为 m 的物体自空中落下,它除受重力外,还受到一个与速度平方成正比的阻力的作用,比例系数为 k,k 为正值常量。该下落物体的收尾加速度(即最后物体做匀速运动时)将是

A. $\sqrt{\dfrac{mg}{k}}$; B. 0;

C. gk; D. $\sqrt{gk}$。 [ ]

1-4 一质点做半径为 $0.1\,\mathrm{m}$ 的圆周运动,其角位置的运动学方程为:$\theta = \dfrac{\pi}{4} + \dfrac{1}{2}t^2$(SI 单位),则其切向加速度为 $a_t = $ _____。

1-5 质量分别为 m_A 和 m_B($m_A > m_B$)、速度分别为 $\boldsymbol{v}_A$ 和 $\boldsymbol{v}_B$($v_A > v_B$)的两质点 A 和 B,受到相同的冲量作用,则

A. A 的动量增量的绝对值比 B 的小;

B. A 的动量增量的绝对值比 B 的大;

C. A、B 的动量增量相等;

D. A、B 的速度增量相等。 [ ]

1-6 一物体质量 $m = 1\,\mathrm{kg}$,在合外力 $F = (3 + 2t)\boldsymbol{i}$(SI 单位)的作用下,从静止开始运动,式中 $\boldsymbol{i}$ 为方向一定的单位矢量,则当 $t = 1\,\mathrm{s}$ 时物体的加速度 $a = $ _____ $\mathrm{m/s^2}$。

1-7 一质点做平面运动,其运动函数为 $x = 3t$,$y = 2 - 2t^2$(SI 单位).(1) 试写出质点位置矢量、速度矢量和加速度矢量;(2) 求 $t = 1\,\mathrm{s}$ 时刻质点速度和加速度。

1-8 已知某弹簧谐振子由劲度系数为 k 的轻弹簧和质量为 m 的质点组成,以弹簧原长为坐标原点,其质点振动的位移与时间的关系是 $y = A\cos\left(\sqrt{\dfrac{k}{m}}\,t + \dfrac{\pi}{2}\right)$(SI),$A$ 是大于零的恒量.试求:弹簧振子振动的速度和加速度。

1-9 某发动机启动后,主轮边缘上的一点做圆周运动,其角位置与时间的关系为 $\theta = t^2 + 4t - 8$(SI 单位).求:(1) $t = 2\,\mathrm{s}$ 时刻,该点的角速度和角加速度;(2) 若主轮半径为 $R = 0.2\,\mathrm{m}$,求该点运动的速度和加速度。

1-10 汽车在半径为 $480\,\mathrm{m}$ 的圆弧弯道减速行驶.若某时刻汽车的速率为 $v = 12\,\mathrm{m/s}$,切向加速度为 $a_t = 0.3\,\mathrm{m/s^2}$.求汽车的法向加速度。

1-11　一列火车由 13 节质量均为 m 的车厢组成,车厢和铁轨间的摩擦系数为 μ,已知火车牵引力为 F。求:(1) 火车运动的加速度 a;(2) 第 7 节车厢对第 8 节车厢的作用力 F_{78}。

1-12　汽车里有多少装置是用来产生加速度的?

1-13　可能是由于全球变暖的缘故,全球的海平面目前每年上升约 2 mm。以这样的速率,海平面升高 0.5 m 要多少年?

1-14　你推一面坚固的水泥墙。你的推力是作用在墙上的唯一水平力吗?你怎么知道的? 作用于墙的合力是怎样的?

1-15　一辆小汽车与一辆大卡车迎面相撞。哪辆车施加的力更大? 哪辆车受到的力更大? 哪辆车得到的加速度更大?

1-16　既然惯性定律说,保持一个物体以不变的速度运动不需要力,为什么汽车需要一个驱动力才能保持行驶?

1-17　一辆行驶的公共汽车很快地在一个站停下时,为什么站着的乘客突然向前方倾倒?

1-18　你能以不变的速度开车绕街区转吗?

1-19　晕车实际上是由运动本身还是由别的什么原因引起的? 讲述一种不会使人晕车的运动形式。

1-20　列出古希腊天文学和亚里士多德物理学支持传统的哲学和宗教的世界观的几种方式。

1-21　哥白尼会喜欢开普勒理论的哪些方面? 不喜欢哪些方面?

1-22　列出哥白尼和牛顿的理论不那么支持传统世界观的几个方面。

1-23　在开普勒之前人们是怎样看待行星运动的? 开普勒又是怎样描述行星运动的?

1-24　太阳与地球的距离为 1.5×10^{11} m,地球绕太阳运转的轨道速率为 3×10^4 m/s,试利用这些数据估算太阳的质量。

1-25　估计一下你作用于站在你旁边的人的引力。

1-26　根据本章所述的历史,推测一下如果没有哥白尼会出现什么情况?我们今天仍然还会相信地球在宇宙中心静止不动吗? 会不会有另外一个人也提出一个类似的理论? 如果这样,这会发生在什么时候——是 1543 年(这一年哥白尼发表了他的理论)之后仅仅几年,还是 1543 年之后一个世纪,或几个世纪?考虑这个问题时,应想到以下历史细节:阿利斯塔克斯、第谷和文艺复兴。

1-27　牛顿怎样统一了行星运动的引力和地面上物体所受的重力?

1-28　多数流星在太空中已经运行了几十亿年,是什么在支持它们运动?

1-29　月亮和下落的苹果有何相似之处? 有何不同之处?

1-30　以一个怎样的思路来计算任意形状的两个物体间的引力? 一个放在地球中心的物体会受到地球多大的引力?

1-31　如果你用某种办法减少地球质量,其他因素保持不变,这会影响你的重量吗? 怎样影响?

1-32　对哪几类现象牛顿物理学是不适用的? 为什么经过这样长的时间才发现这些例外?

1-33　说出对牛顿物理学不适用的情况,并给出正确预言的三个理论。

1-34　给出至少一个论据,说明牛顿世界观是对现实的一个正确看法。再至少给出一个反面论据。你自己怎么看? 为什么? 列出牛顿世界观在过去或现在影响我们的文化的几个方面。

1-35　列出至少三个对地球的运动有可检测到的引力效应的天体。

1-36　为什么说海王星的发现是理论指导实践的精彩例证,是万有引力理论威力的生动范例?

1-37　查询各种资料,对比教材阐述潮汐现象成因。

第2章 对称性与守恒定律

在物理学的发展过程中,守恒定律首先在力学领域得以建立,并且以牛顿三定律为基础形成一套完整的经典力学的理论体系。然而守恒定律却又远比牛顿定律具有更广的普适性,它是贯穿于物理学各领域的最基本的规律。在力学领域中运用守恒定律来研究运动往往比直接运用牛顿定律更为方便,甚至在对作用力的某些细节不甚了解的情况下,守恒定律也能为求解问题提供重要的信息。

2.1 动量定理和动量守恒定律

2.1.1 动量定理

动量定理反应力的时间积累作用。动量定理有两种形式,一种为微分形式,一种为积分形式。微分形式应用于(微)元过程,直接改写牛顿第二定律就能得到,其表达式为:

$$\boldsymbol{F}\mathrm{d}t = \mathrm{d}(m\boldsymbol{v}) = \mathrm{d}\boldsymbol{p} \tag{2-1}$$

其中 $\boldsymbol{F}$ 为作用于质点上的合力,合力与该微过程经历的时间的乘积 $\boldsymbol{F}\mathrm{d}t$ 称为合力的元冲量。在 SI 中,冲量的单位为 N·s(牛顿秒)。

对上述微分式两端积分,得动量定理的积分形式

$$\int_{t_0}^{t} \boldsymbol{F}\mathrm{d}t = \boldsymbol{p} - \boldsymbol{p}_0 = m\boldsymbol{v} - m\boldsymbol{v}_0 \tag{2-2}$$

式中 $\int_{t_0}^{t} \boldsymbol{F}\mathrm{d}t$ 为在时间 $t_0 \to t$ 内作用于质点的合力的冲量;$\boldsymbol{p}_0(m\boldsymbol{v}_0)$、$\boldsymbol{p}(m\boldsymbol{v})$ 分别对应初、末时刻质点的动量;而 $\boldsymbol{p} - \boldsymbol{p}_0$ 为过程中动量的增量。

定理给出冲量这一过程量和作用始末质点的状态量(动量)间的关系,并未涉及过程中质点运动的细节,常用于讨论作用时间短暂,而运动状态有明显改变的力学过程。这种情况下,常常用平均力与作用时间的乘积来代替元冲量的积分。以打篮球为例,当你去接对方扔过来的球时,你会在手接触球时顺势往后一收,然后把球稳稳地停在自己手上,而绝不会去硬接。这是因为篮球从刚扔过来到停止,其动量的改变量是一定的,手收缩是为了延长作用时间,这样就减小了作用于手上的平均力。该定理是矢量式,即平均力的方向和动量增量的方向一

致,而非和动量方向相同。

例 1 "逆风行舟"的定性解释

解:如图 2-1 所示,当风从斜前方吹来时,只要帆形合适,帆船也能向前行进,这就是所谓"逆风行舟"。其道理可用动量定理解释如下:考虑吹到帆上的风,经过帆后其方向改变,由于帆面光滑,速度大小基本不变,其动量变化如图。由动量定理可知,风受到帆的作用力的方向斜向后,由牛顿第三定律,帆受到风的作用力 **F** 斜向前,其垂直于船身的横向分力与船背面龙骨所受水的阻力所平衡,而纵向分力则正是使帆船前进的动力。

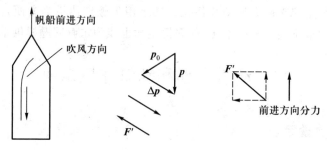

图 2-1   逆风行舟图

例 2   喷气对火箭的推力

火箭内燃料燃烧时喷射出气体,设喷气速度为 u(相对于火箭),喷气流量(单位时间内喷气质量)为 q_m,求喷气对火箭体产生的推力。

解:设 t 时刻火箭的速度为 v,沿火箭飞行方向为正方向,考虑 $t \to t + \mathrm{d}t$ 时间内喷出的那一部分气体,其质量为 $\mathrm{d}m = q_m \mathrm{d}t$,其初动量为 $vq_m \mathrm{d}t$,末动量为 $(v-u)q_m \mathrm{d}t$,由于喷气的力远大于气体重力,故可略去气体重力。对喷气用动量定理(微分形式),得

$$F\mathrm{d}t = (v-u)q_m \mathrm{d}t - vq_m \mathrm{d}t = -uq_m \mathrm{d}t,$$

则有 $F = -q_m u$,负号说明,火箭对所喷气体的作用力向后,即沿飞行反方向,其中 F 为火箭体对所喷气体的作用力。

根据牛顿第三定律,可得喷气对火箭体的推力为:

$$F' = q_m u$$

此式表明,推力的方向与火箭飞行方向相同,推力的大小与喷气流量及喷气速度成正比。增大喷气流量可从增加燃烧室的个数着手,增大喷气速度则应改进燃料品质。

2.1.2   动量守恒定律

所谓质点系是指所研究的诸质点的集合。对于质点系首先需要区分内力和

外力。所谓内力是指该质点系内各质点间的相互作用力;而外力则指系统以外的物体对系统内质点的作用力。

由质点的动量定理和牛顿第三定律容易导出质点系的动量定理。设质点系有 N 个质点,考虑运动的任一元过程,对其中第 i 个质点,写出其动量定理表达式

$$(\boldsymbol{F}_i + \boldsymbol{F}'_i)\mathrm{d}t = \mathrm{d}\boldsymbol{p}_i \qquad (2-3)$$

式中 $\boldsymbol{F}_i$ 为第 i 个质点所受的外力之和,$\boldsymbol{F}'_i$ 为第 i 个质点所受的内力之和。将系统内各质点的动量定理求和,即得

$$\sum \boldsymbol{F}_i \mathrm{d}t + \sum \boldsymbol{F}'_i \mathrm{d}t = \sum \mathrm{d}\boldsymbol{p}_i \qquad (2-4)$$

由于质点系的内力之和为零,质点系的内力的冲量和也为零,则质点系的动量定理为

$$\sum \boldsymbol{F}_i \mathrm{d}t = \sum \mathrm{d}\boldsymbol{p}_i \qquad (2-5)$$

令 $\boldsymbol{p}_{\text{总}} = \sum_i m_i \boldsymbol{v}_i$ 为质点系的总动量,上式可写为

$$\sum_i \boldsymbol{F}_i \mathrm{d}t = \mathrm{d}\boldsymbol{p}_{\text{总}} \qquad (2-6)$$

这就是质点系动量定理的微分形式。对时间 $t_0 \to t$ 的过程积分,得

$$\boldsymbol{I}_{\text{ex}} = \int_{t_0}^{t} \left(\sum_i \boldsymbol{F}_i \mathrm{d}t \right) = \boldsymbol{p}_{\text{总}} - \boldsymbol{p}_0 \qquad (2-7)$$

质点系动量的增量,等于合外力的冲量,这就是质点系的动量定理。汽车能够启动,是因为启动发动机时,汽车的主动轮转动(这时,车各部分的动量的矢量和仍为零),主动轮与地面的接触部分相对于地面有向后运动的趋势,因而地面给予向前的摩擦力,这就是使汽车这一质点系获得向前动量的外力;如果地面光滑(例如光滑的冰面),无法提供外力,则无论怎样发动机器,统统都是内力,车轮只会空转,汽车却不能启动。

由动量定理可知,对一质点系,若 $\sum \boldsymbol{F}_i = 0$,则有 $\mathrm{d}(\sum m_i \boldsymbol{v}_i) = 0$,即

$$\sum m_i \boldsymbol{v}_i = 常量 \qquad (2-8)$$

若一质点系所受合外力为零,则在运动过程中质点系的总动量保持不变。这就是动量守恒定律。

应当注意:动量守恒是矢量守恒。例如炮弹爆炸后,弹片向四面八方飞散,但它们各自动量的矢量和仍然为零,这是因为爆炸产生的力是内力,炮弹的动量应保持恒为零。

有的情况下,尽管质点系所受合外力并不为零,但过程中外力远小于内力,则可认为系统的动量守恒。打击、爆炸、碰撞等过程一般都属于这种情况。还有

一种情况是合外力不为零,但在某一方向的分量为零,则系统在相应方向的分动量守恒,即对质点系,若 $\sum_i F_{ix} = 0$,则有 $\sum_i m_i \boldsymbol{v}_{ix} =$ 常量。

2.2　角动量定理和角动量守恒定律

将作用力分为外力和内力,写出第 i 个质点的角动量定理公式

$$\boldsymbol{r}_i \times \boldsymbol{F}_i + \boldsymbol{r}_i \times \boldsymbol{F}_i' = \frac{\mathrm{d}(\boldsymbol{r}_i \times \boldsymbol{p}_i)}{\mathrm{d}t} \qquad (2-9)$$

对系统内全部质点的方程求和。先对其中一对内力的力矩求和,有

$$\boldsymbol{r}_i \times \boldsymbol{F}_{ij}' + \boldsymbol{r}_j \times \boldsymbol{F}_{ji}' = (\boldsymbol{r}_i - \boldsymbol{r}_j) \boldsymbol{F}_{ij}' = \boldsymbol{r}_{ij} \times \boldsymbol{F}_{ij}' = 0 \qquad (2-10)$$

计算中用到了作用力和反作用力等值反向,作用于一条直线上。式中 $\boldsymbol{r}_{ij}$ 为第 j 个质点相对第 i 个质点的位矢,如图 2-2 所示。因而所有内力矩之和恒为零。故得

$$\sum_i (\boldsymbol{r}_i \times \boldsymbol{F}_i) = \frac{\mathrm{d}\sum_i (\boldsymbol{r}_i \times m_i \boldsymbol{v}_i)}{\mathrm{d}t}$$

$$(2-11)$$

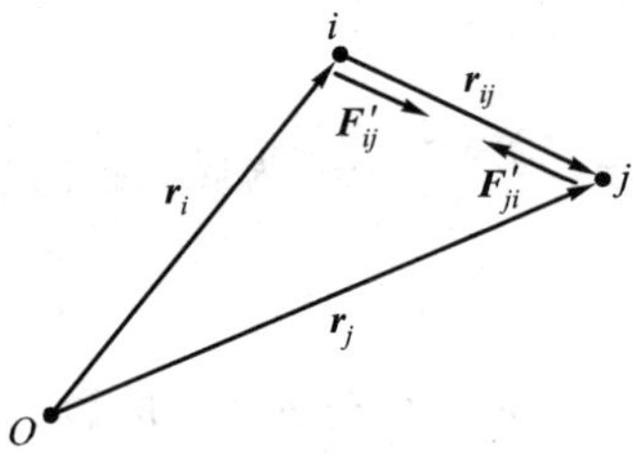

图 2-2　一对内力的力矩

$$\boldsymbol{M}_{\mathrm{ex}} = \frac{\mathrm{d}\boldsymbol{L}_{\mathrm{total}}}{\mathrm{d}t} \qquad (2-12)$$

质点系的角动量的时间变化率等于质点系所受的合外力矩,这就是质点系的角动量定理。式中 $\sum_i (\boldsymbol{r}_i \times m_i \boldsymbol{v}_i) = \boldsymbol{L}_{\mathrm{total}}$ 称为系统的(总)角动量, $\boldsymbol{M}_{\mathrm{ex}}$ 为合外力矩。

与质点系的动量变化情况类似,质点系的总角动量是否改变与内力无关,内力矩的作用仅仅使角动量在系统内部转移。**若质点系所受合外力矩为零,则系统的角动量保持不变**,这就是角动量守恒定律。

角动量定理和角动量守恒定律常用于研究物体(系)的转动。

2.3　动能定理和机械能守恒定律

2.3.1　动能定理

设质点系在诸外力和内力的作用下由初态 a(对应各质点的速度为 $\boldsymbol{v}_{10}, \boldsymbol{v}_{20}, \cdots$)变化到末态 b(相应各质点速度为 $\boldsymbol{v}_1, \boldsymbol{v}_2, \cdots$),对诸质点的动能定理表达式

求和,得

$$\sum_i A_{i,\text{ex}} + \sum_i A_{i,\text{in}} = \sum_i \frac{1}{2}mv_i^2 - \sum_i \frac{1}{2}mv_{i0}^2 \qquad (2-13)$$

令 $A_{\text{ex}} = \sum_i A_{i,\text{ex}}, A_{\text{in}} = \sum_i A_{i,\text{in}}, E_k = \sum_i \frac{1}{2}mv_i^2$,上式可写为

$$A_{\text{ex}} + A_{\text{in}} = E_k - E_{k0} \qquad (2-14)$$

这就是质点系的动能定理。定理叙述为:**所有外力的功与内力的功的代数和等于系统总动能的增量**。需要特别指出的是:尽管任何一对内力等值反向,但一般来说内力的功的代数和不为零,这是因为各质点有不同的位移。因而不仅外力,而且内力的功同样会改变质点系的动能。这是研究质点系动能时应区别于研究动量、角动量之处。

2.3.2 保守力 势能

在计算质点系内力的功时,必然涉及一对相互作用的内力。一对相互作用的内力的功之和(以下简称为一对内力的功)具有特殊的性质。设两个相互作用的质点分别用符号 i、j 标志(如图 2-3),它们的元位移分别为 $\mathrm{d}\boldsymbol{r}_i$ 和 $\mathrm{d}\boldsymbol{r}_j$,则它们的相互作用力的元功之和为

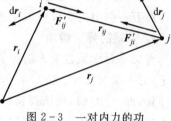

$$\begin{aligned} \mathrm{d}A_i + \mathrm{d}A_j &= \boldsymbol{F}'_{ij} \cdot \mathrm{d}\boldsymbol{r}_i + \boldsymbol{F}'_{ji} \cdot \mathrm{d}\boldsymbol{r}_j \\ &= \boldsymbol{F}'_{ij} \cdot (\mathrm{d}\boldsymbol{r}_i - \mathrm{d}\boldsymbol{r}_j) \\ &= \boldsymbol{F}'_{ij} \cdot \mathrm{d}(\boldsymbol{r}_i - \boldsymbol{r}_j) = \boldsymbol{F}'_{ij} \cdot \mathrm{d}\boldsymbol{r}_{ij} \end{aligned}$$

$$(2-15)$$

图 2-3 一对内力的功

式中 $\boldsymbol{F}'_{ij}$ 为第 i 个质点受到第 j 个质点的力,而 $\boldsymbol{r}_{ij}$ 则是第 i 个质点相对第 j 个质点的位矢,$\mathrm{d}\boldsymbol{r}_{ij}$ 为它相对于 j 质点的位移。同理,这对内力的功还可以表示为 $\mathrm{d}A_i + \mathrm{d}A_j = \boldsymbol{F}'_{ji} \cdot \mathrm{d}\boldsymbol{r}_{ji}$。结果表明:**一对内力的功仅仅取决于这对质点的相对位移!** 这是一对内力的功的重要特点。推而广之,凡一对大小相等,方向相反的力的功之和均具有相同性质。

由功的定义可知,功是过程量,即它不仅对过程有意义,而且一般地说和经历的具体过程有关。但是在研究力的功时发现,有一类力做功却与经历的过程无关。常见的这类力如下:

1. 地面附近的重力做功

当质量为 m 的质点由位置 a 到位置 b 时,重力的功为

$$A_{ab} = mgy_a - mgy_b = mgh_a - mgh_b \qquad (2-16)$$

即重力的功只取决于质点在重力场中的始末高度,与由起点经过什么路线到达

终点无关。

2. 万有引力做功

两个质点质量分别为 m_0 和 m,设 m_0 不动,则 m 受到的万有引力为

$$F_G = -G \frac{m_0 m}{r^2} e_r \qquad (2-17)$$

式中 e_r 为 m 相对 m_0 的单位位矢。

当质点 m 由位置 a(位矢为 r_a)运动到位置 b(位矢为 r_b)时(如图 2-4),万有引力的功为

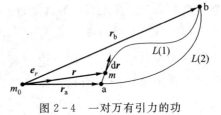

图 2-4 一对万有引力的功

$$A_G = \int_{(a)}^{(b)} \left(-G \frac{m_0 m}{r^2} e_r \right) \cdot dr = \int_{r_a}^{r_b} -G \frac{m_0 m}{r^2} dr$$

$$= \frac{G m_0 m}{r_a} - \frac{G m_0 m}{r_b} \qquad (2-18)$$

因为 $e_r \cdot dr \equiv dr$,无论是如图的路线 $L(1)$ 还是路线 $L(2)$,结果都相同,即此功只和质点的始末位置(与 M 的距离)有关,而和经历的路线无关。

如果质点 M 也在运动,那么它们之间一对万有引力的功之和仍为上述值,即一对万有引力的功仅仅取决于两质点间的始末相对位置(距离)。

3. 弹簧的弹力做功

考虑一劲度系数为 k 的弹簧。设弹簧均匀形变,且为讨论方便,设弹簧一端固定,另一端可拉伸。以 x 表示弹簧的长度形变(简称长变),当 $x>0$ 时,表示弹簧伸长,而 $x<0$ 时,表示弹簧缩短。由胡克定律可知,当弹簧的长变为 x 时,弹簧动端作用于连接该端物体的弹力可表示为 $F=-kx$。式中的"$-$"号表示弹力的方向总是指向其平衡位置。设弹簧由长变为 x_a 的状态变化到长变为 x_b 的状态,则此弹力的功为

$$A_e = \int_{x_a}^{x_b} (-kx) dx = \frac{1}{2} k x_a^2 - \frac{1}{2} k x_b^2 \qquad (2-19)$$

此功只和弹簧始末的形变有关。

概括以上各力做功的特点,可归纳如下:**若质点间相互作用力的功与路径无关,而只取决于系统的始末相对位置,则这种力称为保守力**。关于保守力还可采用另一等效的说法——沿任一闭合(相对)路径,使系统回到原来的相对位形时,系统内相互作用力的总功为零,则这种作用力称为保守力。这一说法的数学表达式为

$$\oint_L F_c \cdot dr = 0 \qquad (2-20)$$

式中积分号上的圆圈表示积分是沿闭合路径进行,dr 应理解为质点间的相对位

移。上式由做功与路径无关容易证明。设系统由初态相对位置 a 经过两个不同的路径 L_1，L_2 到达同一末态相对位置 b，若作用力为保守力，则有

$$\int_{(a),L_1}^{(b)} \boldsymbol{F} \cdot d\boldsymbol{r} = \int_{(a),L_2}^{(b)} \boldsymbol{F} \cdot d\boldsymbol{r} \tag{2-21}$$

再令系统沿 L_2 路径由 b 返回 a，则有

$$\int_{(b),L_2}^{(a)} \boldsymbol{F} \cdot d\boldsymbol{r} = -\int_{(a),L_2}^{(b)} \boldsymbol{F} \cdot d\boldsymbol{r} \tag{2-22}$$

对上一式移项，并代入后一式，得

$$\int_{(a),L_1}^{(b)} \boldsymbol{F} \cdot d\boldsymbol{r} - \int_{(a),L_2}^{(b)} \boldsymbol{F} \cdot d\boldsymbol{r} = \int_{(a),L_1}^{(b)} \boldsymbol{F} \cdot d\boldsymbol{r} + \int_{(b),L_2}^{(a)} \boldsymbol{F} \cdot d\boldsymbol{r} = \oint_L \boldsymbol{F} \cdot d\boldsymbol{r} = 0$$

$$\tag{2-23}$$

因为路径是任选的，所以结果对任意闭合路径成立！$\oint_L \boldsymbol{F}_c \cdot d\boldsymbol{r} = 0$ 可以作为保守力的判别式使用。凡不满足此式的力为非保守力，例如摩擦力就是非保守力。

说明：若保守力作用的两质点中的一个质点在参考系中静止，则一对保守内力的功退化为一个力的功，它取决于一个质点的位移。这时运动质点所受的保守力可表示为质点位置的函数，即 $\boldsymbol{F} = \boldsymbol{F}(r)$，我们就说存在一个以静止质点（或物体）为源的保守力场，而运动质点处于相应的保守力场中。在太阳参考系中研究太阳和行星的万有引力或在地球参考系中研究地球和人造地球卫星的引力时就属于这种情况，前者称存在一太阳的引力场，行星在太阳的引力场中运动；后者则称存在一地球的引力场，人造卫星在地球的引力场中运动。

由于保守力做功的特点，引入一由系统的相对位置决定的能量——**势能**。具有保守力作用的质点系由相对位置 a 变化到相对位置 b 时，定义该**系统的势能的减量等于沿由初态 a 到末态 b 的任一路径相应保守力的功**，即

$$E_{pa} - E_{pb} = -\Delta E_{pab} = \int_{(a)}^{(b)} \boldsymbol{F}_c \cdot d\boldsymbol{r} \tag{2-24}$$

式中的 $d\boldsymbol{r}$ 为质点间的相对位移。由定义可知，当保守力做正功时，系统的势能减少，而保守力做负功时，势能增加。

实际问题中，有意义的是势能的差值，但有时为了讨论问题叙述方便，常谈到某一位形的势能，这时需要选定一参考的位置 R，规定该参考位置的势能为零（称为势能零点），而某一给定位置的势能则等于将系统由给定位置沿任一路径改变到势能零点时相应保守力的功，即

$$E_{pa} = \int_{(a)}^{(R)} \boldsymbol{F}_c \cdot d\boldsymbol{r} \tag{2-25}$$

即某一位置的势能等于该位置的势能与参考位置的势能差。参考位形的选择有任意性，以讨论问题方便为原则。

4. 常见的势能有如下几种：

（1）重力势能

一般选择地面的势能为零，处于高度为 h 的质点在重力场中的势能为：

$$E_p = mgh \tag{2-26}$$

（2）万有引力势能

选择无限远为势能零点，则质量为 m_0, m 的两质点在相距 r 时的万有引力势能为

$$E_p = \int_r^\infty -\frac{Gm_0m}{r^2}\mathrm{d}r = -\frac{Gm_0m}{r} \tag{2-27}$$

引力势能为负，表明任一位置的势能均低于相距无限远的情况。

引力势能曲线如图 2-5 所示。

（3）弹性势能

选择弹簧对于自然长度时（$x=0$）为势能零点，则形变为 x 时的弹性势能为：

$$E_p = \int_x^0 -kx\,\mathrm{d}x = \frac{1}{2}kx^2 \tag{2-28}$$

上述表达式中恒有 $E_p > 0$，这表明弹簧任意一长度下的弹性势能均大于自然长度时的势能。弹性势能曲线为二次曲线，如图 2-6 所示。

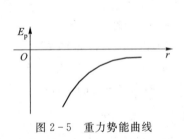

图 2-5　重力势能曲线

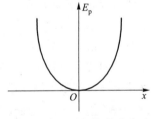

图 2-6　弹性势能曲线

　　由以上讨论可以归纳出关于势能概念的认识如下：首先，势能概念的引入与保守力做功的特点紧密相连，因此只有对应于保守力才能引入相应的势能；其次势能对应于一对保守力的功，是相对位置的函数，因此属于有保守力作用的系统。在质点处于保守力场的特殊情况下，势能简化为位置函数，这时可以说是一个质点（或物体）的势能；第三，势能的值与参考系无关，但随参考位置选择的不同而不同。

2.3.3　机械能守恒定律

　　对于质点系，由动能定理有 $A_{ex} + A_{in} = E_k - E_{k0}$，若系统内存在保守力，则可将内力的功分为保守内力的功 $A_{in,c}$ 和非保守内力的功两项，将 $A_{in,c} = E_{p0} - E_p$ 代

入上式,并将有关能量的项移在等号的同一侧,得

$$A_{ex} + A_{in,nc} = (E_k + E_p) - (E_{k0} + E_{p0}) \qquad (2-29)$$

令 $E = E_k + E_p$,则有

$$A_{ex} + A_{in,nc} = E - E_0 \qquad (2-30)$$

式中 E 为系统动能与势能之和,称为系统的机械能。上式叙述为:**对质点系,所有外力的功与非保守内力的功之和等于系统机械能的增量**。通常称为功能原理。功能原理与动能定理的差异就是用势能增量的负值来代替了保守内力的功。

　　需要指出的是,由上述功能原理写出的过程可以看出,对所涉及势能且有保守力相互作用的物体,均应包括在所讨论的系统之列。例如,讨论重力势能时涉及的系统是地球和物体。

　　由功能原理可以得出,**对一质点系,如果只有保守内力做功**(即 $A_{ex} = 0$, $A_{in,nc} = 0$),**则系统的机械能保持不变**,这就是机械能守恒定律。

　　机械能守恒定律告诉我们,对于即使只有内力作用的系统(当然有 $A_{ex} = 0$),其机械能不一定守恒。若只有保守内力作用,机械能才守恒。这种情况下,保守内力的功所起的作用是使系统内的动能和势能之间相互转换;若内力为非保守力,仍将改变系统的机械能,这时非保守内力的功是使系统内其他能量和机械能相互转换。例如地雷爆炸,内力的功的作用使内部炸药的化学能转变为系统的机械能,使机械能增大。这样,我们对功有了更进一步的认识:做功是通过宏观位移实现能量转换的一种手段,功是能量转换多少的量度! 由此推广到包括各种形式的能量的情况,可以得出,对一孤立系统(与外界没有物质和能量交换的系统)无论经历何种变化,其能量可以在内部相互转换和传递,但其总和不变! 这就是普遍能量转换与守恒定律。

*2.4　刚体的定轴转动

　　刚体的特征是具有一定的形状、大小,但不变形。刚体最基本的运动有两种:平移和定轴转动。平移时,整个刚体和它的质心的运动相同,其规律与刚体质量集中在其质心上的一个质点的运动规律相同。本节讨论定轴转动的规律。这时可以把刚体看做是相互位置不变的特殊的质点系,运用质点系的动力学规律加以研究。

2.4.1　刚体的定轴转动

　　刚体定轴转动的特点(如图 2-7)是刚体上任一质元均做圆周运动,且它们的圆心在同一条固定的直线上。这条直线就是刚体定轴转动的转轴。

从运动学的角度,确定定轴转动刚体的位置只需要一个独立坐标——角坐标,描述其运动的量为角速度 ω 和角加速度 α。ω 的大小等于刚体上任一质元相对转轴的位矢在单位时间转过的角度,即

$$\omega = \frac{\mathrm{d}\theta}{\mathrm{d}t} \qquad (2-31)$$

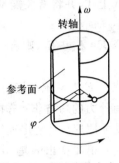

图 2 - 7　角速度的方向

式中,θ 为该位矢与过转轴的参考面间的夹角。ω 的方向规定为沿转轴,其指向与刚体的转向成右手关系。

α 定义为角速度的时间变化率,即角加速度

$$\alpha = \frac{\mathrm{d}\omega}{\mathrm{d}t} \qquad (2-32)$$

定轴转动中,ω、α 的方向都只可能有两个:或同转轴正方向,或与之相反。因此,只需用正负号就可表示出它们的方向,这和质点的直线运动中用正负表示速度、加速度的方向道理相同。当 ω、α 的符号相同时,角速度值增大;当二者符号相反时,角速度值减小。

2.4.2　刚体定轴转动的基本方程

从质点系的角动量定理 $\boldsymbol{M}_{\mathrm{ex}} = \dfrac{\mathrm{d}\boldsymbol{L}}{\mathrm{d}t}$ 出发,写出该式沿转轴的投影式,并利用刚体定轴转动的特点,可以得出刚体角动量在转轴上的投影为

$$L_z = \left(\sum_i r_i \times \Delta m_i \boldsymbol{v}_i \sin \theta_i \right)_z = \sum_i (\Delta m_i R_i^2)\omega = J\omega \qquad (2-33)$$

以及外力力矩在转轴的投影的代数和

$$M_{\mathrm{ex},z} = \sum_i (R_i F_{i\perp} \sin \theta_i) \qquad (2-34)$$

由此得出刚体定轴转动时的动力学方程如下:

$$M_{\mathrm{ex},z} = \frac{\mathrm{d}(J\omega)}{\mathrm{d}t} = J\alpha \qquad (2-35)$$

式中 $J = \sum_i \Delta m_i R_i^2$ 称为刚体对定轴的转动惯量,R_i 是质量为 Δm 的质元做圆周运动的半径,即为此质元相对于转轴的位矢 $\boldsymbol{R}_i$ 的大小。

$$M_{\mathrm{ex},z} = \sum_i (R_i F_{i\perp} \sin \theta_i) \qquad (2-36)$$

为外力对转轴的合力矩。在对转轴的力矩的计算式中,$F_{i\perp}$ 是外力 $\boldsymbol{F}_i$ 在垂直于转轴的平面上的分力,θ_i 是分力 $F_{i\perp}$ 与受力质元的位矢 $\boldsymbol{R}_i$ 间夹角,如图 2 - 8。方程

$$M_{\mathrm{ex},z} = \frac{\mathrm{d}(J\omega)}{\mathrm{d}t} = J\alpha \qquad (2-37)$$

称为刚体定轴转动方程（或定理）。定理叙述为：**刚体所受外力对定轴的合力矩等于刚体对该轴的角动量的时间变化率，或等于刚体的转动惯量与角加速度之积。**转动定理在刚体定轴转动中的地位和质点直线运动时的 $F = ma$ 相当。

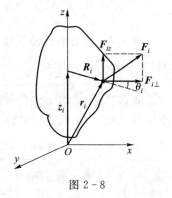

图 2-8

　　需要说明的是：定理中对转轴的角动量 $L_z = J\omega$ 和力矩 M_{iz} 都是代数值。前者的符号由角速度的符号决定，即当角速度的方向与转轴的正方向相同时为正，反之为负。后者由外力在垂直于转轴的平面上的分量与受力质元相对转轴的位矢间夹角决定。

2.4.3　转动惯量及其计算

　　从转动定理可以看到，转动惯量的大小反映了刚体在转动时惯性的大小。由于刚体的质量连续分布，故转动惯量的定义式为

$$J = \int_m r^2 \,\mathrm{d}m \qquad (2-38)$$

式中 r 为质元 $\mathrm{d}m$ 到转轴的距离，对整个刚体进行积分。

　　例 1　如图 2-9 所示，质量均匀分布的圆环（圆环半径为 R，质量为 m），转轴通过其圆心且垂直于圆环平面，求转动惯量。

　　解：在圆环上任取一质元，它们到转轴的距离同为圆环半径，故

$$J = \int_m r^2 \,\mathrm{d}m = R^2 \int_m \mathrm{d}m = mR^2$$

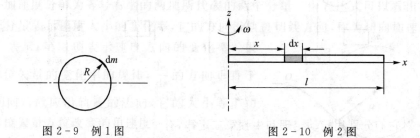

图 2-9　例 1 图　　　　　　　　　　　图 2-10　例 2 图

　　例 2　如图 2-10 所示，质量均匀分布的细棒（长度为 l，质量为 m），转轴通过棒的一端且垂直于棒身，求转动惯量。

解:在棒上取距离转轴为 x,长度为 $\mathrm{d}x$ 的一段质元,其质量 $\mathrm{d}m = \dfrac{\mathrm{d}x}{l}m$,故细棒的转动惯量

$$J = \int_0^l x^2 \frac{\mathrm{d}x}{l}m = \frac{1}{3}ml^2$$

此例中,如果把转轴平移至细棒的中点,容易得出其转动惯量为

$$J = \frac{1}{12}ml^2$$

如表 2-1 给出了一些常用的质量均匀分布的刚体的转动惯量。其中 m 是刚体的总质量;R 代表球体球壳或圆环的半径;a 和 b 代表薄板的长度和宽度。

表 2-1　各种质量均匀分布的刚体的转动惯量

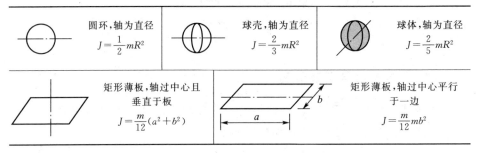

圆环,轴为直径 $J = \dfrac{1}{2}mR^2$	球壳,轴为直径 $J = \dfrac{2}{3}mR^2$	球体,轴为直径 $J = \dfrac{2}{5}mR^2$
矩形薄板,轴过中心且垂直于板 $J = \dfrac{m}{12}(a^2+b^2)$	矩形薄板,轴过中心平行于一边 $J = \dfrac{m}{12}mb^2$	

例 3　如图 2-11 所示,一轻绳跨过定滑轮,绳的两端固结两个质量分别为 m_1 和 m_2 的重物,$m_1 < m_2$。设绳与滑轮间无滑动,滑轮可视为质量均匀的圆盘,半径为 R,质量为 m_G。不计各处摩擦,求绳两端拉力。

解:滑轮和重物分别视为刚体和质点,它们的受力如图。

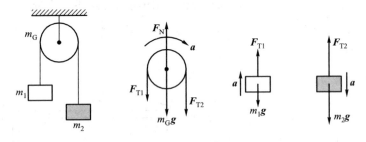

图 2-11　例 3 图

对它们分别用转动定理和牛顿第二定律,有

$$F_{\mathrm{T2}}R - F_{\mathrm{T1}}R = \left(\frac{1}{2}m_\mathrm{G}R^2\right)\alpha,$$

$$F_{\mathrm{T1}} - m_1 g = m_1 a$$

$$m_2 g - F_{T2} = m_2 a$$

因为无滑动,重物的加速度大小应等于滑轮边缘处任一点的切向加速度大小,即有

$$a = R\alpha$$

由以上四式可解出

$$F_{T1} = \frac{m_1(2m_2 + m_G/2)g}{m_1 + m_2 + m_G/2}, \quad F_{T2} = \frac{m_2(2m_1 + m_G/2)g}{m_1 + m_2 + m_G/2}$$

由解可以看到,这时绳两端的张力 $F_{T1} \neq F_{T2}$,只有滑轮质量不计时,二者才相等。

定轴转动时质点系的动能有很简单的表达式。由定义,质点系的动能为

$$E_k = \sum_i \frac{1}{2}\Delta m_i v_i^2 = \sum_i \frac{1}{2}\Delta m_i (\omega R_i)^2$$

$$= \frac{1}{2}\left(\sum_i \Delta m_i R_i^2\right)\omega^2 = \frac{1}{2}J\omega^2 \tag{2-39}$$

即

$$E_k = \frac{1}{2}J\omega^2 \tag{2-40}$$

这就是定轴转动时整个刚体的动能,简称为刚体的转动动能。对定轴转动的刚体,**动能定理**写为

$$A = \frac{1}{2}J\omega^2 - \frac{1}{2}J\omega_0^2 \tag{2-41}$$

由转动定理(即角动量定理沿转轴的分量式),若外力对定轴的合外力矩为零,则刚体对该轴的角动量守恒,即,若 $M_z = 0$,有 $J\omega =$ 常量。

对于单一刚体,角动量守恒与刚体保持匀角速度转动是一回事。但是定轴转动的角动量守恒还常有另外的情况。其一是物体在转动的某一段过程中由于内部的原因,形状发生改变,但其始末状态可以看做刚体定轴转动,这时,角动量守恒写为

$$J\omega = J_0\omega_0 \tag{2-42}$$

其生动的实例是花样滑冰。运动员在开始旋转时双臂伸展,转速较低;之后,收拢双臂,转速大大加快。这是因为运动员只受重力和地面支持力,它们对过质心的竖直轴的力矩为零,因而运动员旋转时角动量守恒。收拢双臂后 $J < J_0$,故 $\omega > \omega_0$。用于演示这种角动量守恒的茹可夫斯基凳也是这个道理,如图 2-12 所示。

另一种角动量守恒是刚体组的角动量守恒,这时有

$$J_1 m_1 + J_2 m_2 + \cdots = 常量 \qquad (2-43)$$

在茹可夫斯基凳上,如果人手平举车轮站立不动,然后用手拨动车轮使之绕竖直轴转动,则我们会看到人和圆凳会向相反方向转动。这当然是因为系统的初始角动量为零,它们在内力矩的作用下要保持角动量守恒,只可能具有大小相等、方向相反的角动量的缘故。

(a)　　　　　(b)

图 2-12　角动量守恒例

例 4　质量均匀分布的圆盘,半径为 R,可绕过圆心的竖直轴在水平面内转动,其转动惯量为 J,有一人站立在圆盘边缘,之后沿圆盘边缘行走一周。设人的质量为 m,不计转轴处的摩擦,求圆盘相应转过的角度。

解:对人和圆盘系统,所受外力均沿竖直方向,对题述转轴的力矩为零。则系统对竖直轴的角动量守恒。设圆盘的角速度为 ω,人相对圆盘转动的角速度为 ω',因初始角动量为零,有

$$mR^2(\omega + \omega') + J\omega = 0$$

解得

$$\omega = -\frac{mR^2}{J + mR^2}\omega'$$

将此方程两端对时间积分,得圆盘转过的角度

$$\Delta\theta = -\frac{mR^2}{J + mR^2}\int_0^t \omega' \mathrm{d}t = -\frac{mR^2}{J + mR^2}2\pi$$

式中的负号表示圆盘转动的方向和人的转动方向相反。

2.5　嫦娥奔月

2.5.1　三种宇宙速度

在地面上用火箭发射航天器,根据不同要求,所需的发射速度也不同。

1. 第一宇宙速度

在地面上发射航天器,使之能沿绕地球的圆轨道运行所需的最小发射速度称为第一宇宙速度,即发射人造卫星所需的最小速度是第一宇宙速度。第一宇宙速度也称环绕速度。

当质量为 m 的人造卫星在距地心为 r 的圆形轨道上以速度 v_1 运行时,地球对它的引力为其做圆周运动所需的向心力,故有

$$G\frac{m_0 m}{r^2} = m\frac{v_1^2}{r} \tag{2-44}$$

式中 G 为引力常量，m_0 为地球的质量。由上式得

$$v_1 = \sqrt{\frac{Gm_0}{r}} \tag{2-45}$$

对于地球表面附近（大气层外）的轨道，式中的 r 可近似地用地球的半径 r_0 代替，代入地球质量 $m_0 = 5.98 \times 10^{24}$ kg 和半径 $r_0 = 6.37 \times 10^6$ m 的值，得第一宇宙速度为

$$v_1 = \sqrt{\frac{Gm_0}{r_0}} = \sqrt{gr_0} = 7.9 \text{ km/s} \tag{2-46}$$

式中的 $g = \sqrt{\frac{Gm_0}{r_0}} = 9.8$ m/s^2。人造卫星的运行轨道半径越大，所需的发射速度越大。再考虑空气阻力等因素的影响，所以发射人造卫星的实际速度总是要大于第一宇宙速度的。

2. 第二宇宙速度

在地面上发射航天器，使之能脱离地球的引力场所需的最小发射速度，称为第二宇宙速度。设物体的初速度为 v_2，自地面发出。不计空气阻力，在飞行过程中物体和地球所组成的系统机械能守恒，仍以无限远为势能零点，则有

$$\frac{1}{2}mv_2^2 + \left(-\frac{Gm_0 m}{r_0}\right) = 0 \tag{2-47}$$

因此解得

$$v_2 = \sqrt{\frac{2Gm_0}{r_0}} = \sqrt{2g} \tag{2-48}$$

代入地球质量和半径的数值，得

$$v_2 = 11.2 \text{ km/s} \tag{2-49}$$

这就是通常所说的第二宇宙速度。它是以地球为参考系计算得到的。航天器要飞向其他星球，在脱离地球引力场后还必须有一定的速度，所以这样的航天器的发射速度必须大于第二宇宙速度。

3. 第三宇宙速度

在地球表面发射航天器，使之不但脱离地球的引力场，还要脱离太阳的引力场的最小发射速度，称为第三宇宙速度。

第三宇宙速度可以按照下述思路来计算。由于太阳引力场比地球引力场强

得多,因此先不考虑地球引力的作用,计算在地球公转轨道上需要以多大速度发射航天器才能脱离太阳的引力场。由式

$$G\frac{m_s m}{r^2}=m\frac{v_0^2}{r} \tag{2-50}$$

得

$$v_0=\sqrt{\frac{2Gm_s}{r}}\cong\sqrt{\frac{2Gm_s}{r_s}} \tag{2-51}$$

式中的 m_s 是太阳的质量 $m_s=1.989\times10^{30}$ kg; r_s 是地球到太阳的距离 $r_s=1.50\times10^{11}$ m。

$$v_0=\sqrt{\frac{2Gm_s}{r_s}}=42.2 \text{ km/s} \tag{2-52}$$

在地球上发射航天器时,还应充分利用地球绕太阳公转的轨道速度。地球公转的轨道速度为

$$v_e=\sqrt{\frac{Gm_s}{r_s}}=29.8 \text{ km/s} \tag{2-53}$$

如果航天器沿着地球轨道速度 v_e 的方向发射,那么所需的发射速度为

$$v=v_0-v_e=12.4 \text{ km/s} \tag{2-54}$$

这是在没有考虑地球引力的情况下得出的结果。

如果再考虑地球引力场的作用,问题就变成了如果要航天器在脱离地球引力后的速度为 $v=12.4$ km/s,那么在地球表面应有多大的发射速度? 这又完全是一个在地球引力场中的机械能守恒问题了。用 v_3 表示这个发射速度,则有:

$$\frac{1}{2}mv_3^2-G\frac{m_s m}{r_s}=\frac{1}{2}mv^2 \tag{2-55}$$

由此得出

$$v_3=\sqrt{v^2+\frac{2Gm_s}{r_s}}=\sqrt{v^2+v_2^2}=16.7 \text{ km/s} \tag{2-56}$$

这就是第三宇宙速度。使航天器能够先脱离地球的引力场,再脱离太阳的引力场而飞入茫茫的宇宙所需的最小发射速度。

上面的方法同样可以用来讨论其他星球的逃逸速度,这时只需代换相应的质量和半径即可。从所得结果的表达式可知,若星球的质量越大,半径越小,即质量密度越大,则所需的逃逸速度越大,其极限为真空中的光速。

逃逸速度达到光速的星球为黑洞,相应的半径 $r_H=\dfrac{2Gm}{c^2}$ 叫视界半径。假如

设想太阳演变为黑洞(设质量不变),那么它的视界半径应为 3 km。当然,根据天体演化的理论,只有质量大于太阳质量 2.7 倍以上的星体才有可能演变为黑洞,所以太阳永远不会成为黑洞。有趣的是,尽管高速情况下牛顿力学不再适用,但此处得出的视界半径公式却和广义相对论的结果一致!

2.5.2　人类航天事业的发展

飞向浩瀚的宇宙,漫步在无垠的太空,一直是人类的梦想。在这个梦想的激励下,人类的航天事业在快速地发展着。

1957 年 10 月 4 日,苏联成功地发射了世界上第一颗人造地球卫星:伴星 1 号,标志着人类航天时代的到来。1958 年 1 月 31 日,美国也发射了自己的第一颗人造地球卫星。1959 年 9 月 12 日,苏联发射月球 2 号探测器,成为世界上第一个撞击月球表面的航天器。1961 年 4 月 12 日,苏联发射了世界上第一艘载人飞船东方 1 号,开始了人类航天史上的一个新纪元。宇航员加加林在太空轨道飞行 108 分钟后返回地面,成为人类遨游太空的第一人。1965 年 3 月 18 日,苏联上升 2 号飞船宇航员列昂诺夫走出舱外活动,第一次实现了人类太空行走。1969 年 7 月 16 日,美国土星 5 号运载火箭将阿波罗 11 号飞船送上太空;7 月 21 日,飞船飞抵月球,两名宇航员把人类的足迹第一次印在了月球上。1981 年 4 月 12 日,世界上第一架航天飞机——美国哥伦比亚号航天飞机发射成功。截至目前,全世界共进行了二百多次载人航天飞行,八百多人次上天。图 2-13 所示为 2000 年 2 月 12 日美国奋进者号航天飞机升空时的情景。

图 2-13　美国"奋进者"号航天飞机升空时的情景

我国的航天事业起步较晚,但目前已逐步进入世界先进行列。1970 年 4 月 24 日,我国成功地发射了第一颗人造地球卫星东方红 1 号,使我国成为继苏联、美、法、日之后第五个发射卫星的国家。1975 年 11 月 26 日,我国又成功地发射了返回式卫星,并经三天正常运行后,按原计划顺利返回。成为世界上继苏联、美国之后第三个掌握卫星返回技术的国家。此后,我国又掌握了一箭多星技术,于 1981 年 9 月 20 日,首次用一枚运载火箭把三颗卫星同时送入各自轨道。此后,我国成功地发射了多种不同类型的卫星。从 1992 年 1 月中国载人飞船正式立项开始,已经探索出了一条自己的载人航天研究之路。1999 年 11 月 20 日,中国第一艘载人航天试验飞船神舟一号,采用新型长征运载火箭发射升空,绕地球飞行 14 圈后,按计划成功着陆。于 2001 年 1 月 10 日起又相继发射了神舟二号到四号,为正式载人做好了准备。2003 年 10 月 15 日发射的神舟五号首次成功载人飞行。承载宇航员杨利伟围绕地球 14 圈。2005 年 10 月 12 日发射的神舟六号首次进行多人多天的航天飞行,承载的宇航员是费俊龙和聂海胜,见图 2-14。

2008 年 9 月 25 日 21 时 10 分 04 秒发射的神舟七号,搭载了翟志刚、刘伯明、景海鹏三名航天员绕地飞行了 68 小时 30 分钟,中国宇航员首次空间出舱活动,实现了太空行走。

神舟八号是一个无人的目标飞行器,为中国空间站做对接准备。北京时间 2011 年 11 月 1 日 5 时 58 分神舟八号飞船点火升空,成功进入预定轨道。11 月 3 日凌晨 1 时 30 分左右,从对接机构接触开始,经过捕获、缓冲、拉近、锁紧 4 个步骤,神舟八号飞船与天宫一号目标飞行器实现连接,形成组合体,中国载人航天首次空间交会对接试验获得圆满成功。图 2-14、图 2-15 分别为神舟八号发射升空,神舟八号与天宫一号交会对接轨道示意图的照片。

图 2-14 神舟八号升空   图 2-15 神舟八号与天宫一号交会对接轨道示意图

北京时间 2012 年 6 月 16 日 18 时 37 分,中国载人飞船神舟九号在酒泉卫星发射中心发射升空。男航天员景海鹏、刘旺和女航天员刘洋组成"神九"飞行乘组,执行中国首次载人交会对接和空间科学实验任务。2012 年 6 月 18 日约 11 时左右,飞船转入自主控制飞行,14 时左右与天宫一号实施自动交会对接,这是中国实施的首次载人空间交会对接。2012 年 6 月 24 日,天宫-神九组合体在轨飞行 6 天后短暂分离,并于 12 时许成功实施我国首次手控交会对接,这意味着中国完整掌握空间交会对接技术,具备了建设空间站的基本能力。之后,三名航天员再次进驻天宫一号,继续进行空间科学实验。2012 年 6 月 29 日,"神九"

在经过 13 天的飞行之后,在内蒙古四子王旗成功返回。图 2-16、图 2-17 和图 2-18 分别为神舟九号结构图,神九航天员在天宫一号上(从左到右依次为刘旺、景海鹏、刘洋)和神舟九号、天宫一号成功实现载人交会对接的照片。

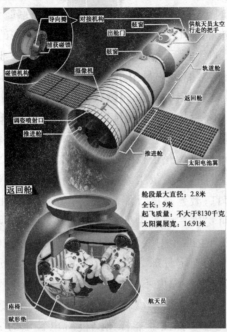

注:图片来自新华社

图 2-16　神舟九号结构图

图 2-17　神九航天员在天宫一号上

图 2-18　神九、天宫一号
实现载人交会对接

2.5.3　嫦娥奔月

中国航天工程中的另一个任务——探月工程也取得骄人的成果。北京时间2007年3月1日16时13分10秒,嫦娥一号卫星在北京航天飞行控制中心科技人员的精确控制下,准确落于月球东经52.36°、南纬1.50°的预定撞击点。至此,在经历了长达494天的飞行后,静谧、遥远的月球土地终于成为这位中国首个"月球使者"的生命归宿。嫦娥一号卫星上搭载了CCD立体相机、干涉成像光谱仪、激光高度计、γ/X射线谱仪、微波探测仪、高能粒子探测器、太阳风离子探测器等八种科学仪器。各种科学仪器均有其独特的作用:CCD立体相机能获取月表同一目标星下点、前视17°、后视17°三幅二维原始数据图像,经辐射定标,重构月表三维立体影像;干涉成像光谱仪能采集每个地元(像元)的点干涉图,经数学处理后获得相应点光谱图,并提供二维重构光谱图像,从而获得有关月表主要物质类型及其分布的信息;激光高度计能测量卫星到星下点月球表面的距离,与卫星轨道参数相结合,可提供三维影响处理所需的参数;γ/X射线谱仪能探测月表元素受宇宙射线激发产生的γ射线和X射线能谱,通过数据处理获得月表主要元素的含量和分布,从而确定月球表面位置类型和资源分布;微波探测仪能利用不同频段微波在月壤中穿透深度不同的特点,通过对月壤特定频段微波辐射的测量,反演出月表不同地区月壤厚度信息。这是世界上首次采用微波遥感手段对月球进行探测;高能粒子探测器能探测高能带电粒子的成分、能谱、通量和随时间的变化特征;太阳风离子探测器能探测原始太阳风等离子的能谱,包括太阳风的体速度、离子温度等。图2-19为嫦娥一号发射时的照片,图2-20为嫦娥一号成像光谱仪获取的月球表面三维图像,图2-21为嫦娥一号搭载的八种科研仪器。

图2-19　嫦娥一号发射成功

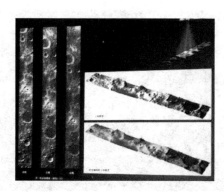

图2-20　嫦娥一号拍摄的月球
表面三维图像

图 2-21　嫦娥一号搭载的八种科研仪器

2007 年 11 月 26 日,中国国家航天局正式公布了嫦娥一号卫星传回的第一幅月面图像,标志着中国首次月球探测工程取得圆满成功。中国首次月球探测工程第一幅月球表面图像是由嫦娥一号卫星上的 CCD 立体相机拍摄的,见图 2-22。

图 2-22　嫦娥一号卫星传回的第一幅月面图像

嫦娥一号卫星 CCD 相机已对月球背面进行成像探测,并获取了月球背面部分区域的影像图。干涉成像光谱仪工作原理是将空间同一点发出的一束光分成两束,经空间不同传播途径后又汇聚在一起,两束光经过的光程不同将产生干涉,可获得光的干涉图,经反演后得到物质的光谱信息。嫦娥一号卫星搭载的是一台空间调制干涉成像光谱仪。图2-23、图2-24、图2-25、图2-26分别为空间调制干涉成像光谱仪获取的月球表面物质的干涉图、干涉曲线、光谱曲线、以及月表物质合成彩色图像。

图2-23 干涉图

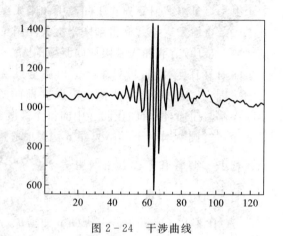

图2-24 干涉曲线

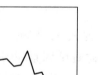

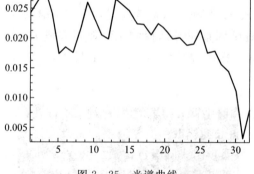

图2-25 光谱曲线

北京时间2009年3月1日16时13分10秒,嫦娥一号卫星在完成了494天的飞行任务,传递了1.37 TB的有效科学探测数据之后,准确落于月球东经52.36度、南纬1.50度的预定撞击点,完成了其光荣使命。

2010年10月1日18时59分57秒,搭载着嫦娥二号卫星的长征三号丙运载火箭在西昌卫星发射中心点火发射,见图2-27。嫦娥二号搭载了更高分辨率的CCD相机,其指标为在100 km的圆轨道上,地元分辨率优于10 m;在15 km×100 km椭圆轨道上,在近月弧段局域地区获取地元分辨率优于1.5 m的超高分辨率图像。2007年,日本发射的月亮女神中也有一台CCD立体相机,它的地元分辨率是10 m,但仅能得到月球南北纬60°间的立体影像。而嫦

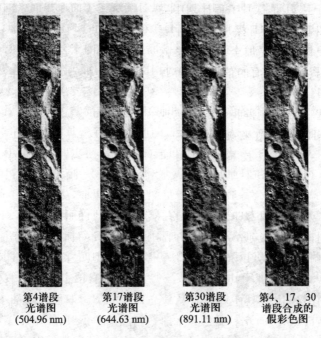

第4谱段
光谱图
(504.96 nm)　　　第17谱段
光谱图
(644.63 nm)　　　第30谱段
光谱图
(891.11 nm)　　　第4、17、30
谱段合成的
假彩色图

图 2-26　月表物质合成彩色图像

娥二号在两种轨道上的地元分辨率分别是 7 m 和 1 m,而且具有全月面立体成像能力。图 2-28 为嫦娥二号 CCD 立体相机获得的月球虹湾区域局部影像图。

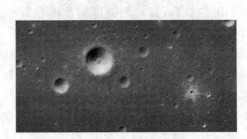

图 2-27　嫦娥二号发射　　　图 2-28　CCD 相机获得的月球虹湾区域局部影像图

　　嫦娥三号卫星是探月工程计划中嫦娥系列的第三颗人造绕月探月卫星,计划于 2013 年发射,将实现软着陆、无人探测及月夜生存三大创新。"嫦娥三号"最大的特点是携带有一部"中华牌"月球车,实现月球表面探测,见图 2-29 和图 2-30。

嫦娥四号卫星,是探月工程计划中嫦娥系列的第四颗人造绕月探月卫星,主要任务是继续更深层次更加全面地科学探测月球地质、资源等方面的信息,完善月球的档案资料。

嫦娥工程一方面使得我们距离实现月球能源利用的梦想愈来愈接近,另一方面也带动了我国科技事业的飞速发展。

图 2-29　"嫦娥三号"登陆
月车模拟图

图 2-30　"中华牌"月球车工作原理图

2.6　对称性与守恒定律

物理规律是分层次的,有的只对某些具体事物适用,如胡克定律只适用于弹性体;有的在一定范围内成立,如牛顿定律,适用于一切低速运动的宏观物体;有的如能量守恒、动量守恒和角动量守恒定律,则在自然界的各个领域都适用。后者属于自然界中更深层次、更为基本的规律。而守恒律和对称性之间有着深刻的联系。掌握对称性的概念、规律及其分析方法,对于深入地认识自然界具有重要意义。

2.6.1　对称性

　　物质世界千变万化、丰富多彩。城市、街道、房屋、动物、植物,地上景物、天上星辰以及它们的各种现象、各种过程,这一切有的是天然生成,有的是根据人们心灵深处的神往和感受精心制作而成。虽然它们是那样千差万别,彼此间仿佛没有任何相关联的地方。然而,如果我们仔细地对这一切进行观察,就会在这变化万千的物质世界中找到一类普遍存在的现象,那就是对称。远古的先民们对于接触到的自然界中的种种令人感到惊奇的对称结构,必然有着深刻的印象。大自然中的对称表现随处可见。在有机界,我们看到植物的叶子大体都是左右对称的。花的美丽和花瓣分布的轴对称或左右对称有直接的关系。人的形体都是左右对称的,每个人五官端正,耳、鼻、口、眼及面部形象,左右对称,越看越好看,真是天作之美。几乎所有动物的形体也是左右对称的。在无机界中最容易看到的是雪花的对称花样。可见,丰富多彩的自然界给人们展现着一幅幅简单、和谐、具有对称美的图像。随着文明的发展,人类对各种对称结构由最初感到好看、满意发展到产生一种对称美的感受,对称的概念逐渐渗透到人类生产和生活的各个方面,对称的应用也逐渐扩展到人类活动的各个领域。当今世界上人们应用对称概念精心设计给人以美感的事物随处可见。如汽车、火车、飞机的形体都是对称的;大型的建筑,如北京故宫的每座宫殿都以中线左右对称,整个故宫建筑群也基本上是以南北走向的中轴线对称分布的。西安的大雁塔、小雁塔、钟楼、鼓楼无不具有对称性。这些对称性的建筑,给人以雄伟、庄严、肃穆、整齐、优美的感觉。对称的概念不仅显示在建筑、绘画之中,而且在文学艺术中也充分体现着对称性。我国历代留传下来的诗歌读起来给人以美的感受,显示出恰当的韵律。苏东坡的回文诗,顺读、倒读都成章。许多乐曲也都体现着对称的音节。文学艺术创作中的对称性,起因于艺术家们对于对称性概念的感染力的深刻鉴赏。

　　总之,在人们的心目中,对称就是美,对称就是艺术,对称也是文化素质的一部分。

　　最早将对称概念引入科学的是古代的科学家。相信是神创造了世界的古代人类,一直在思考着一个问题:上帝是按照怎样的法则来创造世界的? 通过对生物世界的观察,特别是通过对各种动物和人体的左右对称性的观察,可能会想到这是否就是上帝创造宇宙万物的统一的法则呢? 可以很有理由地说,看来在很多方面人们是这样思考的,对称性是人们观察认识自然过程中产生的一种观念。古希腊的学者们用本均轮理论来研究天体的运动,认为天体必然做匀速圆周运动。这匀速圆周运动,无论从运动形式上,还是从轨道形状上,都具有极高度的对称性。亚里士多德的观点则更为深刻,他认为不仅天体必然做匀速圆周运动,而且天体的形状是严格的球形,它们的表面是光滑无缺的。这样,天体的对称性,从任何方面来说都是尽善尽美了。实际上古希腊的学者们已经把对称性法则看成是主宰物质世界的普遍规律。例如,在托勒密的地心体系中,认为宇宙的"九重天"是九个运转着的具有完美对称性的同心的晶莹球壳。在一千多年后,哥白尼学说的诞生,虽然引起了人类宇宙观的巨大变革,但仍然认为一个个行星在以太阳为中心的天球上做匀速圆周运动。古希腊的学者们发现了五种正多面体,它们都具有高度的对称性。当开普勒开始天文学家的生涯时,他继承了希腊人对于对称形式的迷恋,他力图将五种正多面体结构与当时已知的太阳系的六颗行星联系起来。虽然开普勒的这一想法是错误的,但是按照开普勒自己的说法,他后来发现的开普勒三定律,是受这早期的努力影响的,并且他早期的这种探究方法却与当今粒子物理学研究中使用的方法相似,这不能完全看做是巧合。

从更深的意义上讲,对称法则对物质运动起着普遍的支配作用。我们把所讨论的对象,称为系统。同一系统可以处于不同的状态,这不同的状态可能是等价的,也可能是不等价的,所谓等价,即不同的状态相同或完全复原。设想有一个圆球,它是几何学中理想的球,见图 2-31(a)。如果把球绕通过球心的任意轴转动一下,那么这个球就处于不同的状态,这些状态看上去没有任何区别,我们说这些状态都是等价的。如果在球体表面上打一个点作为记号,见图 2-31(b),即我们把带有这个记号的球体作为研究的系统,这时再转动这个球,球上的点在空间的方位将不同。点在空间的方位不同。这些状态就不同,因此对于包括这个记号在内的系统而言,不同的状态是不等价的。把系统从一个状态变到另一个状态的过程称为"变换",或者叫做给系统一个"操作"。

德国数学家魏尔在 1951 年提出了关于对称性的普遍定义:**如果一个操作使系统从一个状态变到另一个与之等价的状态,或者说,状态在此操作下不变,我们就说系统对于这一操作是对称的,而这个操作就叫做该系统的一个对称操作。简言之,对称性就是某种变换下的不变性。**如对于图 2-31(a)所示

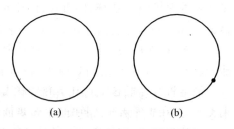

(a)　　　　　　(b)

图 2-31　球的对称性

的没有记号的球体,围绕球心旋转任意角度的操作都是对称的,或者说,围绕球心旋转任意角度都是该球体的对称操作。对于图 2-31(b)所示的包含记号的

球体,过此点做球的直径,只有以该直径为轴转过任意角度的操作才是对称的。对称性有级次高低之分,图 2-31(a)所示的没有记号的球体,具有级次高的对称性,而图 2-31(b)所示的含有记号的球体,对称性就少多了,其对称性的级次较前者低。

物理学中几种常见的对称变换(操作)如下:

(1) 空间变换

① **平移**:即对位矢 r 作 $r \rightarrow r + r_0$ 的变换,相应的对称性谓之平移对称性。

② **转动**:前述球的中心对称,就是指球对绕球心朝任意方向,做任意角度的旋转对称,通常就称之为球对称。如果球面上有一个点状标记,例如一色斑,则只有在绕球心朝任意方向旋转 360° 才是对称的。因而后一种情况的对称程度要小得多。一圆柱体以其中心轴为转轴,旋转任一角度状态不变,即具有旋转轴对称。

③ **镜像反射(反演)**:俗称照镜子。指对镜面做物像变换。通常所说紫禁城建筑的东西对称,实际就是以天安门的中轴面(南北竖直面)为镜面的镜像对称。

④ **空间反演**:对位矢做 $r \rightarrow -r$ 的变换,立方体对其体中心具有空间反演对称性。

(2) 时间变换

① **时间平移**:作 $t \rightarrow t + t_0$ 的变换。匀速运动物体的速度 v 对任意时间平移具有对称性。变化周期为 T 的系统对 $t \rightarrow t + nT$ (n 为整数)的时间平移有对称性。

② **时间反演**:作 $t \rightarrow -t$ 的变换,即通常所谓"时光倒流"。

对速度进行时间反演的结果有 $v \rightarrow -v$,方向相反,即 v 不具时间反演不变性。

对加速度进行时间反演时,因匀加速运动中 a 不变,即加速度具有时间反演不变性

保守力只与位置有关,故对时间反演不变;耗散力与速度方向有关,故对时间反演不具不变性。

(3) **联合变换**:最重要的联合变换是时空联合变换。物理学中的伽利略变换、洛伦兹变换均属时空联合变换。

除上述基本变换外,物理学中还有电荷共轭变换(粒子、反粒子的变换)、规范变换等。

需要指出的是,物理学中还将对称性的概念延伸至讨论物理规律。若物理规律在某种变换下形式不变,则称此规律对此变换具有对称性。例如牛顿定律对伽利略变换具有对称性,麦克斯韦方程组对洛伦兹变换具有对称性等。

2.6.2　对称性原理

　　自然规律反映了事物之间的"因果关系",即在一定的条件(原因)下会出现一定的现象(结果)。因果之间规律性的联系体现为可重复性和预见性,即相同(或等价)的原因必定产生相同(或等价)的结果。用对称性的语言来表述这个结论就给出了对称性原理:**原因中的对称性必然反应在结果中,结果中的对称性至少和原因中的对称性一样多;结果的不对称性必然出自原因中的不对称性,原因中的不对称性至少和结果中的不对称性一样多。**

　　对称性原理是自然界的一条基本原理,有时,在不知道某些具体物理规律的情况下,我们可以根据对称性原理进行分析,对问题给出定性或半定量的结果。例如,根据对称性原理容易论证,一个只受有心力作用的质点,必定在由初速度 v 及力心决定的平面内运动。因为全部原因(力、初始条件)对所述平面具有镜像反射对称性(其镜像就是自身),所以结果(质点运动)也必定具有同样的镜面反射对称性,故质点的运动不可能偏离此平面。

2.6.3　对称性与守恒定律

　　所谓"守恒"的基本含义,是指任给一组描述系统随时间变化的方程,必能从中寻找到一个始终不变的物理量——守恒量。

　　如何决定守恒量? 德国数学家诺特给出如下定理:**作用量的每一种对称性都将有一个守恒量与之对应。**这个定理可用下述箭头关系显示对称性守恒量。

　　根据诺特的定理:

相互作用的时间平移对称性→能量守恒

相互作用的空间平移对称性→动量守恒

相互作用的转动对称性→角动量守恒

　　上述讨论是从对称性导出守恒量,反过来也可由观测到的守恒量寻找与之相应的对称变换和对称性。例如,物理学史上就由观测到电荷守恒而找到了相应的"规范变换"和"规范对称性"。

　　对称性在物理学中具有深刻的意义。一种对称性的发现远比一种物理效应或具体物理规律的发现意义要大得多! 例如,源于电磁理论的洛伦兹不变性,导致力学的革命;爱因斯坦为寻找引力理论的不变性而创立了广义相对论;狄拉克为使微观粒子的波动方程具有洛伦兹不变性,修正了薛定谔方程,并根据方程解的对称性预言了反电子(正电子)的存在,进而使人们开始了对反粒子、反物质的探索。对称性还以它强大的力量把那些物理学中表面上不相关的东西联系在一起,例如关于四种相互作用的大统一理论。粒子物理中关于对称性和守恒量的研究更是作为一种基本的研究方法贯穿其中。那么，在继续探索未知的过程中，对称性规律的研究又将向我们揭示多少深层次的奥秘？展现多么奇妙的世界？用守恒定律作出一些定性的判断，得到有用的信息来指导探索未知的规律。

我们看到，在物理学的很大范围内，包括核力的强相互作用现象、电磁现象以及最初的引力作用现象等重要领域中，关于这些现象的所有定律似乎都是对称的。但是，弱相互作用中宇称不守恒这个小小的例外却跑出来说："不，定律并不都是对称的！"自然界几乎对称，但又不完全对称，这究竟是怎么回事？我们怎样来理解这一点？首先，我们考虑是否还有别的不对称的例子，答案是肯定的。事实上确实存在一些别的例子，比如，在质子与质子之间，中子与中子之间，中子与质子之间，相互作用的核力部分相同，这里有着一种核子的对称性，一种新的对称性，所以，我们可以交换中子和质子。但这并不是普遍成立的对称性，因为两个相隔一定距离的质子间的电斥力对中子来说并不存在。所以，一般说来并不总是能用中子来替换质子的，这种替换只是一个良好的近似。为什么说是良好的近似？因为核力远比电磁力强，所以这也是一种几乎对称的情况。这样，我们在别的问题上也确实看到了例子。在人们的心目中有一种倾向，认为对称是无比完美的。这与希腊人的一个古老观念类似：圆是完美的，如果相信行星的轨道不是圆形，而只是接近于圆形的话，那就太可怕了。是一个圆和近似一个圆这两者之间的差别不是一个很小的差别，对于人们的认识来说，这是一个根本性的改变。圆蕴涵着对称和完美，一旦稍有偏离，就一切都完了，它就不再对称了。行星的实际运动轨道是椭圆形的，那么，问题就在于为什么行星的轨道不是圆而只是接近于圆？这是一个更加困难的问题。若从圆的观点出发去看，如果轨道都是精确的圆，这种情况显然很简单，它符合对称性，也自然用不着去解释。但既然轨道只是接近于圆，就需要做出许多解释，就需要从动力学的角度来考虑哪些因素的作用使轨道只是近于对称的。这样，我们的问题就是要解释对称性究竟从何而来。为什么自然界近于对称？没有人能道出其所以然。一位物理学家很风趣地做了如下的可能解释。日本的日光市有一座门，这座门曾经被日本人称为全日本最美的城门，它是在深受中国艺术影响的时代建造的。这个城门非常精致，有许多山墙和美丽的雕刻图案，还有许多柱子以及刻有龙头和贵族雕像的圆柱等。但是当你靠近看时，在一根柱子上除了见到复杂精细的雕刻图案外，还可见到有个小小的图样刻得正好颠倒过来，要没有这件事，情况就完全对称了。如果要问为什么会那样？据说，它是故意被刻得颠倒的，为的是使上帝不至于妒忌人的完美。人们故意在这里留下一个小小的错误，那样上帝就不会因为妒忌而对人类感到愤怒了。我们愿意把这种看法反过来，并且相信自然界之所以接近于对称，其原因是，上帝把物理定律造得只是接近于对称，这样人类就不会妒忌上帝的完美了。

2.6.4 对称性原理在物理学的发展中起着重要的指导作用

对于对称性的概念,在古代还只是一种模糊的认识,或者是人类的一种向往,即使到了经典物理学的发展时期,也还未能把对称性上升为规律性的法则,但是在人们的头脑中,对称性的观念是根深蒂固的。现在回顾起来可以说,由于物理学家的这种观念,实际上使对称性原理在物理学的很多问题的发展中起到了指引的作用。比如说,当丹麦物理学家奥斯特于 1820 年发现电流的磁效应时,很多物理学家马上想到的是磁也应该能产生电,这种想法不是没有根据的,其依据就是对称性的观念,10 年后,法拉第终于实现了把磁转变为电的愿望。又比如说,麦克斯韦在建立电磁场理论的过程中,首先发现了变化的磁场可以产生电场,但这不够完满,因为它缺乏对称性。在这种观念的指引下,麦克斯韦很快又发现了变化的电场可以产生磁场,给人以很完美的感受。当然这一发现对人类社会进步的影响之大是不言而喻了。当爱因斯坦提出的光量子理论圆满地解释了光电效应规律,建立了光的波粒二象性的概念之后,德布罗意基于对称性于 1924 年大胆地提出了物质波假设,即实物粒子不仅具有粒子性,而且具有波动性。很多物理学家面对这毫无实验依据的设想不知所措。而爱因斯坦站在对称性原理的高度上,认为这正是他所企盼的理论,他不仅立即给予充分的肯定,而且还给予了高度的评价,认为这是"揭开了自然界巨大面罩的一角"。德布罗意的物质波概念提出后,很快就由戴维逊和革末等人在实验中给予了证实。这些事例充分显示了对称性原理在物理学发展中的指导作用。

2.6.5 20 世纪扩大了对称性的作用

当爱因斯坦在 1905 年创立狭义相对论时,也为空间和时间在抽象的数学含义上是对称的这一概念铺设了道路。多年之后,在 1982 年的一次谈话中,狄拉克问杨振宁,什么是爱因斯坦对物理学的最重要的贡献。杨振宁回答说:"1916 年的广义相对论"。狄拉克说:"那是重要的,但不像他引入的时空对称的概念那么重要"。狄拉克的意思是说,尽管广义相对论异常深刻和富有独创性,但空间和时间的对称性对以后的物理学的发展具有深远的影响。在量子力学建立之后,对称性的作用越来越广泛,对称性的重要性越来越明显,从讨论物理对象的对称性出发,可以得到许多很有意义的结果。在量子力学中,动力学系统的态是用指明态的对称性质的量子数标记的,随后还出现了选择定则,它支配着在各态之间跃迁时量子数的变化。但这些最初是通过经验发现的,人们对它们的意义并不理解,只是在量子力学建立后,借助于对称概念才变得一目了然。所以在开始发展量子力学的 1925 年之后,对称才开始渗入原子物理学的语言中。后来,随着对核现象和基本粒子现象研究的深入,对称也逐渐渗入到了这些新领域的语言中。对称在量子物理学中的作用之所以能够大大扩展,主要是因为表达量子力学的数学形式是线性的,量子力学中存在着叠加原理,这样,在量子力学中,不仅像经典力学中那样,圆形轨道具有对称性,而且对于椭圆轨道,由于有叠加原理,人们可在与圆形轨道对称等价的立足点上讨论椭圆轨道的对称性。人们对对称性深刻认识的另一个例证是 19 世纪发现的周期表。周期表是一项极伟大的发现,可是周期 2,8,18 等数最初都是凭经验发现的,是在通过比较各种元素的化学性质中找到的,对于它们的意义及来源当时并不理解,直到量子力学建立后人们才逐渐明白,这些数字不是偶然的,它们从库仑力的转动对称中可直接得出。对称的概念具有深远意义的另一个例子是狄拉克关于存在反粒子的大胆预言。1931 年,狄拉克根据数学方程式的对称性做出了存在反电子(带正电荷的电子)的预言,结果在 1932 年的实验中所拍摄的宇宙射线的照片证实了带正电荷的电子的存在。狄拉克的预言是那样的不寻常,它扩大了我们对于场论的理解,奠定了量子电动场论的基础。所以,由于对称的作用,在未涉及一些具体定律之前,我们往往有可能根据对称性原理和守恒定律做出一些定性的判断,得到有用的信息来指导探索未知的规律。

*2.7　牛顿力学的内在随机性　混沌现象

　　从 17 世纪开始,以牛顿运动定律为基础建立起来的经典力学体系,无论在自然科学还是工程技术领域都取得了巨大的成功。比如行星的运动可以预报,日食、月食与潮汐一样可以预测,对航天飞机与导弹的运行可勾划出准确的轨道。然而,牛顿运动定律的魅力更在于它的"确定性",即只要知道了物体的受力情况及它的初始条件,那么这个物体的"过去,现在,未来"等一切都在掌握之中。我们知道,牛顿定律 $F = m\dfrac{\mathrm{d}v}{\mathrm{d}t} = m\dfrac{\mathrm{d}^2 r}{\mathrm{d}t^2}$ 是关于质点运动的微分方程,如果已知力的规律和质点运动的初始条件,原则上说,可以求解质点的运动。小如弹簧振子在弹性力作用下的振动,潜艇在重力和阻力联合作用下的下沉;大如行星在太阳引力作用下的运动。它们的共同特点是:由牛顿定律这一确定性方程可以得出确定性的结果;初始条件的微小差异,将使结果有微小差异,且结果的差异因时间的增长呈线性增大。海王星、天王星乃至冥王星的发现是牛顿力学的可预测性的充分体现!

　　经典物理学的这些光辉成就导致决定论观点长期以来统治着宏观世界。到

18 世纪法国数学家拉普拉斯把决定论思想发展到了顶峰,他有这样一段名言:"设想有位智者在每一瞬间得知激励大自然的所有的力,以及组成它的所有物体的相互位置,如果这位智者如此博大精深,他能对这样众多的数据进行分析,把宇宙间最庞大物体和最轻微原子的运动包容于一个公式之中,那么对他来说没有什么事情是不确定的,将来就像过去一样展现在他的眼前。"因此,牛顿力学被誉为"确定性理论"。

长期以来,人们对牛顿力学的决定论似乎深信不疑。然而,这仅仅是事情的一个方面,事情的另一面则是确定性方程也会出现不可预测的结果。

这种确定性的运动方程有不可预测的结果,我们称之为牛顿力学的内在随机性,它来源于运动微分方程的非线性。

20 世纪初期,法国数学家、物理学家庞加莱(1854—1912)研究了受到引力相互作用的三个星体(例如一个恒星和两个行星)的轨道问题,他考虑到由初始点位置的不同所引起的轨道行为的差异,证明了轨道的复杂性。20 世纪 60 年代以后,人们继而又研究了一些限制性的三体问题及其他非线性动力学方程的问题,证实这些方程的非线性项会带来系统的混沌行为。混沌是确定性系统所表现出的随机行为的总称,其根源是系统内的非线性相互作用。混沌的最显著特征就是系统的行为对初值的细微变化极其敏感。混沌冲破了牛顿力学的决定论观念,揭示出了牛顿力学内在的随机性。非线性方程的长期解对初值的敏感性,在天气预报的计算中突出地表现出来,这就是著名的所谓"蝴蝶效应"。它是在 20 世纪 60 年代由美国气象学家洛伦茨提出的。20 世纪 60 年代初,洛伦茨利用大型计算机进行大气流运动的迭代计算时发现,初始条件的参数值通过四舍五入由六位数改为三位数时,计算机得到了气流运动完全不同的曲线,表现出对初值的敏感。

在《混沌学传奇》与《分形论——奇异性探索》等书中是这样描述的:"1961年冬季的一天,洛伦茨在皇家麦克比型电脑上进行关于天气预报的计算。为了考察一个很长的序列,他走了一条捷径,没有令电脑从头运行,而是从中途开始。他把上次的输出直接打入作为计算的初值,但由于一时不慎,他无意间省略了小数点后六位的零头,然后他穿过大厅下楼,去喝咖啡。一小时后,他回来时发生了出乎意料的事,他发现天气变化与上一次的模式迅速偏离,在短时间内,相似性完全消失了。进一步的计算表明,输入的细微差异可能很快成为输出的巨大差别。这种现象被称为对初始条件的敏感依赖性。他把这形象地比喻为"蝴蝶效应",意即某地的蝴蝶扇动一下翅膀,就可能在若干天后在远方引起一场暴风雪。这当然不是天方夜谭,蝴蝶翅膀对大气的扰动,就是参数的微小改变,它完全可能引起人们事先根本没有预料到的结果。"蝴蝶效应"表明长期天气预报没有实际意义。洛伦茨 1979 年 12 月 29 日在华盛顿的美国科学促进会演讲时说：
"可预言性：一只蝴蝶在巴西扇动翅膀会在得克萨斯引起龙卷风吗？"。洛伦兹的
结论是：长期的天气预报是不可能的。

教学参考 2.1　宇称守恒与不守恒

1. 宇称与宇称守恒定律

我们过去在物理学中所发现的运动规律都是左右对称的。也就是说粒子的
运动规律和它在镜中的像所满足的运动规律是相同的。由于这一事实，维格纳
最早提出了宇称的概念，也称为运动的奇偶性概念。宇称是用来描述物体的运
动状态和它在镜子里的像的运动状态是否相同的一个物理量。所谓宇称就是与
空间反演操作相对应的守恒量。前面已述，在应用直角坐标系的情况下，空间反
演就是使三个坐标轴都反向，但由于空间转动对称性的存在，三个坐标轴同时反
向和两个坐标轴不变只一个坐标轴反向（镜像反射）实际是等价的，因此宇称也
是镜像操作性质的物理量。

对于一个物体的某一状态，它的镜像和本身的关系只可能有两种情况。一
种是它的镜像和它本身完全一样，如图 2-32，一个正放着的圆筒状的杯子和它
的镜像的关系就是这样。对这样的系统（实际上是指处于某一状态的粒子），我
们就说它具有偶宇称，或说正宇称。另一种情况是它的镜像和它本身有左右之
分，而不能完全重合，如右手的镜像成为左手，左手的镜像成为右手，就是这种情
况。如图 2-33 所示的三角板，它和它的镜像的关系就是这样。对这样的系统，
我们就说它具有奇宇称，或说负宇称。我们用符号 P 来表示空间反演（或镜像
反射）操作，由于连续两次空间反演（或连续两次镜像反射）物体是不变的，也就
是 $P^2=1$，因此，对应于宇称的奇或偶两种性质，宇称这个物理量所能观测的数
值只能取 $+1$ 和 -1 两个值。偶宇称的宇称值为 $+1$，奇宇称的宇称值为 -1。对
于粒子的轨道运动状态（如原子中电子的轨道运动）有轨道宇称值。某些粒子还
有内禀宇称（对应于该粒子的内部结构）。一个粒子或一个粒子系统的总宇称等
于各粒子的轨道宇称和内禀宇称的总乘积，也即宇称具有可乘性而不是可加性。
在量子力学中，描述粒子体系的运动状态通常用波函数来描述，对简单的一维运
动情况，波函数可以写作 $\psi(x)$。描述某一状态的波函数 $\psi(x)$ 就给出了体系
在该状态下的全部信息。如果描述某体系状态的波函数 $\psi(x)$ 在空间反演
下不变，也就是 $P\psi(x)=\psi(-x)=\psi(x)$，即 $P\psi(x)=\psi(x)$，这时系统处在宇
称值为 $+1$ 的状态，也就是处于偶（正）宇称状态。如果在空间反演下变号，也就
是 $P\psi(x)=\psi(-x)=-\psi(x)$，这时系统处在宇称值为 -1 的状态，也就是处于

奇(负)宇称的状态。例如，做一维运动的粒子，如果运动状态用 $\psi(x)=\cos x$ 来描述，则是相对于 x 的偶函数，即 $P\cos x=\cos(-x)=\cos x$，也就是处于正宇称的状态。若粒子的运动状态用 $\psi(x)=\sin x$ 来描述，则是相对于 x 的奇函数，即 $P\sin x=\sin(-x)=-\sin x$，也就是处于负宇称的状态。若一个粒子的轨道宇称和内禀宇称都是偶函数，两个偶函数相乘，总的波函数仍为偶函数，即 $(+1)(+1)=+1$，仍为正宇称；若两个都是负宇称，两个奇函数相乘等于偶函数，即 $(-1)(-1)=+1$，总宇称也为正宇称，所以总存在 $P2=1$。一个为正宇称，另一个为负宇称，则偶函数与奇函数相乘为奇函数，即 $(+1)(-1)=-1$，总宇称为负宇称。通过对许多自然现象的观察和研究，人们发现自然界的各种运动都具有空间反演对称性，在各种粒子的反应中，出现反应前后系统宇称的不变性，偶宇称的体系保持偶宇称，奇宇称的体系保持奇宇称，也就是说在没有外来影响的条件下，量子体系的内部不论其运动如何复杂，不论发生如何剧烈的变化，其宇称是不变的，这称为宇称守恒定律。在很长一段时间内，宇称守恒定律曾被作为一条自然界的普遍规律为人们所接受。

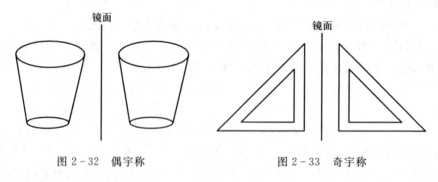

图 2-32 偶宇称   图 2-33 奇宇称

2. 宇称不守恒的发现

在量子力学中能够形成宇称守恒定律，主要来源于物理学定律一直显示出的左右之间的完全对称性。这种左右对称性也即镜像反演不变性，也就是说自然规律对于实物和它在镜子里面的像是一致的，我们无法利用规律本身来判断过程进行的主体是物还是像。宇称不守恒的发现意味着在粒子物理领域中，物理规律具有左右对称概念的改变。长期以来，人们通过大量的实验事实已经清楚地知道物质之间的相互作用可归纳为引力作用、电磁作用、强相互作用和弱相互作用等四种类型。其中弱相互作用发生于原子核的 β 衰变过程中，它是微观世界中主要的相互作用之一。20 世纪中期，物理学家发现了在弱相互作用中宇称具有不守恒的性质。1954—1956 年间，实验中出现了一个令人不解的所谓"θ-τ"疑难。有一种粒子称为 θ 介子，它蜕变为两个 π 介子；另有一种 τ 介子，

它蜕变为三个 π 介子。已知 π 介子的宇称值为 -1,如果按照宇称守恒,θ 介子必定是两个 π 介子的总宇称,即宇称值应为 +1,而 τ 介子的宇称值应为 -1,因此 θ 介子和 τ 介子不会是同一种粒子。可是实验又告诉人们,这两种粒子的质量、寿命及其他性质均相同,它们应该是同一种粒子。由此看来,θ 和 τ 似乎真正是以两种不同方式蜕变的同一种粒子。由于越来越精确的实验显示出 θ 和 τ 的宇称不相同,因此依据宇称守恒定律,它们不可能是同一种粒子;若承认是同一种粒子,必然得出宇称不守恒的结论。李政道和杨振宁详细分析了以往支持宇称守恒的实验,发现这些实验都只能说明在引力、电磁和强相互作用下宇称守恒,而从以往有关弱相互作用的实验中都不能得出宇称守恒的结论。于是他们认为 θ 介子和 τ 介子是同一种粒子而怀疑宇称守恒定律的正确性。他们认为弱相互作用过程中宇称可能是不守恒的。为了检验此设想,他们建议用钴 (^{60}Co) 的 β 衰变实验来检验,看一看在 β 衰变这样的弱相互作用中宇称是否守恒。很快,著名的实验物理学家吴健雄等人以出色的技巧完成了这个实验,从而以确凿无疑的证据判明,在弱相互作用中宇称守恒并不成立。首先在这个实验中,使用的 β 衰变源中的原子核必须是极化的(即它们的自旋大都朝同一个方向)。在通常的 β 衰变实验中,由于热运动的缘故,原子核的自旋取向是杂乱无章的,中间放一个 β 衰变源,随便在哪一个角度上测出的 β 粒子的强度分布都是相同的,即这种情况下,β 衰变源放射电子的角分布各向同性,根本无法判断宇称是否守恒。实验中首先要将温度降得很低(<0.01 K),使热运动产生的扰乱变得很弱,然后再加一个强的外磁场,原子核的自旋便整齐地排列起来,它们基本上都为外磁场的方向。

图 2-34 是吴健雄等人在 1956 年年底完成的实验原理简图。他们建立起了两套互为镜像的实验装置,即在两套装置中,低温下在强磁场中极化后的原子核的自旋方向互为镜像。图 (a) 中原子核的自旋方向向上,其镜像图 (b) 中原子核的自旋方向向下。实验中测定的是原子核在 β 衰变中沿着自旋方向及逆着自旋方向发射 β 粒子(电子)的概

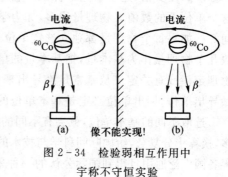

图 2-34　检验弱相互作用中宇称不守恒实验

率(或数目)。由于两套装置中,计数器都在装置的正下方,所以图 (a) 中计量的是逆着自旋方向发射的电子数,图 (b) 中计量的是沿着自旋方向发射的电子数。如果原子核在 β 衰变中沿着自旋方向和逆着自旋方向发射电子的概率相等,两个计数器的读数应相同,即实验满足镜像对称,则宇称守恒。否则认为宇称是不守恒的。

实验结果显示,两个计数器的读数不相等,实验表明逆着自旋方向发射电子的概率大于顺着自旋方向发射电子的概率,从而令人信服地证明了弱相互作用中宇称不守恒。这里的另一个结论是 θ 介子和 τ 介子被认为是同一种粒子,现在通常称它们为 K 介子。推翻一个定律(尽管在局部领域内)与发现一个定律同样重要。李政道、杨振宁及吴健雄等人的工作对理论和实践的发展都具有深刻的指导意义。由于李政道和杨振宁发现了弱相互作用中宇称不守恒,获得了 1957 年的诺贝尔物理学奖。人们对空间、时间的看法往往影响到对物理学某些基本原理的看法。反过来,一些物理学基本原理的发现或更深入的理解,又会改变人们对空间、时间基本性质的认识。对于宇称守恒定律的进一步研究,也必然会导致对时空性质的进一步认识。宇称守恒定律是空间左右对称性的必然结果。在弱相互作用中的宇称不守恒性质,表明在弱相互作用过程中推翻了一个很古老的传统观念——空间的左右对称性。空间的左右不是那么对称的,但这种不对称性并不是那么明显,只有在微观领域的弱相互作用过程中才能被觉察到,而在强相互作用、电磁相互作用以及引力相互作用中,我们是无法观察到空间左右的不对称性的,其宇称是守恒的。

教学参考 2.2　国际单位制和量纲

物理学中出现的各种物理量,除了有数值大小外,还必须有确定的单位,才能进行运算和相互比较。也就是说,为了表示物理量的大小,必须首先选定相应的量作为标准,用它与被测量的物理量进行比较,从而得出被测量的物理量是这个标准的多少倍,这个被选作标准的量称为单位,得到的倍数就是被测物理量在这个单位下的数值。物理量很多,如力学中就有位移、速度、加速度、质量、力、时间等。如果每个物理量都独立选定单位,就会给运算带来不便。因此,常选定少数几个物理量作为基本量,把基本量的单位作为基本单位,其他物理量可以根据物理定律或有关定义从基本量推导出来,这些物理量为导出量,导出量的单位叫做导出单位,导出单位必定是基本单位的组合。

选取不同的基本单位,就会有不同的单位制。由于各国使用的单位制种类繁多,换算十分复杂,给国际间科学与技术的交流带来许多困难。因此就需要建立世界各国广泛通用且得到国际公认的一种单位制,这有赖于国际协议。负责这项事务的是 1875 年成立的位于法国巴黎附近的国际计量局,它是国际计量大会的执行机构,国际计量大会定期开会做出决议或建议。1960 年第 11 届国际计量大会通过了国际单位制,国际简称为 SI,建议在世界各国间广泛推广和使用。1971 年,第 14 届国际计量大会规定长度、质量、时间、电流、热力学温度、物质的量、发光强度等 7 个物理量为基本量,它们的单位作为国际单位制的基本单位。其中力学常用的基本量有长度、质量、时间等,国际单位制规定长度的单位为米,符号为 m;质量的单位为千克,符号为 kg;时间的单位为秒,符号为 s。对于长度单位,以前把保存在巴黎的国际计量局中的"米原器"上的两刻线间距离规定为 1 m。"米原器"是一根铂铱制成的合金棒,也叫做标准米。但是这样的长度标准是有缺陷的。由于热胀冷缩现象,金属棒的长度要随温度变化,因此在使用时,必须把它准确地维持在特定的温度下,而这是很困难的。所以将它作为标准使用时,总会产生不同程度的不准确性。另外,这标准棒必须复制,才便于在世界上的各个地方作为长度标准使用,可是没有一个复制品能真的一模一样。这些复制品作为次级标准在使用时也必会带来不准确性。这些次级标准又被复制,用来制造精密的米尺,又再一次复制成通常用的米尺。这样每复制一次,都会带来新的不准确性。并且这种实物标准可能遭受破坏,例如被火灾或战争所破坏。所以,为了提高长度测量的精度和保证标准的稳定性及易于复制,1960 年规定 1 m 为氪的一种同位素(^{86}Kr)原子发出的某一个特征频率的光波波长的 1 650 763.73 倍。1983 年又规定 1 m 是光在真空中传播时在(1/299 792 458)s 内所经过的路径的长度。表 2-2 给出了一些长度的实际例子。

表 2-2　长度实例

实例内容	长度/m	实例内容	长度/m
目前可观察到的宇宙的半径	10^{26}	人的身高	约 1.7
珠穆朗玛峰的高度	8.9×10^3	星系之间的距离	10^{22}
银河系的直径	7.6×10^{20}	无线电广播的电磁波波长	约 3×10^2
地球到最近的恒星(半人马座比邻星)的距离	4.0×10^{16}	说话的声波波长	约 0.4
可见光波的波长	约 6×10^{-7}	光在 1 年内走的距离(1 光年)	0.95×10^{16}
原子半径	约 1×10^{-10}	地球到太阳的距离	1.5×10^{11}
电子半径	$< 1 \times 10^{-18}$	地球的半径	6.4×10^6
质子半径	1×10^{-15}		

对于时间单位,1967 年以前,时间的标准是用 1900 年地球绕太阳一周所需的时间来规定的,规定 1 s 为这一年的平均太阳日的 1/86 400。其实,地球的运动,每天都有微小的变化,因此需要一个更为稳定且便于使用的时间标准。1967 年第 13 届国际计量大会采用了新的时间标准,规定 1 s 为铯的一种同位素(^{133}Cs)原子发出的一个特征频率光波周期的 9 192 631 770 倍。时间的概念很重要,不同的过程经历时间的差别可能很大。表 2-3 中给出了一些时间的实际例子。

表 2-3 时 间 实 例

实 例 内 容	时间/s	实 例 内 容	时间/s
宇宙的年龄	约 10^{17}	地球的年龄	1.2×10^{17}
人的平均寿命	2.2×10^9	地球公转周期(1年)	3.2×10^7
地球自转周期(1日)	8.6×10^4	自由中子寿命	9.2×10^2
人的脉搏周期	约 0.9	说话声波的周期	约 1×10^{-3}
无线电广播的电磁波周期	10^{-6}	π^+ 粒子的寿命	2.6×10^{-8}
可见光波的周期	$(1.3\sim2.5)\times10^{-15}$	最短的粒子寿命	约 1×10^{-24}

对于质量单位,现在仍规定保存在巴黎的国际计量局中一个铂铱合金制成的金属圆柱体——"千克标准原器"的质量为 1 kg。为了比较的方便起见,许多国家都有它的精确的复制品。表 2-4 中给出了一些质量的实际例子。

表 2-4 质 量 实 例

实 例 内 容	质量/kg	实 例 内 容	质量/kg
可观察到的宇宙	约 10^{53}	银河系	4×10^{41}
太阳	2.0×10^{30}	地球	6.0×10^{24}
人	约 6×10^1	雨点	10^{-6}
红血球	9×10^{-14}	铀原子	$40.\times10^{-26}$
质子	1.7×10^{-27}	电子	9.1×10^{-31}

我国以国际单位制为基础颁定了"法定计量单位"(包括某些非 SI 单位,如年、月、日等)。

当基本量选定后,其他物理量都可以借助已知的关系式,由基本量的某种组合表示出来。表示每个物理量怎样由基本量组成的式子,称为这个物理量的量纲式,也简称量纲。用 L、M、T 来表示长度、质量、时间这三个基本量,力学中的其他物理量一般可由它们的组合表示出来。如力 F 的量纲可以表示为

$$\dim F = LMT^{-2}$$

任意物理量 Q 的量纲记为 $\dim Q$,上式表示的物理量 F 的量纲式中,L、M 的指数均为 1。引入量纲概念之后,进行量纲分析是处理物理问题的重要方法之一。首先,量纲式给物理量的单位换算带来很大的方便。另外,利用量纲还可以检验等式是否合理,在等式两边的量纲必须相同,若等式的一边不止一项,则每一项

的量纲都要相同。

习　　题

2-1　一人造地球卫星到地球中心 O 的最大距离和最小距离分别是 R_A 和
R_B。设卫星对应的角动量分别是 L_A、L_B，动能分
别是 E_{KA}、E_{KB}，则应有

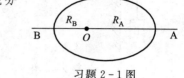

习题 2-1 图

   A. $L_B > L_A$，$E_{KA} > E_{KB}$；

   B. $L_B > L_A$，$E_{KA} = E_{KB}$；

   C. $L_B = L_A$，$E_{KA} = E_{KB}$；

   D. $L_B = L_A$，$E_{KA} < E_{KB}$。　　　　　　　　　　　[　]

2-2　一力学系统由两个质点组成，它们之间只有引力作用。若两质点所
受外力的矢量和为零，则此系统

   A. 动量、机械能以及对一轴的角动量守恒；

   B. 动量、机械能守恒，但角动量是否守恒不能断定；

   C. 动量守恒，但机械能和角动量守恒与否不能断定；

   D. 动量和角动量守恒，但机械能是否守恒不能断定。　　　　[　]

2-3　质量为 m 的一艘宇宙飞船关闭发动机返回地球时，可认为该飞船只
在地球的引力场中运动。已知地球质量为 m_0，万有引力恒量为 G，则当它从距
地球中心 R_1 处下降到 R_2 处时，飞船增加的动能应等于

   A. $\dfrac{Gm_0 m}{R_2}$；
          B. $Gm_0 m \dfrac{R_1 - R_2}{R_1 R_2}$；

   C. $Gm_0 m \dfrac{R_1 - R_2}{R_1^2}$；
          D. $Gm_0 m \dfrac{R_1 - R_2}{R_1^2 R_2^2}$。　　　　[　]

2-4　某质点在力 $\boldsymbol{F} = (4 + 5x)\boldsymbol{i}$（SI 单位）的作用下沿 x 轴做直线运动，在
从 $x = 0$ 移动到 $x = 10$ m 的过程中，力 $\boldsymbol{F}$ 所做的功为_____。

2-5　一水平的匀质圆盘，可绕通过盘心的竖直光滑固定轴自由转动。圆
盘质量为 m_0，半径为 R，对轴的转动惯量 $J = \dfrac{1}{2} m_0 R^2$。当圆盘以角速度 ω_0 转动
时，有一质量为 m 的子弹沿盘的直径方向射入而嵌在盘的边缘上。子弹射入
后，圆盘的角速度 $\omega =$_____。

2-6　如图所示，滑块 A、重物 B 和滑轮 C 的质量分别为 m_A、m_B 和 m_C，滑
轮的半径为 R，滑轮对轴的转动惯量 $J = \dfrac{1}{2} m_C R^2$。滑块 A 与桌面间、滑轮与轴
承之间均无摩擦，绳的质量可不计，绳与滑轮之间无相对滑动。滑块 A 的加速

度 $a=$_____。

2－7　物体所受冲力 F 与时间的图线如图所示,则该曲线与横坐标 t 所围成的面积表示物体在 t_2-t_1 时间所受的_____.

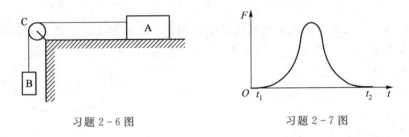

习题 2－6 图　　　　　　　　　　　习题 2－7 图

2－8　有人说:动量矩守恒是针对同一转轴而言的,试判断此说法正确性:_____。

2－9　一个圆柱体质量为 m_0,半径为 R,可绕固定的通过其中心轴线的光滑轴转动,原来处于静止。现有一质量为 m、速度为 v 的子弹,沿圆周切线方向射入圆柱体边缘。子弹嵌入圆柱体后的瞬间,圆柱体与子弹一起转动的角速度为_____。$\left(\text{已知圆柱体绕固定轴的转动惯量}J=\dfrac{1}{2}m_0R^2\right)$。

2－10　长为 l 的匀质细杆,可绕过杆的一端 O 点的水平光滑固定轴转动,开始时静止于竖直位置。紧挨 O 点悬一单摆,轻质摆线的长度也是 l,摆球质量为 m。若单摆从水平位置由静止开始自由摆下,且摆球与细杆做完全弹性碰撞,碰撞后摆球正好静止。求:(1)细杆的质量;(2)细杆摆起的最大角度。

2－11　一颗子弹在枪筒里前进时所受的合力大小为 $F=400-\dfrac{4\times10^5}{3}t$ (SI),子弹从枪口射出时的速率为 300 m/s,假设子弹离开枪口时的合力刚好为零,则:(1)子弹走完枪筒全长所用的时间 $t=$____s;(2)子弹在枪筒中所受力的冲量 I ____N•s。

2－12　如图所示,一个质量为 m 的物体与绕在定滑轮上的绳子相连。绳子质量可以忽略,它与定滑轮之间无滑动。假设定滑轮质量为 m_0,半径为 R,其转动惯量为 $\dfrac{1}{2}m_0R^2$,滑轮轴光滑,试求:(1)物体自静止下落的过程中,下落速度与时间的关系;(2)绳的拉力。

2－13　什么叫宇称? 宇称的概念是怎样引进的? 何为偶宇称? 何为奇宇称?

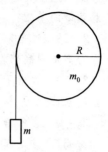

习题 2-12 图

2-14　何为对称性？对称性分为哪几类？常见的对称操作有哪些？各举例说明。

2-15　说明对称性原理的意义,叙述一些物理守恒定律与客观世界对称性之间的联系。

2-16　怎样理解物理定律的对称性？为什么说物理守恒定律是客观物质世界对称性的反应？

2-17　为什么说对称性原理是物质世界最高层次的规律？

2-18　人类是怎样逐渐认识对称性并把对称性的概念广泛应用于建筑、雕塑等领域中的？

2-19　利用对称性原理论证:无限长均匀带电直线周围的电场在垂直于带电直线的平面内呈径向对称分布。

2-20　利用对称性原理论证:无限长载流密绕螺线管(截面形状可以任意)其管内任何一点磁场方向与轴平行。

2-21　宋朝大诗人苏东坡的一首回文诗《题金山寺》是这样写的:

　　　　潮随暗浪雪山倾,远浦渔舟钓月明。

　　　　桥对寺门松径小,巷当泉眼石波清。

　　　　迢迢远树江天晓,蔼蔼红霞晚日晴。

　　　　遥望四山云接水,碧峰千点数鸥轻。

试分析这首诗所具有的对称性。

2-22　试述对称概念在量子物理中的作用。

2-23　人造地球卫星,绕地球做椭圆运动(地球位于椭圆的一个焦点上),则卫星

A. 动量不守恒,动能守恒　　　　B. 动量守恒,动能不守恒

C. 角动量守恒,动能不守恒　　　D. 角动量不守恒,动能守恒　　　〔　　〕

2-24　用一只手在一木质桌面上来回摩擦 30 s,用另一只手比较桌面被摩擦的部分与其他部分的温度。在微观层级上发生了什么？

2-25　注意你一天当中使用能量的各种方式。列出直接用途,如驾车旅行、取暖设备和电器等。再列出关于间接用途,如耗能多的食物(冷冻食品、肉类)、包装和不可再生物品等。描述每个项目使用能量的方式(例如,冷冻食品在生产、包装、冷藏和运输等过程都用到能量)。

2-26　讨论有没有办法降低你的能量消费而不降低你的生活质量？有没有办法让你或社会减少能量消费而同时还能提高生活质量？

2-27　八种不同形式的能量中哪一种是最早的人类文化基础？哪一种是

产业革命的基础?

2-28　说出以下每种情况所具有的能量类型。一个人静止在滑梯顶部、一个人滑离滑梯底部,阳光、煤、热空气。

2-29　说出下列每种情况所具有的主要能量类型:黄色炸药、在高坝后面静止的水,即将放箭的弓、火柴、食物。

2-30　在你静坐时你的身体有动能吗?请加以说明。

2-31　你举起一块砖放到墙头。为了确定你做了多少功,你可能会测量哪些量?

2-32　给出一个动能转化为势能的例子,一个动能转化为热能的例子,一个化学能转化为动能的例子。

2-33　估计一个典型的三口之家一个月内消耗电能的度数。

第 3 章　运动与时空

3.1　经典时空观

3.1.1　牛顿时空观的相对性与绝对性

时空观是对时间和空间的物理性质的认识。

时间和空间是两个基本的物理概念。人类所从事的一切实践活动都是在一定时间、空间范畴内进行的。例如,"今天上午 8 时我在教室上课",这句话就涉及和包含了时间和空间位置两个基本概念。

在上古时代,球形大地是不可思议的。因为在当时人们的观念中,大地是平坦的,怎么会想象地球是一个球体呢? 按照当时"习惯"的想象会认为:如果地球是球形的,那么那些居住在我们的对跖点上的人不是早就"掉下"去了吗? 可见,树立球形的地球观念需要克服相当大的习惯成见的阻力。在两千多年前,古希腊哲学家和科学家亚里士多德就敢于对宇宙给出一个统一的解释,主张地球是球形的,这确实是人类认识史上的一次大飞跃。然而在亚里士多德的理论休系中,地球是整个宇宙的中心,其他行星均围绕地球做完美的圆运动。从时空观的角度来看,亚里士多德的时空观否定了"上"和"下"的绝对观念,把"上"、"下"这两个方向相对化了,我们看对跖点的人头朝下脚朝上,对跖点的人看我们也如此。即空间各方向是等价的,没有一个方向具有绝对优越的性质。空间方向上的相对性是人类迈向科学时空观的重要一步。

以哥白尼、伽利略、牛顿为代表的新科学,在时空观上的特征就是彻底否定了亚里士多德体系中空间位置的绝对意义。哥白尼大胆地提出了"日心说",否定了"地心说"。伽利略提出了相对性原理,牛顿提出了万有引力定律,说明苹果落地和月球绕地球运行是由同一原因引起的。在经典时空观中,任何时空点都是平等的,物理规律相对于任何时空点都是一样的,这就是经典时空观中的相对性。

然而,牛顿力学中仍然引入了绝对静止的空间和绝对不变的时间两个概念。牛顿在《自然哲学的数学原理》一书中写道:"绝对的、真正的数学时间,出于其本性而自行均匀地流逝着,与任何外在的情况无关……绝对的空间,就其本性而言,永远保持不变和不动,且与外界任何事物无关……"可见,在牛顿时空观中,时间、空间和物质客体三者是彼此独立的,是相互无关的,空间的延伸和时间的流逝都是绝对的。对于牛顿及其他 18～19 世纪的物理学家大多数均承认以上的时空观念而且得以沿用,到了 19 世纪末期,这个观念才遭遇到实验和理论两方面的发展所提出的严重挑战。

牛顿曾设计了著名的水桶实验来判别绝对空间的绝对运动。牛顿的绝对空间观念,却也引起了一些科学家和哲学家的思考与怀疑。如果存在绝对空间的话,物体相对于绝对空间的运动及绝对速度应是可以测量的,物理规律中也应含有绝对速度,这样,人们方能感知它的绝对性。否则就不会感知这个绝对性。另外,对含有绝对速度的那些规律,沿绝对速度方向和垂直于绝对速度方向应当是有区别的,这将造成空间是各向异性,这在理论上会引起困难,而且在观测上也未发现。

莱布尼兹、贝克莱、马赫等人从哲学的角度先后都对绝对时空观念提出过异议和批判。

马赫将绝对时间和绝对空间的概念说成"无根据的形而上学的概念","凡不能由实验证实的概念及陈述,都不应在物理学理论中占有任何地位"。马赫否定了绝对时间和绝对空间的概念,认为只有"物理的相对位置和相对运动是'可观察'的,即空间位置和速度是相对的,确定任何一个'绝对'静止的物体是不可能的。"

3.1.2　运动的相对性　速度合成

1. 运动的相对性

在确定物体的位置时,必须首先说明,位置是相对于哪一个参考物而言的,这个被指定的参考物称为参考系。

对于不同的参考系或观察者来说,同一运动也会表现出不同的形态。即运动不是绝对的,运动是相对的。

坐在行驶的公共汽车里的人,相对于公共汽车这个参考系来说,是静止的;相对于地面来说,则在以公共汽车的行驶速度运动。在无风的雨天,站在地面上静止的人(S 系)观察到雨滴是竖直降落的。所以,他总是把伞撑直。而快步走的人(S′系)却看到雨滴是斜向着他运动的。所以,他总是斜撑着伞。雨滴到底是沿什么方向运动的呢? 要回答这个问题,必须首先说明是相对于哪一个观察者(参考系)而言。相对于参考系 S,雨滴是竖直向下运动的;相对于参考系 S′,雨滴则是斜向运动的,这就是运动的相对性。

2. 速度合成

速度是描述物体运动状态的物理量,是标志物体运动快慢和运动方向的物理量,所以,速度是一个矢量。速度也具有相对性,即对于不同的参考系,物体的运动速度是不同的。

考虑上面讲到的雨滴下落问题。设 v 为雨滴相对于 S 参考系(静止在地面上的观察者)的速度,称为绝对速度; u 表示观察者 S′ 相对于 S(地面)的速度,称为牵连速度; u' 为雨滴相对于 S′系的速度,称为相对速度,速度合成如图 3−1 所示。

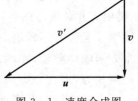

图 3−1　速度合成图

$$v = v' + u \qquad (3-1)$$

即

$$绝对速度 = 相对速度 + 牵连速度$$

由图 3−1 可见 u 越大,即 S′相对于 S 的速度越大, v' 也越大,即雨滴相对于 S′的速度也越大。这就是下雨天坐在敞篷汽车里的人比步行的人感到雨滴速度大的道理,即雨滴速度和接收者的运动状态有关。

我们知道,投掷标枪时,运动员的助跑可以增大标枪出手时相对于地面的速度。设运动员相对于地面(S 系)的助跑速度为 u,标枪出手时相对于运动员(S′系)的速度为 v',则标枪相对于地面的绝对速度即为 $v = v' + u$。可见,标枪相对于地面的速度与投掷者的运动情况有关。

还有更为熟知的例子,设甲站在匀速直线运动的火车上,向火车的前部扔出一个球,乙站在地面上,这时甲、乙观察到球的速度显然是不同的。设火车运动的速度为 60 m/s,甲向火车前部抛出的球相对于自己的速度为 10 m/s。显然以火车为参考系,甲观察到球的速度为 10 m/s;若以地面为参考系,乙观察到球的速度为火车的速度与球相对于火车的速度之和。因两个速度方向相同,故乙观察到球的速度为 70 m/s。

3.1.3　伽利略相对性原理——牛顿物理学的相对性

1. 伽利略相对性原理

随着天文学的发展,人们了解到太阳也和银河系中其他恒星一样,只不过是一颗普通的恒星,银河系也只是一个普通的星系。观测表明,宇宙没有中心,在大尺度、大范围内是均匀的、各向同性的。所有参考系对描述物理定律是平权的,我们无法判断哪个参考系是绝对参考系,所以运动都是相对的。

主张地动说、赞成哥白尼学说的人和主张地静说、维护亚里士多德-托勒密体系的人进行了激烈的争论。地静说反对地动说的一条强硬理由是,如果地球是在高速运动,为什么地面上的人一点也感觉不出来? 若地球东转,落体为什么不偏西?

伽利略于 1632 年发表了他的名著《关于两种世界体系的对话》。书中的"萨尔维阿蒂"对上述问题做出了生动而精辟的论述:"……把你和一些朋友关在一条大船甲板下的主舱里,你们带几只苍蝇、蝴蝶和其他小飞虫,船里放一只大水碗,其中有几条鱼。然后,挂上一个小水桶,让水一滴一滴地滴到下面的一个小口罐里。船停着不动时,你留神观察,小虫都以等速向船内各方向飞行,鱼向各个方向随便游动,水滴滴在下面的罐中,你把任何东西扔给你的朋友时,只要距离相等,向这一方向不必比向另一方向用更多的力。你双脚齐跳,无论向哪一个方向跳过的距离都相等。当你仔细观察这些情况后,再使船以任何速度前进,只要运动是匀速,也不忽左忽右地摆动,你将发现,所有上述现象丝毫没有变化。你也无法从其中任何一个现象来确定,船是在运动还是停着不动。即使船运动得相当快,在跳跃时你将和以前一样,在船底板上跳过相同的距离,你跳向船尾也不会比跳向船头来得远,虽然你跳到空中时,脚下的船底板向着你跳的相反方向移动。你把不论什么东西扔给你的同伴时,不论他是在船头还是在船尾,只要你自己站在对面,你也并不需要用更多的力。水滴将像先前一样,滴进下面的罐中,一滴也不会滴向船尾。虽然水滴在空中时船已行驶了许多。鱼在水中游向水碗前部所用的力并不比游向水碗后部来得大;它们一样悠闲地游向放在水碗边缘任何地方的食饵。最后,蝴蝶和苍蝇继续随便地到处飞行,它们也决不会向船尾集中,并不因为它们可能长时间留在空中,脱离了船的运动,为赶上船的运动而显出累的样子"。这著名的现象,是科学典籍中生动描述和严格推理相结合的典范。萨尔维阿蒂的大船说明了一个极重要的规律,即船中发生的任何一种现象,我们是无法判断船究竟是在运动还是在停着不动。这一论断称为伽利略相对性原理或者经典相对性原理。

用现代的语言可概括为:一个对于惯性系做匀速直线运动的其他参考系,其内部发生的一切力学过程,不受系统作为整体的匀速直线运动的影响。力学规律在所有惯性系中都是相同的,因此所有惯性系都是平权的、等价的。我们不可能判断哪个惯性参考系是处于绝对静止状态,哪一个又是绝对运动的。

2. 伽利略变换——经典时空观的数学表达

设 S、S′ 为两个相对做匀速直线运动的惯性参考系。S′ 相对于 S 沿 x 轴方向以速率 u 做匀速直线运动,我们选择两坐标原点 O 与 O' 重合这一事件作为计时起点,即 $t=t'=0$(见图 3-2)。

设在任一时刻 t, P 点在 S、S′ 系中的位置矢径分别为 $\boldsymbol{r}$、$\boldsymbol{r}'$, 时空坐标分别为 $P(x, y, z, t)$ 和 $P'(x', y', z', t')$。从图中分析可得到伽利略变换式

$$\begin{cases} x' = x - ut \\ y' = y \\ z' = z \\ t' = t \end{cases} \quad 或 \quad \begin{cases} x = x' + ut \\ y = y' \\ z = z' \\ t = t' \end{cases} \quad (3-2)$$

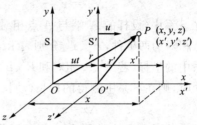

图 3-2　伽利略变换

从伽利略坐标变换式，我们可以对萨尔维阿蒂大船中水滴落入罐中的现象做简单说明。设岸为 S 系，大船为 S′ 系。船以 $\boldsymbol{u}$ 的速度沿 x, x' 轴做匀速直线运动。则岸上（S 系）的观察者看到水滴的坐标 $x = ut$, $y = -\dfrac{1}{2}gt^2$；船上的观察者（S′系）看到 $x' = x - ut = ut - ut = 0$; $y' = -\dfrac{1}{2}gt'^2 = -\dfrac{1}{2}gt^2$。即在岸上的观察者看到水滴以 $\boldsymbol{u}$ 的水平初速做平抛运动，其水平方向为匀速直线运动，竖直方向为自由落体运动，轨迹为抛物线。而地板上的水罐也以 $\boldsymbol{u}$ 的速度匀速前进，正好能把水滴接住，船上的观察者看到水滴是竖直下落的，也必落入罐中。

3. 伽利略变换包含的时空观特征

（1）同时性是绝对的

设 S 系中的观察者测得两个事件均于 t 时刻发生（二者可在同一地点或不同地点），S′ 系中的观察者测得两个事件分别于 t_1'、t_2' 时刻发生，由伽利略变换

$$t_1' = t, \quad t_2' = t$$

即

$$t_1' = t_2'$$

表明在 S′ 系中观测两个事件也是同时发生的。可见同时性与观察者的运动状态无关，即同时性是绝对的。

（2）时间间隔是绝对的

设 S 系中的观察者测得两个事件分别于 t_1、t_2 时刻相继发生，S′ 系中测得此两个事件发生的时刻分别为 t_1'、t_2', 由伽利略变换

$$t_1' = t_1, \quad t_2' = t_2, \quad t_2' - t_1' = t_2 - t_1$$

可见，S 系和 S′ 系测得的两个事件的时间间隔是相同的，即时间间隔是绝对的。

（3）杆长是绝对的

现在我们分别在 S、S′ 系中用在同一参考系中校准的尺来测量杆的长度。设在 S′ 系中沿 x' 轴放置一杆，杆相对于 S′ 系静止，S′ 系以速率 u 沿 x 轴正向运动（见

图 3-3)。在 S′ 系中,测得杆两端点的坐标分别为 x'_1、x'_2,则杆长(静长度)为
$$\Delta x' = x'_2 - x'_1$$

在 S 系中,设杆的 A' 端与 A 点相对、杆 B' 端与 B 点相对为两事件,x'_1、x'_2 分别表示 A、B 两点在 S 系中的坐标,若 A'、A 相对和 B'、B 相对两个事件同时,则在 S 系中测得的杆长(动长度)为
$$\Delta x = x_2 + x_1$$

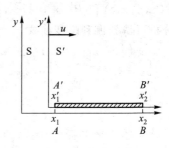

图 3-3　杆长不变

若两个事件不同时,坐标差不能表示杆长。

由伽利略变换:
$$x'_1 = x_1 - ut, \quad x'_2 = x_2 - ut$$
则
$$x'_2 - x'_1 = x_2 - x_1$$
即
$$\Delta x' = \Delta x$$

可见杆的长度也是绝对的。

(4) 力学规律在一切惯性系中都是等价的

一切惯性系都等价,指不同惯性系中的动力学规律都一样,都能正确地解释所观察到的现象。

4. 经典速度合成定律——伽利略速度变换式

由伽利略坐标变换式,可得其速度变换式
$$v'_x = v_x - u, \quad v'_y = v_y, \quad v'_z = v_z$$
即
$$\boldsymbol{v}' = \boldsymbol{v} - \boldsymbol{u} \tag{3-3}$$

上式也称为经典速度合成律。可见在经典力学和伽利略时空变换下,速度总是对一定的参考系而言的。

其加速度变换式为
$$a'_x = a_x, \quad a'_y = a_y, \quad a'_z = a_z$$
即
$$\boldsymbol{a}' = \boldsymbol{a} \tag{3-4}$$

可见加速度在伽利略变换式中保持不变,从而牛顿第二定律 $\boldsymbol{F} = m\boldsymbol{a}$ 的形式不变。同样可以验证一些重要的动力学规律,如动量守恒定律等在伽利略变换下,其形式均保持不变。即伽利略变换保证了力学规律在不同的惯性系中具有相同的形式,这称为力学规律对伽利略变换的协变性。

下面我们用经典速度合成定律来分析类似于上节中甲在火车上抛球时甲、乙二人观察球速的例子。在这里我们用光束来代替球,在第 6 章中我们将会知道光是以 $c = 300\ 000\ \text{km/s}$ 运动的电磁波,光每秒传播的距离等于地球圆周长的 75 倍,飞机甚至人造地球卫星的速度只不过是 8 km/s,可见光速是多么大,这样的高速通常是难以想象的。

　　假设甲现在乘坐的是飞船而不是火车,飞船经过地球表面向东飞行的速度为 $60\,000\,\mathrm{km/s}$,即 $0.2c$。乙则站在地球上手持激光器向东发出一束连续的激光,其传播速度为 c。根据经典速度合成定律 $v'=v-u$,则甲在飞船上观察到的激光束经过自己的速度应为乙在地面上观察到激光束的速度 c 减去飞船的速度,即

$$v'=v-u=c-0.2c=0.8c$$

这显然是很直观的答案。然而,我们将在下一章中看到这个由经典速度合成定律对光束得出的答案是错误的。

5. 牛顿物理学的局限性

　　19 世纪,场的概念的引入打破了牛顿物理学的物质的机械运动的传统观念,相对论则进一步远离了牛顿物理学中的常规结论,人们对时空的理解和认识更加深刻:时间、空间、质量是相对的,而不再是绝对的。

　　牛顿物理学的预言与通常人们的观念相一致,其适应范围是宏观物体的低速运动,即物体的运动速度远小于光速,尺度比分子大但远小于星系,引力不能比地球引力大许多倍。越出了这个范围,牛顿物理学明显地与观察结论不符。换句话说,在这个范围之外,牛顿物理学是错误的。对接近光速的高速运动物体及微观物体运动规律的研究,则属于后牛顿物理学——相对论与量子论的研究范畴。从科学观点看,牛顿物理学在某些方面否定了亚里士多德物理学,后面我们将会知道后牛顿物理学仅限制了牛顿物理学的有效适用范围。也可以说,后牛顿物理学极大地扩充了人们研究物质世界的广阔范围。

　　从哲学的观点看,从牛顿物理学到后牛顿物理学的转变是一场深刻的革命,是人们认识物质世界更大范围、更深层次规律的重大飞跃。相对论与量子论的建立奠定了现代物理学的基础,揭开了人们探索微观领域、大尺度宏观领域及高速运动物体规律的革命的序幕。

3.2　相对论时空观

　　爱因斯坦的相对论实质上是相当简单的,它是建立在两条重要思想——光速不变原理和相对性原理基础之上,其他所有的结论都是这两条重要思想的分支和推论。这两条思想确实是出于简单而归于深奥,充分显示出自然界应当是和谐而简单的哲学观念。相对论难以理解的“名声”并非是这两条思想,而是来源于它的结论似乎违背常规,来源于结论的“奇异”。本节我们将以这两条重要思想为主线,来论述相对论的时空观。

3.2.1　狭义相对论的两条重要思想

1. 相对性原理

上一节,我们讨论了伽利略相对性原理,即力学相对性原理,明确了力学规律在所有惯性系中都是相同的。伽利略变换式只适用于牛顿力学,它不能保证电磁学(例如光)也满足相对性原理,爱因斯坦提出的相对性原理希望把一切物理规律都包含进去。

爱因斯坦分析了直至 20 世纪初的物理学成果,对时间、空间本性以及电磁理论进行了深刻的考察,坚信相对性原理是普遍正确的。一切物理定律(不仅力学定律,也包括电磁学定律及其他物理定律)在所有的惯性系中都保持相同的形式。

爱因斯坦(1879—1955)

假设你在匀速飞行的没有窗户的飞机中旅行,如果不与外部取得任何联系,那么,你是无法判断飞机是在匀速飞行还是停在地面上。你可以在飞机中走动或做其他任何事情。你可以做自由落体的实验,做检验牛顿运动定律的实验,也可以进行电磁实验等等。你将会发现所有这些实验结果都恰好和在地面上静止参考系中所得的实验结果完全相同,即在密闭的飞机中所做的一切物理实验都与在地面上静止时所完成的实验结果精确相同。所以,只要你是在一个匀速运动的参考系中,任何物理实验结论和相应的规律都与在地面上静止的实验室中所得到的完全相同,即无论通过任何实验,都无法确定该惯性系做匀速直线运动的速度。

上述思想可概括为相对性原理:

所有做匀速直线运动的观察者都观察到相同的自然规律。换句话说,在一个做匀速直线运动的密封舱内的任何实验都不能告知你是静止的还是运动的。用现代语言可概括为所有惯性系中都是平权的、等价的,物理规律在所有的惯性系中都是一样的。

2. 光速不变原理

(1) 光学现象中的疑难

速度合成定律是经典力学的重要规律之一。然而,这个规律并不是对一切现象都是正确的,它在光的传播问题上,在光学现象中出现了疑难。

设甲、乙二人玩投球,甲投球给乙。乙看到球是由于球发出或反射的光到达了乙的眼睛。设甲、乙二人之间的距离为 d,甲在投球之前的瞬时,即球在甲手中静止瞬时,球发出(或反射)的光的速度为 c,则乙看到甲即将投球的时刻比甲本身即将投球的时刻晚 $\Delta t = d/c$。设球出手时的速度为 u（假设其方向由球指向乙的眼睛），按照速度合成律，球发出的光的速度应为 $c + u$，比 c 大一点。则乙看到球出手的时间比球实际出手时间晚 $\Delta t' = d/(c + u)$。显然，$\Delta t' < \Delta t$，这说明乙先看到甲将球投出，随后才看到甲即将投球。形象地讲，乙将先看到球飞出，然后才看到甲的投球动作。这就是把速度合成律应用到光传播问题上得到的一个混乱结果。然而，这种次序先后颠倒的现象谁也没有看到过。看来光速并不满足速度合成律。也许会有人问到，光速是很大的，$\Delta t'$ 与 Δt 差别很小，一般是觉察不到的，那么，只有把光速看成无限大，上述矛盾才能解决。然而，光速并不是无限大的，这个矛盾显然是不可避免的。

（2）超新星爆发

金牛座中的蟹状星云是九百多年前的一次超新星爆发所形成的。据史书《宋会要》记载，超新星爆发出现在宋仁宗至和元年（公元 1054 年）五月。最初的 23 天中这颗超新星很亮，白天也可在天空中看到，赛过金星（太白星）。随后逐渐暗下去，直到嘉祐元年（1056 年）三月，才消失不为肉眼所见，历时 22 个月。

当一颗超新星爆发时，它的外围物质向四面八方飞散（图 3-4）。有些爆发物以速率 u 向着我们运动（图中 A 处）。有些爆发物以速率 u 沿垂直方向，即横向运动（图中 B 处）。如果光线服从速度合成

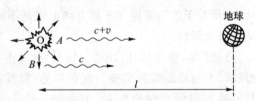

图 3-4　超新星爆发时光线传播引起的疑问

律，则 A、B 两点发出的光线其传播速度分别为 $c + u$ 和 c。这样，A、B 两点发出的光到达地球的时间分别为 $t = L/(c + u)$ 和 $t' = L/c$。沿其他方向运动的爆发物发出的光到达地球的时间介于二者之间。蟹状星云与地球之间的距离大约为 5 000 光年，爆发物的运动速度大约是 1 500 km/s。按上述数据计算，$t' - t = 25\,\mathrm{a}$。亦即在 25 年内都可看到开始爆发时所产生的强光。但事实上只有一年多就看不见了，显然这种推算有问题。这充分地证明，光速并不遵从经典的速度合成律。正确的结论似乎是：光速与发光物质本身的速度无关，无论光源速度多么大，A 点或 B 点向我们发来的光的速度都是一样的。

（3）光速不变原理

寻求对超新星爆发中光的传播问题的正确解释，类比于大海中轮船激起的海浪的传播速度与轮船的航速无关。那么光也许是某种"海洋"中的波，历史上把传光的"海洋"称为以太，即理想的光的传播介质。超新星爆发所发出的光，其传播速度与爆发物的速度无关，只与传播介质的运动状态有关。光的确具有一系列的波动性质，弹性波只能在连续介质中传播，它的传播速率取决于介质的性

质,它相对于介质的运动是可以探测的。

令人不解的是,"以太"的概念当时显得十分重要,而人们对它却一无所知,看不见它,也不能用其他方法感知它。以太被认为不是由通常的化学原子所组成,而是由一些未知物质的非原子形态所组成,光速 300 000 km/s 是相对以太而言的。为了解释一些物理现象,不得不对"以太"进行种种假设:光线可以到处传播,假定以太充满了整个宇宙;光波是电磁波,为横波,只有具有切变弹性的物质(固体介质)才能传播横波,波速 $v=\sqrt{N/\rho}$,其中 N 为介质的切变弹性模量,ρ 为介质的密度。由于光速 c 特别大,所以要求 N 很大而 ρ 很小,即要求"以太"是一种几乎没有质量却具有很大刚性的介质;行星运动服从万有引力定律,同时又要求"以太"对运动物体不施加任何阻力。

这样的"以太"是否存在? 地球相对于"以太"的速度的确定成为当时人们关注的焦点之一。人们自然想到在"以太"中飞行的地球上应感到迎面吹来的"以太风"。如果在"以太"中光速是一定的,则在地面上让光线在平行和垂直于以太风的方向上传播,它应有不同的速度。即当接收者以一定的速度相对于以太运动,光相对于他的速度在不同方向上应是不同的。如果能测量到这个差别,就支持了以太假说。

1887 年,迈克耳孙(1852—1931)和莫雷(1838—1923)一起完成了这项用来检验以太假说的著名实验。迈克耳孙-莫雷实验的巧妙之点在于他们并不去测量不同方向的光速值本身,而是测量不同方向上速度之间的差值,见图 3-5。

设地球沿 A、C 方向以速度 v 相对于以太运动,在二臂相等的情况下,沿二臂 $ABCD$ 和 $ACAD$ 的光到达 D 点时间是不同的,二束光的时间差为 $\Delta t\approx\dfrac{L}{c}\dfrac{v^2}{c^2}$。利用两束光的干涉现象,可以测出这个时差(也可以使干涉仪转动 90°,测量引起的干涉条纹移动条数 $\Delta N=\dfrac{2L}{\lambda}\dfrac{v^2}{c^2}$。

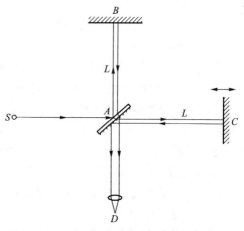

图 3-5　迈克耳孙-莫雷实验

实验结果是否定的,始终没有观测出这个时差(即未观测出条纹的移动)。使那些认为光是以太中传播的波的人们感到意外和失望。这一零结果表明,地球相对于以太的运动并不存在,以太假说是错误的,以太并不存在。

从上述的分析和实验中可以总结出一条规律来,就是光速不变性,即光速具有绝对性。光线不服从经典力学的速度合成律,光在真空中传播时,它的速度总是一样的,其值与发光物体的运动状态无关。迈克耳孙-莫雷实验比爱因斯坦理论早 18 年提出了对所有的观察者光速都相同的证据。

另一方面,我们可通过对光的电磁本性的分析来看光速不变。电磁波是建立在麦克斯韦电磁场理论基础之上的,这个理论预言了电磁波的存在,并证明了电磁波在真空中通过场的传播速度等于真空中的光速 c,从而揭示了光的电磁本性。爱因斯坦确信,麦克斯韦电磁理论应该和其他所有自然规律一样服从相对性原理。麦克斯韦方程组对任何惯性系都是适用的。因为光速 c 在麦克斯韦方程组中是以普适常量形式出现的,所以爱因斯坦认为,不管观察者是否运动,其观察到的每条光束都以速度 c 运动。即不管你运动得快慢,光束通过你时相对于你的速度大小都是 c。光速不变原理可归结如下:

在所有的惯性系中,光(或其他电磁辐射)在真空中的传播速率都是相同的,而与光源或观察者的运动无关,其值为 $c=299\ 792\ 458\ \mathrm{m/s}$。

像相对性原理一样,光速不变原理也仅适合惯性系,因为麦克斯韦理论,像其他大多数物理规律一样,仅适用于惯性参考系。

现在回到 3.1.3 节末尾提到的例子。乙站在地面上手持激光器向东发射激光束,甲乘飞船以 $0.2c$ 的速度经过地面向东飞行,伽利略的速度变换指出甲观察到激光束以 $0.8c$ 的速度掠过自己向东传播,而爱因斯坦指出甲观察到这个光束以速度 c 向东传播。

假设现在甲乘飞船不是向东而是向西以 $0.2c$ 的速度飞行,那么,乙发射的激光束相对于甲的速度又是多大呢? 即甲观察到激光束以多大的速度通过他的飞船呢? 伽利略的速度变换给出的是 $1.2c$,但是爱因斯坦的相对论指出答案仍为 c。

随着科学技术的发展,越来越多的实验证明了光速不变这条规律。1963 年萨达的实验表明,光源以 $c/2$ 的速度运动时,γ 射线的速度(在 $\pm 10\%$ 误差范围内)与光源速度无关,恒为常量 c。同步加速器产生的中性 π 介子,速度可达 $0.999\ 75c$,实验表明它在衰变时所发射的 γ 射线沿运动方向的速度观测值与静止辐射源所测得的最佳 c 值完全一致。光速不变性的一个实际应用是用雷达进行目标距离探测。当雷达发出脉冲和收到回波的时差为 Δt 时,那么目标距离就等于 $c\Delta t/2$。在实际使用雷达时,雷达可能固定在地面上,也有可能安装在高速前进的舰艇上或高速飞行的飞机上。

3.2.2　狭义相对论的运动学效应

爱因斯坦理论的两个关键思想是相对性原理和光速不变原理。它们在相对论中的作用非常重要。光速不变原理这个相对论的新思想,给出了这个理论的奇异性和非常规的特性。许多实验都证实了自然界中每条光束都以速率 c 传播,而与观察者或光源是否运动无关。这个简单结论的意义异常深远。这两个重要思想形成了相对论的逻辑基础,相对论的其他结论都是这两个思想的衍生物。我们在本节及以后几节中所论述的同时性的相对性、长度收缩、时间膨胀、光速是极限、质能关系等都是这两个思想重要的预言或结论,它们都是从相对论的两条基本思想衍生出来的。在逻辑上,如果你相信两条基本原理的话,你也必然会相信这些预言。

1. 同时性的相对性

下面我们从相对论的两条基本思想出发,来证明相对论的时空观——同时性的相对性、长度收缩、时间膨胀(钟慢效应)。

在伽利略变换下,同时性是绝对的。设将两个钟分别放在 A、B 两点。在 AB 的中点 C 设置一光信号发射(接收)站,C 距 A、B 的距离均为 L。设 $t=0$ 时,发射站发出信号,$t=L/c$ 时信号将同时到达 A、B,即信号到达 A、B 两事件是同时发生的。如果 A、B 在自己的钟为零点时发射光信号,若 C 点同时接收到两个光信号,则断定 A、B 两钟对准了。可以通过这种方法将同一惯性系中的钟全部对准,即同一时间标准。

以上"同时性"的判断准则适用于一切惯性系。那么,对于一个惯性系中同时而不同地的两个事件,在其他惯性系中是否同时呢?伽利略变换告诉我们,在经典力学中,这两个事件一定是同时的。而在相对论中,这个结论将不能成立,两个事件将是不同时的。

下面我们来看爱因斯坦的理想实验,设一列火车以匀速 v 相对于站台向右运动,如图 3-6 所示。

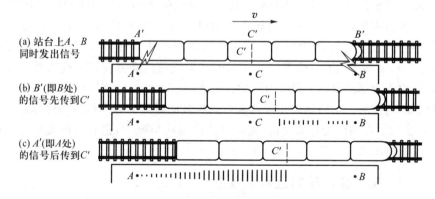

图 3-6 "同时"相对性的理想实验

当列车上的 A'、B' 点与站台上的 A、B 两点重合（相对）时，A、B 两点同时发射出光信号。所谓同时，即 A、B 的中点 C 同时接收到 A、B 发射的光信号。即对于站台参考系来说，A，B 发射光信号为两同时事件。那么在匀速直线运动的列车参考系中看到的情况如何呢？由于列车向右运动，车上 $A'B'$ 的中点 C' 先接收到来自 B'（即站台上 B）点发射的光信号，后接收到来自 A'（即站台上 A）点发射的光信号。即在列车参考系中，得到的结论：B 发射的光信号先于 A。可见在站台参考系中同时异地的两事件，在列车参考系中则是不同时的，事件的同时性因参考系的选择而异，这就是同时性的相对性。用通俗的语言来说，就是对于一个观测者是同时发生的两个事件，对另一个观测者就不一定是同时发生的。即当参考系变化时，同时的事件也可能变成不同时的，不同时的事件也可能变成同时的。

如果在站台 A、B 发射出光信号的瞬时，另有一列火车以速度 $-v$ 向左行驶，且车上 $A''B''$ 的中点 C'' 必先接收到 A 发出的光信号，后接收到 B 发射出的光信号。即此列车上的观察者得到的结论是：A 发射光信号先于 B。从上述的讨论我们看到，在两个惯性系中，沿其相对运动方向上不同地点发生的两事件，在一个惯性系中观察为同时的，在另一个惯性系中观察则为不同时的。

请考虑：如果站台上 A、B 两点发射的光信号为两人相对开枪射击时发出的火光，请问，谁先开枪？

2. 时间的相对性（时间膨胀或钟慢效应）

什么是时间？简单地说，人们在钟上所测量的就是时间。要研究时间的特性，就得研究钟的特性。爱因斯坦把时间看做是物质世界的组成部分。那么使用人们日常所用的发条或电池驱动的钟，仅利用爱因斯坦的两条基本原理，将是很难去研究时间的。爱因斯坦设想了一种简单的钟——光钟，它不涉及机械运动部件，而在其中运动的只有光线。

图 3-7 所示的光钟由上下两个平行的反射镜所组成，为讨论方便，可假设上下反射镜相距 $c/2$（150 000 km），那么光在其中上下传播一个来回所需的时间正好是 1 s。假设一只光钟安装在甲所在的相对于地面向东匀速飞行的飞船上，另一只安装在地面上乙的实验室中。甲观察自己光钟中的光线是从发射点竖直向上，经上反射面反射后，再竖直向下返回到发射点，上、下传播的距离恰好是 c，可见光在光钟中上下传播一个来回所需时间正好是 1 s。

那么飞船上甲的光钟在乙看来情况又如何呢？即乙在自己的光钟中测量光束在甲的光钟中上下传播一个来回所需时间又是多少呢？在乙看来，甲的光钟中的光线不是上、下竖直传播的，由于飞船的向东飞行，光束成为折线，如图 3-8 所示,折线的长度大于两镜之间的竖直距离 150 000 km。那么光从下镜出发经上镜反射再回到下镜,来回传播距离将大于 300 000 km。由于光速不变,所以,在乙看来,光束在甲的飞船中的光钟中上、下传播一个来回的时间将大于 1 s,即乙用自己的光钟测量光束在甲的飞船上的光钟中上、下传播一个来回所需的时间大于 1 s。相比之下,甲的光钟走慢了。

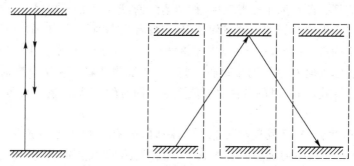

图 3-7 光钟   图 3-8 乙用自己光钟观测甲的光钟中光束的传播

可见,不同的观察者观察到同一事件的时间间隔是不同的,时间是相对的。

反过来,甲、乙二人看到乙的钟又如何呢?乙看到自己光钟中的光束是竖直上、下传播的,来回一次传播的距离是 300 000 km,所需时间恰好为 1 s。而在甲看来,乙是向西匀速运动的,光束在乙的光钟中走的也是折线,光束来回一次所走的折线长度大于 300 000 km,故甲用自己光钟测量光束在乙的光钟中上下传播一个来回所需的时间大于 1 s,故乙的钟走慢了。

到底谁的钟是准确的? 谁的钟慢了? 正确的答案是,甲、乙二者观察到的结果都是正确的。时间是相对的,没有绝对的时间。运动的钟变慢,这一结论称为时间膨胀或钟慢效应。时间膨胀可用一个简洁的数学表达式来表示,下面我们对此做一简要推导:

设乙所在地面上的实验室为 S 系,甲所在的飞船为 S′系。S′系相对于 S 系以 u 的速率沿 x(或 x')轴正向做匀速直线运动,如图 3-9 所示。设上、下二反射镜之间的竖直距离为 d。在飞船上 S′系中,光线是竖直上、下传播的,光线的发出点和返回点为其光钟上的同一地点。测量光束在上、下镜之间来回传播一次的时间为

$$\Delta t' = 2\,\frac{d}{c} \qquad (3-5)$$

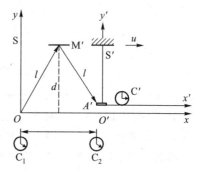

图 3-9 说明时间膨胀(钟慢效应)的理想实验

　　在 S 系中观察,由于 S' 系的运动,光束发出和返回这两个事件并不发生在同一地点。光线行走的是条折线。设在 S 系中测量光束由 O 点发出到返回点 A' 所用时间为 Δt,则光束发出点到返回点之间沿 x 轴方向的距离为 $u\Delta t$,二镜之间的距离(y 方向)仍为 d,则折线长度为

$$l=\sqrt{d^2+\left(\frac{u\Delta t}{2}\right)^2}$$

由光速不变

$$\Delta t=2l/c=\frac{2}{c}\sqrt{d^2+\left(\frac{u\Delta t}{2}\right)^2}$$

解出 Δt,得

$$\Delta t=\frac{2d/c}{\sqrt{1-\dfrac{u^2}{c^2}}}$$

即
$$\Delta t=\frac{\Delta t'}{\sqrt{1-u^2/c^2}} \qquad\qquad (3-6)$$

　　通常把某一惯性系中同一地点先后发生的两个事件之间的时间间隔称为原时或固有时,用 t_0 表示。这里 $\Delta t'$ 是发生在 S' 系中同一地点两个事件之间的时间间隔,是用静止于此参考系的钟测量的,所以 $\Delta t'$ 为原时,用 t_0 表示。Δt 是在 S 系中不同地点测得的两个事件之间的时间间隔,称为两地时,用 t 表示。

$$t=t_0\sqrt{1-\frac{u^2}{c^2}} \qquad\qquad (3-7)$$

由于 $\sqrt{1-\dfrac{u^2}{c^2}}<1$,所以 $t>t_0$,即原时最短。

　　图 3-10 是按(3-6)式得到的时间膨胀图,它表明在静止的钟中的 1 s,而在以不同速度相对运动的钟中观察的时间与相对速度的关系。

　　在一个惯性系中,运动的钟比静止的钟走得慢。

　　应当强调的是,这里所说的钟都是标准钟,放在一起应该走得一样快。在 S 系中的观察者看来,相对于他运动的 S' 系中的时间节奏变慢了,而 S' 系中的观察者们认为一切正常。

　　时间膨胀是时空的一种属性,来源于光速不变原理。总之,在彼此做相对运动的不同惯性系中测得的时间是不同的,但都是正确的。因为时间是相对于一定的参考系而言的,时间是相对的。

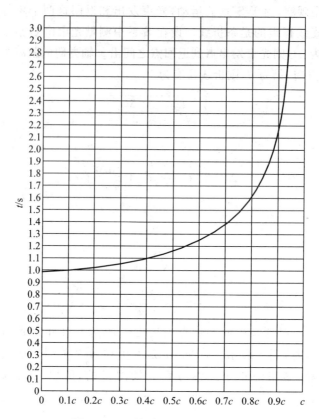

图 3-10 时间与相对速度的关系

由(3-7)式可以看出,当 $u \ll c$ 时, $t = t_0$,即两个事件的时间间隔在各个惯性系中都是相同的,即时间的测量与参考系无关。这又回到了牛顿的绝对时间概念。可见,牛顿的绝对时间概念实际上是相对论时间概念在参考系的相对速度远小于光速时的近似。

μ 子是 1936 年由安德森等人在宇宙射线中发现的,其质量为电子质量的 207 倍。μ 子是不稳定的,寿命很短,它会自发地衰变为一个电子和两个中微子。从产生到衰变,在静止的参考系中观察,平均寿命大约只有百万分之二秒（2×10^{-6} s）（固有寿命）。宇宙射线在大气上层产生的 μ 子速度极大,可达 2.994×10^8 m/s $= 0.998c$。如果没有时间延缓（钟慢）效应,它只能在大气层中穿过 2.994×10^8 m/s $\times 2 \times 10^{-6}$ s ≈ 600 m 的距离,不可能到达地面。而对宇宙射线的观测证明,高空中产生的 μ 子可穿透大气层到达地面,走过的距离远远大于 600 m。

下面我们用钟慢效应来解释这种现象。在地面参考系中 μ 子的"运动寿命"

大于其固有寿命。$t = t_0 / \sqrt{1 - v^2/c^2} = 2 \times 10^{-6} \, \text{s} \sqrt{1 - v^2/c^2} = 3.17 \times 10^{-5} \, \text{s}$。在此时间内，$\mu$ 子穿越大气层的距离应该为 $2.994 \times 10^8 \, \text{m/s} \times 3.17 \times 10^{-5} \, \text{s} \approx 9500 \, \text{m}$，基本与实验观测结果相符。

3. 长度的相对性（长度收缩）

什么是长度？用尺所测量的即是长度。物体的长度定义为：物体相对于观察者静止时，物体两端点之间的距离；物体相对于观测者运动时，同时记录下来的物体两个端点之间的距离，即两端点位置坐标之间的差值。由于同时性是相对的，所以长度的测量也是相对的。

图 3-11 所示为两个惯性参考系 S 和 S′，S′ 为一相对于 S 系以匀速 u 沿彼此平行的 x 和 x' 轴正方向运动的惯性系。设在 S′ 系中沿 x' 轴固定一直杆 $A'B'$，在 S′ 系中测得杆的静长度（固有长度）为 l_0。为了测出杆在 S 系中的长度 l，假设在 S 系中的 t_1 时刻，B' 端经过 x_1；在 $t_1 + \Delta t$ 时刻，A' 端经过 x_1，则此时 B' 端的位置必在 $x_2 = x_1 + u\Delta t$ 处。可见，在同一时刻 $t_1 + \Delta t$，测得杆的两端点 A'、B' 的位置坐标分别为 x_1、x_2，根据物体长度的定义，S 系中测得的杆长为

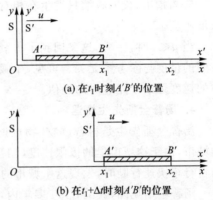

(a) 在 t_1 时刻 $A'B'$ 的位置

(b) 在 $t_1 + \Delta t$ 时刻 $A'B'$ 的位置

图 3-11　S 系中测量动杆长度

$$l = x_2 - x_1 = u\Delta t$$

这里 Δt 为杆的两端点 B'，A' 相继通过 S 系中同一地点 x_1 两事件之间的时间间隔，显然 Δt 为两事件之间的原时。

在 S′ 系中看，S 系以 $-v$ 的速度向左运动，x_1 点相继经过 B'、A' 端，两事件的时间间隔为 $\Delta t'$，显然，$\Delta t'$ 为在 S′ 系中不同地点发生的两个事件的时间间隔，为两地时，其值为

$$\Delta t' = l_0 / u$$

Δt、$\Delta t'$ 是同样两个事件分别在 S、S′ 系中的时间间隔，根据时间膨胀关系（原时与两地时关系）得

$$\Delta t = \Delta t' \sqrt{1 - u^2/c^2} = \frac{l_0}{u} \sqrt{1 - u^2/c^2}$$

即
$$l = l_0 \sqrt{1 - u^2/c^2} \tag{3-8}$$

可见，$l < l_0$，表明在相对沿杆长方向运动的参考系 S 中测得的长度小于杆在其中相对静止的参考系 S′ 中测出的数值，即运动的杆变短了，这就是所谓的长度

收缩。应该强调，长度收缩是相对的，当甲、乙之间有相对运动时，甲看乙的尺缩短了，乙看甲的尺也缩短了。这说明空间大小不是绝对的，而是相对的。长度收缩效应是时空的属性，并非运动引起物质之间的相互作用产生的实在收缩。图 3-12 表明原长为 1 m 的细杆相对于观察者以各种不同速度运动时长度的变化情况。

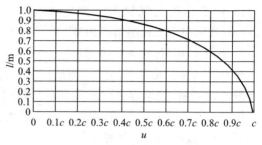

图 3-12　长度收缩

应当指出，长度收缩只发生在相对运动的方向上，垂直于相对运动方向上的长度不变。

当 $u \ll c$ 时，$l = l_0$，这又回到了伽利略变换，回到了牛顿的绝对空间概念，即空间的量度与参考系无关。可见，牛顿的绝对空间概念是相对论空间概念在物体的速度远小于光速时的近似。

4. 汤普金斯先生奇遇

汤普金斯先生是科普读物《物理世界奇遇记》中的主人公，他来到一座奇异的城市，由于这城市里的极限速度（相当于真实世界中的光速）异乎寻常的小，当骑自行车快速行驶时，发现这个城市的一切事物都变扁了。

汤普金斯见闻，大约在 50 多年内，被人们认为是正确的。当以接近光速运动时，我们将会看到一个扁的世界。似乎一个高速运动的圆球会被看成是一个扁的椭球。由长度收缩效应，看来这个结论是很自然的。直到 1959 年托雷尔发表了一篇论文，才结束这个错误。

眼睛看到物体，是物体各部分发射的光子同时到达眼睛，形成了像，显然这些光子不是同一时刻发射的，因为物体各处距眼睛距离不同。离我们较远处的点发光较早，离我们较近处的点发光较迟，这完全同长度测量中要求"同时"是矛盾的，即与目视长度缩短是"同时拍照"相矛盾。

实际上，我们是看不到远处的物体（物体上各点发出的光到达观察者时可认为是平行光线）变扁，而只会看到物体相对于它静止的形状略有转动。

现在我们来考虑一个边长为 l_0 的立方体，如图 3-13 所示，当立方体静止时，在垂直于 DE 方向距立方体较远的观察者 G，只可以看

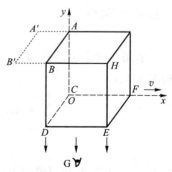

图 3-13　远方观察者看到高速
运动物体的视觉形象

到立方体的一个面 $CDEF$。当立方体沿 DE 方向以速度 v 高速运动时,沿着运动方向的 DE、CF 发生收缩,其长度变为 $l_0\sqrt{1-v^2/c^2}$,而 CD 和 EF 则保持原长,这样 $CDEF$ 看来就成了一个矩形。因为观察者距物体很远(即物体对人眼所张的视角非常小),可以认为由物体上各点射向 G 的光线都是沿 y 轴负向的。从正方体棱边 AB 发射出光子的时间比由 CD、DE、EF、FC 四边发出光子的时间要早一点,当 AB 的位置在 $A'B'$ 时发出的光子恰好与 CD、DE、EF、FC 在图示实线位置时发出的光子同时到达人的眼睛。所以观察者看到 AB 边发出的光必定比 DE、EF、FC、CD 边发出光的时间早 l_0/c。在此时间内,立方体已沿 x 轴正向向右移动了 vl_0/c 的距离。所以,现在观察者已可看到立方体的 AB、BD、AC 边。综合起来看,观察者看到的图形相当于立方体转动了一个角度 $\theta=\arcsin(v/c)$,见图 3 - 14。以上分析表明,尺缩效应并非使我们看到的东西变扁了,而是转动了。运动速度愈大,转过的角度也愈大。而且在运动方向观察者所看到的长度不是 $l_0\sqrt{1-v^2/c^2}$,而是 $l_0\left(\dfrac{v}{c}+\sqrt{1-v^2/c^2}\right)$,在一般情况下,反而比静止长度要大一些。只有当 $v=0$ 或 $v=c$ 时,观察者看到的长度才与静止长度 l_0 相等。

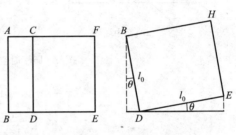

图 3 - 14　高速运动物体视觉形象相当于转动

3.3　洛伦兹变换——狭义相对论运动学的核心

伽利略变换在电磁现象面前遇到了困难,它只适应于经典力学,不保证光速的不变性。狭义相对论否定了牛顿的绝对时空观,因而也否定了伽利略变换。爱因斯坦毅然选择了新的时空变换关系——洛伦兹变换。这一新的时间空间变换关系是以光速不变原理为依据,是相对论的坐标变换关系。它满足下列两个条件:

(1)光速不变原理和相对性原理;

(2)当物体的速率远小于真空中的光速 c 时,新的坐标变换关系应能使伽利略变换重新成立。

下面我们根据爱因斯坦的时空概念来导出洛伦兹变换。

设 S 为一惯性参考系,S′为一相对于 S 系以匀速 u 沿彼此重合的 x 和 x' 轴正方向运动的惯性系。$Oxyz$ 和 $Ox'y'z'$ 分别为在两参考系中所取的空间直角坐标系,y 与 y' 轴及 z 与 z' 轴分别平行。设 $t=t'=0$ 时刻,两坐标系原点 O 与

O' 重合,见图 3-15。设某时刻发生在 P 点的一事件在两坐标系中的时空坐标分别为 (x,y,z,t) 和 (x',y',z',t')。即在 S' 系中 t' 时刻测量 P 点到 $Oy'z'$ 平面的距离为 x'。在 S 系中观测,该同一时刻为 t,P 点到 Oyz 平面的距离 x 应等于两原点之间的距离 ut 加上平面 $Oy'z'$ 到 P 点的距离。根据长度收缩效应,在 S 系中测量 $Oy'z'$ 平面到 P 点的距离不再等于 x' 而应为 $x'\sqrt{1-u^2/c^2}$,故

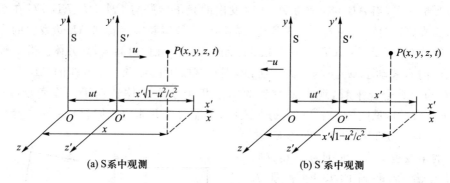

(a) S系中观测 (b) S′系中观测

图 3-15 时空坐标变换

$$x = ut + x'\sqrt{1-u^2/c^2}$$

即
$$x' = \frac{x - ut}{\sqrt{1-u^2/c^2}} \tag{3-9}$$

时间变换关系如下,在 S' 系中观测时,同样根据长度收缩,P 点到 Oyz 平面的距离应为 $x\sqrt{1-u^2/c^2}$。

则
$$x' = x\sqrt{1-u^2/c^2} - ut'$$

将 (3-9) 式代入上式,得

$$t' = \frac{t - \dfrac{u}{c^2}x}{\sqrt{1-u^2/c^2}} \tag{3-10}$$

正如前面所指出的,垂直于相对运动方向的长度测量与参考系无关,即 $y'=y$,$z'=z$。综合以上各式,得

$$x' = \frac{x - ut}{\sqrt{1-u^2/c^2}} = \gamma(x - \beta ct)$$
$$y' = y$$
$$z' = z \tag{3-11}$$

$$t' = \frac{t - \dfrac{u}{c^2}x}{\sqrt{1-u^2/c^2}} = \gamma(t - \beta x/c)$$

其中 $\beta = u/c, \gamma = 1/\sqrt{1-\beta^2}$。这就是著名的洛伦兹变换。

只要将上式中的 u 反号(换为 $-u$),带撇的与不带撇的量对调,即可得到洛伦兹逆变换:

$$x = \frac{x'+ut'}{\sqrt{1-u^2/c^2}} = \gamma(x'+\beta ct')$$

$$y = y'$$

$$z = z' \tag{3-12}$$

$$t = \frac{t'+\dfrac{u}{c^2}x'}{\sqrt{1-u^2/c^2}} = \gamma(t'+\beta x'/c)$$

　　洛伦兹变换把空间坐标与时间有机地联系起来,说明时空是紧密联系、不可分割的,即三维空间和一维时间已不再是各自分立的,而统一为四维时空。在 $u \ll c, \beta = u/c \to 0$ 的情况下,洛伦兹变换又过渡到伽利略变换,即伽利略变换是洛伦兹变换在低速($u \ll c$)情况下的近似。正如以前指出的,牛顿的绝对时空概念是相对论时空概念在参考系相对速度远远小于光速时的近似。为了使 x'、t' 保持为实数,u 必须小于 c,这表明在相对论范围内,任何物体的速率均不能达到或超过光速。

3.4　相对论速度变换定律——光速是极限

　　相对论速度合成定律是从经典速度合成律发展到包含光速不变性的新的速度合成律,它显然是把经典速度合成律与光速不变性二者统一起来的一个更加完整的理论。

　　考虑一维情形,设速度 v 平行于 x、x' 轴,这时 $v_x = v, v_y = v_z = 0, v'_x = v'$。则相对论速度合成公式为

$$v' = \frac{v-u}{1-uv/c^2} \quad \text{或} \quad v = \frac{v'+u}{1+uv'/c^2} \tag{3-13}$$

　　当物体运动的速度远远小于光速时,式(3-13)就过渡到经典速度合成律 $v = v'+u$;研究光时,即当光相对于 S' 的速度为 c 时($v'=c$),由(3-13)式可得 $v = c$。这充分说明,不管 S' 与 S 之间的相对速度多大,二者测得的光速都是 c,所以新的速度合成律(3-13)式既包含了经典速度合成律又包含了光速不变的真理。

　　标枪投掷,假设运动员相对于地面的速度 $u = 0.9c$,标枪出手时相对于运动员的速度 $v' = 0.9c$,由经典速度合成律,标枪相对于地面速度 $v = v'+u = 1.8c$,

超过了光速,即在经典力学中,速度的合成律是无上限的。在相对论速度合成定律中,这个结论是不对的。按照式(3-13),$v=\dfrac{0.9+0.9}{1+0.9\times0.9}c=0.995c$,小于光速。再看前面讲到的甲乘宇宙飞船,乙在地面上的例子。即使甲的飞船相对于地面的速度接近光速,又假设甲同时以接近光速向前发射一个球,这时,乙观察到球的速度仍小于光速。例如,设甲乘飞船以 $0.99c$ 的速度飞行,同时甲又以相对自己 $0.99c$ 的速度向前发射一个球,式(3-13)告诉我们,乙将观察到球以 $0.999\,95c$ 的速度从自己身旁飞过。可见,在相对论中,不论对哪个参考系而言,标枪和球的速度都是不会超过光速的。即使由许多小于光速的运动合成起来,其最终速度仍不超过光速,即光速是物体运动速度的极限。

例 1 设地面上测得甲、乙两个飞船以 $-0.9c$ 和 $0.9c$ 的速度沿相反方向飞行,求一飞船相对于另一飞船的速度。

解:如图 3-16 所示,设两飞船均沿 x 轴方向运动,取速度为 $-0.9c$ 的甲飞船为 S 系,取地面为 S′系,则地面相对于 S 系以 $u=0.9c$ 沿 x 轴正向运动。取乙飞船为研究对象,则乙飞船相对于 S′ 的速度 $v'_x=0.9c$。

由式(3-13)可得:甲飞船测得乙飞船相对于自己的速度

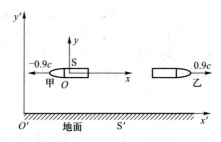

图 3-16 二飞船间的相对速度

$$v_x=\frac{v'_x}{1+v'_x u/c^2}=\frac{0.9c+0.9c}{1+0.9\times0.9}=0.995c$$

即甲飞船观察到乙飞船的速度为 $0.995c$,仍小于光速。值得注意的是,相对于地面来说,两飞船的相对速度确是 $1.8c$,是可以大于 c 的,即地面上两飞船之间的距离按 $2\times0.9c$ 的速率增大。但对任一物体来说,它相对于任何其他物体或参考系,其速度大小是不可能大于 c 的,这正是速度概念的真正含义。

3.5 质量的相对性

3.5.1 惯性质量与速度的关系

爱因斯坦光速不变的新思想几乎影响了每一个物理量:时间、长度、相对速度等。同时,相对论也改变了牛顿运动定律。在牛顿力学中,牛顿运动定律的表达式如下:

$$a = \frac{F}{m}$$

其中 m 是不随物体的运动状况而改变的物理量,称为惯性质量,F 为作用在物体上的合外力,a 为物体的加速度。那么,在恒定的外力作用下,物体必产生恒定的加速度,即单位时间内速度增加(或减少)一个确定的数值,当外力作用的时间足够长时,物体的速度将会越来越大,最后达到或超过光速。见图 3-17。这是相对论所不容许的,与光速是极限速度发生了矛盾,说明牛顿力学规律不适应相对论时空观。

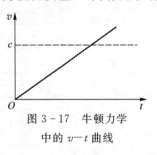

图 3-17　牛顿力学
中的 $v-t$ 曲线

相对论对牛顿定律的改变就是阻止物体被加速到光速。回到我们以前的例子:甲乘飞船高速飞行,乙站在地面上。当乙对一个 1 kg 的物体施加 1 N 的力时,牛顿运动定律告诉我们,物体将获得 1 m/s^2 的加速度。如果甲也拿了 1 kg 的物体,想象当甲飞过乙时,乙对甲的物体也施加 1 N 的力,按照牛顿运动定律,甲的物体也将获得 1 m/s^2 的加速度。但相对论指出,甲的物体获得的加速度将小于 1 m/s^2。

对乙来说,1 N 的力施加在甲的物体上比施加在自己物体上获得的加速度小,这说明甲的物体比自己物体有更大的惯性。换句话说,甲的物体有更大的质量,因为质量是惯性的量度。反过来,甲看到自己物体的质量为 1 kg,而乙的物体质量大于 1 kg。

可见质量是相对的。质量随着物体运动速度的增加而增大。理论和实验都证明,质量与速度的关系为

$$m = \frac{m_0}{\sqrt{1 - v^2/c^2}} \qquad (3-14)$$

式中 v 为物体的运动速度,m_0 为物体静止时的质量,称为静质量。静质量是物体本身所包含的物质之量,反映了物体本身的属性,无论哪个观察者测量,都是相同的。一个物体所拥有惯性的量称为惯性质量,惯性质量是相对的,随着速度的变化而变化。

在相对论中,惯性质量是一个取决于速度的量。速度越大,惯性质量越大,速度趋于光速时,惯性质量趋于无限大,此时,外力对物体不会产生加速度。这样,不管外力作用时间多长,也不会使物体的速度增加到超过光速,见图 3-18。

质量与速度的变化关系如图 3-19 所示,图示为静止质量为 1 kg 的物体其质量随速度的变化曲线。

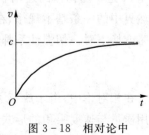

图 3-18　相对论中
的 $v-t$ 曲线

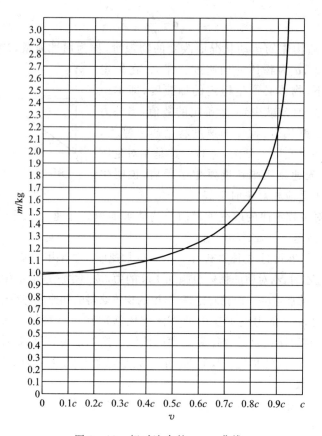

图 3 - 19 相对论中的 $m-v$ 曲线

3.5.2 相对论动量及动力学规律

在经典力学中,物体的动量定义为物体的质量与速度的乘积

$$p=mv$$

这里 m 是不随物体的运动状态而改变的恒量。动量守恒定律是被实践检验的自然界中的一条基本规律,在经典力学中,其表达式为 $p=mv=$ 常矢量,它在伽利略变换下对一切惯性系都成立。经典动力学方程,即牛顿运动定律可写为

$$F=\frac{\mathrm{d}(mv)}{\mathrm{d}t}=m\frac{\mathrm{d}v}{\mathrm{d}t}$$

在相对论中,由于放弃了质量不随物体运动状态而改变的看法,动量形式仍采用质量与速度乘积的形式

$$p=mv=m_0v/\sqrt{1-v^2/c^2} \tag{3-15}$$

这就是相对论中动量与速度的关系式。

动量守恒定律可表示为

$$p = mv = m_0 v / \sqrt{1 - v^2/c^2} = 常矢量 \qquad (3-16)$$

它满足相对性原理,且在洛伦兹变换下保持不变。在 $v \ll c$ 的情况下,相对论动量及动量守恒定律还原为经典力学中的形式。

如果仍将惯性质量定义为合外力与加速度的比值,即 $m = F/a$,由于在相对论中 m 不是一个常量,而是一个随速度变化的量,是时间的函数,这样经典动力学方程即可推广为相对论动力学方程

$$F = \frac{dp}{dt} = \frac{d(mv)}{dt} = m \frac{dv}{dt} + v \frac{dm}{dt} \qquad (3-17)$$

当物体运动的速率 $v \ll c$ 时,m 不随 t 变化,上式又回到了经典力学规律。

3.6 质能关系——新时代的标志

3.6.1 相对论动能

从相对论的动力学方程(3-17)出发,可以简要地推得相对论的动能表达式。

在相对论中,假定功能关系仍具有经典力学的形式,由质点的动能定理——质点动能的增量等于外力所做的功,可得

$$dE_k = F \cdot dr = dp/dt \cdot dr = dp \cdot dr/dt$$
$$= dp \cdot v = p/m \cdot dp = dp^2/2m$$
$$(dp^2 = d(p \cdot p) = 2p \cdot dp)$$

由
$$m = m_0 / \sqrt{1 - v^2/c^2}$$

得
$$m^2 c^2 - m^2 v^2 = m_0^2 c^2$$

即
$$m^2 c^2 - p^2 = m_0^2 c^2$$

两边微分得
$$dp^2 = 2mc^2 dm$$

$$\int_0^{E_k} dE_k = c^2 \int_{m_0}^m dm$$

$$E_k = mc^2 - m_0 c^2 \qquad (3-18)$$

可见在相对论中,质点的动能等于质点运动而引起的质量增加 $(m - m_0)$ 乘以光速的平方。

当物体的运动速度远远小于光速时,相对论的动能表达式(3-18)又回到经

典动能表达式,因为 $v \ll c$, $1/\sqrt{1-v^2/c^2} = 1 + \frac{1}{2}\frac{v^2}{c^2} + \cdots \approx 1 + \frac{1}{2}\frac{v^2}{c^2}$

则

$$E_k = \frac{m_0 c^2}{\sqrt{1-v^2/c^2}} - m_0 c^2 \approx m_0 c^2 \left(1 + \frac{1}{2}\frac{v^2}{c^2}\right) - m_0 c^2 = \frac{1}{2} m_0 v^2$$

3.6.2 质能关系

当物体运动的速度接近光速时,在外力作用下,物体的速度变化很小,而 m 变化增加很显著(m 无上限),外力所做的功使物体的能量增加,而能量的增加是和惯性质量 m 的增加相联系的。从而我们得到狭义相对论的一个重要推论:惯性质量的大小标志着能量的大小。由(3-18)式得

$$mc^2 = m_0 c^2 + E_k \tag{3-19}$$

式中的恒量 $m_0 c^2$ 解释为因静止质量 m_0 而具有的能量,称为静能,用 E_0 表示即

$$E_0 = m_0 c^2 \tag{3-20}$$

在经典力学中,我们知道动能、势能等形式的能量,完全不知道还有静能形式的能量存在。可见,静能是由相对论时空观的发展而发现的一种新的能量形式,这一大胆的预言已被原子弹和核动力等大量实验和应用所证实。

静能的数量极其巨大,一般比其化学能大亿倍以上。开发这种潜在于物体中的能量,可真是取之不尽,前景是十分广阔的。当粒子系统的质量减小 Δm 时,将会释放出 Δmc^2 的能量,这就是原子弹爆炸时巨大能量的来源。而普通炸弹爆炸时弹片的能量只是来自炸药的化学能。

mc^2 等于静能 $m_0 c^2$ 与动能 E_k 之和,显然是系统(物体)的总能量(机械能、电磁能、原子分子动能、势能、结合能等),解决了经典力学中始终未能阐明如何计算全部能量的问题。相对论总能量与物体的惯性质量密切相关,即物体的质量就是物体能量的度量。这一富有哲学色彩的科学论断,被誉为新时代的标志——质能关系式

$$E = mc^2 \tag{3-21}$$

或

$$\Delta E = \Delta mc^2 \tag{3-22}$$

质能关系表明,物体吸收或放出能量(即能量增加或减少)时,必伴随以质量的增加或减少。它揭示了质量、能量之间的联系和对应关系,说明质量不仅是物质惯性、引力的量度,也是物质总能量的量度,惯性、能量之间存在着深刻的内在联系。

经典力学中,质量与能量之间是相互独立的,能量守恒和质量守恒是分别发

现的两条相互独立的自然规律。在相对论中,能量和质量只是物体的力学性质的两个不同方面,能量守恒和质量守恒被完全统一起来。由相对论,能量守恒 $\sum(m_ic^2)=$ 常量,意味着系统质量守恒 $\sum m_i=$ 常量,反之亦然。系统内部的作用过程,可以使静质量与动质量相互转化,静能与动能相互转化,但系统的总质量和总能量是保持不变的,即能量守恒定律。

由质能关系式可知,能量的增加引起质量的增加是非常少的,因为 $\Delta m=\Delta E/c^2$,c^2 非常大,所以对应于能量增加 ΔE 而引起的质量增加 Δm 太小,以至于在爱因斯坦之前人们没有注意到。例如,把 2 kg 的物体从静止加速到 100 m/s(高速火车的速度),其动能为

$$\Delta E=\frac{1}{2}mv^2=\frac{1}{2}\times2\times100^2\ \mathrm{J}=10\ 000\ \mathrm{J}$$

相对应质量增加

$\Delta m=\Delta E/c^2=10\ 000/9\times10^{16}\ \mathrm{kg}=112\times10^{-15}\ \mathrm{kg}$,可见在常速情况下,质量增加确实太小。

值得注意的是,不管是动能、重力势能、热能或其他形式的能量,只要能量增加,必伴随质量的增加。假定你把刚才 2 kg 的物体升高 500 m,则重力势能增加 $\Delta E=mgh\approx2\times10\times500\ \mathrm{J}=10\ 000\ \mathrm{J}$,同样其质量增加 $112\times10^{-15}\ \mathrm{kg}$,质量增加太小以至于难以测量。

奇特的是,如果质量亏损或增加一点,则释放或增加的能量由 $\Delta E=\Delta mc^2$ 可知却是非常巨大的,因为 c^2 是很大的。例如在核裂变中,假定 1 kg 的铀在裂变中其静止质量亏损 0.01 kg(10 g),则释放的能量为

$$\Delta E=\Delta mc^2=0.01\times9\times10^{16}\ \mathrm{J}=9\times10^{14}\ \mathrm{J}$$

我们来看这个能量能产生多么巨大的效果——它可以把中国 12 亿人口抬高多少米? 假设平均每个人的质量为 60 kg,12 亿人口的重量则为

$$G=mg\approx12\times10^8\times600\ \mathrm{N}=72\times10^{10}\ \mathrm{N}$$

由 $$\Delta E=ph=mgh$$

则升高高度为 $$h=\frac{\Delta E}{p}=\frac{\Delta E}{mg}=\frac{9\times10^{14}}{72\times10^{10}}\ \mathrm{m}=1\ 250\ \mathrm{m}$$

这就是 10 g 铀所做的功,可见是多么巨大!

对质能关系的正确理解是非常重要的,否则将会导致一些不正确的认识。有时我们会对质能关系做出不正确的解释:质量能转化为能量。$E=mc^2$ 中的质量恒为惯性质量,因为能量守恒,故质量是决不会转化成其他任何东西的。在粒子物理学中,正、反粒子对(也可以是正、反物质)的湮没,两种粒子将完全消失,产生高能量的辐射。显然,物质是不守恒的,物质由辐射代替而消失。因为能量

守恒,正、反粒子对的质量将精确地等于产生辐射的质量。这里正、反粒子的质量是静止质量,或称为物质,在湮没过程中毁灭。正确的说法应该是,物质或静止质量能被转化为辐射。而对惯性质量——守恒质量的正确说法应该是,质量有能量,质量是能量,因为质量具有做功的能力;能量有质量,能量是质量,因为能量具有惯性。质量和能量是等价的,这就是对质能关系的正确解释。

例 1 近代物理实验表明,原子核的质量 m_0 小于组成原子核的所有核子静质量之和 $\sum m_{0i}$,差额称为原子核的质量亏损

$$\Delta m = \sum m_{0i} - m_0$$

与此对应的能量称为原子核的结合能 E_B

$$E_B = \Delta m c^2$$

试根据上式求一个质子和一个中子结合成一个氘核时,其结合能为多少？并计算聚合 1 kg 氘核所释放出的能量。

解：已知：
$$m_{0p} = 1.672\ 623\ 1 \times 10^{-27}\ kg$$
$$m_{0n} = 1.674\ 928\ 6 \times 10^{-27}\ kg$$
$$m_{0d} = 3.343\ 586\ 0 \times 10^{-27}\ kg$$

质量亏损
$$\Delta m = [(1.672\ 623\ 1 + 1.674\ 928\ 6) - 3.343\ 586\ 0] \times 10^{-27}\ kg$$
$$= 3.965\ 7 \times 10^{-30}\ kg$$

则氘核结合能
$$E_B = \Delta m c^2 = 3.564\ 2 \times 10^{-13}\ J$$

聚合 1 kg 氘核所释放出的能量为

$$\frac{\Delta E_0}{m_{0d}} = \frac{E_B}{m_{0d}} = \frac{3.56 \times 10^{-13}\ J}{3.34 \times 10^{-27}\ kg} = 1.07 \times 10^{14}\ J/kg$$

此数值相当于 1 kg 汽油燃烧放出热量值$(4.6 \times 10^7\ J)$的 230 万倍。

习　　题

3-1　狭义相对论揭示了

A. 微观粒子的运动规律；　　　　B. 电磁场的变化规律；

C. 引力场中的时空结构；　　　　D. 高速物体的运动规律。　　　　[　　]

3-2　S 系中发生了两个事件 P_1、P_2,其时空坐标分别为 $P_1(x_1, t)$ 和 $P_2(x_2, t)$。若 S′ 系以高速 v 相对于 S 系沿 x 轴正向运动,则 S′ 系测得两事件必定是

A. 同时事件；

B. 不同地点发生的同时事件；

C. 既非同时,也非同地;

D. 无法确定。　　　　　　　　　　　　　　　　　　[　　]

3-3　在狭义相对论中,下列说法正确的是

(1) 一切运动物体相对于观察者的速度都不能大于真空中的光速;

(2) 长度、时间、质量的测量结果都是随物体与观察者的相对运动状态而改变的;

(3) 在一惯性系中发生的同时不同地的两事件在其他一切惯性系中也是同时发生的;

(4) 惯性系中的观察者观察一个相对他做匀速运动的时钟时,会看到这个钟比他相对静止的相同的时钟走得慢些。

A. (1),(3),(4);　　　　　　　　B. (1),(2),(4);

C. (1),(2),(3);　　　　　　　　D. (2),(3),(4)。　　　　[　　]

3-4　地面上一旗杆高 2.28 m,在竖直上升的火箭(速率 $v=0.8c$)上的乘客观测,此旗杆的高度为

A. 2.28 m;　　　　　　　　　　B. 2 m;

C. 1.60 m;　　　　　　　　　　D. 1.37 m。　　　　　[　　]

3-5　试述亚里士多德时空观、牛顿时空观的相对性与绝对性。

3-6　试述伽利略的相对性原理及伽利略变换的时空观特征。

3-7　简述相对论时空观与经典时空观的主要区别。

3-8　说出 20 世纪初创立的两大革命性物理学理论的名称。

3-9　相对论改正了牛顿物理学在哪方面的不精确性?

3-10　相对运动、参考系、相对性原理各是什么意思?

3-11　物质运动是绝对的,而运动的描述则是相对的。试解释:

(1) 参考系,坐标系。

(2) 惯性系,非惯性系。

3-12　下雨时,有人坐在车内观察雨点的运动,试说明在下列各种情况下,他观察到的结果。设雨点相对于地面是匀速竖直下落的。

(1) 车是静止的。

(2) 车以匀速度沿着平直轨道运动。

(3) 车以匀加速度沿着平直轨道运动。

(4) 车以匀速率做圆周运动。

3-13　有甲、乙二人,甲站在速度为 60 m/s 向东匀速行驶的火车上,乙站在地面上。甲相对于火车以 20 m/s 的速度向火车后部抛出一个球。

(1) 球相对于甲的速度?

（2）球相对于乙的速度？

（3）两个答案不同,哪一个是正确的？

3-14　在上题中,若火车以 20 m/s 的速度向东匀速行驶,甲以 20 m/s 的速度分别向火车的前部和后部抛出球,则乙看到两球的速度分别为多少？

3-15　在上题中,若站在地面上的第三者丙以 20 m/s 的速度向东向西将球分别扔给甲和乙,则甲看到球的速度（即球相对于甲的速度）分别为多少？

3-16　按照经典时空观,是否任何观察者观察到的光速都是相同的？

3-17　甲以 $0.2c$ 的速度向着乙运动,当乙向着甲打开手中的光筒时,按照经典时空观的速度合成,甲观察到光束的速度为多大？ 当甲以相同速度远离乙运动时,甲观察到的光束的速度又为多少？

3-18　设一飞船以 $0.1c$ 的速度相对于地面运动,一光束沿着飞船运动的方向以相对于地面 c 的速度传播并超过飞船。按照伽利略的理论,飞船上的观察者观察到的光速是多少？ 这个答案是否是正确的实验答案？ 如果不是的话,正确的答案应该是多少？

3-19　用你自己的话来叙述相对论的两条重要思想:相对性原理和光速不变原理。它们适合于任何观察者（参考系）吗？

3-20　试用光速不变原理和相对论速度合成定律解释:为什么一个观察者相对于另一个观察者的速度只可能无限接近光速,但不能精确等于光速 c。

3-21　假设光速不变,但不是 3×10^8 m/s,而是 120 km/h,设想此时我们周围世界将发生怎样的变化？

3-22　狭义相对论的相对性原理指出,在一个做匀速直线运动的密闭的实验室内没有实验能够证明你是静止的还是运动的。换句话说,除非你看外面,否则不能确定你所在参考系的速度。那么当你所在的参考系做匀加速运动时,在不看外面的情况下,你能用什么方法来确定你的参考系在加速运动？

3-23　设甲、乙二人,乙静止地站在地面上,甲坐在以 $0.5c$ 速度飞行的飞船上,当甲飞过乙时,甲打开自己手中的两个激光器,一个指向前方,一个指向后方,那么

（1）甲观察到两束激光的速度各为多少？

（2）按照伽利略的理论,即按照经典速度合成律,乙观察到两束光的速度各为多少？

（3）按照爱因斯坦的相对论,即按光速不变原理,乙观察到两束光的速度各为多少？

（4）乙实际观察到两束光的速度又为多少？

3-24　用洛伦兹变换式说明同时性的相对性。S 系中的观测者认为是同

时发生的两个事件,S′系中的观测者看来,也一定是同时发生的吗?

3-25 用洛伦兹变换式说明时序问题:设 S 系中相继发生了 1、2 两个事件,其时空坐标分别为 (x_1, t_1) 和 (x_2, t_2),且 $t_1 < t_2$,即 1 事件先于 2 事件发生。S′系中观测到此二事件的时空坐标分别为 (x_1', t_1'),(x_2', t_2'),则在 S′系中观测到的结果仍然是 1 事件先于 2 事件发生吗?时序会颠倒吗?在什么情况下时序不会颠倒?

3-26 设想你乘坐相对于地球速度为 $0.999c$ 的飞船到距地球 200 光年的遥远星球去做一次太空旅行,那么,在你有生之年能完成此壮举吗?

3-27 在地球上进行一场足球比赛持续了 1.5 小时,在以速率 $v = 0.8c$ 飞行的火箭上的乘客观测,这场球赛进行了多少小时?

3-28 某介子静止时的寿命是 10^{-8} s,如它以 $v = 2 \times 10^8$ m/s 的速度运动时,它能飞行的距离为多少?

3-29 一边长为 a,质量为 m_0 的正方体,沿其一棱边的方向相对于观察者以速度 v 运动,则观察者测得其密度和动量分别为多少?

3-30 在惯性系 S 中有一等边三角形,其中线与 x 轴重合。若该三角形以 v 沿 x 轴匀速运动,当在 S 系中测量该三角形恰为一等腰直角三角形时,则 v 的大小为多少?

3-31 S′系以 $v_x = 0.6c$ 相对于 S 系运动,当 S′系的 O' 点与 S 系的 O 点重合瞬间,它们的"钟"均指示零(两个钟完全相同),试求:

(1) 若 S′系上的 x_0' 处发生了一个物理过程,S′系测得该过程经历了 $\Delta t' = 20$ s,求 S 系的钟测得该过程经历的时间。

(2) S′系上有一根 $l_0 = 2$ m 的细杆,沿 x' 轴放置,求 S 系测得此杆的长度 l。

(3) S′系上有一质量为 2 kg 的物体,求 S′和 S 系测得该物体的总能量 E' 和 E。

3-32 一个粒子的动能等于它的静止能量时,其速率为多少?

3-33 太阳发出的能量是由质子参与的一系列反应产生的,其总结果相当于下述热核反应:

$$_1^1H + _1^1H + _1^1H + _1^1H \rightarrow _2^4He + 2_1^0e$$

已知一个质子($_1^1H$)的静止质量是 $m_p = 1.672\,6 \times 10^{-27}$ kg,一个氦核($_2^4He$)的静止质量是 $m_{He} = 6.642\,5 \times 10^{-27}$ kg,一个正电子($_1^0e$)的静止质量 $m_e = 0.000\,9$ kg。问:

(1) 这一个反应所释放的能量是多少?

(2) 消耗 1 kg 质子所释放的能量是多少?

(3) 太阳发出能量的总功率为 $p = 3.9 \times 10^{26}$ W,它每秒钟消耗多少千克质子?

(4) 太阳约含有 $m=1.5\times10^{30}$ kg 质子,假定它继续以此速率消耗质子,太阳还能"活"多少年?

3-34　太阳辐射到达地球时的辐射功率为 1 400 W/m²,地球半径为 6 400 km,试计算每秒到达地球表面的太阳能量? 这相当于每秒多少千克的日光撞击地面?

3-35　为什么你不能跟一束光一道运动,是什么物理定律使这不可能?

3-36　描述以太理论。这个理论对光束的速度做了什么预言? 这个预言正确吗?

3-37　迈克耳孙-莫雷实验测量的是什么? 结果如何?

3-38　描述否定以太理论的哲学含义。

3-39　物理学中的时间怎样定义?

3-40　描述光钟。

3-41　用光速不变原理说明运动的时钟一定走得慢。

3-42　解释你怎么能够到未来旅行。

3-43　你觉得爱因斯坦的个性同他创立相对论有很大的关系吗?

3-44　根据伽利略相对性,不同观察者能对同一束光都测量到同样的速度吗?

3-45　相对性原理要求不同观察者都观察到同样的物理定律吗? 说明理由。

3-46　想出几个办法,使你可以从一架飞机内部判定这架飞机是在平稳飞行还是停在跑道上。这些办法中的每一种是否都含有同机外的世界的某种直接或间接的接触?

3-47　玛丽高速经过你身边。在你看来,她老得慢。根据她自己观察,她的年龄怎么变化? 在她看来你的年龄又怎么变化?

3-48　银河系的中心大约离我们 30 000 光年。光从那里到地球需要多长时间? 按照在地球上测量的时间,一个人能够在短于 30 000 年的时间里旅行到那里吗? 按照他自己的时间,一个人能够在短于 30 000 年的时间里旅行到那里吗? 一个人能在他的寿命期限之内到达那里吗? 说明理由。

第 4 章　引力与时空——广义相对论

4.1　广义相对论的两条基本原理

4.1.1　狭义相对论的局限性

狭义相对论揭示了时间、空间的相互联系,但它有一定的局限性,即只适用于惯性参考系,这也就是爱因斯坦称之为狭义相对论的原因。若进一步研究,非惯性参考系和惯性参考系是否平权?物理学规律只在惯性系中成立,对于非惯性参考系是失效的,这就没有解决经典力学中存在的一个古老问题:"为什么惯性系在物理上比非惯性系特殊、优越?"爱因斯坦指出这是经典力学和狭义相对论都存在的"固有的认识论上的缺陷"。他认为,只有消除这一点,才能使他一心一意相信的因果性原则得到始终的贯彻。

狭义相对论的第二个局限性是在它的框架内不可能得到令人满意的引力理论,即在狭义相对论的理论框架中,无法写出满足相对性假设要求的质点在引力场中的运动方程。爱因斯坦一生追求物理领域中的逻辑统一,他认为应该把引力现象也纳入相对论的范畴。为了克服狭义相对论的上述局限性,他扩大了狭义相对论的物理内容,建立了广义相对论,一方面很好地解决了引力问题,同时也从理论上消除了惯性系特殊、优越的物理地位。广义相对论揭示了时间、空间与物质的紧密关联及内在联系,它是研究物质在空间、时间中如何进行引力相互作用的理论。

4.1.2　等效原理

1. 惯性质量与引力质量

在经典力学中,我们曾引入了惯性质量与引力质量这两个不同的物理量。惯性质量反映了物体惯性的大小(与加速度成反比),而引力质量则反映了物体产生和接受引力的能力(与引力成正比)。它们分别与动力学方程 $F = m_i a$ 和万有引力定律 $F = \dfrac{Gm_0}{r^2} m_g$ 相联系。

广义相对论的基本出发点是所传说的伽利略比萨斜塔(自由落体)实验所揭示的

同一地点重力加速度相同的真理。当物体在地球附近做自由落体运动时,必有:

$$m_i a = m_g \frac{Gm_o}{r^2}$$

其中 m_o 是地球的引力质量,r 是物体距地心的距离,G 为万有引力常量,m_i、m_g 分别为惯性质量与引力质量。则:

$$a = \frac{m_g}{m_i} \frac{Gm_o}{r^2} \tag{4-1}$$

对任何物体,由于在同一地点加速度值($a=g$)均相同,这充分说明,对各种物体 m_g/m_i 的值也是相同的。显然,这个比值是一个普适常量,与具体的物体尺度或成分(材料)无关。从牛顿单摆周期实验到厄阜的扭称实验,均证明了这种等同性。以上虽是牛顿力学的推理,其结论在相对论中仍是正确的。爱因斯坦曾经对此做过这样的论述:在引力场中一切物体都具有同一个加速度。这条定律也可表达为惯性质量同引力质量相等的定律($m_i = m_g$),并把两种质量的等效性提高到基本原理的高度。这是爱因斯坦建立广义相对论时唯一的实验依据。

2. 等效原理

万有引力是普遍存在的,所以任何一个物质参考系都具有一定的加速度,都不可能是真正的惯性参考系。狭义相对论的结论只适用于惯性系,在理论上这对狭义相对论提出了一个令人困惑的问题:在表述物理规律时,惯性参考系具有特殊的地位,而自然界中并不存在真正的惯性系。

是否可以寻求到狭义相对论所确定的物理规律全部有效,引力全被消除的真正的惯性参考系呢?爱因斯坦电梯确是一个真正的局部惯性系。

我们来看爱因斯坦的两个假想实验:观察者在引力场中,看到物体 m_g 以 $\boldsymbol{g}$ 的加速度自由下落,这是由引力 $m_g \boldsymbol{g}$ 引起的。在远离引力场的自由空间中,当封闭的电梯以 $\boldsymbol{a} = -\boldsymbol{g}$ 竖直向上做匀加速运动时,电梯内的观察者同样观察到物体以 $\boldsymbol{g}$ 的加速度竖直下落。这时,使物体下落的力确是惯性力 $m_i \boldsymbol{g}$,见图 4-1。在左右两个参考系中,看到的力学现象相同。由此,我们得出结论:惯性力等效于引力。

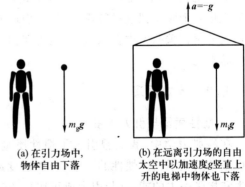

(a) 在引力场中,物体自由下落

(b) 在远离引力场的自由太空中以加速度g竖直上升的电梯中物体也下落

图 4-1 惯性力等效于引力

下面我们再来看另一个实验:当电梯在引力场中的某一时空点自由下落时,电梯内的观察者看到电梯内的物体静止不动,即电梯内的物体不再受到引力的作用,无加速度(这时相当于引力与惯性相互抵消)。这时,无论是羽毛还是苹果,均可自由地停留在空中,而不"下落"。人们在电梯底部、顶部或侧面行走所用力气一样,感觉一样轻松,而不需要像杂技演员那样的技巧,这种状态就是通常所说的"失重"的现象。人们所观测的力学现象,丝毫也未显示出引力的存在。这与远离引力场的自由空间中相对某一恒星静止的电梯(惯性系)内的观察者观察到物体的运动状态相同,即都是维持原运动状态,见图 4 - 2。爱因坦斯对此加以推广,他认为不只是力学现象,包括电磁学和其他物理实验,也都看不到引力的迹象。即在电梯参考系(加速度参考系)中,引力全部消失了。人们无法通过电梯内的物理现象来判断电梯是否在做加速运动和电梯外是否还存在着地球这个引力源。由此我们得到另一个结论:在引力场中的某一时空点自由下落的参考系与惯性系等效。

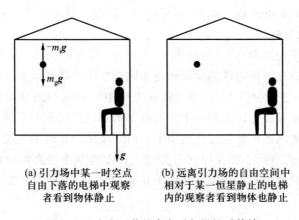

(a) 引力场中某一时空点　　　(b) 远离引力场的自由空间中
自由下落的电梯中观察　　　相对于某一恒星静止的电梯
者看到物体静止　　　　　内的观察者看到物体也静止

图 4 - 2　自由下落的参考系与惯性系等效

　　综上所述,我们得到广义相对论的等效原理:局域内加速度参考系形成的物理效应与引力场的一切物理效应等效。即一个均匀的引力场与一个匀加速参考系完全等价。

　　我们可以在引力场中的任何一个局部区域(任一时空点)找到一个惯性系(即在该引力场中自由下落的惯性系)——局部惯性系,其中引力全部消除,狭义相对论的规律全部有效,这即是近年来人们对等效原理更准确的表述。可见,引力的特性在于引力可在某种局部参考系中消除,就是在该参考系中不存在引力作用。引力的这一基本性质就是等效原理。"引力的本性就是没有引力",这多么富有哲学色彩啊!

　　爱因斯坦电梯是一个惯性参考系,即惯性系是在引力场中做自由运动的参考系。空间任一位置,任一时刻,必定存在着一个这样的电梯。由于不同位置,引力加速度不同,一个电梯只能在附近的小范围(不是大范围)内消除引力的作用,各点的电梯就是该点的局部惯性系。

4.1.3　广义相对性原理

在狭义对相论中,我们已经知道:所有的惯性系都是平权的、等价的,这即是狭义相对性原理。那么,物理规律是否受到加速度参考系的影响? 换句话说,非惯性系与惯性系是否平权? 不解决这个问题,就不能摆脱牛顿的"绝对时空"。其实上面的等效原理已回答了这个问题,为了更清楚地说明这个问题,我们来看图 4-3 所示的例子:如果你手里拿着一个球站在外部空间中以加速度 $a = -g$ 竖直上升的电梯中,当你释放这个球时,你会看到它怎样运动呢? 由于电梯以 g 的加速度上升,电梯地板将会加速向上碰到这个球。那么,在你看来,这个球是以加速度 g 竖直向下运动落到了地板上。所以,你在电梯中,即加速度参考系中看到球遵从伽利略的落体运动规律,不论是大质量的球还是小质量的球,只要同时释放,将会同时落地。

你也可水平地抛出这个球,如图 4-4 所示,看它的运动轨迹是否和你在地面上静止时平抛这个球时球的运动轨迹相同呢? 由于球在水平方向匀速运动而电梯以 $-g$ 的加速度竖直上升,那么你在电梯中所看到的是这个球在水平方向的匀速运动和在竖直方向上相对于电梯以 g 的加速度竖直向下做匀加速直线运动。二者的合成轨迹正如你站在地面上相对于地面静止时平抛这个球看到的轨迹(抛物线)一样。可见,你在加速上升的电梯参考系中看到的物理规律与在地面上静止时看到的相同。即实验结论无法告诉你是否处在以加速度 $a = -g$

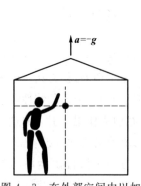

图 4-3　在外部空间中以加速度 g 竖直上升的电梯中,看到球自由下落

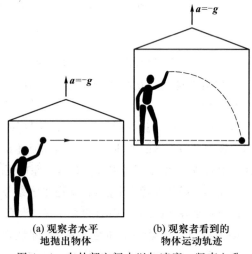

(a) 观察者水平地抛出物体　　(b) 观察者看到的物体运动轨迹

图 4-4　在外部空间中以加速度 g 竖直上升的电梯中平抛球时看到的情形

竖直上升的电梯中还是静止地站在地面上,或者说没有实验能告诉你是处在一个没有引力加速上升的密闭电梯(或实验室)中,还是静止地处在一个引力场中。概括起来说,在任何加速度参考系中,都会得到相同的自然规律。由此,我们得到广义相对性原理:

一切参考系都是平权的,物理规律具有适合于任何参考系的性质,即物理规律在一切参考系中可以表达为相同的形式。

可见,在这里惯性系不比非惯性系具有更特殊的地位,广义相对性原理是狭义相对性原理在一切惯性和非惯性系中的推广。

综上所述,广义相对论的基本原理是等效原理和相对性原理,其理论框架是物理规律中引入了引力作用和引力作用几何化——时空的几何结构,这即是我们下节要讨论的问题。

4.2　引力场的时空弯曲

在引力场中,时空的几何结构是什么样子? 宇宙的形状可能是什么样子?

我们首先回到图 4 - 4 的例子。如果你站在外部空间中以加速度 $a = -g$ 竖直上升的电梯中,现在不是抛球,而是手里拿着一个电筒(或闪光灯),当你水平打开电筒时,你看到的光束轨迹又是什么样呢? 如图 4 - 5 所示,这时,由于你的加速向上运动,你看到的光束轨迹正像平抛出的球下落的轨迹一样,是向下弯曲的,即在加速度参考系中看到的是光线弯曲。

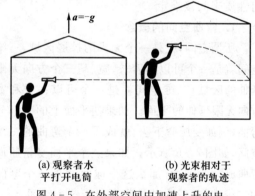

(a) 观察者水平打开电筒　　(b) 光束相对于观察者的轨迹

图 4 - 5　在外部空间中加速上升的电梯中看到的光线弯曲

等效原理告诉我们,匀加速度参考系等效于一个均匀的引力场。那么,匀加速上升的电梯就相当于一个引力场,我们在一个引力场中静止的实验室内重复上述实验,同样会得到光线弯曲的结论。所以,我们得到一个新的、爱因斯坦广义相对论的重要结论:引力使光线弯曲。1919 年,发生日全食时所观测到的遥远的星所发出的光线经过太阳附近时出现的光线弯曲证明了这一点。

狭义相对论的出发点是狭义相对性原理,即物理规律在所有的惯性系中都相同,也就是物理规律不受参考系速度的影响,从而得到了光速不变原理,进而得出了重要结论——"时间是相对的"。而广义相对论的出发点是广义相对性原理,即物理规律在所有的参考系中都相同,也就是物理规律不受参考系加速度的影响,从而得出了"引力使光线弯曲"的预言,进而引出了一个更加崭新的与惊人的发现——"时空弯曲"的新概念。

正如时间用光钟来测量,光钟运动的减慢就意味着时间的延缓。那么光线的弯曲是用直线概念来衡量的,引力使光线弯曲就意味着引力使空间弯曲。正如物质世界中的时间是由物质世界中的光钟来表示一样,物质世界中的直线也是由物质世界中的光束所表示。在狭义相对论中我们已经看到,空间和时间是紧密联系的,是不可分割的,所以引力作用的不仅是空间,而且也包括时间。因此,正确的表述应该是时空弯曲。即广义相对论所描述的是一种统一的四维时空——三维空间和一维时间。在日常观念里,使四维时空具体化是不可能的,也是难以想象的。我们生活在三维空间之中,那么一个弯曲的三维空间也是难以想象的,因为它超出了我们的直观概念。在地球上,我们从未见过一个弯曲的三维空间,一方面是因为地球的引力太弱,空间弯曲太小以至在地球上的有限距离内难于观察到。另一方面,即使弯曲很大,由于超出了直观概念,也只能通过几何性质来间接推定。

1. 弯曲空间的概念

所谓空间,就是一个无界的扩展区域,三维空间就是一个可以沿着长、宽、高三个方向无限延伸的区域;二维空间就是一个可以在长和宽方向无限延伸的平面。如果使平面上的一部分弯曲,例如受压弯下去,就成了一个弯曲的二维空间,如图 4－6 所示。如果一个平面受挤压而弯曲成一个球面,那么这个球面就是一个弯曲的二维空间,球内球外都不属于这个空间。

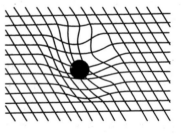

图 4－6　二维弯曲空间

在欧几里得平面几何学中,我们知道两条平行直线永远不会相交,三角形三内角之和等于 $180°$,半径为 r 的圆周长等于 $2\pi r$ 等熟悉的公理或定理。我们生活在地球表面上,在大范围内,欧几里得平面几何学就不适用了。如图 4－7 所示,局部平行的两根南北方向的子午线,到了北极就会相交;以北极为顶点和赤道上的两点构成的大三角形,三内角之和大于 $180°$,赤道的周长不等于半径 r 的 2π 倍,这些都是由于地球表面的弯曲所引起的。同样,在一个双曲面上画一个圆,周长将大于半径的 2π 倍,三角形内角之和将小于 $180°$,见图 4－8。

上述曲面上三角形的每条边,是曲面上两点间的最短线,称为短程线或测地线。它对应平面几何中的直线。

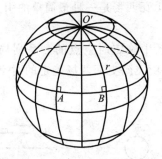

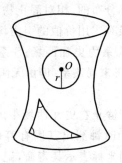

图 4-7 球面上的圆与三角形　　　图 4-8 双曲面上的圆与三角形

2. 引力场的空间弯曲

我们知道,加速度参考系与引力场等效。在存在引力场的空间里,时空性质和欧几里得的"平直时空"不同,而成为"弯曲时空"。这种"弯曲"不能凭人的感觉器官,如眼睛等觉察出来,只能从上述平面几何规律不再成立而间接地发觉。现在我们考察一个称之为"爱因斯坦圆盘"的假想实验,见图 4-9。设地面参考系为 S 系,固定在圆盘上的有加速度的旋转参考系为 S′系(轮边缘 P' 点固定于 S′上),它是非惯性参考系。

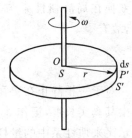

图 4-9 爱因斯坦圆盘

S′系的观测者用标准尺去量度圆盘半径 r',结果发现 r' 和 S 系观测者量得的半径 r 相同($r'=r$),这说明他们所用的尺是一样的。但当 S′系的观测者去量度圆盘周长 s' 时,意外地得到了 $s'/r>2\pi$ 的不符合平面几何的结果。

对此,S 系观测者解释说,这是由于在测量圆周长(通过 P' 点)时,尺子沿运动方向放置,因而发生了洛伦兹收缩,结果量出的数值将比在 S 中测得的要大些。如果静止尺的长度为 1,P' 点处的运动速度 $v=\omega r$,那么运动尺的长度将缩短为 $l\sqrt{1-v^2/c^2}=l\sqrt{1-(\omega r)^2/c^2}$。尺子短了,量度同一个圆周所得数值自然会大一点。

但是,S′系观测者却认为,在 S′系中尺子是静止的,没有根据说发生了洛伦兹收缩。$s'/r\neq2\pi$ 的结果是由于空间存在着引力场,他站在 P' 点处会感到有向外的"离心力"。引力场使空间性质由"平直"变成了"弯曲",因而平面几何不再适用(见图 4-7、图 4-8)。根据广义相对论,把加速参考系中的空间看做"弯曲"空间是完全合理的。加速度愈大,相当于引力场愈强,这时,空间的曲率也就愈大。

3. 史瓦西场中的固有时与真实距离(静长度)

在远离其他星球引力场的外部自由太空中,一个星球的外场便是史瓦西场,即球对称分布的,相对静止物质外部的场。史瓦西场是一种最简单的引力场,也是一种最有实用价值的引力场。

设 S_0 系为史瓦西场;S 系为静止在 S_0 系中确定时空点的一系列局静惯性系;S′为飞来局惯系(即由无限远处沿径向自由飞到史瓦西场确定的时空点),见图 4 - 10。

对于静止在史瓦西场中的粒子,即可用该场中的时钟测出其固有寿命,记作 $\mathrm{d}\tau$,又可用时间坐标表示其寿命,记作 $\mathrm{d}t$。$\mathrm{d}\tau$ 也是局静惯性系中时钟所测到 S 的寿命,$\mathrm{d}t$ 也是飞来惯性系中时钟所测得的寿命。因洛伦兹变换在局静惯性系与飞来惯性系之间适用,故有

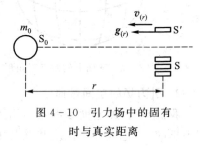

图 4 - 10　引力场中的固有时与真实距离

$$\mathrm{d}\tau = \sqrt{\left(1 - \frac{v^2}{c^2}\right)}\,\mathrm{d}t \qquad (4-2)$$

对于一根静止在史瓦西场径向上的短杆(并非量杆),即可用该场中的量杆测出其真实长度,记作 $\mathrm{d}\sigma$,$\mathrm{d}\sigma$ 也是局静惯性系 S 中的量杆所测得的杆长。用 $\mathrm{d}r$ 表示飞来惯性系中的量杆所测得的杆长,则有

$$\mathrm{d}\sigma = \frac{1}{\sqrt{1 - \frac{v^2}{c^2}}}\,\mathrm{d}r \qquad (4-3)$$

为了说明引力场对时空的影响,我们将(4-2)、(4-3)两式中的这种狭义相对论的运动效应转换成广义相对论的引力场效应。由经典理论,飞来惯性系(物体 m)从无限远处由静止开始向星球 S_0(质量为 m_0 的史瓦西场)自由飞行的过程中,机械能守恒:

$$0 = \frac{1}{2}mv^2 - \frac{Gm_0 m}{r}$$

由上式得

$$v^2 = \frac{2Gm_0}{r}$$

此式虽由经典理论得出,但与广义相对论的结论完全一致。将其代入(4-2)、(4-3)两式,得

$$\mathrm{d}\tau = \sqrt{1 - \frac{2Gm_0}{c^2 r}}\,\mathrm{d}t \qquad (4-4)$$

$$\mathrm{d}\sigma = \frac{1}{\sqrt{1 - \frac{2Gm_0}{c^2 r}}}\,\mathrm{d}r \qquad (4-5)$$

可见,当引力场给定后(即 m_0 确定),$d\tau$ 和 $d\sigma$ 与 dt 和 dr 的关系便完全依赖于位置 r 了,这充分反映和说明了引力场对时空的影响。从(4-4)、(4-5)两式看出,引力场愈强,钟愈慢,尺缩愈烈,空间弯曲愈烈。(4-4)、(4-5)式也同时揭示了广义相对论的一个重要结论:时空与物质分布的紧密联系和不可分割性。即广义相对论确定了"时空的性质由物质及其运动状态决定;反过来,物质的运动又由时空条件决定",可见自然界的内在机理有极其重要和多么深刻的哲学意义!

质量为 m_0,半径为 R 的球形物体附近的引力场中,一个物体(m)的环绕速度为:

$$m\frac{v^2}{R}=G\frac{m_0 m}{R}$$

$$v=\sqrt{\frac{Gm_0}{R}}$$

此速度称为第一宇宙速度。所以,弱场的条件是:

$$v=\sqrt{\frac{Gm_0}{R}}\ll c$$

或
$$\frac{Gm_0}{c^2 R}\ll 1 \tag{4-6}$$

强场的条件是
$$\frac{Gm_0}{c^2 R}\approx 1 \tag{4-7}$$

表 4-1　一些常见物体的 Gm_0/c^2R 的值

物体	Gm_0/c^2R	太阳	$10^{-5.4}$
质子	10^{-40}	银河蟹状星云脉冲星	10^{-6}
人	10^{-25}	天鹅座 X-1	10^{-1}
地球	$10^{-8.9}$	NGC6624 星系核心	≈ 1
月球	$10^{-10.1}$		

从表 4-1 可见,除宇宙深处的致密天体之外,我们周围的天体 Gm_0/c^2R 都远小于 1,其引力场均为弱场。这正是牛顿万有引力理论在大量问题中适用的依据。

从上面的讨论,我们已经知道,引力场愈强,空间弯曲愈烈。在地球这个弱场而且在地面上相对小的范围内,空间弯曲太小以至于我们无法观察到。除了这一个重要原因外,还要提及的是,我们不能想象时空弯曲的另一个原因是我们生活在这个三维空间中。正如一个二维生物生活在一个二维球面上,它只能在二维球面上运动,它不可能站到球内或球外,从三维角度看它的空间是个球面,所以它无法想象它的空间是弯曲的。唯一能够说明它的空间是弯曲的就是对空间几何性质的测定(实验),例如上面所说的局部平行的两根南北方向的子午线,到了北极就会相交。人类是生活在三维空间的生物,也不可能离开三维空间从四维的角度来观察自己生活的弯曲空间,同理,人类不可能想象他生存的空间是弯曲的。唯一能够证明的也是对空间几何性质的测定(实验)。上面已经提到,1919年的日全食观测到太阳附近的光线弯曲证明了这一点。关于这个观测实验,后面还要详细论述。

4.3　宇宙的形状和命运

广义相对论是一个完全不同于牛顿引力理论的新引力理论,其在太阳系条件下与牛顿引力理论所预言的结论十分接近。引力弯曲时空,也就是质量弯曲时空,正如前面的图4-6所示。在广义相对论中,认为地球绕太阳运转不是由引力引起,而是由时空弯曲引起的。

广义相对论理论和实际观测都说明宇宙正在不断膨胀,见4.4节。宇宙的形状是由宇宙的膨胀率和平均质量密度两个方面共同决定的。目前,宇宙膨胀之预言认为宇宙的几何结构取决于宇宙的平均质量密度与某一临界密度的比值,令其比值为Ω。并且认为三维宇宙的轮廓有三种可能的形状或几何结构:$\Omega>1$,即较慢的膨胀率和较大的质量密度,引起宇宙自身弯曲,形成所谓闭合宇宙,即三维的球形空间,这样的宇宙具有有限的体积;$\Omega<1$,即较快的膨胀率或较小的质量密度形成所谓开放宇宙,即马鞍形的结构,其总体积是无限的;如果在上述两者之间,膨胀率恰恰与质量密度符合某一条件,$\Omega=1$,即无大规律的弯曲,则形成平坦宇宙。

宇宙的膨胀率和平均质量密度不但决定了宇宙的几何形状,也决定了宇宙的未来、宇宙的命运。闭合型宇宙的膨胀速度随着时间的延缓,最终将停止膨胀进而向内收缩,由于慢的膨胀和大的质量密度,引力将使膨胀停止并令其掉过头来进而收缩,引起宇宙的自身弯曲从而形成类似于二维球面的三维球状体,这个宇宙具有有限的体积而无边缘,膨胀的三维宇宙就像正在膨胀的一个气球的二维表面,星系都好像位于气球的表面上,没有中心,没有边缘。当这种膨胀达到某一最大体积时,收缩将会开始,形成"大挤压",这种收缩将挤压宇宙向零体积接近,使所有物质集中于一点。开放型宇宙由于膨胀足够快而密度又足够小,宇宙将会展开,随着时间的延缓,膨胀将有所减慢,但引力将无法使其停止,最终以不变的膨胀率永远膨胀下去。平坦型宇宙也将随着时间的延长,膨胀会越来越慢,最终膨胀率变为零。在这种情形中,宇宙的膨胀刚好快到不至于坍缩,星系将永久分开。这就是目前理论和观测所预言的三种宇宙模型,见图 4 - 11。三种宇宙模型的预言正确吗? 宇宙到底可能是哪种模型? 由于目前无法精确地探测宇宙的膨胀率,更难去测量宇宙的物质平均密度,因为宇宙中大部分物质为暗物质。所以,上述预言还有待于科学技术的发展来证实。

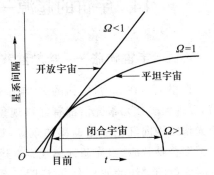

图 4 - 11 宇宙三种模型未来预言

目前,人们对宇宙的探测能力得到了极大的提高。1990 年大型哈勃太空望远镜 HST(主镜口径 2.4 米,总重 12.5 吨)被送上距地球 600 km 的轨道。1999 年年末,美国宇航员在太空为哈勃望远镜更换了新的部件,使从 1999 年 7 月出现故障的哈勃望远镜在新的世纪到来时又重新开始工作。近年来,人们还研制和发射了"康普顿"γ 射线望远镜。1999 年,美国宇航局又发射了"钱德拉"X 射线望远镜。20 世纪 90 年代发射的哈勃、康普顿和钱德拉这 3 座太空望远镜,在观测宇宙空间方面已取得了丰硕的成果。当今人们可探测的电磁波范围几乎达到了全部波段,从可见光到微波、红外、紫外、X 射线、γ 射线等。能观察到距地球 100 亿光年之外的天体和来自任何方向极其微弱的信号。

人们把数量级为 10^8 光年以上的结构称为宇宙的大尺度结构。宇宙学原理告诉我们:宇宙在整体上是均匀的、各向同性的,宇宙没有中心。即在大尺度上观察宇宙,其物质分布是均匀的。若对已观测到的发光星体和星际物质取平均值,其平均密度约为 3×10^{-28} kg/m^3。这些物质多以重子(质子和中子)为主,其密度远远小于我们所处的银河系的密度。宇宙中除了发光物质外,还存在着不发光的暗物质,这可由万有引力定律作一推测。设距某一星系中心距离为 r 处的星,其切向速度由下式表示

$$G \frac{m_{(r)}}{r^2} = \frac{v_{(r)}^2}{r}$$

即

$$Gm_{(r)} = v_{(r)}^2 r$$

式中 $m_{(r)}$ 为半径 r 之内的全部物质的质量。对星系的观测表明,随着 r 的增大,$v_{(r)}$ 也在增大,即 $m_{(r)}$ 增大,这说明在星系附近的空间中可能还存在着大量的人们目前尚不清楚的暗物质。

4.4　宇宙的起源——大爆炸与宇宙膨胀

4.4.1　宇宙膨胀——哈勃红移

斯里夫尔在 20 世纪初的 20 年中在劳威尔天文台曾仔细地研究了星系的光谱,发现大多数元素光谱都有红移现象(极少数星系有蓝移现象)。红移就是整个光谱结构向红色一端偏移的现象,即光谱线的波长变长了(或频率变小了)。根据多普勒效应,当光源远离观察者运动时,观察者接收到的谱线波长比光源静止时发射的谱线的波长大,这说明星系在远离我们运动,称为星系的退行。后边将会看到,引力也会造成红移,但在这里不起主要作用。

1929 年,美国天文学家爱德温·哈勃用 25 m 望远镜对远距离星系观测发现,在本星系以外的所有星系都有这种红移现象。而且离我们越远的星系红移越明显,即离开我们的速度越大。这说明所有星系都在彼此远离,宇宙正在不断地膨胀。

星系的退行速度与远离我们的距离成正比,这一关系称为哈勃定律:

$$v = H_0 r$$

H_0 为哈勃常数,其值可通过天文观察来确定,r 用光年作单位,目前 H_0 的估计值为 $H_0 = 15 (\text{km/s})/$百万光年(因天体距离不易准确测定,此值至少有 $\pm 25\%$ 的误差)。可见,哈勃定律描绘的是一幅宇宙正在膨胀的图像。

20 世纪 60 年代以来,天文学家发现了一些体积小、亮度非常大的类星体,其红移量很大,估计宇宙中的类星体多达 10^6 个。

宇宙膨胀的观念彻底改变了在大尺度上天体应处于静止的传统观念,这与爱因斯坦引力场方程得到的运动的解完全一致。宇宙膨胀是广义相对论的一个自然结果,遗憾的是在红移现象发现之前,爱因斯坦却修改自己的引力方程以满足静态要求,这是他"一生中最大的错事"。

宇宙是否永远膨胀下去呢? 或者在将来的某一天星系会改变方向而相互靠拢呢? 目前,我们还不能作出定论,这取决于宇宙的质量。

伽莫夫(1904—1968)

4.4.2　宇宙大爆炸

既然宇宙正在膨胀,星系相互飞离,那么昨天的星系应该是比较靠近,宇宙更小,早期宇宙应该是所有星系都结合在一起的密度非常大的致密物质。一些科学家认为,大约在 100 多亿年前,发生了一次巨大的灾变,即宇宙大爆炸。

　　1946 年,物理学家伽莫夫首先提出:宇宙是从一个大爆炸的火球开始的。并预言了大爆炸的遗迹——宇宙中至今可能还存在着微波背景辐射。随着红移现象的观测和宇宙膨胀理论的建立,特别是 20 世纪 60 年代微波背景辐射的发现,使人们对大爆炸理论引起了更大的关注。根据粒子物理研究进展,目前盛行的热大爆炸描绘的宇宙演化过程如表 4 - 2 所示。

表 4 - 2　目前盛行的热大爆炸描绘的宇宙演化过程

宇宙时间	时代	事件	主要阶段	温度/K	密度/(kg/m^3)	距今年限	备注
0	奇点	大爆炸	大爆炸开始	∞	∞	约 140 亿年	
10^{-44} s	普朗克时代	时间、空间,真空场		10^{32}	10^{43}		经典宇宙的开端,能量 10^{19} GeV
10^{-35} s	大统一时代	暴涨、粒子产生、强力		10^{27}			宇宙直径在 10^{-32} s 内增长了 10^{50} 倍,能量 10^{15} GeV
10^{-6} s	强子时代	质子-反质子湮没、弱力、电磁力	所有粒子处于平衡	10^{13}			夸克结合成强子,能量 1 GeV
1 s	粒子时代	电子-正电子湮没	平衡终止	10^{10}			湮没产生光子、中微子、反中微子,能量 1 MeV
1 分	辐射时代	中子,质子聚变为氢核		10^{9}			
20 分		氦形成,化学元素形成					
30 分		粒子间停止强相互作用		10^{8}			光子海洋,光子是其他粒子的 10^{9} 倍
70 万年		复合					
100 万年	退耦时代	光子,粒子相分离,宇宙成为透明,原子生成		3×10^{3}			

续表

宇宙时间	时代	事件	主要阶段	温度/K	密度/(kg/m³)	距今年限	备注
50亿年		星系,恒星形成	星系形成,类星体				
100亿年		银河系,太阳,行星				40亿年	能量 3×10^{-4} eV
101亿年	始生时代	最古老的地球岩石				39亿年	
120亿年	原生时代	生命产生				20亿年	
130亿年		今天宇宙				10亿年	
138亿年	中生时代	哺乳类动物产生				2亿年	
140亿年	中生时代	智人		36	10^{27}	10万年	

1. 宇宙初期

设想在宇宙时间 $t=0$ 时,由目前尚不清楚的原因,宇宙从极端高温、高压、高密度和极小体积的状态下发生爆炸,其温度和能量都为无限大。$t=10^{-44}$ s时,温度高达 10^{32} K,密度达 10^{43} kg/m³,能量高达 10^{19} GeV。由于普朗克时间 $\tau=(Gh/c^5)^{1/2}=5.38 \times 10^{-44}$ s被认为是量子性的标志,故认为在 $t=10^{-44}$ s之前,量子效应占主导地位。宇宙论认为,在宇宙形成之初的超高温、超高能密度的极短瞬间,可能使得一种称为"夸克-胶子等离子体"的物质能够在 10 μs 的极短时间内充斥宇宙,然后再凝聚结合形成原子核等物质。近代物理学认为构成原子核的质子和中子是由夸克等更微观的粒子构成,夸克之间的强相互作用力主要是通过称为"胶子"的粒子传递的。通常夸克因受强相互作用力被约束在原子核尺度内无法独立存在。而足够大的能量和高温能拆解质子和中子,并使夸克和胶子重新结合形成所谓"夸克-胶子等离子体"。"夸克-胶子等离子体"是与质子和中子不同的另外一种新型物质形态。2000 年 2 月 10 日欧洲核子研究中心宣布,参与该中心"重离子"计划的包括中国在内的 20 个国家 500 名科学家利用铅离子相互撞击产生的超高能量进行实验,首次获得"夸克-胶子等离子体",从而证明在宇宙诞生之初的瞬间确实存在这种物质形态。目前,人们把

$t = 10^{-44}$ s 看做是经典宇宙的开端,这时时间、空间、真空场出现。宇宙的暴涨从 10^{-35} s 开始,宇宙直径在 10^{-32} s 内增长了 10^{50} 倍,破坏了能量在 10^{15} GeV 以上 高温条件下产生的各种粒子所具有的高度对称性和弱、电磁、强相互作用的彼此 相等(即"大统一"),出现了重子(质子、中子等)的不对称性,强力占主导地位。 10^{-6} s 时强子代出现,这时温度降到 10^{13} K,具有分数电荷和分数重子数 B 的夸克开 始结合成各种强子[重子和介子(π 介子、K 介子等)的总称],弱力、电磁力出现,质子、 反质子大量湮没,所有粒子处于平衡状态,出现了重子的不对称性并一直保持下 来。目前测得宇宙中湮灭后遗留下来的重子数密度约为 2×10^{-7} 个/cm³,反重 子数密度接近于零。1 秒时,粒子代出现,温度下降到 10^{10} K,质子、中子、轻子 (电子、中微子、μ 子)、光子、π 介子、超子等目前认识的各种粒子均出现了。同 时出现了正、负电子湮灭,湮灭过程产生光子、中微子和反中微子。参与弱相互 作用的中微子从热平衡态中"脱耦",自由运动且与其他粒子很少碰撞,粒子的平 衡态终止。

2. 氦丰度

大爆炸后 1~3 分钟,出现了辐射代,温度降到 10^9 K,质子与中子碰撞生成稳 定的氦核。首先由中子与质子碰撞形成氘核并放出 γ 光子(能量为 2.2 MeV):

$$n + p \rightarrow D + \gamma$$

不稳定的氘核相互结合后,则形成了稳定的氦核。

自然界中的元素的丰度(质量的百分比)在大爆炸半小时后遗留下来并保持 到现在。现今宇宙中的可见物质主要是氢和氦,其总质量占所有元素总质量的 99%。在各种天体上,氢与氦含量之比大体相同,其质量比为 3:1。

根据大爆炸理论,在爆炸之初的几分钟里,宇宙温度极高(10^9 K),质子聚变 产生氦,可推算出反应后产生的氢和氦的丰度的比为 3:1,根据宇宙膨胀速度 及热辐射温度的测量,计算出宇宙早期产生的氦丰度数值恰为 25%,这种比例 值在半小时后就一直保持下来了。可见宇宙大爆炸理论解释了氦丰度问题,又 一次提供了支持宇宙大爆炸理论的令人信服的证据。

3. 透明宇宙的出现

大约在 $t = 100$ 万年时,退耦代出现,温度降到 3×10^3 K。p 与 e^- 复合成为 中性的氢原子

$$p + e^- \rightarrow H + \gamma$$

放出的 γ 光子能量为 13.6 eV。

这时,光子与其他粒子分离,即宇宙以重子物质为主时,光子也像中微子一 样脱耦了,宇宙对光子变得透明,氢和氦等原子生成。

大约在 50 亿年之前,宇宙中大量的氢和氦在引力作用下,在高速运动中碰

撞,在数千 K 的温度下,凝聚成了星系和类星体。在 t 约 100 亿年时,也就是距今 50 亿年左右,形成了今天的银河系、太阳和行星。距今大约 20 亿年时,出现了生命,人类的出现距今大约 200 万~300 万年。

4.4.3　大爆炸理论预言的一些验证

1. 天体的年龄

我们可以把宇宙大爆炸与炸弹爆炸加以类比。炸弹爆炸时碎片 t 时刻的飞离速度为 r/t,与哈勃定律 $v = H_0 r$ 对比,可见 H_0 的倒数即为宇宙大爆炸至今的时间,即宇宙的年龄:$T_0 = 1/H_0 = 1.4 \times 10^{10}$ 年。考虑到误差,推知宇宙年龄在 100 亿~200 亿年之间,即所有星体的年龄都应小于 100 多亿年。从表 4-2 可以看出,大爆炸理论主张所有的恒星都是在温度下降后产生的,因而任何天体的年龄都应比自温度下降到今天这一段时间为短,即应小于或等于 140 亿年。

根据放射性年代学方法测得的宇宙年龄在 70 亿~150 亿年之间;根据星系演化理论测得的最老星系年龄大约在 90 亿~150 亿年之间。这些结果与宇宙大爆炸理论大体相符。

从宇宙的年龄可推得宇宙的大小,光在 140 亿年中走过的距离 $R_0 = 1.4 \times 10^{10}$ 光年(140 亿光年),即为目前可观察的宇宙的半径。超出这一范围的星球,发出的光,至今还未到达地球。所以,目前我们还无法通过直接观测得知宇宙的真正大小。

2. 宇宙(微波)背景辐射

宇宙背景辐射是来自宇宙空间背景上的各向同性的微波辐射,也称为微波背景辐射。伽莫夫预言,在 100 多亿年前大爆炸初期产生的光子随着宇宙膨胀仍然存在于太空之中,并推算出其光子的波长相当于无线电波($\lambda = 1$ mm),温度在 5 K 左右,即宇宙间充满着具有黑体谱的残余辐射。

20 世纪 60 年代初,美国科学家彭齐亚斯和威尔逊为了改进卫星通信,建立了高灵敏度的号角式接收天线系统。1964 年,他们用它测量银晕气体射电强度。为了降低噪声,他们甚至清除了天线上的鸟粪。在实验中,得到了意外的重大发现。当波长在 7.35 cm 处,发现总有原因不明而且消除不掉的"噪声"干扰。扣除地球、大气辐射因素以及天线的电阻损耗等,给出了微波背景辐射的等效黑体温度为

$$T_{(7.35\ \text{cm})} = (3.5 \pm 1)\text{K}$$

波长 7.35 cm 对应的频率为 4 080 MHz。1965 年,他们又将结果改正为 3 K,并将结果在《天体物理杂志》以题目《在 4 080 MHz 上额外天线温度的测量》予以发表。当普林斯顿大学的科学家——美国物理学家狄克等人(他们也同时进行这

方面的实验,但还未成功)得知这一消息后,立刻意识到这即是大爆炸理论所预言的宇宙辐射,并在同一期刊物上发表了《宇宙黑体辐射》一文,阐明了他们测量的宇宙学意义。彭齐亚斯和威尔逊两人由此而荣获了 1978 年诺贝尔物理学奖。

随后人们进行了类似的反复测量,证明确实有相当均匀地分布在宇宙空间中的一种热辐射,其温度为 2.7 K。观测结果与预言的相符是大爆炸理论令人信服的又一证据。

特别是 1989 年宇宙背景探索卫星(COBE)发射成功,排除了大气辐射对短波长测量的干扰,对重要的频谱范围(λ 在 0.05～30 cm)进行精确的观测,证明了两点预期且又巧合得让人难以相信的事实:

(1) 第一个巧合便是微波背景辐射的频谱分布严格地遵从平衡态黑体辐射的普朗克公式(见第 7 章),从而可得出宇宙背景温度为:

$$T=(2.736\pm0.017)\text{K}$$

由此温度可推算宇宙中的光子和重子数密度的比值,从而得知目前宇宙中的重子总质量比光子总质量大 3 个数量级,进而可得出现今的宇宙是以重子为主的结论。微波背景辐射的重要特征是具有黑体辐射谱,可以判断,这个黑体辐射谱来自于大爆炸初期。研究表明,当今宇宙空间的物质密度极低,辐射与物质相互作用极小,而只有辐射与物质之间的相互作用才能形成黑体谱。所以今天观测到的黑体辐射谱必定起源于很久以前,微波背景辐射应具有比遥远星系和射电源所能提供的更古老的信息。

(2) 另一个巧合是由宇宙学原理得知,宇宙在整体上应当是均匀的、各向同性的,而观测证明了宇宙背景辐射确实是高度各向同性的,这是微波背景辐射的另一重要特征。在小于几十弧分的小尺度上,辐射强度起伏小于 0.2%～0.3%;在沿天体各个不同方向的大尺度上,辐射强度的涨落小于 0.3%。各向同性充分说明,在各个不同方向上,在各相距遥远的天区之间,曾经存在过相互作用与联系。但由于地球上的观测者相对于静止参考系(宇宙)的运动,设其速度为 v,由此人们预期到光子温度有正比于方向余弦 $\cos\varphi$ 的"偶极型各向异性",即

$$\Delta T/T=v\cos\varphi/c$$

在 COBE 卫星的探测中,果然测出了 10^{-3} 数量级的各向异性,之后又发现了 10^{-6} 数量级的"四极各向异性"。由此可推得,初期宇宙温度、密度的不均匀性,为长期的逐渐的星系形成提供了可能,这可从下节中的星系形成中看出。微波背景辐射的发现被认为是 20 世纪天文学的一次重大成就,是对大爆炸宇宙学的有力支持。

3. 太阳的年龄

在地球上出现人类很久之前,太阳就以固有的速率、万丈的光芒把巨大的能量辐射到宇宙之中。太阳如此巨大的无穷无尽的能量来自什么? 根据目前的科学技术发展水平,人们认为,能维持在如此长的时间内释放如此巨大的能量的唯一能源只有原子能。太阳和大多数星球都是因核聚变反应而获得能量的。在太阳内部的高温区域内,自由质子相互结合而产生原子核。太阳中的核聚变所释放出来的能量的主要形式是可见光和红外辐射。

我们可以估算太阳已经存在了多少年,假设太阳一直像现在这样明亮,那么还有多长时间,太阳上的燃料才会耗尽呢?

根据放射性同位素测定天体的方法,古老的石块中含有一定量的放射性原子,其半衰期有几十亿年。在石块形成时,这些原子就已经在石块里面了,至今还未完全衰变。我们可以测出有多少放射性原子发生了衰变,多少原子还未发生衰变,推算出石块的年龄。例如 ^{235}U 和 ^{238}U 的半衰期分别为 7 亿年和 45 亿年,根据石块或星体中 ^{235}U 与 ^{238}U 的含量比值,就可以估算出天体的年龄。用这种方法估算出太阳系的年龄大约是 45 亿年。这与由大爆炸理论推算的目前的公认值太阳年龄为 50 亿年左右大体相符,目前公认地球年龄为 46 亿年左右。可以估算,以现在消耗燃料的速度太阳至少还能燃烧 45~50 亿年,所以不存在太阳马上就要熄灭的危险。

4.5　引力坍缩——星系的诞生与演化

所谓引力坍缩,就是物质在引力的作用下凝聚在一起的过程。正是引力坍缩,才形成了星系,引起了星系的演化,促进了星系的死亡。

星体是由大量的弥散的气体(主要是分布在宇宙中的氢原子)生成的。如果在宇宙中的某一区域内,由于涨落这些弥散的气体偶尔聚集的密度较大而形成大的气体云,这些云就成了建造新星的基础。因为这些大的气体云团将成为引力中心,吸引其他物质向中心汇集,这样即可产生一个新星(图 4-12)。

图 4-12

我们知道,氢是宇宙中丰度最高(占四分之三)的元素。在宇宙空间中,其分布并不均匀,目前已发现的氢原子云的数密度为 10 原子/cm^3,温度为 10 K,典型直径 10 光年,相邻原子云的距离约 1 千光年,其相对运动速度为 6 km/s 左右。除了氢原子云物质外,星际空间还存在着星际尘埃,直径约为 $10^{-5} \sim 10^{-6}$ cm,这些固态微粒的成分主要是水、氨、甲烷的冰状物、二氧化硅、硅酸镁、三氧化二铁等矿物和石墨晶粒等,总量约占星际物质的百分之十。

太阳系、地球和太阳,开始都是由空间中比今天我们太阳系大得多的气体云和星际尘埃弥散物所形成的。即大约在 50 亿年前,由于物质的涨落作用,一些区域偶尔比另一区域聚集了更多的气体云和尘埃,这些柱状的气体云吸引周围其他物质使气体云柱越来越大,在引力坍缩中,将逐渐形成比太阳系大得多的气体云团。外部的气体在强大引力作用下,以越来越大的速度飞向中心,与中心的气体原子以越来越高的速度碰撞,使中心温度越来越高。

剧烈的碰撞和杂乱的运动使气体云在整体上有所转动。当气体云在引力作用下收缩时,其转动速度加快,最后足以使球形的气体云变成馅饼状,形成旋涡星系。当外部扁平区域的气体转动得相当快时,就足以绕着更大的气体球中心沿轨道运动,当气体球进一步收缩时,进入轨道的物质就留下来沿其轨道运动。当冷却凝结时,外部扁平轨道上的物质就聚集成其他小行星和彗星。这些小行星大约有 50 万颗,分布在火星与木星轨道之间。还有部分的气体云碰撞合并,吸引周围物质,长大为星坯,成为行星和卫星。

当中心密集的物质达到太阳质量时,在引力坍缩过程中,内部温度越来越高,当温度达到百万摄氏度时,氢聚变为氦的热核反应便爆发了。核聚变产生大量的热,高温产生的压力阻止气体球的进一步坍缩,则在向内吸引的引力和向外的热气体压力之间产生一个平衡。大约在 50 亿年前,太阳的热核反应开始了,太阳使自己成为一个发光并能自我维持的恒星——今天的太阳。

太阳为太阳系的中心,其质量约占太阳系总质量的 99.8%。8 大行星均绕太阳作椭圆运动,按距离的近远排列依次为水星、金星、地球、火星、木星、土星、天王星和海王星。奇特的是,这些行星都沿太阳自转的方向绕太阳公转,并且除金星外,还以同一方向自转。这从另一方面证实了行星和星系是气体云在绕着大的密集的质量中心转动过程中形成的。

其他星系的形成大体上都类似于太阳系。在涡旋星系的旋臂附近,往往存在着许多大质量的新生恒星。这是由于形成旋臂的密度波压缩星际物质而生成恒星的。当引力大于热运动而产生的斥力时,引力势能转变为物质的动能(热能),则使凝聚气体云的内核物质十分密集而能把辐射全收集在内部并加热,经过几千万年,则可形成胚胎星。几乎所有的星系乃至整个宇宙,都是在十分漫长的岁月中这样形成的。

星空不是稳定的。从哲学的观点看,星也像任何其他物质一样,有它的诞生、演化和死亡,星也有生命期。

　　以太阳(或太阳系)为例。大约在距今 50 亿年的时候,当太阳的引力坍缩停止时,太阳进入了它的中年期。中年期是一个相当长的稳定阶段,这个稳定阶段使太阳的行星之一———地球上的原子有可能聚集和结合成高度复杂的分子形式,最终进化成生命。生命和人类都来自于宇宙,像人类这样的生物出现在地球上只有 3 百万年左右。随着太阳上核聚变的进行,维持核聚变的燃料氢将逐渐地减少,大约在未来的 50 亿年之后,核聚变的燃料氢几乎耗尽,太阳将进入它的老年期。当没有热源的时候,即不再存在向外的热压力时,原来的平衡状态遭到破坏,引力坍缩将重新开始。坍缩将再次加热太阳直到它的中心核获得的热量足以去开始新的、更热的核反应———包括氢之外其他原子的核聚变。这种更热的核反应可以使太阳外部发生巨大膨胀,也许扩及水星、金星乃至地球的范围之内。高温使地球上的生命气化,也许包括地球都将被旋进太阳的气层之内并被气化。当核反应最终完结的时候,将没有什么力量阻止它的坍缩,太阳将被挤压。微观上太阳将成为一个固态的、大密度的由原子核和相互之间无任何联系的电子组成的小太空。这时受电子之间的量子交换力的影响,坍缩将永远停止下来。这时太阳将成为一个只有目前体积百万分之一大小,密度又非常大(每立方厘米中含有数万千克质量)的致密天体,太阳将继续发光一段时间,然后像一团快要熄灭的火光一样慢慢地变得昏暗。

4.6　恒星的末日——黑洞

　　黑洞是 20 世纪重要的预言之一,然而其设想由来已久。1783 年,英国文学家约翰·米歇尔就考虑过这种东西的存在。1798 年,法国数学家和天文学家拉普拉斯根据万有引力计算得到,一个直径比太阳大 250 倍,密度与地球相当的恒星,其引力场将强得足以俘获它所发出的所有光线,从而成为暗天体。1916 年德国天文学家 K.史瓦西提出了广义相对论球对称引力场的严格解和黑洞设想:在高致密天体周围的某一区域内,逃逸速度等于光速,任何物质和辐射都不能逃逸出。1939 年,美国物理学家奥本海默由广义相对论证明,一颗质量大于太阳质量 32 倍的恒星,在自身引力作用下,将会坍缩到它的引力半径范围内,它发射出的光线或其他粒子,都不能逃出这个范围。20 世纪 60 年代,美国物理学家惠勒将这种天体命名为黑洞。

　　黑洞的基本定义是:它是一个具有封闭视界的天体,外来的物质和辐射能进入视界以内,但视界内任何物质都不能跑到外面,这个视界就是黑洞的边界。可见黑洞不是黑的,也不是一个空洞,而是一个实在的天体。

　　星的生命期主要取决于星的质量。气体云团的质量至少等于太阳质量的

10%时,其内部的高温才足以促进核聚变的发生,从而生成新星。银河系中闪烁着约 1 000 亿颗恒星的光芒,它们中的每一颗都必将面临着末日的到来。恒星是依靠热核反应产生的压力与引力平衡来维持自己的"生命"的,一旦氢消耗完之后,氦就继续聚变成碳,碳又聚变生成其他的新的元素。当元素都聚变为铁时,核反应就到了极限,因为要使十分稳定的铁原子核聚变不但不产生能量,还要消耗巨大的能量。这时,恒星的生命也就要结束了,恒星将进行一次超新星爆发,轰轰烈烈地结束自己的"生命"。可见,当恒星到达晚期氢燃料用尽时,氦聚变将导致核心区域的温度高达 6×10^9 K,而后生成稳定的铁时,由于没有进一步的能量,星的核心区温度将急剧下降,产生强烈的收缩,以致压力不足以抵御自引力的作用,出现引力坍缩,并进而出现强的击波,导致恒星外层物质的抛射,这种爆发使星的大部分质量(80%~90%)进入空间的事件称为超新星爆发。大量抛出的物质将组成新的天体,恒星的中心剩下一个致密的物质核——致密天体。质量小于 3 个太阳质量的恒星留下的是白矮星,大于 3 个太阳质量的恒星留下的将是一颗中子星。

4.6.1　引力坍缩形成致密天体

我们知道,强场的条件是 $Gm/c^2R \approx 1$,那么质量为 m 的体系如果为强引力场的源,它就应压缩在 $R=Gm/c^2$ 那么小的范围内。依照此式,我们可以估算下列物体为强引力场源时的空间尺度:太阳 $R \approx Gm/c^2 = 10^5$ cm;地球 $R \approx Gm/c^2 = 10^{-1}$ cm;人 $R \approx Gm/c^2 = 10^{-23}$ cm。可见要把太阳压缩成一个直径为几千米的球,把地球压缩成几毫米大小,从人们的日常经验来看,是完全不可能的。

从物理规律得到的结果来看,由于天体自身存在着引力,大多数天体几乎都将被压缩。星的性质完全决定于自身的引力和星中物质的压力,引力大于压力,星体将会收缩;压力大于引力,星体将会发生膨胀;二力相等,星体达到平衡。

致密天体是由引力坍缩形成的。按照密尔恩式的无限坍缩理论,一种没有能源,由经典理想气体构成的星在自身引力作用下总要无限坍缩下去,体积缩小到零,密度增加到无穷大。实际上,在高密度下,理想气体已不能描述实际物质的性质。由不相容原理,物质内会产生巨大的抵抗坍缩的简并性压力。当物质密度达到 $10^4 \sim 10^8$ g/cm³时,简并电子压力起主要作用;当物质密度达到 $10^{12} \sim 10^{15}$ g/cm³时,简并中子压力起主要作用。当压缩到一定空间尺度时,简并压力与自身引力达到平衡,形成致密天体。白矮星是依靠简并电子压力与引力平衡形成的星体,中子星是在一定质量范围内依靠简并中子压力与引力平衡形成的星体。但简并电子压力不能彻底排除无限坍缩的可能性。

从上面的结论可得出以下结论:星体发生引力坍缩,形成大量的致密天体。

致密天体分为两大类：一类是由有限坍缩形成的，如白矮星和中子星；另一类是由无限坍缩形成的黑洞。

4.6.2 脉冲星是一种致密天体

1963 年，施密特发现了具有大的红移的恒星状银河系外天体，称为类星体，证明了宇宙中存在着集中大量物质并具有强引力场的天体。1967 年，贝尔和休伊什发现了一个快速发射电脉冲的天体，称为脉冲星。

曾在 1928 年，就有人提出过蟹状星云（银河系中一个弥漫的气体星云）与 1054 年的超新星爆发有关。根据至今仍膨胀的星云速度估算出星云从爆发开始到现在大约有 800 年左右，这与 1054 年到今天的年限接近。进一步的研究发现蟹状星云中有一颗恒星光度约为太阳的 100 倍，但却看不到它的谱线。

取得突破的关键是以后进行的光度的观测。利用快速测光方法发现这颗恒星的光度是变化的，极有规律地发射一种迄今为止天体现象中最短周期（$T = 0.033\ 106\ 153\ 70$ s）且非常稳定的脉冲。

周期稳定必然是由天体自转产生的。周期短说明自转天体空间尺度小，光度大表示其质量很大。这不正是引力坍缩所形成的质量大、体积小的致密天体吗？

这些结论可对蟹状星云问题作圆满的解答。这颗光度很大的脉冲星是 1 054 年超新星爆发过程从普通恒星坍缩而来的。普通恒星自转周期一般为一个月，根据角动量守恒，坍缩过程中角速度不断加快，形成致密星后，自转周期就可以短到几毫秒，观测上的脉冲星就是理论上的中子星。周期为 1/30 s 的脉冲星就是一颗每秒转 30 圈的中子星。精确测量发现，脉冲周期有极慢的变长趋势（周期每天增长 3.6×10^{-8} s），这说明致密星的自转在减慢，转动能量在减小，减少的能量等于其辐射的能量。最后我们得出结论：超新星是当普通恒星坍缩到致密星时发生的现象。蟹状星云中心星是脉冲星（后来将这颗脉冲星定名为 PSRO531）。人眼看不到谱线是因为人眼的视觉停留使肉眼看不到比 60 ms 更短的周期或光强变化，蟹状星云脉冲星的 33 ms 周期刚好被视觉停留效应模糊掉了。现今已在银河系中发现了近 600 颗脉冲星，估计银河系中共有 10^9 颗这样的致密天体。

4.6.3 中子星 黑洞

脉冲星是一种中子星的重要结论主要是根据对蟹状星云的研究得来的。中子星的密度特别大，约为 $10^{12} \sim 10^{14}$ g/cm^3，是水的密度的万亿到百万亿倍。和太阳质量相同的中子星，其直径仅数十千米。质量约为 1.4 个太阳质量的恒星，坍缩后压力巨大，在巨大压力下，原子中电子几乎全部与原子核中的质子产生俘获反应,放出中微子致使质子变成中子。所以中子星几乎全由中子构成。

坦缩的中子星自转加快,磁场加强(因磁场缩小到很小范围)。太阳那样大的恒星坦缩成中子星时,磁场会增加万亿倍。中子星表面有极强的高达 10^8 T 的磁场,使中子星发出全部电磁波段的辐射,可见,中子星是一颗具有强大磁场的高速自转星体。从其两磁极射出的电波形成两个锥形波束。射电波束将随着脉冲星的自转在空间扫描,当磁极扫到地球时,我们就将收到它发出的电波——射电脉冲信号。由于脉冲星周期性的自转,我们会收到周期性的射电脉冲。

中子星的质量介于 1.5～3.2 个太阳之间。凡质量大于这个上限的恒星核(中子星),在引力坦缩中,必然会坦缩形成奇点。因为质量足够大的致密星体,引力场非常强,所有光线都不可能逃离星体表面(这个逃逸速度可能是大于光速的),从而使星体成为一个不发光的天体,称恒星缩小到它的视界(黑洞表面)之内了。视界内的任何东西,外部观察者都无法看到,这就形成了黑洞。实际上,任何坦缩的星体,当收缩到自己的视界之内,就没有任何物理过程能阻碍它进一步地坦缩,它必将无限坦缩下去,最后形成一个点,这点的质量为无限大,称之为奇点,所以,我们得到结论:无限坦缩的结果是黑洞。

约十个太阳质量的恒星,当坦缩到半径约为 30 km 时,就开始成为黑洞。还要说明的是,恒星的坦缩过程(变暗过程)是非常快的,十个太阳质量的恒星,在开始坦缩后约万分之一秒就几乎完全看不见了。

目前研究认为,所有恒星中,大约有 1/1 000 的质量足够大,其中又只有约 1/1 000 的恒星在超新星爆发后能留下足够的物质而最终形成黑洞,这样估计的话,我们银河系中大约有上百万个黑洞。

黑洞是极简单的东西,所谓"黑洞是无毛的"定理告诉我们:黑洞只有质量、电荷和角动量这三个性质,三个参量定了,黑洞全部性质就确定了,在整个宇宙中除了黑洞不可能找到任何其他物体只用三个物理量就能标志它的全部性质,如同不毛之地不可能赋予它其他性质。

黑洞是不能用一般方式直接观测的,而 X 射线双星的观测或许可以证明黑洞的存在。假设黑洞和伴星组成的双星系统绕同一引力中心转动,那么伴星的物质就会一点一点被黑洞夺去,形成环绕黑洞的物质盘(吸积盘)而沿螺旋轨道落入黑洞,并放出 X 射线,通过 X 射线的观测而间接证明黑洞的存在,如图 4 - 13 所示。1970 年世界第一颗 X 射线观测卫星"乌呼鲁"发现天鹅 X - 1(一个特别强的 X 射线源)与其他 X 射

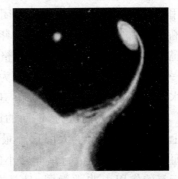

图 4 - 13 黑洞

线源不同,其射线强度变化没有规律,频率达 1 000 次/秒,时隐时现,这正是预料的物质从物质盘进入黑洞时的状况。

后来对天鹅 X-1 的仔细观察发现,其邻近有一颗质量为其 30 倍的炽热蓝色巨星与天鹅 X-1 互绕旋转,而天鹅 X-1 确是一个体积非常小而密度远大于中子星的黑洞。

1999 年,美国宇航局发射的钱德拉 X 射线望远镜拍摄了一张显示遥远星体喷射的 X 射线流长达 20 万光年的相片,其能量相当于 10 万亿个太阳释放的能量。科学家分析认为,这样巨大的能量是从类星体中央的一个超大规模黑洞附近发出的。科学家近来认定,我们银河系的中心有一个质量相当于 1 亿颗恒星(约占银河系质量 1/1 000),直径约为太阳 500 倍的巨大黑洞,它将会吞没速度足够快的接近它的恒星。

综上所述,我们得到坍缩结局的主要结论:质量小于 3.2 个太阳(临界质量)的星体,发生有限坍缩而形成中子星等,可以具有斜向的磁场;质量大于 3.2 个太阳的星体,将经过无限坍缩形成黑洞。

4.7　广义相对论的可观测效应

20 世纪 60 年代以来,由于射电和雷达天文学中的技术进步,使我们检验引力理论的能力大大提高。类星体、脉冲星和致密 X 射线源等新奇现象以及微波背景辐射的发现,不仅证实了广义相对论的预言,而且也大大刺激了相对论天体物理的进展。

下面,我们介绍几种广义相对论的实验验证。在实验误差范围内,广义相对论的预言都得到了实验和观测的证实与支持。

4.7.1　水星近日点的进动

水星是距太阳最近的一颗行星。按照牛顿的引力理论,水星在太阳引力作用下的运动轨道将是一个封闭的椭圆,太阳位于椭圆的一个焦点上。但 1859 年人们观测发现,水星的运动轨迹并不是一个严格的椭圆,而是每转一圈它的长轴也略有转动,称为进动,见图 4-14。水星绕近日点进动的角速率为每 100 年 1°33′20.73″。人们认为,进动的原因是作用在水星上的力所致。除了太阳这个最主要的引力外,水星还受到其他各个行星非常小的引力。由于其他行星的作用力非常微弱,且是在地球这个非理想

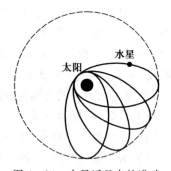

图 4-14　水星近日点的进动

惯性系中观测,所以引起了缓慢的进动。根据牛顿引力理论证明,由于地球惯性系以及各行星引起的进动,总效果应为每 100 年 $1°32'37.62''$。观测值与理论值之间尚有每 100 年 $43.11''$ 的微小差别,这已在观测精度不容许忽略的范围内了,这成为牛顿引力理论多年来不能克服的困难。曾经成功地预言海王星的勒维耶,这次又如法炮制,预言太阳附近可能还有一颗尚未发现的小行星,正是它对水星的引力作用,引起了进动。然而,这一次勒维耶的预言没有成功,在他预言的天区内未能观测到任何行星。这充分说明了经典引力理论确实存在着缺陷。

根据广义相对论,行星绕太阳进动可作以下的解释:太阳质量使它周围的时空发生弯曲,行星是在沿着弯曲时空的短程线运动的,由此可得出水星及其他行星进动的后牛顿修正值,如表 4-3 所示。

表 4-3　水星及其他行星进动的后牛顿修正值

行星反常近日点进动数据		
行星	观测值	理论值
水星	$43.11''\pm0.45''/100$ 年	$43.03''/100$ 年
金星	$8.4''\pm4.8''/100$ 年	$8.6''/100$ 年
地球	$5.0''\pm1.2''/100$ 年	$3.8''/100$ 年
伊卡鲁斯(小行星)	$9.8''\pm0.8''/100$ 年	$10.3''/100$ 年

可见,观测值与理论值(后牛顿修正)符合得相当好。

4.7.2　引力红移

在引力作用下速度大小可与光速比拟的物体,牛顿引力理论不再适用。光本身在引力场中的运动在原则上显然是不能使用牛顿引力理论的。光与引力场的相互作用,本质上属于广义相对论(后牛顿)的范围。

广义相对论指出,引力场中光源发出的光波频率因受到引力势的影响将发生移动,即光在引力场中传播时,它的频率或波长会发生变化。人们发现,一个在太阳表面的氢原子发射的光到达地球时的频率,比地球上氢原子发射的光的频率要低一点,即引力红移(频率降低或波长变大)。这是由于太阳表面的引力场比地球表面的强(Gm/c^2R 大)。反之,在太阳表面接收从地球上发射来的光,频率则会变得高一点,即发生了蓝移。可见,当光从引力场强(Gm/c^2R 大)的地方传播到引力场弱(Gm/c^2R 小)的地方时,频率变低,发生红移;相反方向传播时,频率变高,发生蓝移。

20 世纪 60 年代,庞德等人在一个 22.6 米高塔的底部放一个 ^{57}Co 的 γ 射线源,在塔顶放一个 ^{57}Fe 的接收器,这种穆斯堡尔实验装置的频率稳定性可达 10^{-12}。塔底的 ^{57}Co 所发射的 γ 射线源(14.4 keV)到达引力场较弱的塔顶时,发生了一微小的红移,实验值与理论值之比为 0.9990 ± 0.0076,测量结果与理论预言符合得非常好。

4.7.3　光线弯曲

在广义相对论中,物体在引力场中运动时,引力作用(时空弯曲)将使物体的轨道偏向引力场源,运动轨道将是弯曲的。由等效原理,光在引力场中传播也会出现类似现象。否则将不会找到一个爱因斯坦电梯,能够在物体和光的运动中同时消除引力作用。只要消除引力的局部惯性系存在,就可推断光线在引力场中传播时一定会发生弯曲。

当一个星球和地球之间没有其他星球时,星光将直线传播到地球。而当太阳出现在星球与地球之间,光线将发生弯曲。我们观测到星球的位置将移动到图 4-15 虚线所示的方向。星光擦过太阳表面到达地球时,从经典物理学的观点来看,光子会受到太阳强大引力场的吸引,运动轨道发生偏转,其表观位置移动一微小角度,其值 $\alpha = 2Gm_s/c^2 R_s = 0.87''$,1 弧秒为 $1'' = 2\pi/(360 \times 60 \times 60) \, \text{rad}$,

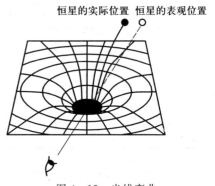

恒星的实际位置　恒星的表观位置

图 4-15　光线弯曲

式中 $G = 6.67259 \times 10^{-11} \, \text{m}^3 \cdot \text{kg} \cdot \text{s}^2$ 为万有引力常数,$M_s = 1.99 \times 10^{30} \, \text{kg}$,$R_s = 6.96 \times 10^8 \, \text{m}$ 分别为太阳质量和半径,考虑到时空弯曲,由广义相对论推算,太阳引力场造成的星光偏转角为 $\alpha = 4Gm_s/c^2 R_s^2 = 1.75''$。

1919 年 5 月 29 日日全食时,爱丁顿领导的观测队分别在西非的普林西比岛和巴西东北海岸外的索布腊尔岛同时进行观测。拍摄了这时太阳附近的星空照片,并与太阳不在此天区时的星空照片比较,求出了光线弯曲的数值为 $1.98'' \pm 0.16''$,二者的平均值在误差范围内与广义相对论的预言相符。这一定量的证实光线弯曲的实验结论,轰动了整个世界。以后,在日全食时,曾进行了多次这样的观测。近年来,射电天文学的定位技术得到很大提高,其分辨率超过了光学,用其测得的光线偏折角为 $1.761'' \pm 0.016''$。

4.7.4　雷达回波延迟

1964 年,夏皮罗等人提出了一个光在引力场中传播的新的可以检验广义相对论效应的实验——雷达回波延迟,被称为广义相对论的第四个实验验证。

从地球上利用雷达向其他行星发射一束电磁脉冲,电磁波到达其他行星表面反射而回到地球,被雷达接收,我们可以准确地测定来回一次的时间。比较电磁波传播路径远离太阳和经过太阳附近两种不同的情形,后一种情形因受太阳引力场的作用回波要比前一种情况延迟一些,即引力场造成传播时间加长,称为雷达回波延迟。

地球上发射的雷达波在水星表面反射回来,大约需要 30 分钟左右,而雷达回波的最大延迟时间在 $240\mu s$。雷达回波延迟测量为我们提供了对广义相对论中的时空弯曲效应的最好检验。实际测量必须在很长时间内连续测量(半年以上),雷达波往返距地球中心距离在 10^6 km(太阳半径)到 10^8 km 范围之内,发射功率达 300 KW,回波功率为 10^{-21} W,实验精度很难提高。为了克服行星表面复杂因素的影响,已用人造天体作为雷达信号反射靶进行实验。20 世纪 70 年代末,测量数据与广义相对论理论值比较相差 1%。80 年代初用在火星表面的"海盗着陆舱"宇宙飞船,使延迟测量中的不确定度从 5% 减小到 0.1%,精度提高了 50 倍。

从表 4-4 中可以看出雷达回波延迟的观测值与理论预言的符合程度令人十分满意。

表 4-4 雷达回波延迟的观测值与理论值

实验日期	射电望远镜	反射天体	工作波长	观测值/理论值
1966.11—1967.8	Haystack	金星、水星	3.8 cm	0.9
1967—1970	Haystack Arecibo	金星、水星	3.8 cm、7.0 cm	1.015
1969.10—1971.1	Deep space Network	水手 6 号 水手 7 号	14 cm	1.00

4.7.5 引力波

引力波在牛顿引力理论中是没有的,它是爱因斯坦场方程与经典引力理论的一个重要的质的区别。

根据广义相对论,作加速运动的物体将发射出引力辐射或引力波。如图 4-16 所示,两个质量分别为 m_1、m_2 的物体构成的体系在振荡时,将发射出引力波。引力波携带一定的能量,并以光速传播,它是一种实在的波。由于引力

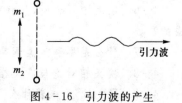

图 4-16 引力波的产生

波极弱,因此引力波的观测检验非常困难,以致这个预言经过 60 年后,到 1978 年才得以被证实。

引力波的检验是通过双星引力辐射阻尼来检测的。双星是一个典型的引力辐射源,引力辐射能将双星的能量慢慢带走,使其能量减少,周期变慢,这个性质称为引力辐射阻尼。这样只要证实了引力辐射阻尼引起的双星周期变短也就证实了引力波。

1974 年,赫尔斯(1950—)和泰勒(1941—)探测了发自一对脉冲双星(PSR1913＋16)的信号,证明这时脉冲双星是由两颗沿椭圆轨道相互绕转的中子星组成,二者质量均为太阳质量的 1.4 倍,椭圆轨道偏心率为 0.62,轨道周期 T 为 7.75 小时,距离比地日距离大几倍。两颗中子星速度很大,相距很近。经过近 20 年的观测,表明双星的运动周期在稳定变短,周期随时间的变化率为 $dT/dt=-2.6\times10^{-12}$。这与广义相对论所预言的引力波发射而损失能量引起的周期变化率符合得很好,双星系统成了检验广义相对论的最好实验室,有力地提供了引力波存在的证据,再次证明了广义相对论的正确性,他们二人也因此而荣获了 1993 年诺贝尔物理学奖。

习　题

4-1　试述广义相对论的两条基本原理。

4-2　你能列举出两个在外部空间中以加速度 $a=-g$ 竖直上升的飞船中所进行实验,使其结论与你在地球上静止时所得到的相同吗?

4-3　在外部空间中的加速度参考系中,光线会弯曲吗? 由等效原理,光线在引力场中传播时会发生什么现象? 按照牛顿力学,引力就是一个物体对另一个物体所施的力。按照相对论,引力又是什么? 引力就是质量引起的时空弯曲,对吗?

4-4　我们处在一个实际的三维空间中,可从来没有看到过空间是弯曲的,那么怎样知道空间是弯曲的呢?

4-5　宇宙未来三种可能的命运是什么? 你怎么知道宇宙目前正在膨胀呢? 宇宙的哪些物理特性决定了宇宙未来的命运。

4-6　以太阳系为例,从物理特性和过程出发,说明星系乃至宇宙是怎样形成的?

4-7　什么是黑洞? 黑洞是怎样形成的?

4-8　狭义相对论与广义相对论的区别是什么?

4-9　$E=mc^2$ 意味着什么? 它意味着质量可以转化为能量吗? 加以说明。

4-10　加速度等价于什么?

4-11　在一个加速运动的参考系中观察,光束会弯曲吗? 这个现象对于引力对光束的效应,告诉我们什么?

4-12　地球上的经线是地球表面最"直"的线,它们会相交。那么纬线呢? 它们是最直的线吗? 它们会相交吗?

波 动 篇

第 5 章 振动与波动

振动是自然界和工程技术领域常见的一种运动,广泛存在于机械运动、热运动、电磁过程、晶体内原子的运动等形式中。这种运动形式广泛地存在于宏观世界和微观领域,小到固体中原子分子的振动,大到地球某处火山爆发后地球的颤动,人的心脏也在不停地跳动着。机械振动是一种特殊的机械运动,它的特殊性表现在做振动的物体总是在某个位置附近,局限在一定的空间范围内往返地运动。由于振动不仅仅局限于机械运动的范畴,在电磁学中电磁波通过的空间内,任意点电场强度与磁场强度的周期性变化,在无线电接收天线中电流强度的受迫振荡等,均谓之振动。因此,广义地说,我们把任何一个物理量在某个数值附近的周期性变化定义为振动。振动的规律及其描述构成振动学。

振动的传播称为波动,它是一种特殊的运动形式。振动是波动的基础。声波、水面波、地震波等是机械振动在介质中的传播过程,称为机械波。无线电波、光波、X 射线、γ 射线等都是周期性变化的电磁场在空间的传播过程,称为电磁波。微观粒子表现的波动性,称为物质波。上述种种波动过程,其产生的机制虽然不同、物理本质也不尽相同,但它们却有着波的共同规律,并有共同的数学表达式。

5.1 胡克定律与弹性势能

机械振动是振动学的基础,机械振动的力学基础是胡克定律,胡克定律是力学基本定律之一。它是由英国物理学家胡克(Robert Hooke,1635—1703)于1678 年发现的。

胡克定律:在弹性限度内,物体的形变与弹性恢复力成正比。

$$F = -kx$$

(5-1)

式中的 k 为比例常量,其值为形变为单位长度时所受的力。负号表示弹性恢复力与形变方向相反。该定律适用于一切固体材料的弹性形变。

胡克(Robert Hooke, 1635—1703)

实际上,我国东汉时期的经学家和教育家郑玄(公元 127—200)为《考工记·马人》一文的"量其力,有三钧"一句注译中写到:"假设弓力胜三石,引之中三尺,弛其弦,以绳缓掆之,每加物一石,则张一尺。"正确地阐述了力与形变成正比的关系,郑玄的发现要比胡克定律早约 1 500 年。

胡克定律所描述的弹性恢复力是一种保守力,做功与路径无关。所以,根据保守力做功的特点我们可以定义一种弹性势能,此时弹性力所做的功等于势能函数的减少。设 $x=0$ 处为弹性势能零点,则当形变位移为 x 时系统的弹性势能为

$$E_{px} = \frac{1}{2}kx^2 \tag{5-2}$$

5.2 振动运动学——简谐振动的描述

在机械振动中,最简单、最基本的振动是简谐振动。一切复杂的振动都可以分解为若干个简谐振动,这就是说,一切复杂的振动都是简谐振动的合成。本节主要研究机械运动中简谐振动的规律及其描述。

5.2.1 简谐振动表达式

设一质量可忽略的弹簧,一端固定,另一端连接质量为 m 的物体(可视为质点),这样的系统称为弹簧振子,如图 5-1 所示。将弹簧振子置于光滑的水平面上,并将弹簧拉长或压缩后放手,则物体在弹性恢复力作用下将在平衡位置附近做来回往复的周期性运动。如果取物体受力为零时的平衡位置为 x 轴的原点,水平向右为 x 轴正向,则由胡克定律可知,质点在任一位置 x 处时受到的弹性恢复力为

$$F = -kx \tag{5-3}$$

式中 k 为弹簧的劲度系数,负号表示物体所受的弹性恢复力始终指向平衡

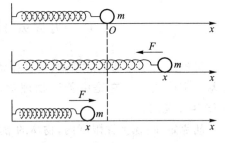

图 5-1 弹簧振子

位置。

　　根据牛顿定律,振子的加速度为

$$\frac{\mathrm{d}^2 x}{\mathrm{d}t^2} = \frac{F}{m} = -\frac{kx}{m} \tag{5-4}$$

对于给定的弹簧振子,k 与 m 均为正的常量,故其比值亦为正的常量,用 ω^2 表示,即

$$\omega^2 = \frac{k}{m} \tag{5-5}$$

将此代入上式,得

$$\frac{\mathrm{d}^2 x}{\mathrm{d}t^2} + \omega^2 x = 0 \tag{5-6}$$

式(5-6)称为简谐振动的运动方程,其解为

$$x = A\cos(\omega t + \varphi) \tag{5-7}$$

式中 A 和 φ 为积分常量,其值由系统的初始条件决定。式(5-7)称为简谐振动的表达式。

5.2.2　描述简谐振动的特征量

　　振幅:物体离开平衡位置的最大位移,称为简谐振动的振幅,恒取正值。由式(5-7)可见,振幅即为振动物体位置坐标 x 的最大值,用 A 表示。

　　周期:振动物体做一次完整振动所需的时间称为周期,用 T 表示。由周期的定义,有

$$x = A\cos(\omega t + \varphi) = A\cos(\omega t + \varphi + 2\pi)$$
$$= A\cos[\omega(t + T) + \varphi] \tag{5-8}$$

所以 $T = \dfrac{2\pi}{\omega}$。

　　频率:单位时间内物体振动的次数称为频率,以 ν 表示。频率与周期互为倒数,即

$$\nu = \frac{1}{T} = \frac{\omega}{2\pi} \quad \omega = 2\pi\nu = \frac{2\pi}{T} \tag{5-9}$$

其中,ω 是频率的 2π 倍,称为角频率(或圆频率),代表 2π 秒内振动的次数。以弹簧振子为例,其角频率、频率、周期分别为

$$\omega = \sqrt{\frac{k}{m}}$$

$$\nu = \frac{\omega}{2\pi} = \frac{1}{2\pi}\sqrt{\frac{k}{m}}$$

$$T=\frac{2\pi}{\omega}=2\pi\sqrt{\frac{m}{k}} \qquad\qquad (5-10)$$

可见,弹簧振子做自由振动时,其周期或频率只与振子系统本身的物理性质有关,故称其为固有周期或固有频率。

相位:在简谐振动表达式中,$\omega t+\varphi$ 称为相位,它是描述物体运动状态的物理量。相位不同,振子的振动状态就不相同。初始时刻($t=0$)的相位 φ 称为初相位,简称初相,其值取决于初始条件。

5.2.3　简谐振动的旋转矢量图示法

虽然用式(5-7)描述简谐振动具有清楚的物理意义,但在实际应用中还是过于复杂。因此人们发展了描述简谐振动的旋转矢量图示法。此方法为研究简谐振动提供了一种形象直观、简捷方便的方法。该方法在交流电等技术领域中也有着广泛的应用。

图5-2是一个锥摆的示意图,小球 m_0 在水平面内做半径为 A 的匀速圆周运动,用一束平行于水平面的平行光把小球 m_0 的影子照在屏幕 S 上,屏幕上的影子 P 点就以 O' 为中心做来回往复的振动。如果屏幕是一张很薄的白纸,在屏幕后面来看影子 P 点的运动情况尤为明显。显然小球影子 P 点的运动规律为
$x=A\cos(\omega t+\varphi)$

在图5-3中,设 A 矢量绕 O 点以恒角速度 ω 沿逆时针方向转动。在此矢量转动过程中,矢量的端点 M 在 x 轴上的投影点 P 也不断地以 O 为平衡位置往返运动。这种情况和图5-2中 P 点的运动完全一样,只不过是把平行光线造成的影子用几何学上的投影来代替罢了。在任意时刻,投影点在 x 轴上的位置由方程 $x=A\cos(\omega t+\varphi)$ 确定,因而它的振动是简谐振动。也就是说,一个简谐

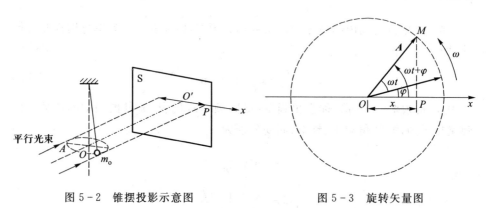

图5-2　锥摆投影示意图　　　　　　　图5-3　旋转矢量图

振动可以借助于一个旋转矢量来表示。它们之间的对应关系是:旋转矢量的长度 A 为投影点做简谐振动的振幅;旋转矢量的角速度为简谐振动的角频率;而旋转矢量在任一时刻 t 与 x 轴的夹角 $\omega t + \varphi$ 便是简谐振动运动方程中的相位;φ 角是起始时刻旋转矢量与 x 轴的夹角,即初相位。

由图 5-3 可以看出,因为旋转矢量总是逆时针方向转动,因而相位角不仅确定了投影点的位置,而且确定了投影点的速度大小和方向,即确定了该时刻投影点振动的运动状态。由于余弦函数的周期为 2π,当相位由起始时刻的 φ 经历 2π 变化到 $(2\pi+\varphi)$ 时,投影点经历一个周期,完成一个全振动。在此周期内,相位连续地取得了不同的数值,投影点连续地经历不同的运动状态。相反,由旋转矢量所在的不同位置,也可大致估计出质点的运动状态。

例如,一质点沿 x 轴方向做简谐振动,其振幅为 A,角频率为 ω。若 $0<\omega t+\varphi<\dfrac{\pi}{2}$,则质点在 O 点的右方,并向 O 点的方向运动;若 $\dfrac{\pi}{2}<\omega t+\varphi<\pi$,则质点在 O 点的左方,并向远离 O 点的方向运动;若 $\pi<\omega t+\varphi<\dfrac{3\pi}{2}$,则质点在 O 点的左方,并向着 O 点的方向运动;若 $\dfrac{3\pi}{2}<\omega t+\varphi<2\pi$,则质点在点 O 的右方,并向远离 O 点的右方运动。

上面的讨论表明,谐振子的运动状态(位置 x 和速度 v)是随时间改变的。用时间作为变量来研究谐振子的运动状态是理所当然的事。但是,也可以用相位取代时间作为变量来研究谐振子的运动状态。由于余弦函数的周期性变化,确定了谐振子运动状态的周期性变化。因此,相位在 2π 内的变化,足以反映在一个周期内的振动全过程。引入相位这个物理量,在处理许多问题时十分方便,原因就在于此。相位是很重要的物理量,杨振宁曾经指出:"相位是物理学中最重要的概念之一。"以后我们会逐步地体会到"相位"概念的深刻含义,它不仅在传统的物理学和工程技术上有着重要的意义,在物理学近来发现的许多新奇现象里(如 AB 效应、AC 效应、分数量子霍尔效应等),相位也伴演着重要的角色。

5.3　简谐振动动力学

5.3.1　自由振动

做振动的系统在外力的作用下,物体离开平衡位置以后就能自行按其固有频率振动,而不再需要外力的作用,这种不在外力的作用下的振动称为自由振动。理想情况下的自由振动叫无阻尼自由振动。自由振动时的周期称为固有周期,自由振动时的频率称为固有频率。它们由振动系统自身条件所决定,与振幅无关。

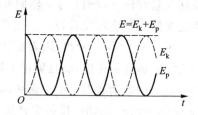

弹簧振子就是一种最简单的自由振动。从能量的角度来看,弹簧振子在振动过程中,势能和动能在相互转化,但在任意时刻动能和势能的总和保持不变,系统内没有能量的输入与损耗,即系统的总机械能守恒,如图 5-4 所示。

图 5-4　弹簧振子能量转化图

综上所述,一个孤立的振动系统,当外力迫使系统开始振动后,停止外力作用,系统在其自身因素的作用下振动。它的振动周期由系统性质决定,以固有周期进行自由振动,它的机械能守恒。

5.3.2　阻尼振动

前面讨论的无阻尼自由振动只是一种理想情况,实际上,阻尼的作用是难以避免的。由于阻尼的作用,振动系统的能量将不断减少。因为振动系统的能量与振幅的平方成正比,所以在能量随时间减小的同时,振幅也不断衰减,这种振动称为阻尼振动。振动系统的能量损失原因通常有两种:一种是由于介质对振动物体的摩擦阻力使振动系统的能量逐渐变为热运动的能量,这叫摩擦阻尼。另一种是由于振动物体引起邻近质点的振动,使振动系统的能量逐渐向四周辐射出去,转变为波动的能量,这叫做辐射阻尼。例如音叉振动时,不仅因为摩擦而消耗能量,同时也因辐射声波而减少能量。

图 5-5 表示阻尼振动的位移-时间曲线。从图(a)中可以看到,在一个位移极大值之后,隔一段固定时间,就出现下一个较小的极大值,因为位移不能在每

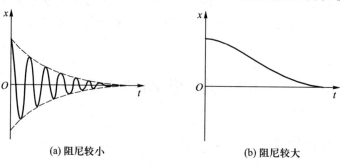

(a) 阻尼较小　　　　　　　　　　　(b) 阻尼较大

图 5-5　阻尼振动的位移-时间曲线

一周期后恢复原值。所以严格来说,阻尼振动不是周期运动,我们常把阻尼振动称为准周期运动。可以证明,在简谐振动的动力学方程中,加上反映阻力因素的阻尼项,便可得出阻尼振动的运动规律。

5.3.3 受迫振动

实际中,常常利用一个周期性的外力持续地作用在振动系统上以维持其等幅振动,这种振动称为受迫振动,周期性的外力称为策动力。在阻尼振动的方程中,加上反映策动力的因子,便可得出受迫振动的规律。许多实际的振动都属于受迫振动,例如,声波引起耳膜的振动、马达转动导致基座的振动等等。

在受迫振动中,振动物体因策动力做功而获得能量,同时又因阻尼而有机械能的损耗。受迫振动开始时,策动力的功往往大于阻尼损耗的能量,所以总的趋势是振动能量逐渐增大。由于阻尼作用一般随速度的增加而增加,所以当振动加强时,因阻尼损耗的能量也要增多。当策动力所做的功在一个周期内恰好补偿因阻尼而消耗的能量时,系统的机械能保持不变,这时振动也就稳定下来,成为等幅振动,如图 5 - 6 所示。

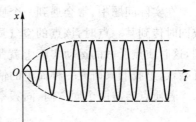

图 5 - 6 受迫振动的 x-t 曲线

5.4 简谐振动的能量

下面我们从能量的观点来考察弹簧振子的振动。由振子的运动方程

$$m \frac{\mathrm{d}^2 x}{\mathrm{d}t^2} = -kx \tag{5-11}$$

两边乘以 $\mathrm{d}x$,得

$$m \frac{\mathrm{d}^2 x}{\mathrm{d}t^2} \mathrm{d}x = -kx \mathrm{d}x \tag{5-12}$$

也即

$$mv\mathrm{d}v = -kx\mathrm{d}x \tag{5-13}$$

设振子的初始位置为 x_0,初始速度为 v_0,对上式两边积分

$$\int_{v_0}^{v} mv\mathrm{d}v = \int_{x_0}^{x} -kx \mathrm{d}x \tag{5-14}$$

得

$$\frac{1}{2}mv_0^2 + \frac{1}{2}kx_0^2 = \frac{1}{2}mv^2 + \frac{1}{2}kx^2 \tag{5-15}$$

可见,等式左、右边两边分别为初始时刻和任意时刻 t 系统的机械能,即简谐振动中系统的机械能不变。

$$E = \frac{1}{2}mv^2 + \frac{1}{2}kx^2 \tag{5-16}$$

式中 $\frac{1}{2}mv^2$ 是振子的动能,$\frac{1}{2}kx^2$ 是振子的弹性势能。

5.5　简谐振动的合成

在实际问题中,常会遇到一个质点同时参与几个振动的情况。例如,两个声波同时传到某一点时,该点的空气质点就同时参与两个振动。根据运动叠加原理,这时质点所做的运动实际上就是两个振动的合成。振动合成问题一般比较复杂,这里我们只研究一种简单的情况,即同方向的简谐振动合成。

若质点参与两个同方向、同频率的简谐振动,其运动表达式分别为

$$x_1 = A_1 \cos(\omega t + \varphi_1) \tag{5-17}$$

$$x_2 = A_2 \cos(\omega t + \varphi_2) \tag{5-18}$$

质点在任一时刻 t 离开平衡位置的位移 x 应等于 x_1 和 x_2 的代数和,即

$$x = x_1 + x_2 = A_1 \cos(\omega t + \varphi_1) + A_2 \cos(\omega t + \varphi_2) \tag{5-19}$$

为了简便、直观地得出合振动的规律,我们采用旋转矢量合成法。图 5-7 表示初始时刻($t=0$)两个振动振幅矢量的合成。

由图可知,两分振动的位移 x_1、x_2 分别是旋转矢量 A_1、A_2 在 x 轴上的投影。合振动的位移 x 等于两分振动矢量 A_1、A_2 在 x 轴上投影的代数和。由矢量的性质得知,两个矢量在某一轴上的

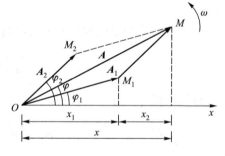

图 5-7　旋转矢量合成图

投影之和等于合矢量在该轴上的投影,所以 x 即 A_1 和 A_2 的合矢量 A 在 x 轴上的投影。由此可见,要求合振动归结为求合矢量 A 及其旋转规律。矢量 A_1 和 A_2 以相同的角速度 ω 旋转,在旋转过程中平行四边形 OM_1MM_2 形状保持不变,整个平行四边形以角速度 ω 绕 O 点逆时针方向旋转。所以合矢量 A 也以相同的角速度 ω 旋转,在任意时刻其与 x 轴的夹角为 $(\omega t + \varphi)$。

质点在任意时刻的合位移即为振幅矢量 **A** 在 x 轴上的投影,即

$$x = A\cos(\omega t + \varphi) \tag{5-20}$$

可见两个同方向、同频率的简谐振动的合振动仍为同频率的简谐振动。由图可知,合振动的振幅大小为

$$A = \sqrt{(A_1^2 + A_2^2 + 2A_1A_2\cos\Delta\varphi)}$$

$$\varphi = \arctan\frac{A_1\sin\varphi_1 + A_2\sin\varphi_2}{A_1\cos\varphi_1 + A_2\cos\varphi_2} \tag{5-21}$$

式中 $\Delta\varphi = \varphi_2 - \varphi_1$ 为两分振动的相位差。式(5-20)和式(5-21)也可用三角学方法直接导出,有兴趣的读者不妨自行演算。两个同方向、同频率的简谐振动的合成是研究波的干涉现象的基础知识,应给予必要的重视。

5.6　平面简谐波的描述

在学习了机械振动后,本节我们将在机械振动的基础上,进一步学习振动在介质中的传播过程——波动,简称波。如:投石于水面上激起圆形水波,振动音叉在空气中激起声波。将闹钟置于玻璃罩内,缓缓抽出空气,滴答之声逐渐减弱乃至消失。这说明机械波的产生要有两个条件:振源和传播振动的介质。

机械波可分为横波和纵波两类。凡质元的振动方向与波的传播方向垂直的波称为横波,质元的振动方向与波的传播方向一致的波称为纵波。尽管这两种波具有不同的特点,但其波动过程的本质却是一致的,所以本章在讨论波动问题时大多以横波形式为主。

5.6.1　平面简谐波的传播

简谐波是最简单最基本的波。正像复杂的振动可以看成是由许多简谐振动合成一样,任何复杂的波都可看成由许多简谐波叠加而成。可见,研究简谐波的规律具有重要意义。

现以绳子的抖动来说明简谐波的传播过程。当绳的一端由于外力策动而在与绳垂直的方向上做持续的简谐振动时,我们可以看到一个接一个的波形沿绳索向前传播,形成绳索上的横波。此波仅限制在一条直线上,由于弹性介质的特性使波所经历的每个质点皆做同频率、同方向、同振幅的振动,故此波称为一维简谐横波。一条拉直的弹性绳索,可视为以弹性力相联系的无数个质点的均匀排列。如图 5-8 所示。绳上各质点依次重复振源的振动,离振源越远的质点,起振时间越晚,振动相位越落后。可见波的传播过程是:介质中一个质点的振动会引起邻近质点的振动,而邻近点的振动又会引起较远质点的振动,这样,振

动就以一定的速度在弹性介质中由近及
远地传播出去,形成波动。这种机械振
动在弹性介质中的传播称为弹性波,即
机械波,而对于同频率、同方向、同振幅
的振动的传播,就形成了简谐波。每一
个简谐波可以用以下的物理量来进行描
述,而多个简谐波的叠加就形成了自然
界中各种各样的波动。

　　波长 λ:在波传播方向上,两个相邻
的相位差为 2π 的质点之间的距离,称为
波长。例如,在横波的情况下,波长等于
波线上相邻两个振动极大或相邻两个振
动极小之间的距离。由此可见,波的传
播方向上,每隔一个波长 λ,振动状态就
重复出现一次。因此,波长描述了波在
空间上的周期性。

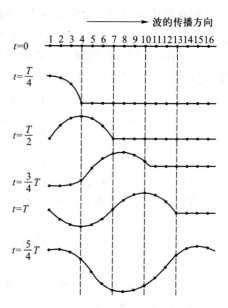

图 5 - 8　绳子的波动过程分析

　　周期 T:一定的振动相位向前传播一个波长的距离所需要的时间,称为波的
周期。由图 5 - 8 可知,振源完成一次全振动,相位就向前传播一个波长,所以波
的周期在数值上等于质元的振动周期。每隔一个周期 T,振动质元的振动状态
就重复出现一次,所以周期 T 描述了波在时间上的周期性。

　　波速 u:一定的振动相位在一介质中传播的速度称为波速。波速与波长、周
期的关系为

$$u=\frac{\lambda}{T} \tag{5-22}$$

　　波的频率 ν:单位时间内,波传播距离中所包含的完整的波长数目,称为波的
频率。$\nu=\frac{1}{T}$。因此

$$u=\lambda\nu \tag{5-23}$$

5.6.2　平面简谐波的波动表达式

　　在平面波的传播过程中,设波源做简谐振动,则波线上的所有质元都按余弦
(或正弦)规律振动,则此平面波称为平面简谐波。距波源很远的球面波皆可视
为平面波;而所有的周期性的波皆可以视为若干个简谐波的合成。对于平面波
而言,在所有的波线上,振动传播的情况都是相同的,因此可将平面简谐波简化

为一维简谐波来进行研究。

所谓波函数或称为波动的表达式,就是用数学函数式来描述介质中各质元的位移是怎样随着质元的平衡位置和时间而变化的关系式。

设平面简谐横波以速度 u 沿 x 轴正向传播,要写出其表达式,首先必须知道介质中某一点的振动表达式,该点称为始点。始点在坐标原点,也可以不在坐标原点。为了讨论方便,我们设始点位于坐标原点,如图 5-9 所示,其振动表达式为 $y_0 = A\cos(\omega t + \varphi)$。考虑平衡位置在 x 处的质元在任一时刻 t 的振动位移。如前所述,该质元应做与始点同方向、同频率、同振幅的简谐振动,但相对 O 处质元其相位落后 $\Delta\Phi$。与 O 处质元距离为 λ 的质元,相对 O 处质元相位落后 2π,则 x 处的质元相对于 O 处的质元的相位落后值为:

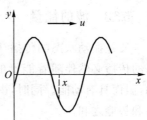

图 5-9　推导简谐波波
函数用图

$$\Delta\Phi = \frac{2\pi x}{\lambda} \tag{5-24}$$

因此,x 处质元在任一时刻 t 的振动为

$$y = A\cos\left(\omega t - \frac{2\pi x}{\lambda} + \varphi\right) \tag{5-25}$$

这就是沿 x 轴正向传播的平面简谐波的表达式。

上面是从相位落后的角度得出了波动表达式。若从时间落后的角度考虑更容易理解,由于波沿 x 轴正向传播,O 处质元的振动传至 x 处所需时间为 $\frac{x}{u}$,所以 x 处质元在任一时刻 t 的位移应等于 O 处质元在 $\left(t - \frac{x}{u}\right)$ 时刻的位移。故将原点振动表达式中的 t 换为 $\left(t - \frac{x}{u}\right)$,即得到沿 x 轴正向传播平面简谐波的波函数:

$$y = A\cos\left[\omega\left(t - \frac{x}{u}\right) + \varphi\right] = A\cos\left[2\pi\left(\frac{t}{T} - \frac{x}{\lambda}\right) + \varphi\right] \tag{5-26}$$

若平面波沿 x 轴负向传播,由于 x 处质点的振动相位、振动时间均超前于 O 处质点,故波函数可表示为:

$$y = A\cos\left[2\pi\left(\frac{t}{T} + \frac{x}{\lambda}\right) + \varphi\right] \tag{5-27}$$

综上所述,沿 x 轴正、反方向传播的平面简谐波的波函数可表示为下列形式

$$y = A\cos\left[2\pi\left(\frac{t}{T} \pm \frac{x}{\lambda}\right) + \varphi\right] \tag{5-28}$$

"+"号表示沿 x 轴正向传播的简谐波;"-"号表示沿 x 轴负向传播的简

谐波。

纵波的平面简谐波函数具有同样的形式。这时质元的振动方向和波的传播方向一致。特别值得注意的是，y 仍然表示质元的位移，x 依旧表示波传播方向上质元的平衡位置坐标。

5.6.3 波的能量

波是振动状态的传播，而一定的状态是与一定的能量相对应的，所以振动状态的传播必然伴随着能量的传播。介质中各质元都在各自的平衡位置附近振动，因而具有动能。同时，由于介质的形变而具有势能。波的能量即为质元的动能和势能之和。

设平面简谐横波在密度为 ρ 的均匀介质中传播，其波函数为

$$y=A\cos \omega\left(t-\frac{x}{u}\right) \tag{5-29}$$

此处设初位相为零。

由于振动，平衡位置在 x 处的质元在任意时刻的速度为

$$v=\frac{\mathrm{d}y}{\mathrm{d}t}=-A\omega\sin \omega\left(t-\frac{x}{u}\right) \tag{5-30}$$

设任一质元的体积为 $\mathrm{d}V$，其质量为 $\mathrm{d}m=\rho\mathrm{d}V$，则其动能为

$$\mathrm{d}E_{\mathrm{k}}=\frac{1}{2}(\mathrm{d}m)v^2=\frac{1}{2}\rho\mathrm{d}VA^2\omega^2\sin^2\omega\left(t-\frac{x}{u}\right) \tag{5-31}$$

可以证明，在此时刻质元由于形变而具有的势能为

$$\mathrm{d}E_{\mathrm{p}}=\frac{1}{2}(\mathrm{d}m)v^2=\frac{1}{2}\rho\mathrm{d}VA^2\omega^2\sin^2\omega\left(t-\frac{x}{u}\right) \tag{5-32}$$

所以，质元的总能量为

$$\mathrm{d}E=\mathrm{d}E_{\mathrm{k}}+\mathrm{d}E_{\mathrm{p}}=\rho\mathrm{d}VA^2\omega^2\sin^2\omega\left(t-\frac{x}{u}\right) \tag{5-33}$$

图 5-10 示意地说明动能和势能的关系。例如，在某瞬时，质元 A 处于最大位移处，振动速度为零，且就整个体积元而言基本上不发生形变，动能、势能皆为零；而质元 B 此时处于平衡位置，振动速度最大，体积元形变也最大。因此动能和势能都达到最大值。式(5-33)又告诉我们，在给定时刻 t，各质元的总能量随它们所在的位置在介质内呈现周

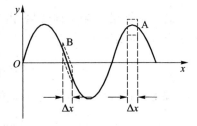

图 5-10 质元 A 没有形变，质元 B 形变最大

期性的分布;而对某一确定位置处的质元,它的总能量随时间发生周期性的变化。

　　波动过程中,质元能量的变化与孤立系统(如弹簧振子)的能量变化规律截然不同。为什么是这样的呢? 究其原因是弹簧振子在振动过程中,它的总能量是守恒的。即动能的增加必以势能的减少为代价,反之亦然。而现在我们所研究的质元是处于介质的整体之中,每个质元与其他的质元以弹性力相联系,它不是孤立的。在波动中,沿着波前进的方向,每个质元不断地从后面的质元中吸取能量而改变本身的运动状态,又不停地向前面的质元放出能量而迫使它们改变运动状态,这样,能量就伴随着振动状态从介质的一部分传至另一部分。

5.7　波的叠加

　　实验表明,如果有数列波在线性的各向同性介质中传播。它们将各自保持原有的振幅、波长、振动方向等特性,互不相干地沿各自的传播方向独立地向前传播。各列波将按各自原来的方式激发它们共同经历的空间各点振动,因而在波相遇的区域内,任一点振动是各列波单独存在时在该点所引起的振动的合成。这就是波的叠加原理。例如一个有经验的音乐指挥,能听出乐队演出过程中是哪一位演奏员跑调了,这是因为在他的耳内鼓膜上每一时刻的位移都是来自不同乐器各自引起的位移的叠加,因此他能清楚地分辨出每个人不同的音调。

　　图 5-11 表示两个振动方向相同的波在同一直线上相向传播的情况。图(a)中,两列波的振动位移方向相同,图(b)中,两列波的振动位移方向相反。从图中还可以看出,两列波相遇时,直线上相遇处的各点在任意时刻的位移,是两列波各自引起的振动位移的叠加。两列波相遇以后,仍然按照原来各自的波形和方向继续向前传播,就像它们根本没有相遇过一样。可见,波的传播是独立进行的。

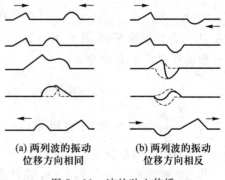

(a) 两列波的振动　　(b) 两列波的振动
　位移方向相同　　　　位移方向相反

图 5-11　波的独立传播

5.7.1　波的干涉现象

　　当两列或两列以上的波在空间相遇叠加时,使有些地方的振动始终加强,有些地方的振动始终减弱,这种现象称为波的干涉。干涉所需满足的条件称为相干条件。实验表明,波干涉的三个必要条件为"相遇的波同频率、振动方向不正交(保证有同方向的振动分量),在相遇区域的确定点有固定的相位差"。两个充分条件为"振幅相差不悬殊"、"波程差不能太大"。满足相干条件的波称为相干波,其波源称为相干波源。下面我们应用波的叠加原理来研究波的干涉现象。

设两个点波源 S_1 和 S_2 做同频率、同方向的简谐振动,它们的振动表达式分别为

$$y_{10}=A_{10}\cos(\omega t+\varphi_1) \tag{5-34}$$
$$y_{20}=A_{20}\cos(\omega t+\varphi_2) \tag{5-35}$$

如果这两个振源的振动是持续不断的,则它们在任意时刻的相位差应等于初相位差,即具有恒定的相位差。

假设两个相干波源所发出的简谐波在同一均匀介质中传播,现在考察在两波的相遇区域中任意一点 P 的振动情况。设波源 S_1 和 S_2 到 P 点的距离分别为 r_1 和 r_2,如图 5-12 所示。则 S_1 和 S_2 在 P 点激发的振动分别为

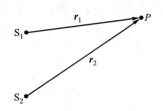

图 5-12 波的干涉

$$y_1=A_1\cos\left(\omega t+\varphi_1-\frac{2\pi r_1}{\lambda}\right) \tag{5-36}$$
$$y_2=A_2\cos\left(\omega t+\varphi_2-\frac{2\pi r_2}{\lambda}\right) \tag{5-37}$$

则 P 点的合振动为

$$y=y_1+y_2=A\cos(\omega t+\varphi) \tag{5-38}$$

式中 A 为合振动的振幅,其大小为 $A=\sqrt{A_1^2+A_2^2+2A_1A_2\cos\Delta\Phi}$,其中 $\Delta\Phi$ 为两个分振动在 P 点的相位差,

$$\Delta\Phi=\varphi_2-\varphi_1-2\pi\frac{r_2-r_1}{\lambda} \tag{5-39}$$

式中 $\varphi_2-\varphi_1$ 为两振源的初相差,$-2\pi\frac{r_2-r_1}{\lambda}$ 是由两列波传播的波程差 (r_2-r_1) 而引起的相位差。

若 $\Delta\Phi=\pm2k\pi,k=0,1,2,\cdots$,则 P 点的干涉加强,合振动的振幅最大,其值为 $A=A_1+A_2$。

若 $\Delta\Phi=\pm(2k+1)\pi,k=0,1,2,\cdots$,则 P 点的干涉相消,合振动的振幅最小,其值为 $A=|A_1-A_2|$。

若两波源具有相同的初相位,即 $\varphi_1=\varphi_2$,则上述两种情况可简化为

若 $\Delta\Phi=\frac{2\pi}{\lambda}(r_2-r_1)=\pm2k\pi$ 或 $\delta=r_2-r_1=\pm k\lambda,k=0,1,2,\cdots$ 则干涉加强,

$A=A_1+A_2$。

若 $\Delta\Phi=\dfrac{2\pi}{\lambda}(r_2-r_1)=\pm(2k+1)\pi$ 或 $\delta=r_2-r_1=\pm(2k+1)\lambda/2,k=0,1,$

$2,\cdots$ 则干涉相消,$A=|A_1-A_2|$。

5.7.2 驻波

两列振幅相同沿相反方向传播的相干波叠加,在一定条件下可以形成驻波。驻波是一种重要的干涉现象。一般情况下,驻波是由一列前进波与其在界面的反射波叠加而成的。例如,我们轻轻地拨动小提琴或胡琴的弦,在拨动处发出的入射波与由琴轴返回的反射波叠加,便在琴弦上形成驻波。这些乐器演奏时之所以能发出悠扬的琴声,就是由在琴弦上、琴盒内形成各种不同波长、不同形式的驻波所致。

下面我们用图示法来定性地分析驻波的形成。图 5-13 表示两列振幅相同的相干波,一列沿 x 轴正向传播,用虚线表示;一列沿 x 轴负向传播,用点画线表示;合成波用实线表示。

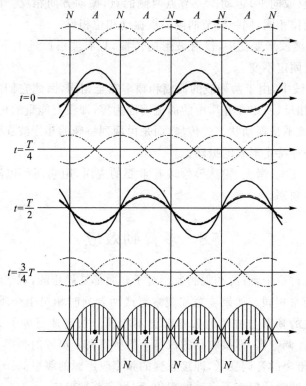

图 5-13 驻波的形成

在 $t=0$ 时,两波互相重叠,x 轴上的每个质点得到最大的合位移,合成波是一条起伏较大的曲线,用实线表示;$t=\dfrac{T}{4}$ 时,两波已分别向前推进了四分之一波长的距离,此时,各质点的合位移为零,合成波为一条与 x 轴重合的直线;$t=\dfrac{T}{2}$ 时,两波再次重叠,各点合位移又达到最大,但各点位移的方向与 $t=0$ 时刻相反;$t=\dfrac{3T}{4}$ 时,合成波又成为一条直线。随着时间的推移,以上过程不断重复。在观察驻波时,由于视觉暂留,可看到图 5-13 中最下图所显示出的驻波轮廓图形。

通过上面的讨论,使我们对驻波有以下认识:

(1) 在两波重叠区域,各点的合振动仍是同方向、同频率的简谐振动,但它们的振幅是各不相同的,有些点(用 N 表示)始终静止不动,即振幅为零,称为波节;有些点(用 A 表示)振幅最大,称为波腹。

(2) 两相邻节点之间的所有点的位移同时达到最大值,同时为零,同时越过平衡位置向上(或向下)运动。一节点两侧的点,振动方向相反。即两相邻波节间的点振动相位相同,同一波节两侧的点振动相位相反。

(3) 在驻波波形变化中,没有波形的传播,只有波形原地上下起伏,且波节和波腹的位置固定不变。

(4) 在驻波中,由于两列波的振幅和频率完全相同,因此它们的能流密度大小相等,方向相反,所以在介质中的能流密度为零,即没有能量的传递。

因此,驻波不是振动状态的传播,而是由两列特殊的相干波在弹性介质中叠加而产生的一种特定形式的振动。

驻波在无线电、激光、雷达等领域有重要的应用,用它还可以测定波长和确定振动系统的频率。

5.8 多普勒效应

在前面的讨论中,波源和观测者相对于介质都是静止的,观察者接收到的频率与波源的频率相同。如果波源或观察者或两者同时相对于介质运动,则观察者接收到的波的频率与波源的频率就会不相同。如高速行驶的火车鸣笛而来时,汽笛声的音调变高,即接收到的汽笛声的频率高于声源的频率;相反,火车鸣笛而去时,汽笛声的音调变低,即接收到的频率较声源的频率低。观察者接收到的波的频率与波源的频率不一致的现象,称为多普勒效应。

5.8.1 机械波的多普勒效应

为简单起见,只讨论波源和观察者在二者连线上做匀速运动的情况。波源和观察者相对于介质的运动速度的大小分别用 v_S 和 v_R 表示,波源的振动频率用 ν_S 表示,观察者所接收到的波的频率用 ν_R 表示,波传播速度的大小和频率分别用 u 和 ν 表示。这里要强调指出三个频率 ν_S、ν 和 ν_R 的确切含义。ν_S 是指波源在单位时间内振动的次数,也是波源在单位时间内向外发出的完整波的个数;波的频率 ν 是指介质中任一质元在单位时间内振动的次数,也是沿波线方向上,长度为 u 的一段介质中所具有的完整波的个数,也等于在单位时间内通过介质中某固定点的完整波的个数;ν_R 是指观察者在单位时间内接收到的完整波的个数。这三个频率可能相同也可能不同,下面分几种情况进行讨论。

1. 波源和观察者相对于介质均静止

在这种情况下,由于观察者和波源相对介质都静止,所以观察者单位时间内接收到的完整波的个数与介质中任一点在单位时间内的振动次数相同,也等于单位时间内波源的振动次数,因而有

$$\nu_R = \nu = \nu_S \tag{5-40}$$

这就是我们前面讨论的情况,没有多普勒效应。

2. 波源相对于介质静止,观察者相对于介质运动

在这种情况下,$v_S = 0$,$v_R \neq 0$,由于波源相对于介质静止,故有 $\nu = \nu_S$。根据观察者运动的方向不同,则接收到的频率 ν_R 不同。

(1) 先讨论观察者向着波源运动的情况,如图 5-14(a)所示,波线上长度为 u 的范围内(即 RR' 间)含有 ν 个波,单位时间内观察者由 R 移到了 R'',因此观察者在单位时间内接收到的波的个数就是 $R'R''$ 之间的波的个数,也即长度为 $u + v_R$ 的范围内含有波的个数,故观察者接收到的频率为

$$\nu_R = \frac{u + v_R}{u} \nu_S \tag{5-41}$$

(2) 当观察者背离波源运动时,如图 5-14(b),单位时间内观察者接收到的波的个数为长度为 $u - v_R$ 范围内含有的波的个数,故观察者接收到的频率为

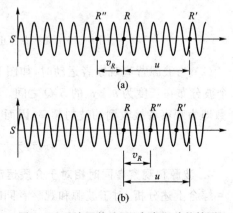

图 5-14 波源静止,观察者运动的情形

$$\nu_R = \frac{u - v_R}{u} \nu_S \qquad (5-42)$$

3. 波源相对于介质运动,观察者相对于介质静止

在这种情况下,$v_S \neq 0$,$v_R = 0$,由于观察者相对于介质静止,故有 $\nu_R = \nu$。根据波源运动的方向不同,观察者接收到的频率 ν_R 也不同。

(1) 先讨论波源向着观察者运动的情况,如果波源相对于介质静止,则在单位时间内波源发出的 ν_S 个波将分布在长度为 u 的 SQ 之间,如图 5-15 (a)所示。现由于波源向着观察者运动,这个 ν_S 波实际上分布在长度为 $u - v_S$ 的 $S'Q$ 之间,如图 5-15 (b)所示。这时在长度为 u 的范围内含有的波的个数,也即观察者接收到的波的频率为

$$\nu_R = \frac{u}{u - v_S} \nu_S \qquad (5-43)$$

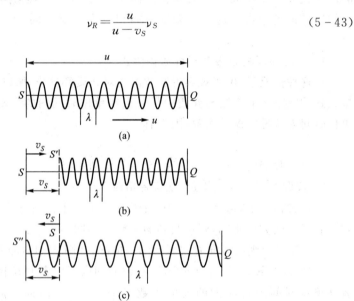

图 5-15 观察者静止,波源运动的情形

(2) 当波源背离观察者运动时,如图 5-15(c)所示,单位时间内波源发出的 ν_S 个波分布在长度为 $u + v_S$ 的 $S''Q$ 之间。这时在长度为 u 的范围内含有的波的个数即为观察者接收到的波的频率,因而

$$\nu_R = \nu = \frac{u}{u + v_S} \nu_S \qquad (5-44)$$

4. 波源和观察者同时相对于介质运动

综合上述分析,对于波源和观察者同时相对于介质运动时,可用下述公式来计算观察者所接收到的波的频率

$$\nu_R = \frac{u - v_{Rx}}{u - v_{Sx}} \nu_S \qquad (5-45)$$

式中，v_{Rx} 和 v_{Sx} 分别表示观察者、波源相对介质的速度在图 5-16 所示的坐标系中沿 x 轴的投影。公式(5-45)也适用于观察者和波源相对于介质的运动不在二者连线方向的情况。

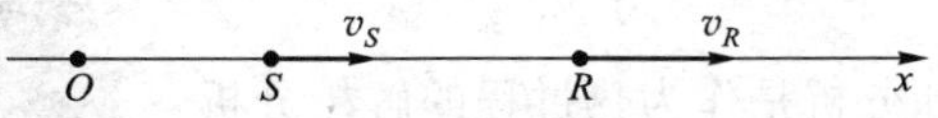

图 5-16　波源和观察者同时运动

5.8.2　电磁波的多普勒效应

上面介绍的是机械波的多普勒效应，电磁波也有多普勒效应，但电磁波的多普勒效应在产生机理方面与机械波有本质的差别。根据狭义相对论可以导出电磁波的多普勒效应公式，即

$$\nu_R = \nu_S \sqrt{\frac{1+v/c}{1-v/c}} \qquad (5-46)$$

式中 c 是电磁波的速度，v 是波源和观察者之间的相对速度，若二者相互接近，v 取正值，反之，取负值；对于 $v \ll c$ 的情况，上式可近似为

$$\nu_R = \left(1 + \frac{v}{c}\right)\nu_S \qquad (5-47)$$

多普勒效应有很多应用，如多普勒雷达可以测量运动物体的速度，应用多普勒效应制成的流量计，可以测量人体内血管中血液的流速，可以测量工矿企业管道中污水或有悬浮物的液体的流速。目前，多普勒效应还被广泛地应用于大气和空间环境的探测，用于卫星导航等。用多普勒效应探测到的星体光谱红移现象为宇宙大爆炸理论提供了有力的依据。

5.9　复杂运动的傅里叶分析

在本章 5.5 节，我们学习了简谐振动的合成，它给予我们的启示是简单振动可以合成为复杂振动。那么对于复杂运动而言我们应该如何分析呢？基于简谐振动可以合成复杂运动的启示，我们可以把复杂运动看成简单运动的叠加。这一思想的实质便是傅里叶分析，而傅里叶变换则是傅里叶分析的实现方式。

傅里叶变换是一种线性的积分变换，因其基本思想首先由法国学者傅里叶系统地提出，所以以其名字来命名以示纪念。

从现代数学的眼光来看，傅里叶变换是一种特殊的积分变换。在数学上傅里叶变换能将满足一定条件的某个函数表示成三角函数(正弦或余弦函数)或者它们的积分的线性组合。在不同的研究领域,傅里叶变换具有多种不同的变体形式,如连续傅里叶变换和离散傅里叶变换。分析周期函数时,一般都把它展成傅里叶级数的形式。

傅里叶(Jean Baptiste Joseph Fourier,1768—1830)

尽管最初傅立叶分析是作为热过程的解析分析的工具,但是其思想方法仍然具有典型的还原论和分析主义的特征。"任意函数"通过一定的分解,都能够表示为正弦函数的线性组合的形式,而正弦函数在物理上是被充分研究而相对简单的函数。对应本章中简谐振动的合成可知:任何复杂的周期性振动都可以看成是由频率成整数倍的简谐振动合成的简谐振动,其中频率最低的振动称为基波,基波的周期和频率与合振动相同。这意味着如果用傅里叶级数的思想来分析周期性运动(振动),最简单的形式就是三角函数运动。因为三角函数运动方程展成傅里叶级数只有一项,任何其他形式的周期性运动都可以由多个三角函数运动叠加而成。

傅立叶变换属于调和分析的内容。"分析"二字,可以解释为深入的研究。从字面上来看,"分析"二字,实际就是"条分缕析"而已。它通过对函数的"条分缕析"来达到对复杂函数的表达、深入理解和研究。从哲学上看,"分析主义"和"还原主义",就是要通过对事物内部适当地分析达到增进对其本质理解的目的。比如近代原子论试图把世界上所有物质的本源分析为原子,而原子不过数百种而已,相对物质世界的无限丰富,这种分析和分类无疑为认识事物的各种性质提供了很好的手段。

傅里叶变换在物理学、数论、组合数学、信号处理、概率论、统计学、密码学、声学、光学、海洋学、结构动力学等领域都有着广泛的应用,例如在信号处理中,傅里叶变换的典型用途是将信号分解成幅值分量和频率分量。

习 题

5-1 波由一种介质进入另一种介质时,其传播速度、频率、波长

A. 都不发生变化;　　　　　　B. 速度和频率变,波长不变;

C. 都发生变化;　　　　　　　D. 速度和波长变,频率不变。 　[　　]

5-2 下列表述中正确的是

A. 物体在某一位置附近来回往复的运动是简谐振动;

B. 质点受到回复力(恒指向平衡位置的作用力)的作用,则该质点一定做简谐运动;

C. 拍皮球的运动是简谐运动;

D. 某物理量 Q 随时间 t 的变化满足微分方程 $\dfrac{\mathrm{d}^2 Q}{\mathrm{d}t^2} + \omega^2 Q = 0$,则该物理量 Q 按简谐运动的规律变化(ω 由系统本身的性质决定)。　　　　　[　　　]

5-3　以下叙述中不正确的是

A. 在波的传播方向上,相位差为 2π 的两质元之间的距离叫一个波长;

B. 机械波实质上就是在波的传播方向上,介质各质元的集体受迫振动;

C. 波的振幅、频率、相位与波源相同;

D. 介质中距波源越远的点相位越落后;

E. 波由一种介质进入另一种介质后,频率、波长、波速均发生变化。[　　　]

5-4　简谐振动表达式的标准形式为 $x =$ _____,其中 _____,_____,_____ 称为简谐振动的三个特征量。

5-5　一个谐振子在 $t = 0$ 时位于平衡位置 O 点,此时,若向正方向运动,则其初相位 $\varphi_0 =$ _____;若向负方向运动,则其初相位为 $\varphi_0 =$ _____。

5-6　简要叙述振动与波动的联系与区别。

5-7　试简要说明什么是旋转矢量法,此种方法有什么优点。

5-8　简要说明描述简谐振动的特征量。

5-9　试述自由振动、阻尼振动和受迫振动的区别。

5-10　描述平面简谐波的传播过程,并对其波函数中的各物理量做出解释。

5-11　简谐振动的能量与波动的能量有什么区别与联系。

5-12　试述波的相干条件以及干涉加强与干涉相消的条件。

5-13　描述驻波的形成过程。

5-14　一个沿 x 轴作简谐振动的弹簧振子,振幅为 A,周期为 T,其振动表达式用余弦函数表示。当初始状态分别为以下四种情况时用旋转矢量法确定其初相,并写出振动表达式。

(1) $x_0 = -A$;

(2) 过平衡位置向正方向运动;

(3) 过 $x = \dfrac{A}{2}$ 处向负方向运动;

(4) 过 $x = -\dfrac{A}{\sqrt{2}}$ 处向正方向运动。

5-15　某横波的波函数为 $y = 0.05\cos \pi(5x - 100t)$（SI 单位）。求：

（1）波的振幅、频率、周期、波速及波长；

（2）$x = 2$ 米处质点的振动表达式及初相；

（3）$x_1 = 0.2\,\mathrm{m}$ 及 $x_2 = 0.35\,\mathrm{m}$ 处两质点振动的相位差。

5-16　如图所示为一个声波干涉仪的示意图，声波从 E 端进入仪器内，沿左右两条不同的路径前进，在 A 端相遇。路径 ECA 的长度是可以调节的。当 ECA 向右移动 $x = 0.8\,\mathrm{m}$ 时，听到两次连续的彼此减弱，已知声速为 $v = 340\,\mathrm{m/s}$，求声波的频率。

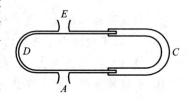

5-17　当谐振子的角频率 ω 增加到原来的两倍时，以下各物理量将发生怎样的变化？

（1）频率；（2）周期；（3）最大速率 $v_{\max}$；（4）最大加速度 $a_{\max}$。

5-18　一物体沿 x 轴做简谐振动，振幅为 $12\,\mathrm{cm}$，周期为 $2\,\mathrm{s}$。当 $t = 0$ 时，位移为 $6\,\mathrm{cm}$ 且向 x 轴正方向运动，求运动表达式。

5-19　玛丽把一根长绳的一端系在墙上，以每秒 4 次的固定频率抖动另一端，从而有一个波沿绳传播。如果波长是 $1.5\,\mathrm{m}$，求波速。若玛丽减慢到每秒抖动 2 次，假定波速不变，求新的波长。

5-20　当波沿着绳、螺管和水面传播时，描述介质各部分如何运动。

5-21　波动与抛射体运动的不同之处是什么？

5-22　山泉下泻是波动的例子吗？为你的回答说出理由。

5-23　一阵风吹过麦田，形成一片麦浪。这个麦浪是波吗？如果不是，为什么？如果是，那么介质是什么？

5-24　一个软木塞浮在水面上，水波从它那儿经过。软木塞会发生什么情况？软木塞的振动频率与水波频率有关吗？如果有关，关系是怎样的？

5-25　大多数波有固定的波速，它是由波传播所经过的介质的性质决定的。运动波有固定的、事先确定的波速吗？为什么？

5-26　一列火车正在接近山崖，试分析观察者听到的汽笛声频率与山崖反射的汽笛声频率的差异：（1）火车头上的司机；（2）火车前方铁轨旁的铁路工人；（3）火车后方铁轨旁的铁路工人。

第6章 波动光学

6.1 光的微粒说与波动说

光的本性问题是物理学界长久以来一直争论不休的一个问题。

19 世纪初之前,人们认为光是由光源辐射的粒子流,光进入人的眼睛刺激(引起)人的视觉。

光的微粒说的主要代表牛顿提出了光的微粒理论:光是按照惯性定律沿直线飞行的微粒流。牛顿用这个理论可以解释一些与光的本性有关的、已知的实验事实:光的反射与折射定律,但光的微粒说在研究光的折射定律时,得出了光在水中的速度比空气大的错误结论。大多数科学家接受了牛顿的光的微粒说,17～18 世纪微粒说占统治地位。

早期提出光是波动的有笛卡儿、胡克等人。与牛顿同时代的荷兰科学家惠更斯(Christian Huygens,1629—1695)进一步发展了波动学说,于 1678 年提出了光的波动理论,认为光是在某种特殊的介质中传播的机械波,即光是发光体中微小粒子的振动在弥漫于宇宙空间的完全弹性的介质(以太)中的传播过程,简单地说光是振动的传播。

惠更斯(Christian Huygens,
1629—1695)

惠更斯指出波还有一个明显的特性是:波动满足线性叠加原理,这个原理也是多个光波同时作用时所产生的总效应应遵循的原则,在光学中占有十分重要的地位。例如,我们每个人都可以在静止水面上做实验:用一个手指头轻击水面使之发生振动,则振动将沿各个方向向外传播,即水的表面波动从中心匀速地向外扩展。为了形象化地描述波的传播,人们将波在传播过程中振动相位相同的点所组成的面称为波面,最前面的一个波面称为波前。从三维空间看,波前为球面的波称为球面波,波前为平面的波称为平面波。从二维空间看,上述水面波的波前是一个圆,称为圆形波。若再用另一指头在另一点轻击水面,又可产生从另一中心向外扩展的圆形波,这两个波在水面上任一点都线性叠加。就是说,水面上任一点的位移是两个波各自引起的位移之和。

　　惠更斯运用子波和波前的概念,提出了著名的惠更斯原理:每一时刻波前上的各点都可看成是新的子波源,从它们发出的各个球(圆)形子波在下一时刻的共同包络面(线)就是下一时刻的新波前。图 6-1(a)和(b)分别表示一个球面波和一个平面波的传播。

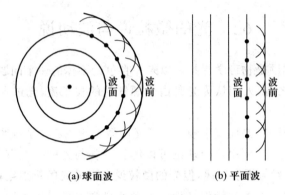

(a) 球面波　　　　　　　　　(b) 平面波

图 6-1　惠更斯原理

　　利用惠更斯原理可方便地说明光的反射和折射定律,尤其是能赋予折射以明确的物理意义。但是由于惠更斯认为光波是纵波,所以不能解释光的偏振现象(光的偏振将在后面介绍);加之介质"以太"是不存在的,所以早期波动说很不完善,又缺乏数学基础,难以与微粒说相抗衡。

　　因为几方面的原因,光的波动理论没有被人们立即接受:

　　(1)当时认为所有的波传播都要通过某种介质(声波、水波等),而光却可通过真空传播;

　　(2)另一争辩的焦点是若光是一种波动,这种波在障碍物处将会弯曲,人们将会看到光直线传播所不能到达的角落。

　　众所周知,光确实可以弯曲而绕过障碍物,这种现象称为衍射,因为光波的波长很短,这种现象不易观察到。虽然光的衍射实验证据被格里马迪(Francesco Grimaldi,1618—1663)于 1660 年左右所发现,大部分科学家还是反对波动理论而崇尚牛顿的微粒理论长达一个多世纪,大部分原因也许是由于牛顿作为一个科学巨匠的声望。

　　证明光的波动性的两个最著名的实验是泊松亮斑和杨氏双缝实验。

　　著名数学家泊松(Simeon-Denis Poisson,1781—1840)是坚定的粒子论者,他对光的波动学说不屑一顾。我们知道,波是可以产生衍射的,而泊松为了推翻光的波动说就用很严谨的数学方法计算,得出的结论是"假如光是一种波,那么光在照到一个尺寸适当的圆盘（屏）时，其后面的阴影中心会出现一个亮斑"。这在当时看来是一个很可笑的结论，影子的中心应该是最暗的，但如果光是波动，中心反而最亮。泊松自认为这个结论完全可以推翻光的波动说，然而年轻的物理学家菲涅耳（Augustin Fresnel, 1788—1827）当场进行了实验，事实的确如此，在阴影的中心确实是一个亮斑，这使泊松大失所望。泊松本来想推翻光的波动说，结果反而又一次证明了光的波动性。由于圆盘衍射中的那个亮斑是由泊松最早计算出来的，所以叫做"泊松亮斑"。

泊松（Simeon-Denis Poisson, 1781—1840）

　　几年后，菲涅耳完成了许多实验（菲涅耳圆孔衍射等），论述和证实了干涉与衍射现象。

　　光的波动性的另一个著名实验是托马斯·杨（Thomas Young, 1773—1829）于1802年提出的杨氏双缝实验，证明了双光束的干涉现象。他通过实验还初步测定了空气中不同颜色光的波长，测量结果接近现代测定的精确值。

　　1809年，法国物理学家马吕斯发现了光的偏振现象，为了解释这种现象托马斯·杨在1817年假设了光波具有一个非常小的振动的横向分量。不过到了1821年，法国物理学家菲涅耳通过数学计算得出结论，光的振动完全是横向的。菲涅耳对波动光学进行了理论和实验的全方位研究，缔造了波动光学的理论基础。他的主要理论成就包括：提出了两束光的干涉条件，在数学上完善了描述光传播规律的惠更斯-菲涅耳原理，菲涅耳指出光波的包络面实际是各个子波彼此干涉的结果，并描述了近场的菲涅耳衍射；菲涅尔还得到了在物理上定量描述反射和折射规律的菲涅耳方程；以及对光的偏振的研究，并发现了圆偏振光和椭圆偏振光。

　　使波动说取得决定性胜利的是19世纪初波动说对光的干涉和衍射实验现象的成功解释，这是微粒说根本做不到的。到了1850年，随着光速测量技术的发展，法国科学家傅科（J. L. Foucault, 1819—1868）用旋转镜法测得了光在水中的速度比空气中要慢。这又是对牛顿微粒说的一个致命打击。19世纪的其他试验最终导致了光的波动理论的建立。

傅科（J. L. Foucault, 1819—1868）

　　光波理论的重大发展来自麦克斯韦的工作：19

世纪 70 年代,麦克斯韦建立了他著名的电磁理论,预言了电磁波的存在,指出光是一种电磁波,其速度与电磁波相同。

赫兹于 1887 年用实验产生和探测了电磁波,证实了麦克斯韦的电磁理论。赫兹和其他发现者进一步证实了电磁波的反射、折射、衍射等与光波类似的性质。

19 世纪末到 20 世纪初是物理学发生伟大革命的时代,相对论与量子论的出现拨开了笼罩在物理学晴朗天空的两朵乌云:迈克耳孙-莫雷实验零结果和紫外灾难,这两个问题恰好都与光学有关。

虽然经典电磁理论能够解释大多已知的光的特性,但后来的一些实验用光的波动理论不能解释。最著名的是光电效应(也是由赫兹发现的),就是其中一例。在普朗克能量子假设的启示下,爱因斯坦于 1905 年提出了光量子,成功的解释了光电效应。按照爱因斯坦的理论,空间传播的光是连续的,一束光就是一束以光速运动的粒子流,这些粒子称为光子,频率为 ν 的光的每一个光子所具有的能量,就等于普朗克提出的能量子的能量 $E = h\nu$,它不能再分割,而只能整个的被吸收或产生出来。

这个理论包含了光的波动理论和量子理论的双重特征,E 显示了微粒的性质,ν 显示了波动的特征。

从探索光的本性的过程看,我们必须看到光具有双重性,这就是波粒二象性。

6.2　光的干涉及应用

振动在空间的传播称为波动:具有时空双重周期性的运动形式和能量的传输是一切波动的基本特性。波形传播是现象,振动(相位)传播是实质,能量传播是光波的度量。

6.2.1　光程　光程差　相干条件

当两束光分别通过不同介质时,由于同一频率的光在不同介质中的传播速度不同,因此不同介质中的光波波长不同。这时就不能只根据几何路程差来计算相位差了。为此引入了光程的概念。

1. 光程　光程差

如图 6-2 所示,光线在真空中传播距离 $\overline{PQ}$ 所需时间

$$t_{PQ} = \overline{PQ}/c \qquad (6-1)$$

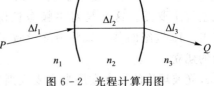

图 6-2　光程计算用图

在介质中,光线由 P 到 Q 所需时间:

$$t_{PQ}=\sum\frac{\Delta l_i}{v_i}=\sum\frac{\Delta l_i}{\frac{c}{n_i}}=\sum\frac{n_i\Delta l_i}{c} \qquad (6-2)$$

我们将折射率与几何路程的乘积称为光程 L:

$$L=\sum n_i\Delta l_i \qquad (6-3)$$

折射率连续变化时,

$$L=|PQ|=\int_P^Q n\mathrm{d}l \qquad (6-4)$$

单色光频率 ν 在不同介质中不变。在折射率为 n 介质中,波速 $v=c/n$,则在这介质中波长为

$$\lambda'=vT=\frac{v}{\nu}=\frac{c}{\nu n}=\frac{\lambda}{n} \qquad (6-5)$$

在折射率为 n 的介质中一段时间内通过几何路程 x 其间的波数为 $\frac{x}{\lambda}$,那么在真空中同样一段时间内(同样波数)通过的几何路程为

$$L=\frac{x}{\lambda}\lambda=\frac{x}{\lambda/n}\lambda=nx \qquad (6-6)$$

我们将光波在某一介质中所经历的几何路程 x 与这一介质的折射率 n 的乘积 nx,定义为光程。两条光线光程的差值定义为光程差。

$$\Delta\delta=L_2-L_1 \qquad (6-7)$$

相位差与光程差的关系为

$$\Delta\varphi=\frac{2\pi}{\lambda}\Delta\delta \qquad (6-8)$$

如图 6-3 所示,两相干光束经路线 S_2P 与 S_1P 在相遇点 P 的光程差和相位差分别为:

$$\Delta\delta=L_2-L_1=[(r_2-d)+nd]-r_1$$

$$\Delta\varphi=\frac{2\pi}{\lambda}(L_2-L_1)=\frac{2\pi}{\lambda}\{[(r_2-d)+nd]-r_1\}$$

$$=\frac{2\pi}{\lambda}[(r_2-r_1)+(n-1)d] \qquad (6-9)$$

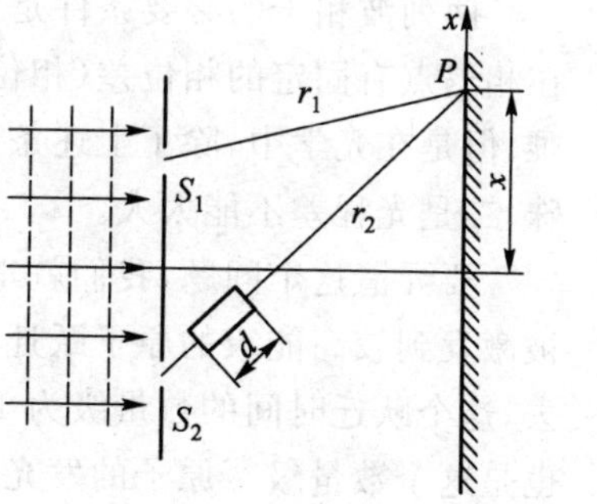

图 6-3 光程差的计算

理论和实验表明,使用透镜只能改变光波的传播情况,但对物、像间各光线不会引起附加的光程差。如图 6-4 所示,光线 SaS'、SbS' 与 ScS' 在相遇点 P 的光程相等。注意这里等光程不是放入透镜前后同一条光线等光程,而是指原同

相位的光线间在加入透镜后保持等
光程。

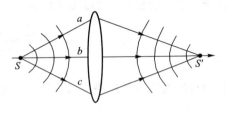

图 6-4   透镜的等光程性示意图

2. 干涉现象与相干条件

波的叠加原理:当两列波在空间相遇时,它们的相遇区域内每一点的振动是各列波单独在该点产生的振动的合成,波的叠加就是空间各点振动的合成。

干涉现象:满足一定条件的两列或两列以上的波,在其相交的区域,光场出现强弱相交的分布称为干涉。干涉就是因波的叠加而引起强度重新分布的现象。

相干条件:波必须满足某些条件才能干涉,这些条件称为相干条件。

在第 5 章中我们介绍了机械波的干涉,本章中我们将介绍光的干涉。前面所介绍的机械波相干条件、干涉时出现的特征及振动加强和减弱的条件等在这儿也同样适用,只不过是二者研究的对象不同。

光是从光源发出的,要研究它的特性,就必须从光源谈起。光源可以分为普通光源和特殊光源(如激光)。普通光源按发光特点可分为热光源和气体放电光源两类,前者包括白炽灯、太阳光源等,后者包括日光灯、各种气体放电管及各种谱灯等。

人们在实践中发现,可见光之所以能引起视觉或引起感光材料的光化学效应,主要是由于电磁波中的电场强度矢量起作用。因此在研究光波时,我们将电场强度矢量称为光矢量。

两列波相干的必要条件是:同频率,振动方向不正交(有同方向振动分量),在相遇点有固定的相位差(相位差恒定)。在机械波中,满足这些条件并不太困难,但是在光学中,除了上述条件外,还须满足两个充分条件:一是振幅相差不悬殊,二是光程差不能太大。

要弄清这个问题,我们就得从光源的发光机制谈起。普通光源发光是因为被激发到较高能级的原子跃迁到较低能级时,把多余的能量以光的形式辐射出去,这个跃迁时间的数量级为 10^{-8} s。因此,一个原子一次发射的波列持续时间也是这个数量级。原子的发光是不连续的,一个原子跃迁到基态后停止发光,另一个原子又开始跃迁到激发态,此起彼伏。原子的发光不仅是间歇的、不连续的,而且不同的原子、不同的跃迁发出的光波频率、振动方向及初相位都具有随机性。不同的波列彼此之间毫无关系,它们是不相干的。

怎样才能获得相干光呢?常见的方法是将光源上同一点发出的光波用分束的方法分成两束(或两束以上),经不同路径后相遇。由于这两束光是从同一原子辐射出来的,具有相同的波列结构,且一一对应,所以当各对应波列在相遇点发生叠加时,具有相同的频率、振动方向及初相位,因此各对应波列在相遇时的相位,都只取决于从分束开始到相遇这段过程中的几何及物理因素,即完全取决于光程。这些因素一旦确定,则各列波在相遇点的相位差恒定。满足这样条件的两束光波被称为相干光。

3. 双光束干涉

两列光波的叠加问题可以归结为讨论空间任一点电磁振动的叠加,仿照两个简谐振动的合成,设空间任一点处两个同频率、同振动方向的光矢量分别为

$$E_1 = E_{10} \cos(\omega t - \Phi_1), \quad E_2 = E_{20} \cos(\omega t - \Phi_2) \qquad (6-10)$$

式中 E_{10} 和 E_{20} 分别为两列光矢量的振幅。则合成光矢量的振幅 E 为

$$E = E_1 + E_2 = E_{10} \cos(\omega t - \Phi_1) + E_{20} \cos(\omega t - \Phi_2) = E_0 \cos(\omega t - \Phi)$$

$$E_0 = \sqrt{E_{10}^2 + E_{20}^2 + 2E_{10} E_{20} \cos \Delta\Phi}$$

$$\Phi = \arctan \frac{E_{10} \sin \Phi_1 + E_{20} \sin \Phi_2}{E_{10} \cos \Phi_1 + E_{20} \cos \Phi_2} \qquad (6-11)$$

式中 $\Delta\Phi = \Phi_1 - \Phi_2$ 为两束光的相位差。

因为光强度正比于振幅平方,由于 $\Delta\Phi$ 随光程差 δ 变化,而空间各点光程差恒定,$\Delta\Phi$ 对各点具有恒定值,不随时间变化,因而在空间形成稳定的光强度分布。干涉强度为

$$I = E_0^2 = E_{10}^2 + E_{20}^2 + 2E_{10} E_{20} \cos \Delta\Phi \qquad (6-12)$$

这是双光束干涉强度的一种表达式。

若 $I_1 = I_2$,则光强

$$I = 4I_1 \cos^2(\Delta\Phi/2) \qquad (6-13)$$

这是双光束干涉强度的另一种表达式。

若令 $I_0 = I_1 + I_2$,则光强

$$I = I_0(1 + \cos \Delta\Phi) \qquad (6-14)$$

这是双光束干涉强度的第三种表达式,常出现在科技文献中。

由于双光束干涉强度与光谱强度之间存在着一种简单的傅里叶变换关系,所以双光束干涉具有十分重要的应用。

当 $\Delta\Phi = \pm 2k\pi$ 或 $\delta = \pm k\lambda (k=0,1,2,\cdots)$,$I = 4I_1$,相长干涉,出现明条纹;

当 $\Delta\Phi = \pm(2k+1)\pi$ 或 $\delta = \pm(2k+1)\lambda/2 (k=0,1,2,\cdots)$ 时,$I = 0$,相消干涉,出现暗条纹。

也就是在某些地方,光强增大到一个光源强度的 4 倍,而有些地方光强度为0。由于干涉的结果,光的能量在空间重新分布,光强随相位差而变化。我们会发现,光强的平均值仍为 $2I_1$。

　　获得相干光的方法分为两类:分波前(分波阵面)法和分振幅法。杨氏双缝
干涉实验是分波前干涉的代表,薄膜干涉和迈克耳孙干涉仪是分振幅干涉的
代表。

6.2.2　分波前干涉　杨氏双缝实验

托马斯·杨(T. Young,
1773—1829)

　　托马斯·杨(T. Young,1773—1829),英国人,是一
位想象力异常丰富的博学通才。早期受其叔父(著名医
生)影响学习医学,1799 年在剑桥大学完成学业,他对
眼睛生理学、解剖学和对颜色的视觉很有研究。在学医
的同时,他对物理学也很有造诣。他曾精读过牛顿的力
学和光学著作。因涉及人眼对颜色的视觉研究,故他对
光学,尤其光的波动说很感兴趣。1802 年他成功地用
实验演示了干涉现象,并采用波动观点对干涉现象做了
很好的解释,杨氏双缝实验是建立光的波动说的最重要
实验之一。

　　杨氏双缝实验是两个点光源的干涉,为了使两个点光源发出的光能够相干,
采用了将一个点光源的波前对称分割成两个点光源。为了增加亮度,实际上采
用了线光源。从线光源发出的光,射向一个刻有两条平行细缝的挡板。按微粒
说的预言,在后面的观察屏上应出现两条平行的光线,它们是双缝的像。然而事
实是:屏上出现了一系列明暗相间的、平行等间隔的直条纹。图 6-5 所示为杨
氏双缝实验原理图、出现的干涉现象和干涉条纹。

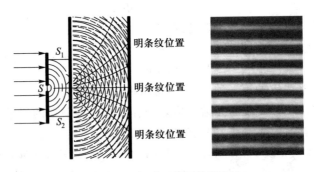

图 6-5　杨氏双缝干涉实验

　　这一干涉现象只能用波动说来解释,因为波动满足线性叠加原理,在空间同
一点两个波产生的位移在叠加起来时,既可能彼此加强,也可能彼此削弱(而两
个微粒在一点却总是相互排斥)。这里要强调实验成功的关键要素是:射向双缝

的光必须是满足相干条件的两束相干光,由于杨氏实验中的两条光来自同一个光源,满足相干条件,具有相干性。假如两条缝分别用一个独立的光源去照,屏上只能看到一片明亮,便没有干涉条纹了。这正是导致在托马斯·杨之前许多人进行干涉实验失败的根本原因。

图 6-6 是按托马斯·杨的想法来解释双缝干涉条纹形成的原理图。两光波离开双缝 S_1 和 S_2 时,它们的初始相位是一样的,即"初始相位差"为零。但当它们沿不同路程 r_1、r_2 传到距离为 L 的屏上任一点时,由光程差 $\Delta = r_2 - r_1$ 而引起了相位差,屏上不同位置有不同的确定相位差,故屏幕上产生了明暗相间的干涉条纹。

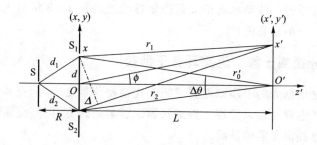

图 6-6　杨氏双缝干涉实验原理图

设双缝 S_1、S_2 间的距离为 d,双缝距屏幕之间的距离为 L,S_1、S_2 发出的光在屏幕上的任意点 (x', y') 产生的光程差为

$$\Delta = r_2 - r_1 \approx d \sin \phi \qquad (6-15)$$

设入射光波长为 λ,则当

$$\Delta = d \sin \phi = k\lambda \quad (k = 0, \pm 1, \pm 2, \cdots) \qquad (6-16)$$

相长干涉,屏幕上出现明纹。这里 k 为干涉条纹的级次。

$$\Delta = d \sin \varphi = (2k+1)\lambda/2 \quad (k = 0, \pm 1, \pm 2, \cdots) \qquad (6-17)$$

相消干涉,屏幕上将出现暗纹。

由图可见,第 k 级明纹出现在

$$x_k' \approx L \tan \phi_k \approx L \sin \phi_k = k \frac{\lambda L}{d} \qquad (6-18)$$

第 k 级暗纹出现在

$$x_k' \approx L \tan \phi_k \approx L \sin \phi_k = (2k+1) \frac{\lambda L}{2d} \qquad (6-19)$$

相邻明条纹或相邻暗条纹间距相等,均为

$$\Delta x' = x_{k+1}' - x_k' = \frac{\lambda L}{d} \qquad (6-20)$$

当 L 和 d 不变(即装置不变)时,条纹位置及间隔随波长而变。如果用白光入射,中央明条纹仍为白色,其他各级条纹由于宽度不同而彼此错开,从而我们得到的是以中央明条纹为中心、对称分布的彩色条纹。

用双缝干涉实验能够通过测量亮(或暗)条纹间隔 $\Delta x'$ 来测定光波的波长 λ。当时就用此法测得了太阳光的平均波长。利用波动观点对干涉现象的成功解释是对光的微粒说的严重挑战,宣告光的波动说获胜。托马斯·杨说得好:"尽管我仰慕牛顿的大名,但我并不因此非得认为他是百无一失的,我遗憾地看到他也会弄错,而他的权威也许有时甚至阻碍了科学的进步"。事实上,当时微粒说的影响还很大,托马斯·杨的干涉原理遭到一些权威学者的质疑,因此并没有引起科学界的足够重视。波动说真正取得决定性的胜利是 1818 年对光的衍射现象的成功解释——泊松亮斑。

6.2.3 分振幅干涉 迈克耳孙干涉仪

干涉仪是根据光的干涉原理制成的近代精密仪器之一,迈克耳孙干涉仪是用分振幅法产生双光束以实现干涉的仪器。著名的迈克耳孙-莫雷实验为狭义相对论的建立提供了实验基础。

1. 科学中的艺术家——诺贝尔物理学奖获得者迈克耳孙

迈克耳孙(Albert Abraham Michelson 1852—1931),一个出生于普鲁士的美国物理学家,因对光速的测量研究而闻名,因发明精密光学仪器和借助这些仪器在光谱学和度量学的研究工作中所做出的贡献,特别是在迈克耳孙-莫雷实验上取得了巨大成就,被授予了 1907 年度诺贝尔物理学奖,这是美国人在自然科学领域中获得的第一个诺贝尔奖。

迈克耳孙的第一个重要贡献是发明了迈克耳孙干涉仪,并用它完成了著名的迈克耳孙-莫雷实验。按照经典物理学理论,光乃至一切电磁波必须借助静止的以太来传播。地球的公转产生相对于以太的运动,因而在地球上两个垂直的方向上,光通过同一距离的时

迈克耳孙(Albert Abraham Michelson,1852—1931)

间应当不同,这一差异在迈克耳孙干涉仪上应产生 0.04 个干涉条纹移动。1881年,迈克耳孙在实验中未观察到这种条纹移动。1887 年,迈克耳孙和著名化学家莫雷合作,改进了实验装置,使精度达到 $2.5°10' \sim 10°$,但仍未发现条纹有任何移动。迈克耳孙-莫雷实验的零结果否定了绝对惯性系——以太的存在,得出了一个重要的结论就是光速不变,动摇了经典物理学的基础。这后来成为爱因

斯坦建立狭义相对论的两条基本原理之一。

　　迈克耳孙是第一个倡导用光波的波长作为长度基准的科学家。1892 年迈克耳孙利用特制的干涉仪,以法国的米原器为标准,在温度 15 ℃、压强 760 mmHg的条件下,测定了镉红线波长是 643.846 96 nm,于是,1 m 等于 1 553 164 倍镉红线波长。这是人类首次获得了一种永远不变且毁坏不了的长度基准。

　　在光谱学方面,迈克耳孙发现了氢光谱的精细结构以及水银和铊光谱的超精细结构,这一发现在现代原子理论中起了重大作用。迈克耳孙还运用自己发明的“可见度曲线法”对谱线形状与压力的关系、谱线展宽与分子自身运动的关系做了详细研究,其成果对现代分子物理学、原子光谱和激光光谱学等新兴学科都产生了重大影响。1898 年,他发明了一种阶梯光栅来研究塞曼效应,其分辨本领远远高于普通的衍射光栅。

　　迈克耳孙是一位出色的实验物理学家,他所完成的实验都以设计精巧、精确度高而闻名,爱因斯坦曾称赞他为“科学中的艺术家”。

2. 迈克耳孙干涉仪

　　迈克耳孙干涉仪是一种用分振幅法产生相干光以实现干涉的精密光学仪器,其构造示意图如图 6-7 所示,它通过对单色光进行分束来产生干涉仪条纹,一束光打在固定镜上,而另一束光打在动镜上。当两束光在反射后再次相遇便产生干涉。

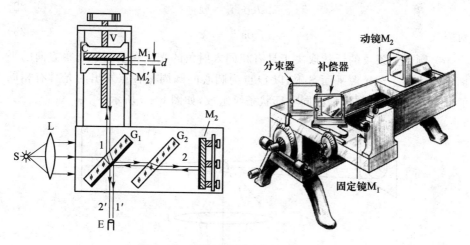

图 6-7　迈克耳孙干涉仪构造示意图

　　迈克耳孙干涉仪原理如图 6-8 所示,经光源 S 发出的一束光经分束器 G_1 分成振幅(强度)各半的反射光束 1 和透射光束 2,光束 1 经全反射镜 M_1(动镜)反射,再经 G_1 透射和成像镜 L 到达探测器 P;光束 2 通过补偿器 G_2 并被全反射

镜 M_2（固定镜）反射,再次透射通过 G_2,然后被 G_1 反射并经成像镜 L 到达探测器 P。1、2 两光束均经两次反射,两次透射到达探测器 P(或进入人眼、照相物镜),1、2 光为相干光,故在探测器 P 上形成干涉条纹。在 M_1、M_2 上的反射就相当于在 M_1 和 M_2' 的(M_2 镜面的虚像)反射,当 M_1 和 M_2' 间的距离为 d 时,由 M_1 和 M_2' 反射的两光束的光程差为:

$$\Delta = 2nd\cos i' \tag{6-21}$$

i' 为光束 2 在 M_2 上的入射角。

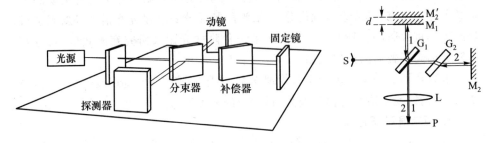

图 6-8   迈克耳孙干涉仪原理图

当 $M_1 \perp M_2$,即 M_1 与 M_2' 完全平行时,所得干涉为等倾干涉,其条纹位于无限远或透镜的焦面上,条纹形状为同心环状条纹。k 级明纹光程差满足:

$$2nd\cos i_k' = k\lambda \tag{6-22}$$

对空气
$$2d\cos i_k' = k\lambda \tag{6-23}$$

等倾干涉条纹的形状取决于具有相同入射角的光线在垂直于观察方向的平面上的轨迹。在光源平面 S 上,以 O 点为圆心的圆周上各点发出的光具有相同的倾角,因此干涉图样是由同心环状条纹组成,如图 6-9 所示。

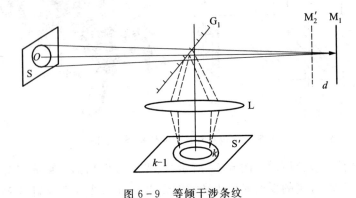

图 6-9   等倾干涉条纹

干涉图中第 $k+1$ 级亮条纹是由入射角 i'_{k+1} 满足下式的光造成的,

$$2nd\cos i'_{k+1}=(k+1)\lambda$$

$$2d\cos i'_{k+1}=(k+1)\lambda$$

由(2)、(3)式知:

$$i'_k>i'_{k+1}$$

可见较高级次 $(k+1)$ 级的干涉条纹在较低级级次 k 级干涉条纹的内侧,越向边缘,干涉条纹级次愈小。即等倾干涉条纹为中心级次高、边缘级次低,中心疏、边缘密的同心环状条纹。

图 6-10 中的(a)、(b)、(c)、(d)、(e)表示 d 自较大值开始,逐渐变小而至零,又逐渐向反向变大时,等倾干涉图样的改变。

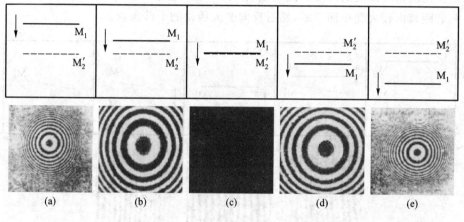

图 6-10 等倾干涉条纹

(1) 当 M_1 与 M'_2 完全重合时,与 $d=0$ 相对应。则中心条纹充满整个视场,视场内有均匀的光强分布,$\delta=0$,见上图(c)所示。

(2) 当平行的 M_1 与 M'_2 的间隔 d 逐渐增大时,例如 k 级,为保持满足:

$$2d\cos i'_k=k\lambda$$

$\cos i'_k$ 减小,i'_k 变大,即该干涉条纹向 i'_k 变大的方向移动,即向外扩展,中心条纹向外长出;且每当间隔 d 增大了 $\lambda/2$ 时,中间条纹向外长出一个。所以,当间隔逐渐变大时,观察者可看到自干涉图样中心,条纹不断地涌出。

反之,当间隔由大逐渐变小时,最靠近中心的条纹将一个一个的陷入中心,每陷入一个条纹,间隔的改变量亦为 $\lambda/2$。

利用等倾条纹可以测量光的波长。在中心条纹处,入射角 $i=0$,当 M_1、M'_2 之间的间距为 d 时,两束相干光束之间的光程差为 $2d$。正如上边所讲,每当间距增加(或减小)$\lambda/2$,中心条纹就向外长出(或向内陷入)一个。所以当中心条纹

长出(或陷入)ΔN 个时,膜的厚度就增加(或减少)

$$\Delta d = \Delta N(\lambda/2) \tag{6-24}$$

因此若测出了 ΔN 和 Δd,就可以由此式计算出光波的波长。

当 M_1 与 M_2 不完全垂直,即 M_1 与 M_2' 平面构成一个楔形空气层时,可观察到等厚干涉条纹。d 很小时,干涉条纹呈现于所形成的空气层上。空气层上表面相邻明纹(或相邻暗纹)的间距为

$$l = \frac{\lambda}{2n\alpha} = \frac{\lambda}{2\alpha} \tag{6-25}$$

式中 α 为 M_1 与 M_2' 间的夹角。等厚干涉条纹为平行等间隔的直条纹,如图 6-11 中的(g)、(h)、(i)所示,(g)、(i)中干涉条纹有些弯曲,乃光程差的改变多少也随角度而变的缘故。图中的(g)、(h)、(i)表示 M_1 与 M_2' 不完全平行时,两者距离由较大变小而至零,然后反向变大所得的干涉条纹。

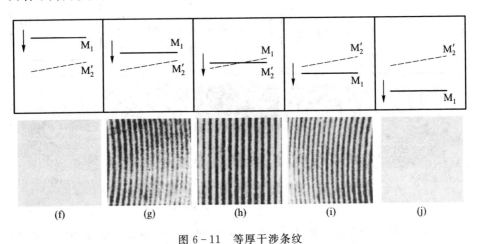

图 6-11 等厚干涉条纹

(1) 其中(h)表示 M_1 平面同 M_2' 平面相交于两镜中央部分的情况。而(f)、(j)两个空白图表示在 d 太大时看不到干涉条纹。

(2) 白光干涉图样只能看见中央几个条纹,原因是相邻条纹间隔正比于波长,且所有波长的中央条纹中心重合,而在远离屏幕中心的同一点,可能出现不同波长的不同级极大与极小相重叠,造成对比度下降,看不到干涉条纹。

迈克耳孙干涉仪有两个重要特点:一是两束相干光束完全分开;二是光程差可由动镜的位置的移动或在光程中加入另一介质而改变。所以光程差可以变化很大,由于分辨率与最大光程差的倒数成正比,所以分辨率极高。目前实验室研制的大型迈克耳孙干涉仪,光程差差值可达数十米,其分辨率是静态干涉仪所无法达到的。

　　干涉条纹的分布由两束相干光的光程差决定,如果某物体线度发生某种变化使光程差发生变化,那么干涉条纹就会发生移动。光程差即使发生十分之一波长数量级的变化,干涉条纹也会发生可鉴别的移动,因此迈克耳孙干涉仪可以测出十分之一波长数量级的长度变化。历史上,迈克耳孙曾和他的合作者利用这种仪器进行测"以太风"、光谱线精细结构的研究和用光波标定标准米尺等实验,为近代物理和计量技术作出了重要贡献。目前的双光束干涉仪大多都是在迈克耳孙干涉仪的基础上发展起来的。

3. 迈克耳孙干涉仪在前沿领域中的应用——引力波探测

　　引力波是爱因斯坦广义相对论的预言之一,但是直到 2006 年,人们还只能间接观测到引力波。

　　在当今国际大型合作项目研究中(例如 LIGO 和 Virgo 项目),使用非常敏感的千米级迈克耳孙干涉仪(外加法布里-珀罗干涉仪)来尝试直接探测地面上引人注目的低频引力波。

　　Virgo 引力波探测器是意大利和法国的联合项目。仪器放在意大利比萨附近的卡斯纳欧洲引力气象台(EGO)所在地,如图 6 - 12 所示。Virgo 引力波探测器主要包含一个激光迈克耳孙干涉仪,它由两个 3 km 长的垂直臂组成,经过放在每个臂末端的反射镜多次反射使每个臂的有效光程差达到 120 km。

图 6 - 12　Virgo 引力波探测器

　　LIGO 是激光引力波气象台干涉仪的英文缩写,是由两个在美国境内分开较远的装置组成,一个放在华盛顿的汉福德(左边)和另一个放在路易斯安那的利文斯敦(右边),将两个看做一个单一的气象台同步运转,如图 6 - 13 所示。

图 6 - 13　激光引力波气象台干涉仪(LIGO)

如图 6 - 14 所示,激光干涉仪空间
船 LISA (Laser Interferometer Space
Antenna)是由三个载有同样仪器的飞行
太空船组成干涉仪的末端反射镜,指向
分开 60°角的方向,激光束指向 LISA 的
等边三角形的其他两个角。两个较远的
太空船接收和发射一束激光返回到第一
个太空船,比较发射和接收的激光束的
相位和相位差,从而探测引力波。

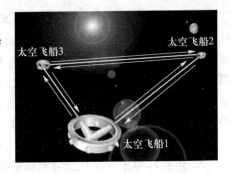

图 6 - 14　激光干涉仪空间船

6.3　光 的 衍 射

6.3.1　光的衍射现象和惠更斯-菲涅耳原理

1. 光的衍射现象

在日常生活中,人们对水波和声波的衍射是比较熟悉的。如在房间里的人,
虽看不到窗外的发声物体,但能听到从窗外传来的声音。在一堵高墙两侧的人
可以听到对方说的话,这表明,声波能绕过障碍物。

如图 6 - 15 所示,当光遇到障碍物(圆孔、狭缝或其他障碍物)很小时,由于它
们限制光波的波阵面,结果有光进入影
内并且在影外的光强度分布也不均匀。
这是光的直线传播定律所不能解释的。
光在传播过程中绕过障碍物的边缘而
偏离直线传播的现象称为光的衍射。

衍射现象是否明显取决于障碍物
线度与波长的对比,波长越大,障碍物
越小,衍射越明显。

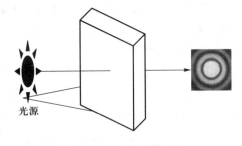

图 6 - 15　光的圆孔衍射

2. 惠更斯-菲涅耳原理

基本内容:波阵面上各面积元所发出的子波在观察点振动的相干叠加,决定
了此观察点的振动及光强。

惠更斯引入波阵面上每一点都是子波波源的概念,提出了惠更斯原理;菲涅
耳再用子波在空间中相遇叠加而产生干涉的思想补充了惠更斯原理,发展成了
惠更斯-菲涅耳原理。

3. 衍射类型

(1) 菲涅耳衍射:光源和观察者距障碍物为有限远或相当于有限远的衍射称为菲涅耳衍射。

(2) 夫琅禾费衍射:光源和观察者距障碍物为无限远或相当于无限远的衍射称为夫琅禾费衍射,即平行光的衍射。

干涉是有限多束光的相干叠加,衍射是波阵面上无限多子波的相干叠加。

6.3.2　奠定波动说的重要实验——圆屏衍射

对衍射做出成功解释的是年仅 30 岁的法国科学家菲涅耳(A. J. Fresnel, 1788—1827)。可以说是惠更斯和托马斯·杨打下的基础,在菲涅耳的光学研究中发扬光大了。菲涅耳的父亲是一位建筑家,他本人也是一位土木工程师,但他对光学很感兴趣,热衷于对光的性质的研究,并且他精通数学,这为他在光学的理论研究方面做出重大贡献打下了深厚的基础。

菲涅耳(A. J. Fresnel,
1788—1827)

1818 年,法国科学院举行了一次关于光的衍射现象理论和实验研究的有奖论文比赛活动,评奖委员会的本意是希望通过这次征文,鼓励用微粒理论解释衍射现象。评委中有拉普拉斯、泊松等著名科学家,都是微粒说的支持者。然而出人意料,当时不知名的菲涅耳,以严密的数学理论,从波动观点出发计算了狭缝、圆孔、圆屏等障碍物所产生的衍射图样,推出的结果与已知的实验符合得很好。但是评奖委员泊松却认为菲涅耳所推导的圆屏衍射结果是荒谬的。因为按菲涅耳推导,在圆屏后的阴影区的中央应出现亮斑,他认为不可能。接着,很快有人做了圆屏实验,实验结果表明,衍射图样确实是明暗相间圆环,而且中心轴线上总是亮斑。这一事实立即轰动了巴黎的法国科学院。菲涅耳的论文荣获了首奖。后人还戏剧性地称这个亮点为泊松亮斑,这一实验使科学界普遍接受了光的波动说。

菲涅耳推导衍射图样的基本思想是把叠加原理和惠更斯原理结合起来,发展了惠更斯原理。他认为在惠更斯原理中所提到的这些子波都是相干的,空间任一点处的振动是所有子波在该点的相干叠加,这就是惠更斯-菲涅耳原理。利用这一原理可以定量地计算出不同障碍物时衍射图样中的光强分布。

实验还证明,菲涅耳圆孔衍射图样是以轴上物点为中心的明暗相间的同心圆环,中心点可能是亮的也可能是暗的,中心的明暗与孔半径及孔到屏的距离有关。

6.3.3　夫琅禾费单缝衍射

图 6-16(a)、(b)分别为夫琅禾费单缝衍射实验装置和原理图,图 6-17 为实验现象——衍射图样。

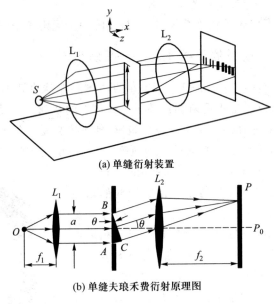

(a) 单缝衍射装置

(b) 单缝夫琅禾费衍射原理图

图 6-16　夫琅禾费单缝衍射

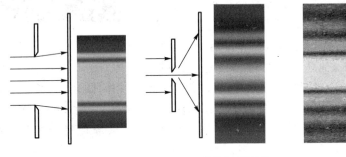

图 6-17　单缝衍射图样

比较单缝衍射与前面讲过的双缝干涉图样,可以看出虽然两者都是明暗相间的平行直条纹,但单缝衍射图样中央亮条纹特别宽,可以证明其宽度是其他次级明纹宽度的两倍,且中央亮条纹集中了约 90% 的光强。

在用波动说解释单缝衍射时,可将单缝分成无数个更小的缝,考虑从它们发出的无数束相干光的干涉结果,便能解释图 6-17 上的光强分布。换言之,单缝衍射可以看成是"无限多缝"的干涉。

采用矢量图解法、复数积分法或实数积分法均能简要地得出夫琅禾费单缝衍射的光强分布公式。设缝宽为 a,衍射角为 θ 方向上屏幕上一点 P 的光强分布为

$$I = I_0 \frac{\sin^2\alpha}{\alpha^2} = I_0 \left(\frac{\sin\alpha}{\alpha}\right)^2 \qquad (6-26)$$

$\alpha = \frac{\pi a}{\lambda}\sin\theta$, $\frac{\sin^2\alpha}{\alpha^2} = \frac{I}{I_0}$ 即相对强度,称为单缝衍射因子。

用半波带法处理衍射问题,可以避免复杂的计算。把单缝处的波面分割成等宽的无数条平行窄带,使分得的相邻两条窄带上对应点发出的光沿衍射角 θ 方向上的光线到达屏幕上任意点 P 的光程差为 $\lambda/2$,则这样分得的窄带称为半波带。要注意的是分割的是波阵面。

单色光垂直入射,当单缝恰好被分成了偶数个半波带时,相邻两条窄带上对应点发出光线到达屏幕上 P 点的光程差为 $\lambda/2$,即相位相反,强度为零。即单缝上下边缘衍射角为 θ 的两条子波光线到达屏幕上 P 点的光程差 $\Delta = a\sin\theta$ 等于半波长的偶数倍时(a 为单缝 AB 的宽度),该点合成光强极小,出现暗条纹。

衍射暗纹中心位置

$$\Delta = a\sin\theta = \pm 2k\frac{\lambda}{2} = \pm k\lambda \quad (k=1,2,3,\cdots) \qquad (6-27)$$

当单缝恰好分成奇数个半波带,$\Delta = a\sin\theta$ 为半波长的奇数倍时,此方向上偶数个半波带相干抵消,剩下一个半波带未被抵消,则该点出现"次极大"。可见,波阵面被分成的半波带数越多,每个半波带的面积也就越小,对该点光强贡献也就越小。所以 θ 角越大,"次极大"也就越小。

6.3.4　夫琅禾费圆孔衍射　光学仪器分辨本领

1. 夫琅禾费圆孔衍射

平行光通过圆孔的衍射,与菲涅耳圆孔衍射相比,具有更普遍的意义。因为大多数光学仪器的通光孔都是圆形的,并且是对平行光或近似于平行光成像的。

图 6-18 给出了夫琅禾费圆孔衍射原理图和衍射图样,平行光束穿过圆孔后在远处(透镜焦面上)屏幕上产生的衍射图样为明暗相间的同心圆环状条纹,此光斑中心是一个亮斑——称为爱里斑,其中分布的光能量约占通过圆孔总光能量的 84% 左右。可见,实际上任何一个点光源经衍射后得到的都是一个光斑,而不是一个点像。

爱里斑半径张角即为衍射第一极小(暗环)对通过圆孔中心法线的夹角(也可认为是对汇聚透镜 L_2 中心的张角)。可以证明,爱里斑的角半径为

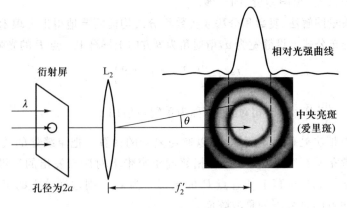

图 6-18 圆孔衍射图样

$$\left.\begin{aligned} \theta_0 &= \frac{0.61\lambda}{a} \\ \theta_0 &= \frac{1.22\lambda}{D} \end{aligned}\right\} \tag{6-28}$$

或

a、D 分别为圆孔的半径和直径。则在 L_2 焦面上所得爱里斑半径为

$$\rho = f'\theta_0 = 0.61\lambda \frac{f'}{a} \tag{6-29}$$

式中 f_2' 为透镜 L_2 的焦距。

可见,当波长 λ 一定时,圆孔直径 D 越小,它成像的角半径 θ 就越大,即衍射越厉害。

衍射(和干涉一样)是光的波动性的表现,光波的传播并不能完全像几何光学中那样,看成是简单的直线传播,实际上光一遇到障碍物便会"转弯",所以"衍射",也称为"绕射",衍射效应的存在使任何物体的成像都不可能完全清晰。

2. 瑞利判据

对于无像差的光学系统或者像差校正到一定限制范围之内的优良光学系统,无限远处的物点在系统焦平面上所得的像,取决于系统通光孔径的形状和大小以及光波的波长的夫琅禾费衍射图样。

近似研究时,可认为点像就是衍射图样中的中央亮条纹或爱里斑。这种情况使光学系统对于由两个靠近物点所成的像可能发生重叠,从而限制了光学系统的分辨本领。

那么对给定的光学系统,其所能分辨的最靠近的两物点的距离是多少?

本章中限于讨论无像差或像差校正到某一定的允限范围之内的优良光学系统的分辨本领,并假定被成像的物点只是两个发光强度相当的独立发光(不相干)点。

瑞利判据:在由两衍射图样合成的总光强分布曲线中,当两最大之间的最小不超过最大值的 80% 时,则可分辨出两个物点。亦即以甲衍射图样的中央最大与乙衍射图样第一最小重合所定出的两物点之间的距离作为光学仪器所能分辨的两物点之间的最小距离,称这个极限为瑞利判据。

无限远物点对圆形光学系统,在其焦面上成一夫琅禾费圆孔衍射图样;两衍射图样中心对光学系统出射光瞳中心的张角,亦即刚被分辨开的两物点对光学系统入射光瞳中心的张角,即刚被分辨开的两物点的角距离:

$$\theta_0 = \frac{0.61\lambda}{a} \tag{6-30}$$

称 θ_0 为最小分辨角,a 为圆孔半径(通光孔径)。

可见,通光孔径越大,光波波长越短,分辨本领越高。

通光孔径为狭缝

$$\theta_0 = \frac{\lambda}{a} \tag{6-31}$$

a 为狭缝宽度。

图 6-19 上、中、下三幅图分别说明了 A_1、A_2 两物点对光学系统入射光瞳中心的夹角和是否可分辨的关系,$\theta > \theta_0$,可分辨;$\theta = \theta_0$,恰能分别;$\theta < \theta_0$ 和不可分辨的情况。

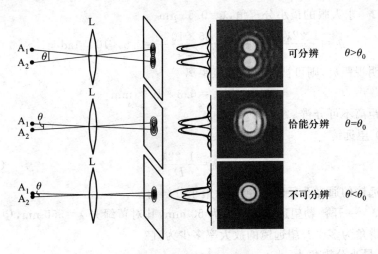

图 6-19 圆孔衍射图样

例 1 通常情况下,人眼瞳孔的直径约为 3 mm,问人眼的最小分辨角为多大? 人眼瞳孔爱里斑有多大? 远处两根细丝之间的距离为 2 mm,问离开多远时恰能分辨?

解:(1) 设所用光为人眼最敏感的黄绿光,$\lambda=0.55\ \mu m,D=3\ mm$

$$\theta_0=\frac{1.22\lambda}{D}=2.24\times10^{-4}\,rad\approx1'$$

(2) 成年人眼球直径约为 24 mm,婴儿眼球直径 16 mm,取 $f=20\ mm$,则爱里斑直径为

$$d=2f\theta_0\approx14\ \mu m$$

(3) $\Delta s=2\ mm$(细孔间距),设人与细丝距离为 L,两细丝对人眼张角 θ 为

$$\theta=\frac{\Delta s}{L}$$

眼睛恰能分辨时,

$$\theta=\theta_0$$

$$L=\frac{\Delta s}{\theta_0}=\frac{2\times10^{-3}}{2.24\times10^{-4}}\ m=8.9\ m$$

超过上述距离,则人眼不能分辨。

3. 光学仪器分辨本领

(1) 眼睛

$$\theta_0=\frac{0.61\lambda'}{a}=\frac{1.22\lambda'}{D}=\frac{1.22\lambda_0}{nD} \tag{6-32}$$

λ' 为光在眼内的波长,D 为瞳孔直径,θ_0 为恰能分辨的两物点对眼睛瞳孔的张角。

例 2   求人眼的最小分辨角,$\lambda=0.55\ \mu m$

$$\theta_0=\frac{1.22\lambda_0}{nD}=\frac{1.22\times0.55\times10^{-3}}{1.336\times2}=2.5\times10^{-4}\ rad\approx1'$$

若物在明视距离,则可被分辨的物点距离

$$\delta y=250\theta_0=6.3\times10^{-2}\ mm$$

小于此距离不可分辨。

(2) 望远镜

$$\theta_0=\frac{1.22\lambda}{D} \tag{6-33}$$

D 为望远镜的通光孔径的直径,θ_0 为最小分辨角。

例 3   一开普勒望远镜的直径为 50 mm,其对黄绿光 $\lambda=550\ nm$,望远镜的最小分辨角为多少? 望远镜的放大率多少为宜?

解:最小分辨角为:

$$\delta\theta_m=\frac{1.22\lambda}{D}=1.35\times10^{-5}\ rad$$

角距离这样小的两物点,眼睛是分辨不出来的,为充分利用此物镜的分辨本

领,使得张角经望远镜后大于或等于眼睛的最小分辨角,则望远镜应有由下式确定的放大率

$$\delta\theta_e = M\delta\theta_m$$

$\delta\theta_e = 2.5 \times 10^{-4}$ rad 为眼睛的最小分辨率。

$$M = \frac{\delta\theta_e}{\delta\theta_m} = \frac{2.5 \times 10^{-4}}{1.35 \times 10^{-5}} \approx 19$$

此值称为望远镜的正常放大率,它保证望远镜分辨本领的充分利用。若放大率大于正常放大率,只是像的轮廓放大而已,不会提高系统的分辨本领,若小于正常放大率,则物镜的分辨本领就不能被充分利用。

(3)照相物镜

照相机的分辨本领不仅取决于照相物镜的最小分辨角,而且也与所用感光乳剂的结构和性质有关。

① 感光乳剂要有较高的反衬灵敏度,即对于相差不多的光强度有足够灵敏的变黑的反应,例如眼睛能分辨出相差为 20% 的两个光强度的程度。

② 乳剂结构应足够细致

乳剂面上感光元的大小和相邻两感光元之间距离都小于物镜所产生的爱里斑的直径。相对孔径为 D/f 的优良照相物镜,其所能分辨的最靠近两物点在感光乳剂上的距离为

$$\delta y' = f\theta_0 = 1.22\lambda\frac{f}{D}$$

为充分利用物镜的分辨本领,感光乳剂必须于每单位长度内能分辨出由下式决定的 N 条线

$$N = \frac{1}{\delta y'} = \frac{1}{1.22\lambda}\frac{D}{f} \qquad (6-34)$$

可见,相对孔径越大,分辨本领越大;为充分利用其分辨本领,要求感光乳剂单位长度内能分辨的线数也越多。

(4)显微镜的分辨本领

显微镜是用以观察在其物镜第一焦点附近(靠外)的物体在目镜第一焦点附近(靠内)成像,再经目镜成放大虚像的光学系统。

如图 6-20 所示,设物面上有两个靠近光轴的独立发光点,非相干的照明物镜孔径,则每一光束均被置于像前方 s' 处的,直径为 D 的圆孔光阑(物镜的框)所限制,则每一点源的像都近似于通常的爱里斑。

第一暗环半径:

$$\delta y' = \frac{1.22\lambda}{D}S' \approx \frac{0.61\lambda}{\sin u'}$$

$D/2 = S' \sin u'$，u'为物镜像空间孔径角。

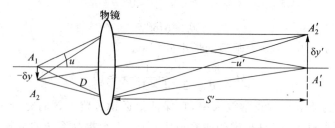

图 6 - 20　显微镜的分辨本领

当两发光点近到它们像的中心相距 $\delta y'$ 时，则达到一般规定的分辨极限，设物镜垂轴放大率为 β，则能分辨的最邻近的两发光点距离：

$$\delta y = \frac{\delta y'}{\beta} = \frac{1}{\beta} \frac{0.61\lambda}{\sin u'}$$

校正好像差的显微镜中，物镜满足阿贝正弦条件：

$$\delta y n \sin u = \delta y' n' \sin u'$$

n、n'分别为物镜物空间与像空间折射率，而 $n' = 1$

$$\beta \sin u' = n \sin u$$

$$\delta y = \frac{0.61\lambda}{n \sin u} \tag{6-35}$$

$n \sin u$ 称为物镜的数值孔径。

上式表明：物镜的数值孔径越大和所用成像光波越短，则物镜的分辨本领越大。例如可利用油浸物镜增大数值孔径，提高分辨率。

由德布罗意物质波假设

$$\lambda = \frac{h}{mv} \tag{6-36}$$

$$h = 6.626 \times 10^{-34} \text{ J} \cdot \text{s}$$

一般情况下，实物粒子波长都很短。例如对于加速电势差为 150 V 的阴极射线（电子束），$\lambda = 0.1$ nm，速度更快、质量更大的原子和分子，波长更短。用电子束代替光束，使电子束在特殊光学系统内成像，即可获得电子显微镜，其分辨率特别大。例如，$\lambda = 0.1$ nm 电子束，$\frac{D}{f} = 0.02$，$\delta y = 3$ nm 较人眼分辨率提高 10 万～20 万倍；较可见光显微镜提高 1 000 倍。

6.3.5　光栅衍射

由一组相互平行、等宽、等间隔的多狭缝构成的光学装置称为光栅。狭义地说,平行等宽而又等间隔的多狭缝即为衍射光栅。广义地说,任何装置,只要能起等宽而又等间隔的分割波振面的作用,则可称为衍射光栅。

光栅中每个狭缝的宽度 a 与两相邻缝间不透光部分的宽度 b 之和(亦即相邻两缝对应点之间的距离)$d = a + b$ 称为光栅常量,它是表征光栅性能的重要参数。一个较好的光栅,每厘米内的刻痕数可达数万条。光栅常量的数量级约为 $10^{-6} \sim 10^{-5}$ m。

1. 实验装置及衍射图样

如图 6-21 所示,光源位于透镜 L_1 的焦面上,经透镜 L_1 成一平行光束垂直照射于光栅上,经光栅透射成为平行光束,衍射角为 θ 的平行光束经透镜 L_2 会聚于位于其焦面上的屏上的 P 点,由于 θ 角是任意的,故在屏上便形成一组光栅夫琅禾费衍射图样,如图 6-22 所示。

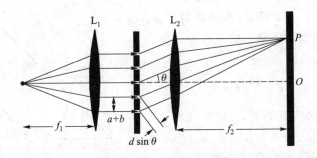

图 6-21 光栅衍射原理图

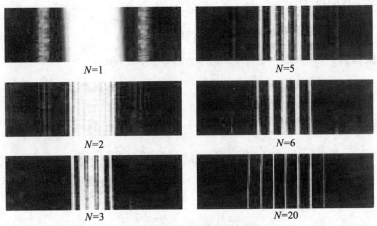

图 6-22 几种缝的光栅衍射图样

2. 光栅强度分布

对光栅中每一狭缝来说,单缝衍射结果完全适用。另一方面,由于光栅中含有大量等面积的单衍射狭缝,所以,各狭缝间发出的光波之间还要发生干涉。

　　光栅的衍射条纹应看做是衍射与干涉的总效果。L_2 焦面上任一点 P 的光强度等于由 N 束相干光在该点产生的干涉光强度与宽度为 a 的单缝的夫琅禾费衍射在该点所生的光强度的乘积。

　　我们已经知道,夫琅禾费单缝衍射的光强度及振幅为

$$I_\theta = a_\theta^2 = a_0^2 \left(\frac{\sin \alpha}{\alpha} \right)^2$$

$$a_\theta = a_0 \frac{\sin \alpha}{\alpha}$$

其中

$$\alpha = \pi a \sin \theta / \lambda$$

我们已经知道了单缝衍射产生的振幅 a_θ,下面来计算 N 个缝产生振动的叠加,由图 6-21 可见,相邻缝对应点衍射光线到达屏幕上的光程差、相位差分别为

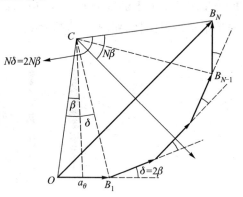

$$\Delta = d \sin \theta, \quad \delta = \frac{2\pi}{\lambda} d \sin \theta$$

则合振幅可用矢量图计算,如图 6-23 所示。

$$a_\theta = |OB_1| = 2 |OC| \sin \beta$$

$$|OC| = \frac{a_\theta}{2 \sin \beta}$$

图 6-23　光栅衍射强度计算

则

$$|OB_N| = 2 |OC| \sin N\beta$$

N 缝合振幅为:

$$A_\theta = |OB_N| = 2 |OC| \sin N\beta$$

$$= 2 \cdot \frac{a_\theta}{2 \sin \beta} \sin N\beta = a_\theta \frac{\sin N\beta}{\sin \beta}$$

N 缝的强度分布为:

$$I_\theta = a_\theta^2 \left(\frac{\sin N\beta}{\sin \beta} \right)^2 = a_0^2 \left(\frac{\sin \alpha}{\alpha} \right)^2 \left(\frac{\sin N\beta}{\sin \beta} \right)^2 \tag{6-37}$$

其中

$$\alpha = \frac{\pi a \sin \theta}{\lambda}, \quad \beta = \frac{\pi d \sin \theta}{\lambda} \tag{6-38}$$

可见,透镜焦面上任一点的光强度,等于由 N 个相干光在该点所生的干涉光强度与宽度为 a 的单缝的夫琅禾费衍射在该点所生的光强度的乘积。

即在单缝衍射的明纹区域内,光强的分布是不均匀的,存在干涉条纹,各干涉条纹的光强受到了单缝衍射条纹的调制。图 6 - 24(a)为多缝干涉的光强分布;(b)为单缝衍射的光强分布;(c)为多缝干涉和单缝衍射共同决定的光栅衍射的总强度分布。

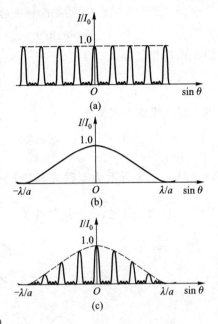

图 6 - 24　光栅衍射的光强分布

3. 光栅方程式

(1) 光栅方程式是应用光栅的基本公式,是合成光强为最大的必要条件。由多光束干涉原理,当 $\beta = k\pi$ ($k = 0, \pm 1, \pm 2, \cdots$)时,$\sin N\beta = 0$,$\sin \beta = 0$,由洛必达法则可得:

$$\frac{\sin N\beta}{\sin \beta} = N$$

$I_{max} = (Na_\theta)^2$　(即单缝衍射强度的 N^2 倍)

在 θ 满足下式的方向上,垂直入射光最大:

$$d\sin \theta = \pm k\lambda \quad (k = 0, 1, 2, \cdots) \tag{6-39}$$

$d = a + b$ 为光栅常量,此式即为垂直入射时的光栅方程式。

(2) 多光束干涉中 $\beta = k'\pi/N, k' \neq N, 2N, 3N \cdots$ 时,

$$\sin N\beta = 0$$

而

$$\sin \beta \neq 0$$

$$I_{min} = 0$$

即在 θ 满足下式的方向上,垂直入射光强最小:

$$d\sin \theta = \pm k'\frac{\lambda}{N} \tag{6-40}$$

($k' \neq N, 2N, 3N, \cdots$,或 $k' = 1, 2, \cdots N-1, N+1, \cdots, 2N-1, 2N+1, \cdots$)

可见,每两个主极大之间有 $N-1$ 个极小($I=0$);相邻暗纹间有一次极大,故共有 $N-2$ 个次极大。

4. 缺级现象

满足光栅方程式,应产生主极大,但若该方向恰为单缝衍射最小亦满足下式时,则合成光强为零,发生缺极现象:

$$d\sin\theta = \pm k\lambda \quad (k=0,1,2,\cdots)$$
$$a\sin\theta = \pm k'\lambda \quad (k'=1,2,\cdots)$$

以上两式相除得

$$\frac{d}{a} = \frac{k}{k'}$$

则 k 级缺级由下式给出

$$k = \frac{d}{a}k' \quad (k'=1,2,\cdots) \tag{6-41}$$

图 6-25 所示为双缝光栅衍射的光强分布与缺级现象,图中 $\frac{d}{a}=3$, $k=$ $\frac{d}{a}k'=3k'(k'=1,2,\cdots)$,故缺级为 $k=3,6,9,\cdots$,图中的横坐标表示级次。

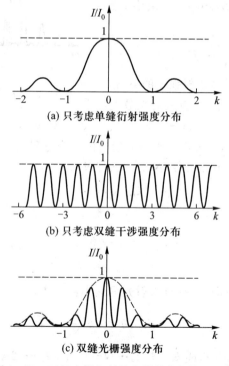

(a) 只考虑单缝衍射强度分布

(b) 只考虑双缝干涉强度分布

(c) 双缝光栅强度分布

图 6-25 双缝光栅衍射的光强分布与缺级现象

6.3.6 晶体对 X 射线的衍射

为了证实 X 射线是一种电磁波,需要观察其衍射效应。但由于 X 射线波长太短(波长 0.001 nm～0.01 nm),用普通光栅观察不到其衍射现象,这促使人们去寻求更精微的光栅。

1912 年,又一个伟大的时刻来到了。伟大的物理学家劳厄(Max von Laue,1879—1960,1914 年诺贝尔物理学奖得主)有一天想到天然晶体点阵可以等效为一个三维立体光栅,就用 X 射线照射闪锌矿晶体,第一次观察到晶格衍射图样,并证实了 X 射线是一种电磁波。当今采用晶格衍射方法研究晶体结构,已经形成了一门叫做 X 射线晶体结构分析的新学科。

用连续谱的 X 射线照射在单晶上,在接收屏的照相底片上得到一些对称分布的亮点,叫做劳厄斑。对劳厄斑的定量研究是空间光栅的衍射问题,此处不做讨论。英国物理学家布喇格父子提出的简单的布喇格公式。

冯·劳厄(Max Von Laue,
1879—1960)

设想晶体是由一系列平行的原子(或离子)层构成,这些原子层称为晶面。各晶面间的距离叫做晶面间距,用 d 表示。如图 6-26 所示。当 X 射线射到晶面上时,每一个原子(离子)都是发射子波的中心。当 X 射线以掠射角 θ 入射晶面时,在符合反射定律的方向可以得到强度最大的反射线,相邻两晶面发射线的光程差为:

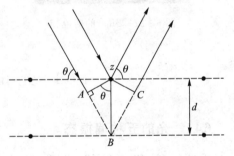

图 6-26 X 射线在晶体上的衍射

$$\Delta = |AB| + |BC| = 2d\sin\theta \tag{6-42}$$

于是得到干涉加强的条件为:

$$2d\sin\theta = k\lambda \quad (k = 1, 2, 3, \cdots) \tag{6-43}$$

此即为晶格衍射的布喇格公式。

从不同方向看去,同一晶体点阵的粒子形成取向、晶格间距各不相同的许多晶面族,入射 X 射线对不同晶面族的掠射角也不同,但只要满足布喇格公式,就能在相应的反射方向得到加强。布喇格公式可以用于测 X 射线波长、晶格间距 d,在研究晶体结构、材料性能方面有着广泛应用。

由于劳厄是用连续谱的 X 射线照射单晶体,相当于给定了晶体的取向,但不给定波长,每个晶面系都可以从入射的 X 射线中选择出满足布喇格条件的波长来,从而在各个晶面系的反射线方向上都出现主极强。这样得到的衍射图样,称为劳厄相,如图 6-27 所示。因发现 X 射线在晶体中的衍射,冯·劳厄获得了 1914 年的诺贝尔物理学奖。

如果我们用单色的 X 射线照射在多晶粉末样品上,相当于给定了波长但不限定晶体取向,大量取向无规则的晶格为射线提供了满足布喇格条件的充分可能性。用这种方法在照相底片上得到的衍射图样叫德拜相,如图 6-28 所示。

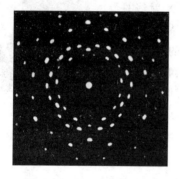　　

图 6-27　SiO$_2$ 的劳厄相　　　　　　图 6-28　粉末铝的德拜相

6.4　光　的　偏　振

6.4.1　光的五种偏振态

看过立体电影的人,都有一种身临其境的感觉。小鸟在眼前飞翔,导弹曳着火光从头顶飞过,战斗机伴随着轰鸣声朝着自己俯冲⋯⋯立体电影为什么会产生立体感呢,这要从光的偏振谈起。

1. 光的偏振性的发现

1669 年的一天,丹麦科学家巴塞林那斯无意当中将一块很大的冰洲石放在书上,当他透过冰洲石看书时,发现石头下的每个字都变成了两个。这是一种非常奇特的现象,但是巴塞林那斯对它进行一番研究后却无法做出解释。于是,他把这种现象记录下来,以便以后有人能继续研究。十年之后,荷兰物理学家惠更斯看到了这一记载,对这一现象很感兴趣,并立即开始研究。惠更斯发现之所以会有这种现象,是因为一束光射入冰洲石后分为两束光所致。惠更斯还发现,这两束光的一束遵从折射定律,称它为寻常光,以 o 表示。而另一束不遵从折射定律,称为非常光,以 e 表示。惠更斯还进一步发现,如果冰洲石越厚,两束光分得越开,他把这种光通过晶体后一分为二的现象称为光的双折射。

在 6.1 节我们已经知道麦克斯韦在 1864 年建立了电磁场理论后,预言了光是一种电磁波,而电磁波是一种横波,其电场和磁场的振动方向与波的传播方向垂直。实际早在1810年左右,正当人们无法解释为什么从方解石晶体折射出的两束光线不能发生干涉而陷入困境时,托马斯·杨提出了要用横波概念来代替纵波,即光矢量取向总是在与光传播方向垂直的平面内。横波的提出,使人们摆脱了上述的困境。图6-29表示了电磁波——光波(横波)的传播特性。

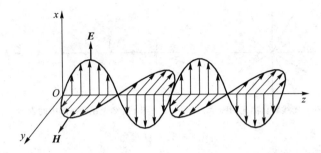

图6-29 光波(横波)的传播

由于光经过物质时,物质中电子受到光波中的电场作用比磁场作用强得多,即电场起主要作用,所以通常人们把光波中的电场称为"光矢量",电场的方向即为"光矢量"的方向。一般情况下,光矢量可以在与光传播方向垂直的平面内任意取向,一根天线发射出来的电磁波其电场是沿着天线方向"线偏振"的,如图6-30(a)所示。相应的光如其光矢量方向在空间各点固定不变,叫做"线偏振光",如图6-30(b)所示。而普通物质发光时,各个原子所发出的光及光矢量方向呈现各种方向(无关联)的分布,即所谓非偏振光,如图6-30(c)所示。

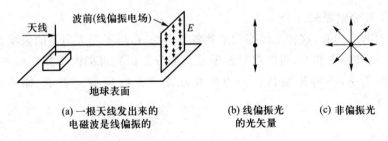

(a) 一根天线发出来的 电磁波是线偏振的   (b) 线偏振光 的光矢量   (c) 非偏振光

图6-30 线偏振光和非偏振光

2. 光的五种偏振态

根据光的偏振状况,可将光分为五种偏振态。

(1) 自然光

宏观看来,入射光包含了所有方向的横振动,而平均说来,它们对于光的传播方向形成轴对称分布,哪个方向也不比其他方向更为优越,具有这种特点的光叫做自然光。在自然光波场中的每一点,对于每个传播方向来说,同时存在大量的有各种取向的横振动,在波面内取向分布的概率各向同性,且彼此之间没有固定的相位关联。自然光可用两个相互独立、没有固定相位关系、等振幅且振动方向相互垂直的线偏振光表示,如图 6-31 所示。

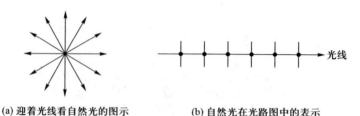

(a) 迎着光线看自然光的图示   (b) 自然光在光路图中的表示

图 6-31   自然光

(2) 平面偏振光

电矢量只限于某一确定方向的光,因其电矢量和光线构成一个平面而称为平面偏振光。如果迎着光线看。电矢量末端的轨迹为一直线,所以平面偏振光也称为线偏振光,如图 6-32 所示。

E 振动方向平行于纸面   **E 振动方向垂直于纸面**

图 6-32   线偏振光

(3) 部分偏振光

从内部结构看,这种光的振动虽然各方向都有,但不同方向上的振幅大小不同,具有这种特点的光,叫做部分偏振光。部分偏振光可用两个相互独立、没有固定相位关系、不等振幅且振动方向相互垂直的线偏振光表示,如图 6-33 所示。

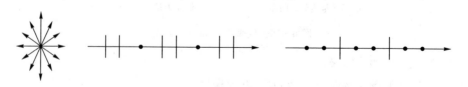

图 6-33   部分偏振光

（4）椭圆偏振光

电矢量的端点在波面内描绘的轨迹为一椭圆的光，叫椭圆偏振光。椭圆运动也可以看成是两个相互垂直的简谐振动的合成，只是它们的振幅不等或相位差不等于 $\pm\pi/2$，如图 6-34 所示。

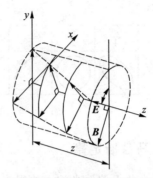

(a) 迎着光线看椭圆偏振光(右旋)　　　(b) 沿 z 轴传播的椭圆偏振光(右旋)

图 6-34　椭圆偏振光

（5）圆偏振光

迎着光线看，如果电矢量末端的轨迹为一个圆，则这样的光称为圆偏振光。圆偏振光可视为长、短轴相等的椭圆偏振光。如图 6-35 所示，圆偏振光可沿任意一对垂直的方向分解成振幅相等，相位差为 $\pm\pi/2$ 的两个线偏振光的合成，其分量写成

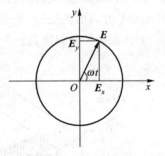

图 6-35　圆偏振光

$$E_x = A\cos\omega t, \quad E_y = A\cos\left(\omega t \pm \frac{\pi}{2}\right)$$

电矢量的表达式：

$$\boldsymbol{E} = E_x\boldsymbol{i} + E_y\boldsymbol{j} = A\cos\omega t\,\boldsymbol{i} + A\cos\left(\omega t \pm \frac{\pi}{2}\right)\boldsymbol{j}$$

我们假定波是垂直纸面迎面而来，这时若电矢量按逆时针方向旋转，我们称之为左旋圆偏振光；若按顺时针旋转，则称之为右旋圆偏振光。圆偏振光可沿任意一对垂直的方向分解成振幅相等的两个偏振光，其中一个分量通不过偏振器，另一个分量能通过它。设入射光强为，则

$$I_0 = A_x^2 + A_y^2 = 2A^2$$

设偏振器的透振方向为 x 方向，则透射光的强度为

$$I = A_x^2 = A^2 = \frac{1}{2}I_0$$

即透射光强为入射光强的一半,以上特点与自然光相同,故仅用一个偏振器观察圆偏振光,我们无法将它与自然光区别开来。

倘若某光矢量在 Oxy 平面上的分振动相互间的相位差取一些特定值时,合成的光矢量的形成如图 6-36 所示的各种特殊的偏振光——线偏振、椭圆偏振或圆偏振光。

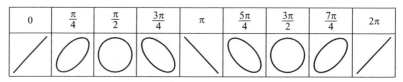

0	$\dfrac{\pi}{4}$	$\dfrac{\pi}{2}$	$\dfrac{3\pi}{4}$	π	$\dfrac{5\pi}{4}$	$\dfrac{3\pi}{2}$	$\dfrac{7\pi}{4}$	2π

图 6-36　各种特殊的偏振光

6.4.2　马吕斯定律

从普通光获得偏振光的方法很多,最实用的是一片用天然晶体经人工制成的起偏器,它对光矢量具有一种特殊的方向选择性。如图 6-37 中的竖直方向为偏振化(透振)方向,即只允许竖直振动的光通过(部分地吸收),而强烈地吸收另一水平方向的光振动,于是当非偏振光通过起偏器后便变为沿其偏振化(透振)方向振动的线偏振光。

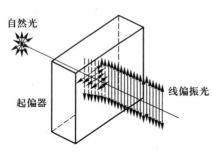

图 6-37　用起偏器使非偏振光
变为线偏振光

马吕斯(Etienne Louis
Malus 1775—1812)

当强度为 I_0 的自然光通过偏振化方向成 θ 角的两个偏振片 p_1 和 p_2 时,其出射光强 I_2 为

$$I_2 = A_2^2 = (A_1 \cos\theta)^2 = I_1 \cos^2\theta \tag{6-44}$$

其中

$$I_1 = I_0/2$$

(6-46)式称为马吕斯(Malus)定律。

　　当 $\theta=\pi/2$ 时,即两偏振片的透振方向正交时,透射光强为零,即出现了消光现象,没有光通过第二个偏振片。故当旋转检偏器,θ 角变化时,就可看到光强的明暗变化。

6.4.3　布儒斯特定律

　　另一种常见的产生偏振光和部分偏振光的方法是普通的反射。当光从折射率为 n 的介质入射到折射率为 n' 的介质表面时,一般情况下,反射光为部分偏振光(透射光也有微弱的偏振)。而当入射角等于某一特殊角度时,反射光中没有平行于入射面的电矢量,反射光中只有垂直于入射面的振动,即反射光为垂直于入射面的线偏振光。折射光(透射光)则为部分偏振光,但平行振动多于垂直振动,如图 6 – 38(a)所示。

　　自然光经电介质界面反射后,反射光为线偏振光所应满足的条件,首先由英国物理学家布儒斯特于 1815 年发现。自然光在电介质界面上反射和折射时,一般情况下反射光和折射光都是部分偏振光。只有当入射角为布儒斯特角时反射光才是线偏振光,其振动方向与入射面垂直,此特定角称为布儒斯特角或起偏角,用 θ_B 表示

$$\theta=\theta_B=\arctan\left(\frac{n'}{n}\right) \tag{6-45}$$

此规律称为布儒斯特定律。

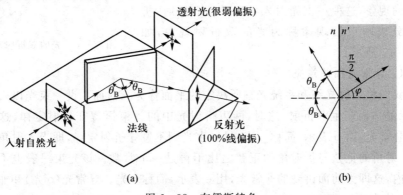

图 6 – 38　布儒斯特角

　　当光以布儒斯特角入射时,反射光和折射光的传播方向互相垂直,此时反射光线与折射光线正交,如图 6 – 38(b)所示,即

$$\theta_B+\varphi=\pi/2 \tag{6-46}$$

式中 φ 为折射角。

　　光在介质表面反射时产生偏振,当入射角 $\theta=\theta_B$ 时,反射光是完全线偏振光。

此时反射光与透射光恰好垂直。

夏天日光强烈,在地面上受到很强的反射,由上述讨论可知,这种反射光是部分偏振的。大部分光的偏振方向垂直于日光的入射平面,即平行于(产生反射的)地面,如图 6-39 所示。为了保护眼睛,我们应戴一副墨镜,它用吸收光的深色玻璃制成,同时上面贴有一片起偏薄膜,只允许垂直方向的偏振光透过,这样大部分地面反射光便被挡掉了。

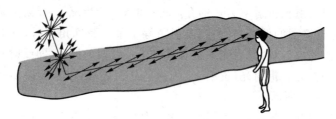

图 6-39　夏天日光在地面上反射时形成的水平偏振光

6.4.4　光在各向异性晶体中的双折射现象

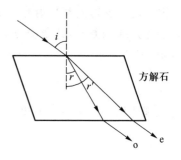

图 6-40　光的双折射现象

一光束在各向同性介质表面上反射及折射时,除产生光的偏振现象外,其折射光只有一束,这已成为一般常识。然而对于光学性质随方向而异的一些晶体,一束入射光常有分解为两束线偏振光的现象,这种一束光射入各向异性介质时,折射光分成两束的现象称为光的双折射现象,如图 6-40 所示。

1. 寻常光和非常光

我们将入射光线和系统光轴所决定的平面称为入射面。设一束光以入射角 i 射入晶体而产生双折射,这时,两束折射光中的一束恒遵守折射定律,这束光称为寻常光,用 o 表示,简称 o 光;另一束光则不遵守折射定律,即当入射角改变时,入射角的正弦与折射角的正弦之比不再是一个常数。该光束一般也不在入射面内,这即为前面讲到的非常光,用 e 表示,简称 e 光。寻常光(o 光)和非常光(e 光)均为线偏振光。

在双折射现象中,若任意改变入射光的入射角,o 光恒遵守折射定律,即 $\sin i/\sin r =$ 常数,且折射光线总在入射面内。e 光则不遵从折射定律,其折射率随入射方向而变。

2. 晶体的光轴

双折射现象表明非常光在晶体内各个方向的折射率不同,因而非常光在晶体内的传播速度随方向的不同而不同。而寻常光则不同，其在晶体中各个方向上的折射率以及传播速度都相同。当光沿光轴方向传播时，寻常光线与非常光线的折射率相等，光的传播速度也相等，因而光沿这个方向传播时，不发生双折射现象。应该说明的是，光轴仅标志特定的方向，并不限于某一条特殊的直线。

只有一个光轴的晶体称为单轴晶体，如方解石、石英、红宝石等；含有两个光轴的晶体称为双轴晶体，如云母、硫黄、橄榄石等。本书仅限于讨论单轴晶体的情形。

图 6-41 标出了方解石（$CaCO_3$）晶体的光轴，其方向平行于 A、B 两点的连线。

在晶体中由光轴和晶体表面的法线所组成的平面称为晶体的主截面。某光线的传播方向和光轴所组成的平面称为该光线的主平面。一条光线只有一个主平面，所以晶体中 o 光和 e 光都有各自的主平面。

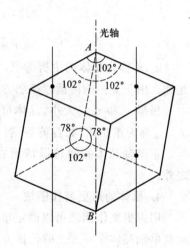

图 6-41 方解石晶体的光轴

o 光的光振动方向垂直于自己的主平面，e 光的光振动在自己主平面内。一般情况下，o、e 光的主平面不重合，而是有一微小的夹角。但当光轴在入射面内时，即当入射面与主截面重合时，o、e 光的主平面与入射面重合，这时 o、e 光的振动方向垂直。由于经过方解石晶体折射出来的两束光都是线偏振光，而且光矢量的振动方向相互垂直，所以不能发生干涉。

需要指出，所谓 o 光和 e 光只是相对于晶体而言的，在光线透射出晶体后，它们只是振动方向不同的线偏振光，这时也就无所谓 o 光和 e 光了。

3. 单轴晶体中的波面

根据惠更斯原理，自然光射向晶体时，波面上的每一点都可看做子波源。由于 o 光和 e 光在晶体内的传播速度不同，因而在单轴晶体内将形成两种不同的波阵面。o 光沿各方向的速率相同，在晶体内形成的子波波阵面为球面。e 光沿不同方向的速率不同，在晶体内的子波波阵面则是以光轴为轴的回转椭球面。由于在光轴方向上 o 光和 e 光的传播速率相同，所以两种波阵面在光轴方向上相切，如图 6-42 所示。

在垂直于光轴方向，o、e 二光的传播速度相差最大。我们用 v_o、n_o 分别表示 o 光的传播速度和折射率；用 v_e、n_e 分别表示 e 光在垂直于光轴方向上的传播速度与折射率，则

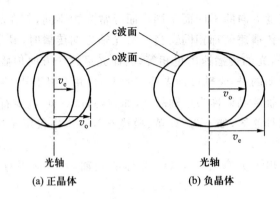

图 6-42　晶体中的子波波阵面

$$n_o = c/v_o, \quad n_e = c/v_e \qquad (6-47)$$

n_o、n_e 称为晶体的主折射率,它们是晶体的两个重要光学参量,c 为真空中的光速。由于 e 光的传播速率随方向而异,故 e 光的折射率位于 n_o 与 n_e 之间。

根据 v_o 和 v_e 的大小,晶体可分为正晶体和负晶体两类。若晶体 $n_o < n_e$,即 $v_o > v_e$ 称为正晶体,如石英等;若晶体 $n_o > n_e$,即 $v_o < v_e$,称为负晶体,如方解石等。正单轴晶体的回转椭球面在球面之内,负单轴晶体的回转椭球面在球面之外。

4. 晶体的惠更斯作图法

用惠更斯作图法可以确定单轴晶体中 o 光和 e 光的传播方向。图 6-43 表示负单轴晶体中 o、e 光的传播方向。其中图(a)表示光轴与入射面垂直(即光轴垂直于纸面)时的情形,这时 o 光和 e 光的波阵面都被入射面截成圆形。o 光的振动方向用圆点表示,而 e 光的振动方向用短线表示。图(b)表示光轴在入射面内时 o、e 光的传播方向。

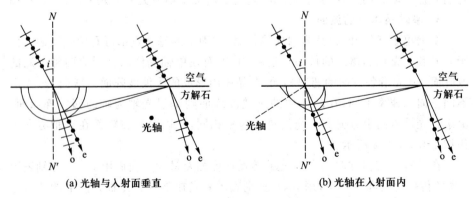

(a) 光轴与入射面垂直　　　　　　　(b) 光轴在入射面内

图 6-43　方解石晶体中 o 光、e 光的传播方向

应当指出,图 6-43(a)、(b)分别属于入射面与晶体主截面垂直和平行的情形。在此情形下,o、e 光均在入射面内。如果入射面与主截面既不平行,也不垂直,则 e 光不在入射面内,这时就无法用作图法得出 e 光的实际传播方向。所以,上述作图法仅在入射面与主截面平行或垂直的情况下方能严格确定 e 光的传播方向。

6.4.5　偏振光的产生与检验

把能使 o、e 二光产生的相位差为 π 或其奇数倍的晶体薄板,称为 λ/2 片。把能使 o、e 二光产生的相位差为 π/2 或其奇数倍的晶体薄板,称为 λ/4 片。

用一片已知透振方向的偏振片和一片已知光轴方向的 λ/4 波片,可以产生和检验前面所讨论过的五种偏振态的光。

1. 偏振光产生(获得)

令入射光通过一个偏振片,以光线传播方向为轴,转动偏振片(改变偏振片的透振方向),观察透射光强度的变化。有消光(光强为零)现象的为线偏振光;强度无变化的则为自然光或圆偏振光;强度有变化,但无消光的则为部分偏振光或椭圆偏振光。所以依靠一个偏振片,不能区分椭圆与部分偏振光,也不能区分圆偏振光和自然光。要区分圆和椭圆偏振光,还需借助于 λ/4 片。

椭圆偏振光和圆偏振光的获得:一束自然光通过一个偏振片(起偏器)可获得线偏振光,一束线偏振光再通过 λ/4 波片,一般情况下可获得椭圆偏振光。在一定条件下,可获得线偏振光和圆偏振光如表 6-1 所示。

(1)一束线偏振光通过 λ/4 波片,当 λ/4 波片的光轴与入射光的振动方向一致或垂直时,即 e 轴或 o 轴与线偏振光的振动方向一致时,可得到线偏振光。

(2)当 λ/4 波片的光轴与入射线偏振光的振动方向成 π/4 时,可得到一束圆偏振光。

(3)一般情况下,即 λ/4 波片的光轴在其他位置时,可得到椭圆偏振光。

表 6-1　各种偏振光通过 λ/4 片后偏振态的变化

入射光	λ/4 片光轴取向	出射光
线偏振光	e 轴或 o 轴与偏振方向一致	线偏振光
	e 轴或 o 轴与偏振方向成 45°角	圆偏振光
	其他位置	椭圆偏振光

续表

入射光	λ/4 片光轴取向	出射光
圆偏振光	任何位置	线偏振光
椭圆偏振光	e 轴或 o 轴与椭圆主轴一致	线偏振光
	其他位置	椭圆偏振光
自然光	自然光、部分偏振光是由一系列偏振方向不同的线偏振光组成的。经 λ/4 片后,出射光有线偏振光、圆偏振光,大部分是椭圆偏振光	自然光
部分偏振光		部分偏振光

2. 偏振光检验(鉴别)

(1) 利用一块偏振片可将线偏振光区分出来,但不能区分自然光和圆偏振光,也不能区分椭圆和部分偏振光。

(2) 利用一块 λ/4 片可把圆、椭圆偏振光变为线偏振光,但不能把自然光、部分偏振光变为线偏振光。把偏振片和 λ/4 片结合使用,即可完全区分自然光、部分偏振光、线偏振光、椭圆偏振光和圆偏振光。

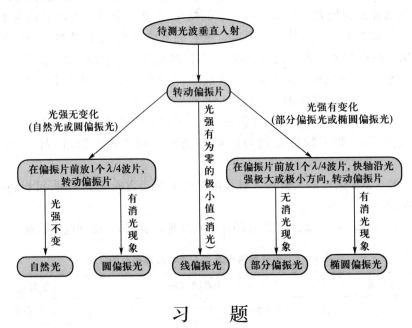

习　　题

6-1　惠更斯提出的波动说的思想是什么?对光的本性的认识过程,你有什么体会?

6-2　常见的偏振光的获取方法有哪些? 几种偏振态的检验方法是什么?

6-3　一束波长为 λ 的单色光从空气垂直入射到折射率为 n 的透明薄膜上,要使反射光线得到加强,薄膜的厚度应为:

A. $\lambda/4$;　　　　B. $\lambda/4n$;　　　　C. $\lambda/2$;　　　　D. $\lambda/2n$。　　　[　　]

6-4　一束白光垂直照射在一光栅上,在形成的同一级光栅光谱中,偏离中央明纹最远的是

A. 紫光;　　　　B. 绿光;　　　　C. 黄光;　　　　D. 红光。　　　[　　]

6-5　光学仪器的分辨本领最后总要受到波长的限制。根据瑞利判据,考虑到光波衍射所产生的影响,计算人的眼睛能区分汽车两个前灯的最大距离。(黄光 $\lambda=500\ \text{nm}$,夜间瞳孔 d 约为 $5\ \text{mm}$,两车灯间距 D 约为 $1.2\ \text{m}$)

A. $1\ \text{km}$;　　　B. $3\ \text{km}$;　　　C. $10\ \text{km}$;　　　D. $30\ \text{km}$。　　　[　　]

6-6　一束光强为 I_0 的自然光,相继通过三个偏振片 P_1、P_2 和 P_3 后,出射光的强度为 $I=I_0/8$,已知 P_1 和 P_3 的偏振化方向相垂直。若以入射光线为轴旋转 P_2,使出射光强为零,P_2 最少要转过的角度是

A. $30°$;　　　　B. $45°$;　　　　C. $60°$;　　　　D. $90°$。　　　[　　]

6-7　惠更斯引入 ＿＿＿＿＿＿ 的概念提出了惠更斯原理,菲涅耳再用 ＿＿＿＿＿＿ 的思想补充了惠更斯原理,发展成了惠更斯-菲涅耳原理。

6-8　波长为 λ,初相相同的两束相干光,在折射率为 n 的均匀介质中传播,若在相遇时,它们的几何路程差为 r_2-r_1,则它们的光程差为 ＿＿＿＿＿＿;相位差为 ＿＿＿＿＿＿。

6-9　相干光必须满足的必要条件是 ＿＿＿＿＿＿、＿＿＿＿＿＿、＿＿＿＿＿＿;充分条件是 ＿＿＿＿＿＿、＿＿＿＿＿＿。

6-10　在杨氏双缝干涉实验中,若双缝间距 d 变小,则相邻明条纹间距将变 ＿＿＿＿＿＿;若将入射紫光改为红光,相邻明条纹间距将变 ＿＿＿＿＿＿;若把整个装置由空气浸入水中,则相邻条纹间距将变 ＿＿＿＿＿＿。

6-11　在单缝夫琅禾费衍射中,$a\sin\theta=\pm 3\lambda$,表明在对应衍射角 θ 的方向上,单缝处的波阵面可分成 ＿＿＿＿＿＿ 半波带,此时将形成 ＿＿＿＿＿＿ 纹。

6-12　用迈克耳孙干涉仪测微小的位移。若入射光波长 $\lambda=628.9\ \text{nm}$,当动镜移动时,干涉条纹移动了 $2\,048$ 条,反射镜移动的距离 $d=$ ＿＿＿＿＿＿。

6-13　一平面透射光栅,在 $1\ \text{mm}$ 内刻有 500 条纹,现对钠光谱进行观察,求:(1) 当光线垂直入射于光栅时,光谱的最高级次。(2) 当光线以 $30°$ 入射角入射时,光谱的最高级次。

6-14　惠更斯原理是否适用于空气中的声波? 你是否认为声波也服从和

光波一样的反射定律和折射定律？

6-15　在杨氏双缝实验中，双缝彼此稍微移近时，干涉条纹有何变化？

6-16　说明水面浮的汽油层呈现彩色的原因。从不同倾斜方向观察时颜色会变吗？为什么？

6-17　在日常生活中你还能列举出哪些薄膜干涉现象？

6-18　从以下几个方面比较等厚条纹和等倾条纹：

(1) 两者对光源的要求和照明方式有何不同？能否用扩展光源观察等厚条纹？用平行光观察等倾条纹将会怎样？

(2) 两者的接收（观测）方式有何不同？如果用一小片黑纸遮去薄膜表面的某一部位，这将分别给等厚条纹和等倾条纹带来什么影响？

6-19　隔着山可以听到中波段的电台广播，而电视信号却很容易被山甚至高大的建筑物挡住，这是什么缘故？

6-20　你在日常生活中曾看到过哪些属于衍射的现象吗？试举例说明。

6-21　讨论下列日常生活中的衍射现象：

(1) 假如人眼的可见光波段不是 $0.66\ \mu\mathrm{m}$ 左右，而是移到毫米波段，而人眼的瞳孔仍保持 $4\ \mathrm{mm}$ 左右的孔径，那么，人们所看到的世界将是一幅什么景象？

(2) 人体的线度是米的数量级，这数值恰与人耳的可闻声波波长相近，假设人耳的可听波长移至毫米量级，外部世界给予我们的听觉形象将是什么状况？

6-22　蝙蝠在飞行时是利用超声波来探测前面的障碍物的，它们为什么不用对人类来说是可闻的声波？

6-23　在夫琅禾费单缝衍射中，为保证在衍射场中至少出现强度的一级极小，单缝的宽度不能小于多少？为什么用 X 射线而不用可见光衍射进行晶体结构分析？

6-24　在白光照明下，夫琅禾费衍射的 0 级斑中心是什么颜色？0 级斑外围呈什么颜色？

6-25　如果你手头有一块偏振片的话，请用它来观察下列各种光，并初步鉴定它们的偏振态：(1) 直射的阳光；(2) 经玻璃板反射的阳光；(3) 经玻璃板透射的阳光；(4) 不同方位天空散射的光；(5) 月光；(6) 虹霓。

6-26　自然光和圆偏振光都可以看成是等幅垂直偏振光的合成，它们之间的主要区别是什么？部分偏振光和椭圆偏振光呢？

6-27　自然光投射在一对正交的偏振片上，光不能通过，如果把第三块偏振片放在它们中间，最后是否有光通过？为什么？

6-28　为使望远镜能分辨角间距为 $3.00\times10^{-7}\mathrm{rad}$ 的两颗星，其物镜的直径至少应为多大？为了充分利用此望远镜的分辨本领，望远镜应有多大的角放大率? 假定人眼的最小分辨角为 2.68×10^{-4} rad, 光的波长为 550 nm。

6-29　一波长为 600 nm 的平行光垂直照射到平面光栅上, 它的一级谱线的衍射角为 25°。求:(1) 光栅常量。(2) 最多能看到第几级光谱? (3) 要在二级光谱中分辨 (600 ± 0.01)nm 的光谱, 光栅宽度至少为多大?

6-30　如图所示, 偏振片 P_1 与偏振片 P_3 的偏振化方向彼此正交, 在两者之间加入偏振片 P_2, 使其偏振化方向与 P_1 的偏振化方向成 $\frac{\pi}{6}$ 角。(1) 用光强为 I_0 的自然光垂直照射 P_1, 从 P_3 透射出的偏振光强度为多大? (2) 若 P_2 从图示位置以角速度 $\omega=4\pi$ rad/s 逆时针旋转(以光的传播方向为轴), 则从 P_3 透射出的偏振光的光强又为多少?

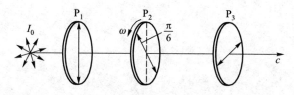

习题 6-30 图

6-31　怎样用偏振片与 $\lambda/4$ 波片来产生圆偏振光? 单色平行的自然光垂直地入射至一透明物 P 上, 透射光又垂直地射到一 $\lambda/4$ 波片 Q 上, 其透射光在 P 和 Q 无论怎样绕平行于光线地 OO' 轴旋转时总能通过旋转尼科耳棱镜 N 得到一完全消光位置。问:(1) Q 的入射光是什么光? (2) 透明物 P 为何物?

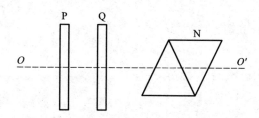

习题 6-31 图

电 磁 篇

第 7 章　静电场和恒定磁场

7.1　静电现象与静磁现象的早期认识

早在公元前 5 世纪的希腊时代,就有关于静电现象的记载。Electricity(电)这个字的起源就来自希腊文的"琥珀"(electron)。我国西晋时期,《博物志》中,也有摩擦起电的记载。当然比起磁学来,电学发展还是较晚的,这主要是因为磁学有指南针等方面的应用,而电学则不过是宫廷中的娱乐工具。直到 1660 年盖里克发明摩擦起电机,才有可能对电现象做详细观察和细致研究。这种摩擦起电机实际上是一个可以绕中心轴旋转的大硫黄球,用人手或布帛摸抚转动的球体表面,球面上就可以产生大量的电荷。1705 年豪克斯比(F. Hauksbee)用空心玻璃壳代替硫黄球,后来别的实验家又陆续予以改进,直到 18 世纪末,摩擦起电机都一直是研究电现象的基本工具。

1720 年,格雷(S. Gray,1675—1736)研究了电的传导现象,发现导体与绝缘体的区别。随后,他又发现导体的静电感应现象。

1733 年,杜菲(du Fay,1698—1739)经过实验区分出两种电荷,他分别称之为松脂电(即负电)和玻璃电(即正电),并由此总结出静电作用的基本特性:同性相斥,异性相吸。

莱顿瓶的发明使电现象得到更深入的研究,这是克莱斯特(Kleist,1700—1748)和马森布洛克(Musschenbrock,1692—1761)在 1745—1746 年分别独立做出的。

富兰克林(Benjamin Franklin,1706—1790)进一步对放电现象进行研究。他发现了尖端放电,发明了避雷针,研究了雷电现象,从莱顿瓶的研究中,提出了电荷守恒原理。1747 年,富兰克林用电流体假说阐述了这一思想。

1754 年,康顿(John Canton)用电流体假说解释了静电感应现象。

至此,静电学三条基本原理:静电力基本特性、电荷守恒和静电感应原理都已经建立,对电的认识有了初步的成果。然而,如果不建立定量的规律,电的知识还不能形成一门严密的科学。

　　中国是研究记载磁现象最早的国家之一,汉代王充在其著作《论衡》中对世界上最古老的指南针"司南"做了详细的记述:"司南之杓,投之以地,其柢指南。"宋代静磁学取得当时世界上的最高成就,沈括(1031—1095)和寇宗奭都讲到了人工磁化材料的方法,即将铁针与磁石摩擦即可获得磁性。沈括在《梦溪笔谈》中写道:"方家以磁石摩铁峰,则能指南,然常微偏东,不全南也"。这是世界上最早的关于地磁偏角的文字记载。中国还是最早将指南针用于航海的国家。南宋后,罗盘在航海中普遍使用。12 世纪末到 13 世纪初,中国指南针由海路传入阿拉伯,又由阿拉伯传到欧洲。当时欧洲著名学者罗吉尔·培根推崇实验出真知,在培根这种实验思想影响下,他的朋友皮特记述了他自己在磁力实验中的发现:异性磁极相吸,同性磁极相斥;一根磁针断为两半时,每一半又成为一根单独完整的有两极的小磁针。1581 年,英国伦敦的一名退休海员罗伯特·诺曼,写了一本题为《新奇的吸引力》的小册子,谈到他在关于磁力实验中的重要发现。他用一根绳子把磁针吊在空中,发现磁针指向北方,且与水平面成一倾角,这就是磁倾角,已经比中国宋代曾公亮在磁化铁片时利用磁倾角获得最佳磁性晚了整整 500 年。然而,当时的中国却处在封建社会的缓慢发展阶段,科学上的领先地位逐渐让位于欧洲了。罗伯特·诺曼在书中还讲述了他把一根磁针插入软木上,将这软木浮在水面,发现磁针朝着南北方向转动,并不沿着向南方向或向北方向移动,即磁力不是"运动力",而是一种"定向力"。现在我们知道,磁针受到的是一个力矩的作用,引起转动,而合力为零。第一个从理论高度来研究电和磁,并提出比较系统的初步理论的是英国人吉尔伯特。在 16 世纪末发表的《论磁石》一书中,记述了他对天然磁石和地球磁场的研究,其中著名的是"小地球"实验:他把一块天然大磁石磨制成球形,用小铁丝制成小磁针放在磁石球上面,发现在天然磁石球的作用下,小磁针的行为与地球上的指南针极为相似。由此吉尔伯特联想到地球可能是一块大磁石,它与指针之间的同极相斥、异极相吸的作用引起了指南针的朝南、北方向的偏转。他还对磁倾角现象进行解释,认为这是指南针在地球的不同纬度上受力的方向与该纬度的水平方向有一个夹角的缘故。现在人类已认识到,地理上的南北极与地磁的南北极并不重合,磁针是指向地磁的南极或北极的,而我们所说的南北方向是地理上的南北极之间的方向,这两个走向之间存在一个因纬度不同而不同的夹角,在同一纬度这个夹角也会因地球磁场的变化有所变化,这才是磁倾角存在的原因。

　　19 世纪,在德国哲学家康德和谢林关于自然力统一的哲学思想影响下,丹麦的奥斯特十年不懈地从实验中寻找电和磁之间的联系,终于在 1820 年初发现了电流的磁效应：当导线通过电流时，会使其近旁的磁针向与导线垂直的方向偏转，这是电磁学发展史上的又一里程碑。

随之，法国的毕奥和萨伐尔于同年 10 月 30 日发表论文，阐述了载流长直导线对磁极的作用力反比于距离的实验结果。法国数学家拉普拉斯在他们实验结果的基础上，用数学分析方法将其表述成微分和积分的形式，这便是毕奥-萨伐尔-拉普拉斯定律。这一定律给出了由电流产生磁场的定量表述，使电流磁效应的理论基础。

几乎与此同时，法国的安培重复了奥斯特的实验并加以发展，设计、进行了一系列精巧的实验，从中总结出：磁针转动的方向与电流方向的关系服从右手螺旋定则，两电流元之间的作用力与其距离的平方成反比的公式（即安培定律）和物质磁性的分子电流假说。安培在深化人类对电流的磁效应的认识方面做出了重大贡献。

磁场是广泛存在的，行星（如地球）、恒星（如太阳）、星系（如银河系）、卫星以及星际空间和星系际空间，都存在着磁场。为了认识和解释其中的许多物理现象和过程，必须考虑磁场这一重要因素。在现代科学技术和人类生活中，处处可遇到磁场，发电机、电动机、变压器、电报、电话、收音机以至加速器、热核聚变装置、电磁测量仪表等无不与磁现象有关，甚至在人体内，伴随着生命活动，一些组织和器官内也会产生微弱的磁场。

7.2　静电场的基本规律

7.2.1　库仑定律的建立及类比方法

自然界中存在着两种电荷：正电荷和负电荷。实验证明，同种电荷相斥，异种电荷相吸。

电荷总是以一个基本单元的整数倍出现，即物体所带的电荷不是以连续方式出现的，而是以一个个不连续的量值出现的，这称为电荷的量子化。电荷的最小单元是电子或质子所带的电荷量，其值为 $e = 1.6 \times 10^{-19}$ C。

现代物理实验证实，宇宙中的粒子有正反之分，如电子、正电子，质子、反质子，中微子、反中微子等。在带电的正反粒子中，电荷的分布总是对称的。如电子带负电，正电子带正电，二者电荷量相等，质量也相等，正负电荷的这种对称性导致了电荷守恒定律的存在。

实验表明：一个不与外界交换电荷的系统，电荷量的代数和始终保持不变。这称为电荷守恒定律。它是物理学中的基本定律之一。

库仑定律是电磁学的基本定律之一。它的建立既是实验经验的总结,也是理论研究的成果。特别是力学中引力理论的发展,为静电学和静磁学提供了理论武器,使电磁学少走了许多弯路,直接形成了严密的定量规律。从库仑定律的发现可以获得许多启示,对阐明物理学发展中理论和实验的关系,了解物理学的研究方法均会有所裨益。

18 世纪中叶,牛顿力学已经取得辉煌胜利,人们借助于万有引力的规律,对电力和磁力做了种种猜测。德国柏林科学院院士爱皮努斯(F. U. T. Aepinus,1724—1802)1759 年对电力做了研究。他在书中假设电荷之间的斥力和吸力随带电物体的距离的减少而增大,于是对静电感应现象做出了更完善的解释。不过,他并没有实际测量电荷间的作用力,因而只是一种猜测。

1760 年,伯努利首先猜测电力会不会也跟万有引力一样,服从平方反比定律。他的想法显然有一定的代表性,因为平方反比定律在牛顿的形而上学自然观中是很自然的观念,如果不是平方反比,牛顿力学的空间概念就要重新修改。

富兰克林的空罐实验(也叫冰桶实验)对电力规律有重要启示。1755 年,他在给兰宁(John Lining)的信中,提到过这样的实验:"我把一只品脱银罐放在电支架(即绝缘支架)上,使它带电,用丝线吊着一个直径约为 1 英寸的木椭球,放进银罐中,直到触及罐的底部。但是,当取出时,却没有发现接触使它带电,像从外部接触的那样。"

富兰克林的这封信不久跟其他有关天电和尖端放电等问题的信件,被人们整理公开发表流传甚广,很多人都知道这个空罐实验,不过也和富兰克林一样,不知如何解释这一实验现象。富兰克林有一位英国友人,名叫普利斯特利(Joseph Priestley,1733—1804),是化学家,对电学也很有研究。富兰克林写信告诉他这个实验并向他求教。普利斯特利专门重复了这个实验,在 1767 年的《电学历史和现状及其原始实验》一书中他写道:"难道我们就不可以从这个实验得出结论:电的吸引与万有引力服从同一定律,即距离的平方,因为很容易证明,假如地球是一个球壳,在壳内的物体受到一边的吸引作用,决不会大于另一边的吸引。"

1785 年,法国物理学家库仑设计制作了一台精密的扭秤,进行了测定电荷之间相互作用力的实验。库仑在实验中总结出以下规律:真空中两个静止的点电荷之间的相互作用力(斥力或吸力),其大小与二者电荷量的乘积成正比,与它们之间距离的平方成反比;方向在二者的连线上。如图 7 - 1 所示,电荷 q_2 受到 q_1 的作用力为

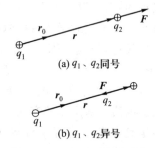

(a) q_1、q_2 同号

(b) q_1、q_2 异号

图 7 - 1 q_2 受到 q_1 的作用力 F

$$F = k \frac{q_1 q_2}{r^2} e_r \qquad (7-1)$$

e_r 为 r 方向上的单位矢量,方向由 q_1 指向 q_2。

在 SI 单位中,电荷量的单位为库仑,符号为 C。经实验测定,比例常量

$$k = \frac{1}{4\pi\varepsilon_0} = 8.988\,0 \times 10^9\ \mathrm{N \cdot m^2 \cdot C^{-2}} \approx 9.0 \times 10^9\ \mathrm{N \cdot m^2 \cdot C^{-2}}$$

式中 $\varepsilon_0 = 8.854\,20 \times 10^{-12}\ \mathrm{C^2 \cdot N^{-1} \cdot m^{-2}}$,称为真空介电常量。

　　普利斯特利的这一结论不是凭空想出来的,因为牛顿早在 1687 年就证明过,如果万有引力服从平方反比定律,则均匀的物质球壳对壳内物体应无作用。他在《自然哲学的数学原理》第一篇第十二章《球体的吸力》一开头提出的命题,内容是:"设对球面上每个点都有相等的向心力,随距离的平方减小,在球面内的粒子将不会被这些力吸引。"

　　不过,普利斯特利的结论并没有得到科学界的普遍重视,因为他并没有特别明确地进行论证,仍然停留在猜测的阶段,一直拖了 18 年,才由库仑正式提出。在这中间有两个人曾做过定量的实验研究,并得到明确的结论。可惜,都因没有及时发表而未对科学的发展起到应有的推动作用。

　　一位是苏格兰的罗比逊(John Robison)。他注意到 1759 年爱皮努斯那本用拉丁文写的书,对爱皮努斯的猜测很感兴趣,就设计了一个杠杆装置,装置很精巧,利用活动杆所受重力和电力的平衡,从支架的平衡角度求电力与距离的关系。得到 $\delta = 0.06$。这个 δ 就叫指数偏差。罗比逊认为,指数偏大的原因应归于实验误差,由此得出结论,正如爱皮努斯的推测,电力服从平方反比定律。

　　另一位是卡文迪什(Henry Cavendish,1731—1810)。他在 1773 年用两个同心金属壳做实验,如图 7-2。外球壳由两个半球装置而成,两半球合起来正好形成内球的同心球。卡文迪什这样描述他的装置:"我取一个直径为 12.1 英寸的球,用一根实心的玻璃棒穿过中心当做轴,并覆盖以封蜡。然后把这个球封在两个中空的半球中间,正极接到半球,使半球带电。"

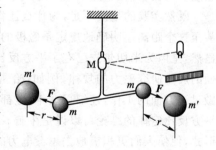

图 7-2　卡文迪什的实验装置

　　卡文迪什通过一根导线将内外球连在一起,外球壳带电后,取走导线,打开外球壳,用木髓球验电器检验内球是否带电。结果发现木髓球验电器没有指示,证明内球没有带电,电荷完全分布在外球上。

　　卡文迪什将这个实验重复了多次,确定电力服从平方反比定律,指数偏差不

超过 0.02。卡文迪什的实验设计得相当巧妙。他用的是当年最原始的电测仪器,却获得了相当可靠而且精确的结果。他成功的关键在于掌握了牛顿万有引力定律这一理论武器,通过数学处理,将直接测量变为间接测量,并且用上了示零法精确地判断结果,从而得到了电力的平方反比定律。

卡文迪什为什么要做这个实验呢? 话还要从牛顿那里说起。

牛顿在研究万有引力的同时,还对自然界其他的力感兴趣。他把当时已知的三种力——重力、磁力和电力放在一起考虑,认为都是在可感觉的距离内作用的力,他称之为长程力。他企图找到另外两种力的规律,但都未能如愿。磁力实验的结果不够精确。他在《自然哲学的数学原理》的第三篇中写道:"重力与磁力的性质不同。磁力不与所吸引的物质的量成比例。就其与距离的关系,并不是随距离的平方而是随其三次方减小。这是我用粗略的实验所测的结果。"

至于电力,他也做过实验,但带电的纸片运动太不规则,很难显示电力的性质。在长程力之外,他认为还有另一种力,叫短程力。他在做光学实验时,就想找到光和物质之间的作用力(短程力)的规律,但没有实现。他甚至认为还有一些其他的短程力,相当于诸如聚合、发酵等现象。

牛顿的思想在卡文迪什和另一位英国科学家米切尔的活动中得到了体现。米切尔是天文学家,也对牛顿力学感兴趣。在 1751 年发表的短文《论人工磁铁》中,他写道:"每一磁极吸引或排斥,在每个方向,在相等距离其吸力或斥力都精确相等,并按磁极的距离的平方的增加而减少",他还说:"这一结论是从我自己做的和我看到别人做的一些实验推出来的。但我不敢确定就是这样,我还没有做足够的实验,还不足以精确地做出定论。"

既然实验的根据不足,为什么还肯定磁力是按距离的平方成反比地减少呢? 甚至这个距离还明确地规定是磁极的距离,可是磁极的位置又是如何确定的呢? 显然,是因为米切尔先已有了平方反比的模式。在米切尔之前,确有许多人步牛顿的后尘研究磁力的规律,例如:哈雷(1687 年)、豪克斯比、马森布洛克等人都做过这方面的工作,连绵百余年,但都没有取得实质性的结果。米切尔推断磁力平方反比定律的结论可以说是牛顿长程力思想的胜利,把引力和磁力归于同一形式,促使人们更积极地去思考电力的规律。

米切尔和卡文迪什都是英国剑桥大学的成员,他们之间有深厚的友谊和共同的信念。米切尔得知库仑发明扭秤后,曾建议卡文迪什用类似的方法测试万有引力。这项工作使卡文迪什后来成了第一位直接测定引力常量的实验者。正是由于米切尔的鼓励,卡文迪什做了同心球的实验。但是卡文迪什的同心球实验结果和他自己的许多看法,却没有公开发表。直到 19 世纪中叶,开尔文(即W.汤姆生)发现卡文迪什的手稿中有圆盘和同半径的圆球所带电荷的正确比值,才注意到这些手稿的价值,经他催促,才于 1879 年由麦克斯韦整理发表。卡文迪什的许多重要发现竟埋藏了一百年之久。对此,麦克斯韦写道:"这些关于数学和电学实验的手稿近 20 捆,"其中"物体上电荷(分布)的实验,卡文迪什早就写好了详细的叙述,并且费了很大气力书写得十分工整(就像要拿出去发表的样子),而且所有这些工作在 1774 年以前就已完成,但卡文迪什(并不急于发表)仍是兢兢业业地继续做电学实验,直到 1810 年去世时,手稿仍在他自己身边。"

卡文迪什出生于贵族家庭,家产丰厚,但他一心倾注在科学研究上。早年攻化学和热学,发现氢氧化合成水。他后来做的电学实验有:电阻测量;比欧姆早几十年得到欧姆定律;研究电容的性质和介质的介电常量,引出了电势的概念;他还发现金属的温度越高,导电能力越弱等。他的同心球实验比库仑用扭秤测电力的实验早 11 年,而且结果比库仑精确。对于卡文迪什把全部心身倾注在科学研究工作上,麦克斯韦写道:"卡文迪什对研究的关心远甚于对发表著作的关心。他宁愿挑起最繁重的研究工作,克服那些除他自己没有别人会重视甚至也没有别人知道的那些困难。我们毋庸怀疑,他所期望的结果一旦获得成功,他会得到多么大的满足,但他并不因此而急于把自己的发现告诉别人,不像一般搞科研的人那样,总是要保证自己的成果得到发表。卡文迪什把自己的研究成果捂得如此严实,以至于电学的历史失去了本来面目。"

卡文迪什性情孤僻,很少与人交往,唯独与米切尔来往密切,他们共同讨论,互相勉励。米切尔当过卡文迪什的老师,为了"称衡"星体的重量,曾从事大量天文观测。他们的共同理想是要把牛顿的引力思想从天体扩展到地球,进而扩展到磁力和电力。米切尔发现了磁力的平方反比定律,但他没能完成测量电力和地球密度的目标。卡文迪什正是为了实现米切尔和他自己的愿望而从事研究。可以说,米切尔和卡文迪什是在牛顿的自然哲学的鼓舞下坚持工作的。他们证实了磁力和电力这些长程力跟引力具有同一类型的规律后,并不认为达到了最终目标,还力图探求牛顿提出的短程力。卡文迪什在他未发表的手稿中多处涉及动力学、热学和气体动力学,都是围绕着这个中心,只是没有明确地表达出来。米切尔则把自己对短程力的普遍想法向普利斯特利透露过,在普利斯特利的著作——1772 年发表的《光学史》一书中记述了米切尔的思想。

关于库仑发明扭秤,并用扭秤精确地测量电力和磁力的实验,已经在别的地方有详尽描述,这里只想探讨一个问题,就是库仑是不是事先就有平方反比的思想框架? 从史料中可以看到如下几点:

(1) 库仑虽然直接测量了电荷之间作用力与距离的关系,但精确度毕竟有限,如果用平方反比关系表示,其指数偏差可达 0.04。

(2) 库仑并没有改变电量进行测量,而是说"假说的前一部分无需证明",显然他是在模仿万有引力定律,认为电力分别与相互作用的两个电荷量成正比,就如同万有引力分别与相互作用的两个物体的质量成正比一样。

(3) 库仑在另一篇论文中还提到磁力的平方反比关系,写道:"看来,磁流体即使不在本质上,至少也在性质上与电流体相似。基于这种相似性,可以假定这两种流体遵从若干相同的定律。"库仑的实验当然是认真的,他如实地发表了实验结果。不过,他在行文中用了如下词汇:"非常接近 16∶4∶1,可见,磁力和距离的平方成反比"。显然,库仑在研究电力和磁力时也是把它们跟万有引力类比,事先建立了平方反比的概念。

从库仑定律的发现过程我们可以看到类比在科学研究中所起的作用。如果不是先有万有引力定律的发现,单靠实验具体数据的积累,不知要到何年才能得到严格的库仑定律的表达式。实际上,整个静电学的发展,都是在借鉴和利用引力理论已有成果的基础上取得的。

7.2.2　电场与电场强度

由库仑定律知,在真空中相距一段距离的两个电荷之间存在着作用力,那么两个电荷之间的作用是通过什么中间媒介传递的呢？历史上曾经有过两种对立的观点:一种认为两个电荷之间的作用是不需要中间媒介而直接作用的,其作用也不需要时间,是即时的,即所谓超距作用理论;另一种则认为电荷之间的作用是需要通过中间媒介的,作用力的传递也需要一定的时间。

近代科学实验证明,超距作用的观点是错误的,任何带电体周围都存在一种特殊的物质,这种物质称为电场。电场的特性之一是对位于其中的电荷会施以力的作用。电荷与电荷之间正是通过电场发生相互作用的,如图 7-3 所示。本章讨论一种简单的情况,即相对于观察者为静止的电荷在其周围空间产生的电场,这种电场称为静电场。

图 7-3　库仑力的作用机理

1. 电场强度

电荷在其周围激发电场,电场对位于其中的其他电荷有力的作用。为了定量描述电场的施力强度,可引入物理量——电场强度。

设一检验点电荷 q_0,在电场中某点所受的电场力为 F。实验表明,F/q_0 是只与场点有关,而与 q_0 无关的矢量,仅取决于电场本身的性质,因此把它定义为电场强度(简称场强),用 E 表示。

$$E = F/q_0 \qquad (7-2)$$

电场强度 E 为矢量。电场中某点电场强度的大小,等于单位电荷在该点所受电场力的大小,其方向与正电荷在该点所受电场力的方向一致。电场强度的单位为牛顿/库仑,符号为 N/C。

一般而言,在空间不同点处,场强的大小和方向都是不同的,匀强电场只是一种特殊情况。

2. 点电荷的场强

若电场是由一个点电荷 q 所激发的,我们来计算与 q 相距为 r 处任一点 P 的电场强度。如图 7-4 所示,设想把一个试验电荷 q_0 放在 P 点,由库仑定律知 q_0 所受的电场力为

$$F = \frac{1}{4\pi\varepsilon_0} \frac{qq_0}{r^2} e_r$$

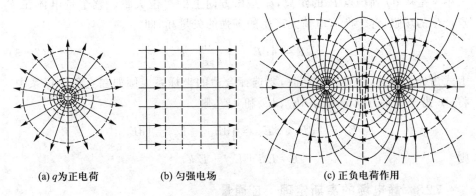

(a) q 为正电荷　　　(b) 匀强电场　　　　　(c) 正负电荷作用

图 7-4　静止点电荷的电场

将上式代入电场强度定义式(7-2),可得 P 点的场强为

$$E = \frac{1}{4\pi\varepsilon_0} \frac{q}{r^2} e_r \tag{7-3}$$

这就是点电荷 q 在距其为 r 处的任意点 P 产生的电场强度,式中 e_r 是从点电荷到场点 P 的单位矢量。

可见,当 $q>0$ 时,E 与 e_r 同向;$q<0$ 时,E 与 e_r 反向。式(7-3)表明,点电荷产生的电场强度分布具有球对称性。

3. 场强叠加原理

将检验电荷 q_0 置于静止点电荷系 $q_1, q_2, \cdots, q_n$ 共同产生的电场中的某点,它所受到的电场力

$$F = F_1 + F_2 + F_3 + \cdots + F_n$$

则该点处的电场强度为

$$E = \frac{F}{q_0} = \frac{F_1}{q_0} + \frac{F_2}{q_0} + \cdots + \frac{F_n}{q_0}$$

即

$$E = E_1 + E_2 + \cdots + E_n = \sum_{i=1}^{n} E_i = \sum_i \frac{1}{4\pi\varepsilon_0} \frac{q_i}{r_i^2} e_{ri} \qquad (7-4)$$

式中 e_{ri} 为第 i 个点电荷到场点位矢方向上的单位矢量。由此我们得到,点电荷系在空间某点产生的场强,等于各个点电荷单独存在时在该点产生的场强的矢量和,这就是场强叠加原理。

若电场是由电荷连续分布的带电体产生的,可设想把带电体分割成许多小的电荷元 dq,每个电荷元可视为点电荷,则 dq 在场点 P 产生的场强为

$$d\boldsymbol{E} = \frac{1}{4\pi\varepsilon_0} \frac{dq}{r^2} \boldsymbol{e}_r$$

式中 r 是从 dq 到场点 P 的距离,e_r 是该方向上的单位矢量。整个带电体在 P 点产生的场强,等于所有电荷元产生的场强的矢量和,即

$$\boldsymbol{E} = \int d\boldsymbol{E} = \int \frac{dq}{4\pi\varepsilon_0 r^2} \boldsymbol{e}_r \qquad (7-5)$$

上式为矢量积分,在具体计算时,要选择合适的坐标系。例如在直角坐标系中,将 $d\boldsymbol{E}$ 沿坐标轴方向分解为 dE_x、dE_y 和 dE_z,则

$$E_x = \int dE_x, \quad E_y = \int dE_y, \quad E_z = \int dE_z$$

则

$$\boldsymbol{E} = E_x \boldsymbol{i} + E_y \boldsymbol{j} + E_z \boldsymbol{k}。$$

7.2.3　静电场的高斯定理　E 通量

为了形象地描绘电场,人们通常用电场线来表示电场。规定电场线上某点的切线方向就是该点的场强方向,电场线的疏密表示该点附近区域电场的强弱。人们规定:过某场点画一垂直于该点电场线的小面元 $dS_\perp$,通过 $dS_\perp$ 的电场线条数 $d\Phi$ 为该点电场强度的大小:

$$E = \frac{d\Phi_e}{dS_\perp} \qquad (7-6)$$

即某点电场强度的大小,等于通过该点单位垂直面积的电场线数,$d\Phi_e$ 称为通过 $dS_\perp$ 的 E 通量。

如图 7-5 所示,设面元法线的单位矢量为 e_n,则面元 $d\boldsymbol{S}$ 可表示为

$$d\boldsymbol{S} = dS e_n \qquad (7-7)$$

垂直面元 $dS_\perp$ 的方向与电场强度的方向相同,则式(7-6)可写成

$$d\Phi_e = \boldsymbol{E} \cdot d\boldsymbol{S} \qquad (7-8)$$

即为通过面元 $d\boldsymbol{S}$ 的 E 通量。

在图 7-5 中,面元 $d\boldsymbol{S}$ 不平行该点的电场线方向,面元的法线方向与电场强

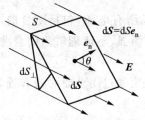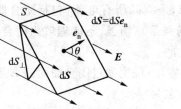

(a) 匀强电场中平面 S 上的 E 通量　　　(b) 非匀强电场中任意曲面 S 上的 E 通量

图 7 - 5　E 通量的计算

度方向间的夹角为 θ，但该面元在平行电场强度方向的投影就是 $\mathrm{d}S_\perp$。显然，通过 $\mathrm{d}S$ 和 $\mathrm{d}S_\perp$ 的电场线条数相等，即 E 通量相等。

式(7-8)为计算 E 通量的一般公式。在均匀电场中，如果曲面 S 为平面，且其法线方向与均匀电场的场强 E 成 θ 角，如图 7-5(a)所示，则通过 S 面的 E 通量为

$$\Phi_e = E \cdot S$$

如果 S 面为非均匀电场中任意曲面，如图 7-5(b)所示，在计算通过它的 E 通量时，可将曲面 S 分割成无数面元 $\mathrm{d}S$，每一面元均可视为平面，且可认为在面元 $\mathrm{d}S$ 上的场强 E 都相同，这时通过面元 $\mathrm{d}S$ 的 E 通量为

$$\mathrm{d}\Phi_e = E \cdot \mathrm{d}S$$

通过整个曲面的 E 通量，就是通过这无数面元的 E 通量的代数和，即对整个曲面 S 进行积分，得

$$\Phi_e = \iint E \cdot \mathrm{d}S \tag{7-9}$$

如果曲面是闭合的，人们规定，各处面元法线的方向由闭合面内指向闭合面外（简称外法线方向），则

$$\Phi_e = \oiint_s E \cdot \mathrm{d}S \tag{7-10}$$

通过闭合面的 E 通量 Φ_e 表示了净穿出闭合面的电场线条数。

高斯定理揭示了通过闭合曲面（称为高斯面）的 E 通量与面内电荷的关系，它可表述为：在静电场中，通过任一闭合曲面 S 的 E 通量 Φ_e 等于该面所包围的所有电荷量的代数和 $\sum q$ 的 $1/\varepsilon_0$ 倍。其数学表达式为

$$\Phi_e = \oiint_s E \cdot \mathrm{d}S = \frac{1}{\varepsilon_0} \sum_s q_i \tag{7-11}$$

该式可以从库仑定律出发，利用场强叠加原理导出（这里证明从略）。

高斯定理是静电场中的一个重要定理，为正确理解高斯定理，需注意以下几点：

(1) 通过闭合曲面的 E 通量，只与闭合曲面内的电荷量有关，与闭合曲面内

的电荷分布以及闭合曲面外的电荷无关。

（2）闭合曲面上任一点的场强 E，是空间所有电荷（包括闭合曲面内、外的电荷）共同激发的，即闭合曲面上的场强是总场强，不能理解为闭合曲面上的场强仅仅是由闭合曲面内的电荷所产生的。

（3）闭合曲面内电荷的代数和为零，只说明通过闭合曲面的 E 通量为零，并不意味着闭合曲面上各点的场强也一定为零。

高斯定理反映了静电场的一个基本性质，即静电场是有源场，静电场的源头来源于正电荷。此外，高斯定理不仅对静电场适用，对运动电荷的电场也适用。

7.2.4　静电场的环路定理　电势

1. 静电场力做功的特点

设检验电荷 q_0 在点电荷 $+q$ 的电场中，沿任意路径 L 自 P 点移到 Q 点，如图 7-6 所示，现在来计算电场力做的功 A_{PQ}。由于 E 的大小和方向沿路径 L 逐点变化，我们将 L 分割成许多小线元。考虑任一位移元 $\mathrm{d}\boldsymbol{l}$，电场力在 $\mathrm{d}\boldsymbol{l}$ 上所做元功为

$$\mathrm{d}A = \boldsymbol{F} \cdot \mathrm{d}\boldsymbol{l} = q_0 \boldsymbol{E} \cdot \mathrm{d}\boldsymbol{l} \qquad (7-12)$$

当 q_0 从 P 点移到 Q 点时，电场力所做的总功为

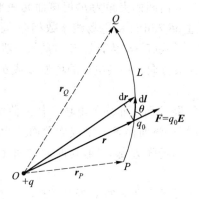

图 7-6　电场力的功

$$
\begin{aligned}
A_{PQ} &= \int_L \mathrm{d}A = q_0 \int_L \boldsymbol{E} \cdot \mathrm{d}\boldsymbol{l} \\
&= q_0 \int_L E\,\mathrm{d}l\cos\theta = q_0 \int_{r_P}^{r_Q} \frac{1}{4\pi\varepsilon_0} \frac{q}{r^2}\,\mathrm{d}r \\
&= \frac{q_0 q}{4\pi\varepsilon_0}\left(\frac{1}{r_P} - \frac{1}{r_Q}\right)
\end{aligned}
\qquad (7-13)
$$

上式表明，当检验电荷 q_0 在点电荷的电场中运动时，电场力对其所做的功与路径无关，只与检验电荷的起点和终点位置有关，还与检验电荷的大小成正比。这就是静电场力做功的特点，它说明静电场力是保守力。

2. 静电场的环路定理

静电场力是保守力，其做功还可表述成另一种形式。

设电荷 q_0 从场中某点出发，沿任一闭合回路回到出发点，由于 $\boldsymbol{r}_P = \boldsymbol{r}_Q$，电场力所做的功为

$$q_0 \oint_L \boldsymbol{E} \cdot \mathrm{d}\boldsymbol{l} = 0 \qquad (7-14)$$

即

$$\oint_L \boldsymbol{E} \cdot \mathrm{d}\boldsymbol{l} = 0 \qquad (7-15)$$

上式表明:静电场中场强沿任意闭合环路的线积分恒等于 0,此结论称为静电场的环路定理。它反映了静电场的另一基本性质:静电场是保守场。

3. 电势

当在电场中把检验电荷 q_0 从 P 点移到 Q 点时,其电势能的减少量 W_{PQ} 与检验电荷 q_0 成正比。也可以说,比值 W_{PQ}/q_0 与检验电荷无关,它反映了电场本身在 P、Q 两点的性质。这个量定义为电场中 P、Q 两点间的电势差(或称为电位差、电压)。

$$U_{PQ} = U_P - U_Q = \frac{W_{PQ}}{q_0} = \frac{A_{PQ}}{q_0} = \int_P^Q \boldsymbol{E} \cdot \mathrm{d}\boldsymbol{l} \qquad (7-16\mathrm{a})$$

即 P、Q 两点间的电势差定义为从 P 到 Q 移动单位正电荷时电场力所做的功,或单位正电荷的电势能差。

如果要求空间某一点的电势(或电位),则需选定参考点,令参考点的电势为零,则其他点与参考点的电势差定义为该点的电势值。若带电体系局限在有限的空间内,通常选取无限远为参考位置,即无限远为势能零点,则这时空间任一点 P 的电势 U_P 为

$$U_P = U_{P\infty} = \frac{W_{P\infty}}{q_0} = \frac{A_{P\infty}}{q_0} = \int_P^\infty \boldsymbol{E} \cdot \mathrm{d}\boldsymbol{l} \qquad (7-16\mathrm{b})$$

应当说明的是,选择不同的参考点(零势点),空间各点电势的数值将有所不同,但空间任意两点的电势差与参考点的选择无关。从式(7-16a)、(7-16b)可以看出,电势差或电势的单位为焦耳/库仑,称为伏特,用 V 表示。

$$1 \text{ 伏特} = \frac{1 \text{ 焦耳}}{1 \text{ 库仑}} \quad \text{或} \quad 1 \text{ V} = 1 \text{ J/C}$$

从上两式还可看出,电场强度的单位应为伏特/米(V/m),这与前面给出的 N/C 是一致的。

(1) 点电荷电场中的电势

根据电势的定义式(7.16b),选取无限远处为零电势点,则在带电量为 q 的点电荷产生的电场中,距点电荷为 r 处的 P 点的电势为

$$U_P = \int_P^\infty \boldsymbol{E} \cdot \mathrm{d}\boldsymbol{l} = \int_r^\infty \frac{1}{4\pi\varepsilon_0} \frac{q}{r^2} \mathrm{d}r = \frac{q}{4\pi\varepsilon_0 r}$$

由于 P 点是任意的,于是得点电荷 q 产生的电场中电势的分布为

$$U = \frac{1}{4\pi\varepsilon_0} \frac{q}{r} \qquad (7-17)$$

（2）电势叠加原理

由电势的定义式（4.16b）和场强叠加原理可导出电势叠加原理

$$U_P = \int_P^\infty \boldsymbol{E} \cdot \mathrm{d}\boldsymbol{l} = \int_P^\infty (\boldsymbol{E}_1 + \boldsymbol{E}_2 + \cdots + \boldsymbol{E}_n) \cdot \mathrm{d}\boldsymbol{l}$$

$$= \int_P^\infty \boldsymbol{E}_1 \cdot \mathrm{d}\boldsymbol{l} + \int_P^\infty \boldsymbol{E}_2 \cdot \mathrm{d}\boldsymbol{l} + \cdots + \int_P^\infty \boldsymbol{E}_n \cdot \mathrm{d}\boldsymbol{l}$$

即　　　　$$U_P = U_{1P} + U_{2P} + \cdots + U_{mp} = \sum_{i=1}^n U_{imp} = \frac{1}{4\pi\varepsilon_0} \sum_{i=1}^n \frac{q_i}{r_i} \qquad (7-18)$$

上式表明：带电体系在空间任意一点产生的电势，等于各带电体单独存在时，在该点产生的电势的代数和。这就是电势叠加原理，它适用于任何静电场。

如果产生电场的电荷是连续分布的，则式（7-18）中求和可用积分来代替，以 $\mathrm{d}q$ 表示电荷分布中的任一电荷元，r 为 $\mathrm{d}q$ 到场点 P 的距离，则 P 点电势为

$$U_P = \int_P^{\text{参考点}} \frac{\mathrm{d}q}{4\pi\varepsilon_0 r} \qquad (7-19)$$

电势是描述电场性质的重要物理量。由于它是标量，所以在叠加时要比电场强度矢量叠加简单得多。从上面的讨论可知，要求电场中某点的电势，可通过两种途径：一是由电势的定义；二是根据电势叠加原理来计算。

7.3　静电场中的导体和电介质

7.3.1　静电场中的导体

前面我们讨论了真空中的静电场。实际上，电场中总有导体或电介质存在。在静电场的作用下，导体内的自由电荷将重新分布，电介质内将出现极化电荷。这些新电荷也将产生电场，从而改变原来的电场分布。

金属导体在通常情况下呈电中性，若将其置于电场中，金属内的自由电子将在电场力的作用下定向移动，从而使导体中的电荷重新分布，这种现象叫静电感应。如图 7-7 所示，在均匀电场 $\boldsymbol{E}_0$ 中，放入一个金属导体，在电场力作用下，导体内电荷将重新分布，使其两侧出现等量异号的感应电荷。

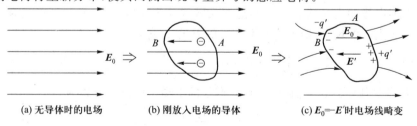

(a) 无导体时的电场　　　(b) 刚放入电场的导体　　　(c) $\boldsymbol{E}_0 = -\boldsymbol{E}'$ 时电场线畸变

图 7-7　静电场中的导体

在上述情况下,导体内会产生一个附加电场 E',与外电场 E_0 方向相反。当导体两端正负感应电荷积累到一定程度时,E' 的数值就会大到足以把 E_0 完全抵消。此时,自由电荷就不会再定向移动,从而电场分布不随时间改变,金属导体内的合场强为零,这时我们称带电体系达到了静电平衡。显然,金属导体处于静电平衡状态时必须满足以下两个条件:

(1) 导体内的场强处处为零。

(2) 导体表面的场强处处与表面垂直。

若用电势来描述静电平衡条件,可在导体内任取两点 P 和 Q,设两点间的电势差为 $U_P - U_Q$,则

$$U_P - U_Q = \int_P^Q \boldsymbol{E} \cdot \mathrm{d}\boldsymbol{l} = 0 \qquad (7-20)$$

即 $U_P = U_Q$,故在静电平衡时,导体是一个等势体,导体表面是一个等势面。

应用高斯定理可证明,在静电平衡状态下,由于导体内部 $E = 0$,因而导体内部不再有净余电荷,电荷只能分布在导体的表面上。进一步研究表明,一般情况下,孤立导体表面的电荷分布与导体的形状有关,如图 7-8所示,导体表面曲率大的地方,电荷面密度大,曲率小的地方,电荷面密度小。由高斯定理还可证明,导体表面外附近空间的场强 E 与该处表面的电荷面密度 σ 有以下关系:

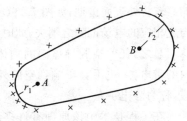

图 7-8　导体表面的电荷分布

$$E = \frac{\sigma}{\varepsilon_0} \qquad (7-21)$$

场强方向垂直于该处导体表面。因此,导体上曲率大的地方场强数值也较大。即尖端附近场强大,平坦的地方场强小。当场强大到超过空气的击穿场强时,此处的空气被电离,其中与尖端上电荷符号相反的离子被吸引到尖端,与尖端上的电荷中和;与尖端上电荷同号的离子受到排斥而飞向远方,形成尖端放电。例如,在温度较高、气压较低的大气中,在高压输电线上会看到尖端放电现象,这时输电线上有大量电荷向周围介质流散,从而增加了能量损耗。为了尽量避免尖端放电,高压输电线表面一般做得很光滑,其半径也不能过小。在电气工程中,为防止尖端放电,对一些带有高压的器件要消灭尖端、磨平糙面,不使电荷在局部高度集中,必要时,还要为它们加上绝缘层。

在静电平衡状态下,导体内部的场强处处为零。这一规律,在工程技术上可用来进行静电屏蔽。如图 7-9(a)所示,将一空腔导体放在静电场中,静电平衡时,导体内和空腔中的场强处处为零。表明利用空腔导体可以屏蔽外电场,使空

腔内部物体不受外部电场的影响,即起到了屏蔽作用。

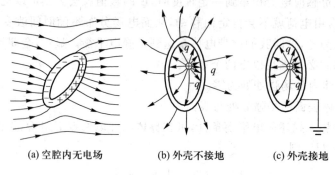

(a) 空腔内无电场　　　　(b) 外壳不接地　　　　(c) 外壳接地

图 7 - 9　静电屏蔽

　　如果在金属空腔内置一带电体,如图 7 - 9(b)所示,由于静电感应,在空腔内、外表面上,分别出现等量异号电荷,其外表面的电荷所产生电场会对外界产生影响。若将外表面接地,如图 7 - 9(c)所示,则外表面上的感应电荷因接地而被中和,与之相应的电场也随之消失,此时空腔内的带电体对空腔外的影响也就不存在了。

　　总之,任何空腔导体内的物体,不会受到空腔外电场的影响;接地导体空腔内的带电体,也不会影响到空腔外的物体,这种排除或抑制静电场干扰的技术措施,称为静电屏蔽。

　　在工程技术中该原理有许多应用。例如,许多无线电元件(中频变压器、晶体管等)外面都有一层金属壳,尤其是集成电路中的微型元件,抗静电能力很弱,因此,绝大多数集成块都是封装在金属壳内,这时外部电场将不会对它们产生影响。对一些传送弱信号的导线,如电视机的公共天线、收录机的内录线等,为防止外界干扰,多采用外部包有一层金属网的屏蔽方式。

*7.3.2　静电场中的电介质

　　电介质就是通常所说的绝缘体,如玻璃、琥珀、丝绸、橡胶、云母、塑料、陶瓷等。在电介质中几乎不存在自由电子,因此在一般情况下不导电。

1. 电介质的极化

　　若将一块均匀电介质放在外电场 E_0 中,我们将发现,在电介质与外电场垂直的两表面上出现了电荷,如图 7 - 10 所示,这种在外电场作用下,电介质表面出现电荷的现象叫电介质的极化,出现的电荷叫极化电荷。应当指出,极化电荷与由于静电感应而在导体上出现的

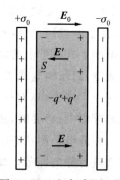

图 7 - 10　电介质的极化

感应电荷在本质上是完全不同的。金属中的感应电荷是自由的,可以用接地的方法将其从导体中移走;极化电荷是在外电场作用下,分子中的正负电荷在分子范围内做微小移动的结果,它们不能超出分子范围,也不能用接地的方法将其引出电介质,所以极化电荷又称为束缚电荷。

2. 电介质对电场的影响

电介质中的总场强 E 为外加电场 E_0 和极化电荷产生的电场 E' 二者的矢量和,即

$$E = E_0 + E' \qquad (7-22)$$

实验表明,介质极化程度依赖于外电场 E_0 的强弱。E_0 越强,极化程度愈高,E' 值愈大。在均匀电介质充满整个电场空间的情况下,(确切地说,在均匀线性各向同性电介质充满两等势面间的情况下),外电场 E_0 与总场强的比值定义为电介质的相对介电常量 ε_r:

$$\varepsilon_r = E_0 / E \qquad (7-23)$$

真空中 $\varepsilon_r = 1$。电介质的介电常量 $\varepsilon = \varepsilon_0 \varepsilon_r$,反映了电介质的极化性能和对电场的影响。表 7-1 给出了几种常见的电介质的相对介电常量。

表 7-1   几种常见的电介质的相对介电常量

电介质	ε_r	电介质	ε_r
真空	1	聚氯乙烯	3.1～3.5
空气(0 ℃,标准大气压下)	1.000 59	聚苯乙烯	2.5
石蜡	2.0～2.3	绝缘用瓷	5.0～6.5
玻璃	5～10	纯水	81.5
云母	6～8	钛酸钡	1 000～10 000

3. 电介质中的高斯定理

下面,我们以平行板电容器为例,导出电介质中的高斯定理。设电容器两极板间充满各向同性的均匀电介质,在外场 E_0 作用下,两板表面上分别出现等量的正负极化电荷。如图 7-11 所示,在图中任作一圆柱形的高斯面 S。设高斯面内包围的自由电荷为 q_0,极化电荷电量为 q',则由静电场的高斯定理

$$\oiint_s E \cdot \mathrm{d}S = \frac{q_0 + q'}{\varepsilon_0}$$

可以证明(在此略):

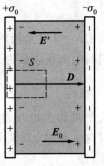

图 7-11   电介质中的高斯定理

$$\oiint_s \varepsilon_0 \varepsilon_r \boldsymbol{E} \cdot \mathrm{d}\boldsymbol{S} = q_0$$

令 $\boldsymbol{D} = \varepsilon_0 \varepsilon_r \boldsymbol{E}$,则

$$\oiint_s \boldsymbol{D} \cdot \mathrm{d}\boldsymbol{S} = q_0 \qquad (7-24\mathrm{a})$$

$\boldsymbol{D}$ 称为电位移矢量,在均匀的线性介质中,$\boldsymbol{D}$、$\boldsymbol{E}$ 方向相同。上式为电介质存在时的高斯定理。虽然该结论是从平行板电容器电场得出的,但理论上可以证明,对其他情况,都是成立的。

有介质时的高斯定理可写为以下普遍形式

$$\oiint_s \boldsymbol{D} \cdot \mathrm{d}\boldsymbol{S} = \sum_i q_{i0} \qquad (7-24\mathrm{b})$$

式中 $\sum_i q_{i0}$ 为高斯面内包围的自由电荷的代数和。式(7-24b)表明:通过闭合曲面的电位移通量等于这个闭合曲面所包围的自由电荷的代数和,与极化电荷及高斯面外的电荷无关,这就是介质中的高斯定理。

7.4 静电场的能量

电能是定义在电场中的,即电能分布于电场之中。那么,我们可将电能的公式通过描述电场的特征量——场强 $\boldsymbol{E}$ 表示出来。下面我们以平行板电容器为例,来说明电能与电场强度 $\boldsymbol{E}$ 之间的关系。

平行板电容器内储能为 $W_e = \dfrac{1}{2}\dfrac{Q^2}{C}$,电容为 $C = \dfrac{\varepsilon S}{d}$,场强为 $E = \dfrac{\sigma}{\varepsilon} = \dfrac{Q}{\varepsilon S}$,将电容 C,场强 E 的表达式代入储能公式,得

$$W_e = \frac{1}{2}\varepsilon E^2 \cdot Sd = \frac{1}{2}\varepsilon E^2 V$$

式中 $V = DS$ 是板间电场占据的空间体积,能量储存于电场之中。因此,单位体积内的电场能量为

$$w_e = \frac{W}{V} = \frac{1}{2}\varepsilon E^2 = \frac{1}{2}DE = \frac{1}{2}\boldsymbol{D} \cdot \boldsymbol{E} \qquad (7-25)$$

这个量称为电场能量密度。可以证明,上式对于任何电场都是成立的。利用这一公式,只要知道空间的电场分布,就可以通过积分求出整个电场的能量,即

$$W = \int_V w_e \mathrm{d}V = \int_V \frac{1}{2}\varepsilon E^2 \mathrm{d}V = \int_V \frac{1}{2}\boldsymbol{D} \cdot \boldsymbol{E}\mathrm{d}V \qquad (7-26)$$

此积分遍及电场分布的所有空间,它是计算电场能量的一般公式。

7.5　稳恒磁场

7.5.1　磁场　磁感应强度

　　任何物质都具有磁性,物质的磁性不但普遍存在,而且多种多样。磁现象是一种普遍存在的现象,且在实际中得到了广泛的研究和应用。近至我们的身体和周围的物质,远至各种星体和星际中的物质。微观世界的原子、原子核和基本粒子,宏观世界的各种材料,都具有这样或那样的磁性。只是有些物质磁性强,有些物质磁性弱,一些天然铁矿石在采出时就呈现出较强的永磁性。我国是世界上最早发现和应用磁现象的国家之一,早在公元前300年就发现磁铁吸引铁的现象。在 11 世纪,我国已制造出指南针。《山海经》中有"山中有磁石者,必有赤金。"《水经注》记载,秦始皇的阿房宫有"北阙门",用磁石做成,以防刺客。

　　磁性是物质的一种基本属性,其基本特点是物质在磁场中要受到磁力的作用。

　　如何表示物质磁性的强弱呢? 为什么磁石没有接触钢铁就可以吸引它? 在一块硬纸板的下面放两块磁铁,让它们的 S 极相对。纸板上面撒一些细的铁粉末。我们会看到,铁粉末会自动排列起来形成环形曲线的样子,如图 7-12 所示。其中 N 极和 S 极之间的曲线是连续的,也就是说曲线从 N 极直至 S 极。在磁铁内部,曲线再从 S 极到 N 极。而 S 极和 S 极之间的曲线互相排斥,不能融合和贯穿。这种现象说明,磁铁的磁极之间存在着某种联系及相互作用。

1. 磁感应线

　　我们可以假想,在磁极之间存在着一种曲线,它代表着磁极之间相互作用的强弱,我们称这种曲线为磁感应线。磁感应线上某点的切线方向代表着该点的磁场方向,磁场的强弱可以用磁感应线条数来描述,磁感应线密的地方磁场强,磁感应线疏的地方磁场弱。单位截面上穿过的磁感应线条数(数目)称为磁通量密度,穿过某曲面的磁感应线条数(数目)称为该曲面的磁通量。磁力线为闭合曲线,在磁铁外部,磁力线从 N 极出发到达 S 极;在磁铁内部,磁力线又从 S 极到达 N 极,磁力线是无头无尾的闭合曲线。离磁极近的地方磁感应线密,表示磁场强;离磁极远的地方磁感应线疏,表示磁场弱,如图 7-13 所示。

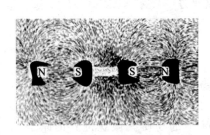

图 7-12　铁粉末沿磁感应线排列

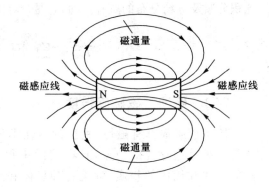

图 7-13　条形磁铁的磁场分布

　　如图 7-14 所示,磁感应线(B 线)是一些有方向的曲线,其上每一点的切线方向 t 就代表该点磁感应强度 B 的方向。因此,任意两条磁感应线都不会相交,否则交点的磁场将有两个方向,与磁感应强度矢量 B 的性质不符。放置在磁场中某点的一个可自由转动的小磁针,将在磁场力的作用下而旋转,当小磁针达到稳定平衡时,它的两极有确定的指向。我们把处在磁场中某点的小磁针 N 极的指向,规定为该点磁感应强度 B 的方向。若磁场中某区域内各点的磁感应强度 B 的方向相同,大小相等,我们称之为匀强磁场,如图 7-15 所示,否则即称为非匀强磁场。

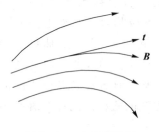

图 7-14　非匀强磁场

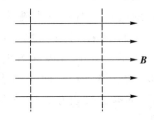

图 7-15　匀强磁场

　　我们必须明白,磁感应线是为了理解方便而设想的,实际上并不存在。在磁极周围的空间中真正存在的不是磁感应线,而是一种场——磁场。磁性物质间的相互作用就是通过磁场实现的。

2. 毕奥-萨伐尔定律

　　实验表明,运动电荷在磁场中所受到的磁场力 F 的大小,与它的电量 q、速度 v 的大小及方向有关。当速度方向与磁场方向相同或相反时,所受磁力为零;当速度方向与磁场方向垂直时,所受磁场力最大。这个力的最大值 $F_{\max}$ 与 q 和 v 的乘积成正比,对于确定的场点,$F_{\max}/qv$ 具有确定的量值而与运动电荷的 qv 的大小无关。由此可见,$F_{\max}/qv$ 反映了该点磁场强弱的性质。对不同的场点,这

个比值一般不同。因此我们把磁感应强度的大小定义为

$$B = \frac{F_{\max}}{qv} \qquad (7-27)$$

在国际单位制中,磁感应强度 B 的单位为特斯拉(记作 T),$1 \text{ T} = 1 \dfrac{\text{N} \cdot \text{s}}{\text{C} \cdot \text{m}}$。

在静电场中,为了求出带电体周围空间中任一点 P 的场强,可把带电体看成是由无限多个电荷元 dq 所组成,利用点电荷的场强公式,先求出 dq 在场点 P 产生的场强 dE,再由场强叠加原理,即可求得整个带电体在场点产生的电场强度 E。实验表明,磁场和电场一样,也遵从叠加原理。所以,运用相同的分析方法,可以求得各种载流导线在空间任意场点 P 产生的磁感应强度 B。

任何载流导线都可分成无限多个电流元 Idl,我们可先求出一个电流元在空间某场点 P 产生的磁感应强度 dB,再根据叠加原理,求得整个载流导线在场点 P 产生的磁感应强度 B,即

$$B = \int dB$$

法国物理学家毕奥和萨伐尔两人对奥斯特的发现进行了精确分析和研究,通过实验发现了直线电流对磁针作用的规律。法国数学家、物理学家拉普拉斯根据毕奥和萨伐尔的研究结果从数学上推导出任意电流元施加在磁针上的作用力规律,并从不同形状电流激发的磁场分布中抽象总结出了电流元产生磁场的基本规律。

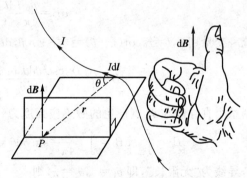

如图 7 - 16 所示,一个电流元可用矢量 Idl 来表示,其方向沿电流方向。设电流元 Idl 在空间一点 P 激发的磁感应强度为 dB,Idl 到 P 点的矢径为 r,毕奥-萨伐尔定律指出,dB 可表示为

图 7 - 16　毕奥-萨伐尔定律

$$d\boldsymbol{B} = \frac{\mu_0}{4\pi} \frac{Id\boldsymbol{l} \times \boldsymbol{e}_r}{r^2} \qquad (7-28)$$

式中 $\mu_0 = 4\pi \times 10^{-7} \text{ N/A}^2$ 称为真空中的磁导率,dB 的方向由右手螺旋法则确定,垂直于 Idl 和 r 所决定的平面。e_r 为沿 r 方向的单位矢量。

任意载流导线 L 产生的磁场应为其中所有电流元产生的磁场的矢量和,即

$$\boldsymbol{B} = \int_{(L)} d\boldsymbol{B} = \frac{\mu_0}{4\pi} \int_{(L)} \frac{Id\boldsymbol{l} \times \boldsymbol{e}_r}{r^2} \qquad (7-29)$$

式(7-36)、(7-37)分别称为毕奥-萨伐尔定律的微分形式和积分形式,它们是载流导线产生磁场的基本规律。

应当指出,毕奥-萨伐尔定律是在实验的基础上经过科学分析抽象出来的,它不可能用实验直接加以验证,因为电流元不可能单独存在。毕奥-萨伐尔定律的正确性是通过间接的方法得到证实的,因为由它所推出的所有结果都很好地与实验事实相符。

例1 求载流直导线的磁场。

解:设导线长度为L,通过电流为I,考虑在这直导线旁距离直导线为r_0的任意一点P的磁感应强度(见图7-17)。将直线电流分成许多电流元,每个电流元在P点产生的磁感应强度的方向相同(垂直纸面向里),故在求总磁感应强度$\boldsymbol{B}$的大小时,只需求$\mathrm{d}B$的代数和。在直导线上距坐标原点l处任取一电流元$I\mathrm{d}\boldsymbol{l}$,它在$P$点产生的磁感应强度的大小为

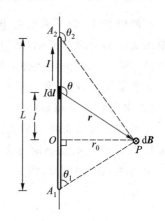

图7-17 载流直导线产生的磁场

$$\mathrm{d}B = \frac{\mu_0}{4\pi}\frac{I\mathrm{d}l\sin\theta}{r^2}$$

统一变量用θ,$l = r_0\cot(\pi-\theta) = -r_0\cot\theta$,$\mathrm{d}l = r_0\csc^2\theta\mathrm{d}\theta$,$r^2 = r_0^2\csc^2\theta$,则

$$\mathrm{d}B = \frac{\mu_0}{4\pi}\frac{Ir_0\csc^2\theta\mathrm{d}\theta\sin\theta}{r_0^2\csc^2\theta} = \frac{\mu_0 I}{4\pi r_0}\sin\theta\mathrm{d}\theta$$

则整个直导线在P点产生的磁感应强度为

$$B = \int_{(L)}\mathrm{d}B = \int_{\theta_1}^{\theta_2}\frac{\mu_0 I}{4\pi r_0}\sin\theta\mathrm{d}\theta = \frac{\mu_0 I}{4\pi r_0}(\cos\theta_1 - \cos\theta_2) \qquad (7-30)$$

若导线为"无限长",即$\theta_1 = 0$,$\theta_2 = \pi$,则

$$B = \frac{\mu_0 I}{2\pi r_0} \qquad (7-31)$$

可见,无限长载流导线周围产生的磁感应强度$\boldsymbol{B}$与距离r_0的一次方成反比。由此可见,无限长载流导线在周围的空间中将产生环形磁场,导线中流过的电流越大,产生的磁场越强。磁场的方向根据右手定则来确定:将右手大拇指伸出指向电流方向,其余四指并拢弯向掌心,则四指的方向即为磁场方向,如图7-18所示。

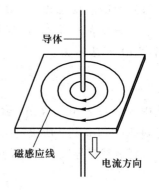

图7-18 右手定则

3. 匀速运动点电荷产生的磁场

载流导体中的电流是其中大量自由电子定向运动形成的,因此可以推知,电流所激发的磁场其实是由运动电荷激发的。

设一电流元 $I\mathrm{d}l$,其截面积为 S,载流子带电荷量为 q,定向运动速度为 v,密度为 n,则在此电流元中,电流密度为 $\boldsymbol{j}=nq\boldsymbol{v}$,因此电流元可表示为:

$$I\mathrm{d}l=\boldsymbol{j}S\mathrm{d}l=nS\mathrm{d}lq\boldsymbol{v}$$

则毕奥-萨伐尔定律

$$\mathrm{d}\boldsymbol{B}=\frac{\mu_0}{4\pi}\frac{I\mathrm{d}\boldsymbol{l}\times\boldsymbol{e}_r}{r^2}$$

可写成

$$\mathrm{d}\boldsymbol{B}=\frac{\mu_0}{4\pi}\frac{nS\mathrm{d}l\,\boldsymbol{v}\times\boldsymbol{e}_r}{r^2}$$

式中 $S\mathrm{d}l=\mathrm{d}V$ 为电流元体积,$n\mathrm{d}V=\mathrm{d}N$ 为电流元中做定向运动的粒子数。那么一个以速度 v 运动的电荷,在距离 r 处激发的磁感应强度为

$$\boldsymbol{B}=\frac{\mathrm{d}\boldsymbol{B}}{\mathrm{d}N}=\frac{\mu_0}{4\pi}\frac{q\boldsymbol{v}\times\boldsymbol{e}_r}{r^2} \tag{7-32}$$

显然,$\boldsymbol{B}$ 的方向垂直与 $\boldsymbol{v}$ 与 $\boldsymbol{r}$ 组成的平面,当 q 为正电荷时,方向与 $\boldsymbol{v}\times\boldsymbol{r}$ 一致,当 q 为负电荷时,方向与 $\boldsymbol{v}\times\boldsymbol{r}$ 相反。

7.5.2　稳恒磁场的高斯定理和安培环路定理

1. 高斯定理

磁通量:定义通过磁场中某一给定曲面的磁感应线的条数为通过该曲面的磁通量。单位截面上穿过的磁力线数目称为磁通量密度。设在磁场中有一面元 $\mathrm{d}S$,其法线方向与磁场方向的夹角为 θ,如图 7-19 所示。则通过该面元的磁通量为

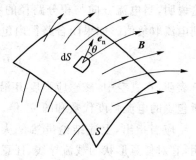

$$\mathrm{d}\varPhi_\mathrm{m}=\boldsymbol{B}\cdot\mathrm{d}\boldsymbol{S}$$

通过任一有限曲面的磁通量为

$$\varPhi_\mathrm{m}=\int\mathrm{d}\varPhi_\mathrm{m}=\int_S\boldsymbol{B}\cdot\mathrm{d}\boldsymbol{S} \tag{7-33}$$

磁通量的单位为韦伯,符号为 Wb,1 Wb=

图 7-19　磁通量

$1\,\mathrm{T}\cdot\mathrm{m}^2$。设 S 为一闭合曲面,由于磁感应线为闭合曲线,因而穿进闭合曲面的磁感应线数必定等于穿出闭合曲面的磁感应线数,即通过磁场中任一闭合面的磁通量恒等于零,即

$$\varPhi_{\mathrm{m}} = \oint_S \boldsymbol{B} \cdot \mathrm{d}\boldsymbol{S} = 0 \qquad\qquad (7-34)$$

此式称为磁场的高斯定理。

　　磁感应线是闭合曲线,因此它在任意封闭曲面的一侧穿入,必在另一侧全部穿出,说明了磁场是无源场。

2. 安培环路定理

　　静电场的环路定理 $\oint_L \boldsymbol{E} \cdot \mathrm{d}\boldsymbol{l} = 0$,反映了静电场的一个重要性质——静电场是保守场。与此类似,我们可通过计算真空中磁感应强度 $\boldsymbol{B}$ 的环流 $\oint_L \boldsymbol{B} \cdot \mathrm{d}\boldsymbol{l}$,来探讨稳恒磁场的性质。

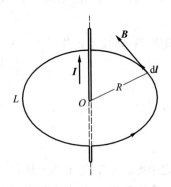

　　如图 7-20 所示,设真空中有一无限长直导线,通过电流为 I,取半径为 R 的圆为积分回路 L,并使回路所在的平面与导线垂直,导线通过回路中心 O。由于 $\mathrm{d}\boldsymbol{l}$ 方向总是与 $\boldsymbol{B}$ 的方向相同,所以有

图 7-20　安培环路定理

$$\oint_L \boldsymbol{B} \cdot \mathrm{d}\boldsymbol{l} = \oint_L B\,\mathrm{d}l = B\oint_L \mathrm{d}l$$
$$= \frac{\mu_0 I}{2\pi R} \cdot 2\pi R = \mu_0 I$$

如果保持积分路径 L 的绕行方向不变,而改变直导线电流方向,这时 $\mathrm{d}\boldsymbol{l}$ 总与 $\boldsymbol{B}$ 反向,$\boldsymbol{B}$ 的环流为

$$\oint_L \boldsymbol{B} \cdot \mathrm{d}\boldsymbol{l} = \mu_0(-I)$$

这说明,当电流方向与积分路径的绕行方向成右手螺旋关系时,电流取正值;否则电流取负值。如果闭合路径内包围有 $I_1, I_2, \cdots, I_n$ 个电流,则上式应为

$$\oint_L \boldsymbol{B} \cdot \mathrm{d}\boldsymbol{l} = \mu_0 \sum I_i \qquad\qquad (7-35)$$

这表明,在真空中,磁感应强度 $\boldsymbol{B}$ 沿任意闭合回路 L 的线积分,等于该闭合回路所包围的电流强度代数和的 μ_0 倍。这一结论,称为磁场的安培环路定理。

　　应当指出,上述结论虽然是从长直导线和特殊积分回路导出的,但可以证明,它对任意形状的载流导线,任意形状的闭合积分回路都成立。

　　安培环路定理再次说明了稳恒磁场和静电场之间的区别。静电场的环流恒为零,说明静电场是保守场。稳恒磁场的环流不为零,因此,它不是保守场。

　　利用安培环路定理可方便地求出一些对称的磁场分布。

　　例 2　求通有电流 I 的长直密绕螺线管内部的磁感应强度(设螺旋管单位

长度线圈的匝数为 n)。

解:由于是长螺线管,管内中心区域的磁场是均匀的。选取图示的矩形闭合回路 $ABCDA$ 为安培环路 L,如图 7-21 所示。由式(7-35)得

$$\oint_L \boldsymbol{B} \cdot \mathrm{d}\boldsymbol{l} = \int_{AB} \boldsymbol{B} \cdot \mathrm{d}\boldsymbol{l} + \int_{BC} \boldsymbol{B} \cdot \mathrm{d}\boldsymbol{l} + \int_{CD} \boldsymbol{B} \cdot \mathrm{d}\boldsymbol{l} + \int_{DA} \boldsymbol{B} \cdot \mathrm{d}\boldsymbol{l} = \mu_0 ABnI$$

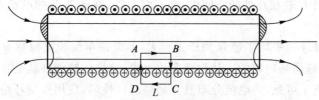

图 7-21 长直密绕螺线管内部的磁场

由于 CD 在螺线管外,$B=0$;BC 和 DA 都与 $\boldsymbol{B}$ 垂直,因此上式线积分的后三项为零。则

$$\int_{AB} \boldsymbol{B} \cdot \mathrm{d}\boldsymbol{l} = BAB = \mu_0 ABnI$$

所以

$$B = \mu_0 nI \qquad\qquad (7-36)$$

$\boldsymbol{B}$ 的方向水平向右,与电流绕向成右手螺旋关系。

例 3 求载流螺绕环内、外的磁场分布。

解:设螺绕环很细,环的平均半径为 R,总匝数为 N,通过的电流强度为 I,如图 7-22 所示。由电流的对称性可知,与环共轴的圆周上的磁感应强度大小相等,方向沿圆周的切线方向。取安培环路 L 为螺绕环内的与它同心的圆,其半径为 r,穿过 L 的电流共 N 次。由安培环路定理得

$$\oint_L \boldsymbol{B} \cdot \mathrm{d}\boldsymbol{l} = B2\pi r = \mu_0 \sum I$$

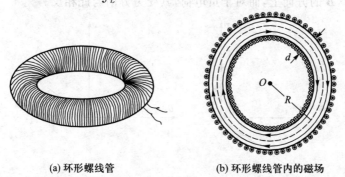

(a) 环形螺线管   (b) 环形螺线管内的磁场

图 7-22 螺绕环的磁场分布

在螺绕环内 $\sum I = NI$，故 $B = \dfrac{\mu_0 NI}{2\pi r}$。因为螺绕环很细，环内距中心 O 不同的各处 B 值相差很小，可用平均半径 R 代替 r，即

$$B = \frac{\mu_0 NI}{2\pi R} = \mu_0 nI \qquad (7-37)$$

若将安培环路 L 取在环外的空间中，并与它共轴，则穿过 L 的电流 $\sum I = 0$，故环外 $B = 0$。

如果螺绕环的平均半径 R 趋于无穷大，而维持单位长度匝数 n 和线圈半径不变，则环内磁场是均匀的。从物理本质上讲，这样的螺绕环就是长直螺线管。

由以上例子可见，当电流分布具有某些对称性时，应用安培环路定理可以方便地求出磁场分布。这主要指无限长载流直导线、圆柱、圆柱面及其组合、载流螺绕环、载流无限长螺线管及无限大载流平面等，计算中的关键问题是磁场的对称性的分析。

7.5.3　磁场对运动电荷的作用

1. 洛伦兹力

静止的电荷在静电场中要受到电场力的作用，但在磁场中，静止电荷并不受到磁力，只有以一定速度在磁场中运动的电荷，才可能受到磁场力的作用，此力称为洛伦兹力。

实验证明，运动电荷在磁场中受到的洛伦兹力 $\boldsymbol{F}$ 与运动电荷的电量 q，它的运动速度 $\boldsymbol{v}$ 和磁感应强度 $\boldsymbol{B}$ 有以下关系

$$\boldsymbol{F} = q\boldsymbol{v} \times \boldsymbol{B} \qquad (7-38)$$

洛伦兹力的大小为 $F = qvB\sin\theta$，式中 θ 为 $\boldsymbol{v}$ 与 $\boldsymbol{B}$ 正向之间的夹角。$\boldsymbol{F}$ 的方向垂直于 $\boldsymbol{v}$ 与 $\boldsymbol{B}$ 所决定的平面，按右手螺旋法则决定。如图 7-23 所示，对于正电荷，$\boldsymbol{F}$ 在 $\boldsymbol{v} \times \boldsymbol{B}$ 的方向上，而对于负电荷，其受力方向与此相反。

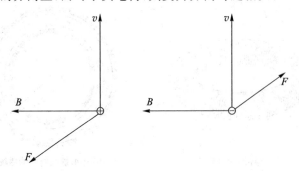

图 7-23　洛伦兹力的方向

2. 带电粒子在匀强磁场中的运动

由上述讨论可知,洛伦兹力始终与运动电荷的速度方向垂直,故它只改变速度的方向,不改变速度的大小,因而对运动电荷不做功。

如图 7-24 所示,设一运动电荷以速度 v_0(与 B 成任意夹角 θ)进入磁场,这时,我们可把速度 v_0 分解成 $v_{0/\!/} = v_0 \cos\theta$ 和 $v_{0\perp} = v_0 \sin\theta$ 两个分量,它们分别平行和垂直于 B。若只有 $v_{0/\!/}$ 分量,磁场对运动电荷没有作用力,运动电荷将沿 B 的方向(或其反方向)做匀速直线运动;若只有 $v_{0\perp}$ 分量,电荷将在垂直于 B 的平面内做匀速圆周运动。若两个分量同时存在时,粒子合运动的轨迹将为一条螺旋线。这时,粒子做圆周运动的向心力即为洛伦兹力 $qv_0\sin\theta B = \dfrac{mv_0^2\sin^2\theta}{R}$,故得轨道的半径(螺旋线半径)为

$$R = \frac{mv_0\sin\theta}{qB} \tag{7-39}$$

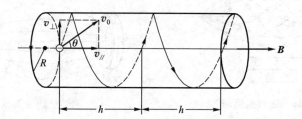

图 7-24　运动电荷在磁场中的螺旋线运动

粒子回绕一周的时间(周期)为

$$T = \frac{2\pi R}{v_{0\perp}} = \frac{2\pi m}{qB} \tag{7-40}$$

运动电荷每回转一周时前进的距离(螺距)为

$$h = v_{0/\!/}T = v_0 T\cos\theta = \frac{2\pi mv_0\cos\theta}{qB} \tag{7-41}$$

上述结果是一种最简单的磁聚焦原理,它广泛地应用于电真空器件,特别是电子显微镜中。而且由此结果可以得出以下结论:

(1) v_0 与 B 平行或反平行时,$F = qv_0 \times B = 0$,带电粒子不受磁场影响。

(2) v_0 与 B 垂直时,电荷将在垂直于 B 的平面内做匀速圆周运动。

由式(7-41)可知,运动电荷在磁场中的螺距 h 与 $v_{0\perp} = v_0\sin\theta$ 无关,当从匀强磁场 B 中的某点 A 发射一束很细的带电粒子流,$v_{/\!/}$ 分量相等或接近时,各个粒子经过距离螺距 h 后又重新汇集在一起,如图 7-25 所示,这就是磁聚焦原理。

从磁聚焦原理可知,带电粒子在磁场中做螺旋运动的回旋半径 R 与磁感应强

度 B 成反比,磁场越强,回旋半径越小。当磁场很强时,带电粒子的运动便被约束在磁场线附近的做螺旋线运动,运动中心只能沿磁场线做纵向移动,一般不能横越它。磁场的这种约束带电粒子运动的作用称为磁约束。由理论可得,带电粒子由弱磁场进入强磁场时,由于 B 增加,粒子的横向动能也要按比例增加,而洛伦兹力不做功,带电粒子的总动能不变,则其纵向动能减小,相应纵向速度减小。当磁场足够强,粒子的纵向速度有可能减为0,沿电场线的运动被抑制,粒子将会反向运动,就像光线射到镜面上反射回来一样,因此称之为磁镜效应。如果在真空室中形成两端很强中间较弱的磁场,两端的强磁场对带电粒子的运动就起到磁镜的作用,带电粒子被限制在一定范围内往返运动,而无法逃逸出去,这种作用称为磁瓶。如图 7 - 26 所示。利用磁瓶效应可以做成等离子体容器,由于等离子体的温度极高,可达几百万度甚至 1 亿度左右,一般容器无法保存,而磁瓶可以较长时间地保存高温等离子体。

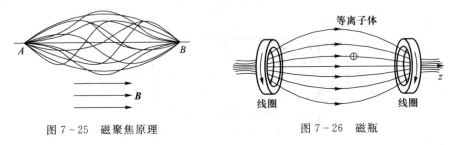

图 7 - 25　磁聚焦原理　　　　　　　　图 7 - 26　磁瓶

　　自然界中也有一些天然的磁约束现象,例如地球大气层的范·艾伦辐射带。由于地球磁场是两极强、中间弱的非均匀磁场,形成了一个天然磁瓶。来自外太空的大量带电粒子进入地球磁场后,将做螺旋运动。由于两极附近磁场较强,带电粒子到此将会被返回,结果使很多带电粒子被约束在沿地磁线区域来回振荡,形成范·艾伦带,如图 7 - 27 所示。

　　范·艾伦带分为两层,内层距地表约 7 000 km,外层约为 13 000 km,两层中的缝隙为辐射较少的安全地带,人造卫星可以在此区域内安全运行。

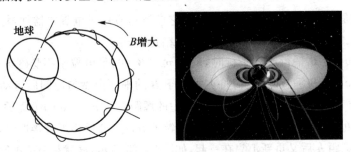

图 7 - 27　范·艾伦辐射带的磁约束

7.5.4　磁场对载流导线的作用　安培力

载流导线在磁场中受到的作用力称为安培力。

安培在大量实验的基础上,总结出磁场对电流元作用力的大小正比于电流强度 I、线元长度 $\mathrm{d}l$ 和电流元所在处磁场的磁感强度 $\boldsymbol{B}$,而且与电流元相对外磁场的取向有关。用矢量积形式可表示为

$$\mathrm{d}\boldsymbol{F} = I\mathrm{d}\boldsymbol{l} \times \boldsymbol{B} \qquad (7-42)$$

此式称为安培公式。如图 7-28 所示,$\mathrm{d}\boldsymbol{F}$ 的大小等于 $I\mathrm{d}lB\sin\theta$,方向由右手螺旋法则确定。

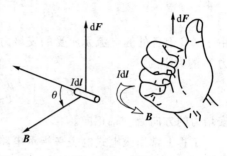

图 7-28　安培力

有限长载流导线在磁场中所受的安培力应等于各电流元所受磁场力之和,即

$$\boldsymbol{F} = \int_{(l)} \mathrm{d}\boldsymbol{F} = \int_{(l)} I\mathrm{d}\boldsymbol{l} \times \boldsymbol{B} \qquad (7-43)$$

平行载流导线之间的安培力如图 7-29 所示,当电流反向时,安培力为斥力;当电流同向时,安培力为引力。

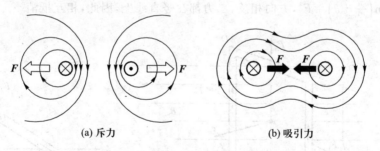

(a) 斥力　　　　　　　　　(b) 吸引力

图 7-29　载流导线所受的安培力

例 4　一长为 l,载有电流 I_2 的直导线 AB,置于通有电流 I_1 的无限长直导线附近,如图 7-30 所示,求直导线 AB 所受的安培力。

解:无限长载流直导线激发的磁场为非均匀磁场,在离无限长直导线距离为 x 处其产生的磁感应强度的大小为 $B = \dfrac{\mu_0 I_1}{2\pi x}$,方向为垂直于纸面向里。在导

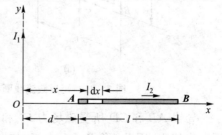

图 7-30　载流直导线在无限长载流直导线磁场中受的作用力

线 AB 上取电流元 $I_2 \mathrm{d}x$，它受到的安培力为

$$\mathrm{d}\boldsymbol{F} = I_2 \mathrm{d}\boldsymbol{x} \times \boldsymbol{B}$$

式中 $\mathrm{d}x$ 的方向为沿 x 轴正向。AB 导线所受的安培力为

$$\mathrm{d}\boldsymbol{F} = \int_{AB} I_2 \mathrm{d}\boldsymbol{x} \times \boldsymbol{B}$$

由于 AB 上各处的电流元所受的安培力方向相同，因此，载流导线 l 所受的安培力 $\boldsymbol{F}$ 的大小为

$$F = \int_{AB} I_2 B \mathrm{d}x = \int_d^{d+l} \frac{\mu_0 I_1}{2\pi x} I_2 \mathrm{d}x = \frac{\mu_0 I_1 I_2}{2\pi} \ln \frac{d+l}{d}$$

安培力的方向沿 y 轴正向。

　　工程上常用磁电式电表来指示电路中的电流和电压，利用电动机将电能转换成机械能，其基本原理则依据磁场对载流线圈的作用。

　　任何形状的线圈，都可以看做是许多微小的直线段构成。因此，载流线圈在磁场中所受的力，可以看做是各直线段电流受力之和。根据这个思路，我们以矩形线圈为例，来研究载流线圈在磁场中的受力情况。如图 $7-31(\mathrm{a})$ 所示，导线 BC 和 AD 所受的磁场作用力 $\boldsymbol{F}_4$ 和 $\boldsymbol{F}_3$ 大小相等，即 $F_4 = Il_1 B\sin\left(\dfrac{\pi}{2}-\theta\right) = Il_1 B\sin\left(\dfrac{\pi}{2}+\theta\right) = F_3$，方向相反，二力都在竖直线上，因此，相互抵消。

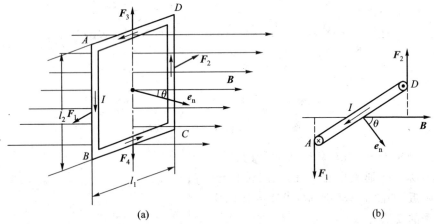

(a)　　　　　　　　　　　　　　　　(b)

图 $7-31$　矩形载流线圈在均匀磁场中所受的磁力矩

　　导线 AB 和 CD 所受磁场力 $\boldsymbol{F}_1$ 和 $\boldsymbol{F}_2$ 大小均为 BIl_2，但方向相反，且不在同一直线上，因此，形成了一力矩，如图 $7-31(\mathrm{b})$ 所示。力偶矩两力的力臂都是 $\dfrac{l_1}{2}\sin\theta$，力矩的方向是一致的，因而力偶矩 $\boldsymbol{M}$ 的大小为

$$M = F_1 \frac{l_1}{2} \sin\theta + F_2 \frac{l_1}{2} \sin\theta = BIl_2 l_1 \sin\theta = IBS\sin\theta \qquad (7-44)$$

式中 $S = l_1 l_2$ 为矩形线圈的面积。力偶矩是一个矢量,可用矢量积表示出来:

$$\boldsymbol{M} = IS(\boldsymbol{e}_n \times \boldsymbol{B}) \qquad (7-45)$$

对于 N 匝线圈,磁力矩为

$$\boldsymbol{M} = NIS(\boldsymbol{e}_n \times \boldsymbol{B})$$

式中 $\boldsymbol{e}_n$ 为载流线圈平面法线方向上的单位矢量。

我们把 $\boldsymbol{P}_m = NIS\boldsymbol{e}_n$ 称为线圈的磁矩,磁矩方向与电流流向成右手螺旋关系,所以磁力矩用矢量式可表示为

$$\boldsymbol{M} = \boldsymbol{P}_m \times \boldsymbol{B} \qquad (7-46)$$

可见,任意形状的载流平面线圈作为整体在均匀外磁场中不受力,但受到一个力矩,这力矩总是力图使线圈的磁矩 $\boldsymbol{P}_m$(或线圈平面法线矢量 $\boldsymbol{e}_n$)转到磁感应强度 $\boldsymbol{B}$ 的方向。

可以证明,上式对于均匀磁场中任意形状的平面载流线圈均成立。需要说明的是磁矩 $\boldsymbol{P}_m$ 是描述平面载流线圈磁性质的物理量,但并非只有平面载流线圈才具有磁矩。带电粒子沿闭合回路运动以及微观粒子的自旋也都具有磁矩,前者为轨道磁矩,后者称为自旋磁矩。分子、原子、原子核也都有磁矩。分子磁矩可视为分子中各个原子磁矩的矢量和,而原子磁矩则可视为原子中各电子的轨道磁矩、自旋磁矩和核磁矩的矢量和。磁矩在研究磁介质的磁性质、原子能级的精细结构以及磁共振等方面都有重要意义。

例 5　求半圆形线圈所受磁力矩。

解:设线圈半径为 R,通有电流 I,磁场方向与线圈平面平行,如图 7-32 所示。线圈磁矩为 $P_m = IS = \frac{1}{2}I\pi R^2$,方向垂直于纸面向外。由(7-46)式可得磁力矩为

$$M = P_m B = \frac{1}{2}I\pi R^2 B$$

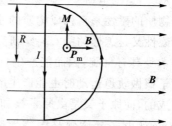

图 7-32　半圆形线圈所受的磁力矩

方向竖直向上。即磁力矩的方向力图使线圈的磁矩(或线圈平面法线)转到外磁场 $\boldsymbol{B}$ 的方向。

7.5.5　带电粒子在电场和磁场中所受的力——洛伦兹公式

载流导体在磁场中所受的安培力就其微观本质来讲,应归结为运动电荷所受洛伦兹力的宏观表现,因此可从安培力公式来确定洛伦兹力。任意电流元在

磁场中受到的安培力为 $\mathrm{d}\boldsymbol{F}=I\mathrm{d}\boldsymbol{l}\times\boldsymbol{B}=nqvS\mathrm{d}\boldsymbol{l}\times\boldsymbol{B}$。运动电荷 q 的速度 v 与电流元 $I\mathrm{d}\boldsymbol{l}$ 同向,电流元中载流子数为 $\mathrm{d}N=nS\mathrm{d}l$,则运动电荷 q 所受的力为

$$\boldsymbol{F}_{\mathrm{m}}=\frac{\mathrm{d}\boldsymbol{F}}{\mathrm{d}N}=q\boldsymbol{v}\times\boldsymbol{B} \tag{7-47}$$

此式为洛伦兹力公式,为带电粒子在磁场中受力的基本公式。

洛伦兹力的方向总是垂直于运动电荷的速度 v 与磁感应强度 $\boldsymbol{B}$ 所组成的平面,且符合右手螺旋法则。洛伦兹力的大小为 $F=qvB\sin\theta$,式中 θ 为 v 与 $\boldsymbol{B}$ 正向之间的夹角。$\boldsymbol{F}$ 的方向垂直于 v 与 $\boldsymbol{B}$ 所决定的平面,按右手螺旋法则决定。

电荷量为 q 的电荷在电场强度为 $\boldsymbol{E}$ 电场中运动时,受到的电场力

$$\boldsymbol{F}_{\mathrm{e}}=q\boldsymbol{E}$$

当一个带电粒子在既有电场又有磁场的区域中运动时,作用在其上的电、磁场力为

$$\boldsymbol{F}=q(\boldsymbol{E}+v\times\boldsymbol{B}) \tag{7-48}$$

此式为普遍情况下的洛伦兹力公式,也是电磁学基本公式之一。不论带电粒子的速度多大,也不论场是否恒定,这个公式都是普遍适用的。

7.5.6 磁性的来源

近代物理学研究表明,原子、分子等微观粒子内,电子的运动形成的"分子环流"是物质磁性的基本来源,即物质的磁性本源是电流。也就是说,一切磁现象都可归结为运动着的电荷之间的相互作用,这种相互作用是通过磁场来传递的,可表示为:运动电荷⟷磁场⟷运动电荷。

物质的磁性来自构成物质的原子,原子的磁性又来自原子中的电子,那么电子的磁性又是怎样的呢? 科学研究表明,原子中电子的磁性有两个来源,一个是电子本身具有自旋,因而能产生自旋磁性,称为自旋磁矩;另一个是原子中电子绕原子核做轨道运动时也能产生的磁性,称为轨道磁矩。我们知道,物质是由原子组成的,而原子又是由原子核和绕原子核运动的电子组成的。原子核好像太阳,而核外电子就仿佛是围绕太阳运转的行星。另外,电子除了绕原子核公转以外,自己还有自转(叫做自旋),跟地球的情况差不多。一个原子就像一个小小的"太阳系"(图 7-33)。另外,如果一个原子的核外电子数量多,那么电子会分层,每一层有不同数量的电子。第一层为 1s,第二层有两个亚层 2s 和 2p,第三层有三个亚层 3s、3p 和 3d,依此类推。如果不分层,这么多的电子混乱地绕原子核公转,是不是要撞到一起呢?

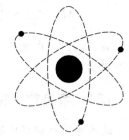

图 7-33 原子

在原子中，核外电子带负电，电子的自转会使电子本身具有磁性，成为一个小小的磁铁，具有 N 极和 S 极。也就是说，电子就好像很多小小的磁铁绕原子核在旋转。这种情况实际上类似于电流产生磁场的情况。既然电子的自转会使它成为小磁铁，那么原子乃至整个物体会不会就自然而然地也成为一个磁铁了呢？当然不是。如果是的话，岂不是所有的物质都有磁性了？为什么只有少数物质（像铁、钴、镍等）才具有磁性呢？原来，电子的自旋方向共有上下两种。一些物质中，向上自旋和向下自旋的电子数目一样多，它们产生的磁极会互相抵消，整个原子，以至于整个物体对外没有磁性，如图 7-34 所示。有些物质中，向上自旋和向下自旋的电子数目不等，电子磁矩不能相互抵消，导致整个原子具有一定的磁矩。但这些原子磁矩之间是混乱排列的，所以整个物体没有强磁性。只有少数物质（例如铁、钴、镍等），其原子内部电子在不同自转方向上的数量不一样，这样，在自转相反的电子磁矩互相抵消后，还剩余一部分电子的磁矩没有被抵消，如图 7-35 所示。这样，整个原子具有总的磁矩。同时，由于一种被称为"交换作用"的机理，这些原子磁矩整齐地排列起来，整个物体则显示出强磁性。剩余的电子数量越多，物体显示的磁性越强。例如，铁的原子中没有被抵消的电子磁极数最多，原子的磁性最强，而镍原子中自旋没有被抵消的电子数量很少，所以它的磁性较弱。

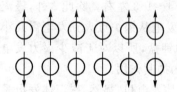

图 7-34　向上与向下自旋的
电子数相等

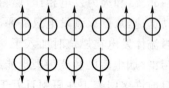

图 7-35　向上与向下自旋的
电子数不等

教学参考 7.1　磁流体发电

大家都知道，火力发电的一般工作流程是首先把燃料产生的热能转变为蒸气的内能，然后去推动汽轮机旋转，再带动发电机将旋转的机械能转变为电能。由于储存在燃料中的化学能经过了三四次转换，所以能量的损耗很大，利用率较低。另一方面，由于转换次数增多，需要的转换设备也多，这无疑给火力发电厂的建造、运行和维护，都带来了一系列的问题。

能不能直接把热能转换为电能呢？近百年来，人们对磁流体发电有过许多设想和试验。近年来，随着喷气技术的出现，人们对等离子体性质有了深刻的认识,磁流体发电研究得到了迅速的发展。

磁流体发电是利用热能加热等离子体(电子和正离子),然后使等离子体通过磁场,其中正、负带电粒子在磁场作用下相互分离,产生电动势而直接得到电能,不经过热能到机械能的转换,从而可以提高热能的利用率。磁流体发电装置的结构一般由燃烧室、磁极和发电通道三部分组成。在燃烧室中利用燃料燃烧的热能加热气体使之成为等离子体,温度约为 3 000 K 左右,再经过加速喷管加速到所需速度(约 1 000 m/s),使等离子体进入发电通道。通道的两侧有磁极,可以产生磁场,其上、下两面安有电极。等离子体经过通道时,两电极间就产生电动势。离开通道的气体成为废气,它的温度仍然很高,可达 2 300 K。这些废气可以导入普通发电机的锅炉,以便进一步利用。废气不再回收的磁流体发电机称为开环系统。再利用核能的磁流体发电机内,气体和等离子体是在闭合管道中循环流动反复使用的,这样的发电机称为闭环系统。

由于磁流体发电能直接将热能转换为电能,不需要锅炉、汽轮机等设备,所以其造价较低,与火力发电机比,仅为其 1/4。虽然磁流体发电装置本身热效率并不高,仅有 15%～25%,但如果将它与蒸气电站相配合,组成磁流-蒸气联合电站,即用磁流体发电通道里排出的 2 300 K 左右的高温气体,使锅炉产生高压高温蒸气,再去推动汽轮机和发电机组发电,那时的燃料利用率就能达到 50%～60%,和火力发电相比,燃料可节省 1/4～1/3 左右。除此之外,磁流体发电启动迅速,从点火到发电只需要 30 s(火力发电从锅炉点火到发电需几小时)。由于磁流体发电在燃烧时加入了一定比率的钾盐,所以对于减少火力发电常见的热污染、烟尘污染和硫污染也能起到很好的抑制作用。

目前许多国家正在研制百万千瓦的磁流体发电机,显然,磁流体发电是一种具有广阔发展前景的发电方式,将会引起现代火力发电的重大改革。我们还应看到现在磁流体发电机制造中还存在着许多急待解决的问题。例如,发电通道效率低,通道和电机材料都要求耐高温、耐碱腐蚀、耐化学烧蚀等。目前所用材料的寿命都比较短,因而导致磁流体发电机不能长时间运行。

教学参考 7.2　生 物 磁 学

生物磁学是一门生物学与磁学相互渗透的边缘学科,它研究生物的磁性、生物磁现象和生命活动过程中结构功能的关系以及外界的磁环境对生物体的影响。

近年来,在生物磁学的研究中,由于应用了现代科学知识和先进的技术,实现了测量人体和生物体中极微弱的磁场,发展了人体和生物体的核磁共振成像诊断技术,发现了生物体内的微量的强磁性物质,开展了生物磁性与生物结构和功能关系的研究,因此大大丰富了现代生物磁学的内容和应用。

1. 生物磁现象

我们知道,人体内有各种生物电流通过,例如医生借以诊断病情的心电图、肌电图和脑电图就是对人的心脏、肌肉和脑活动所产生的电流的记录。根据电流的磁效应,人和生物体内流动的电流就会产生相应的生物磁场。生物磁场的强度很微弱,例如人体的心脏在收缩和舒张时所产生的生物电流导致的心磁场约为 $10^{-11} \sim 10^{-10}$ T;人体脑神经磁场约为 $10^{-13} \sim 10^{-12}$ T;人的肌肉收缩或松弛时所产生的肌肉磁场比心磁场弱些,但比人脑产生的磁场要强得多;人体肺部吹入强磁性微粒可产生约为 $10^{-9} \sim 10^{-8}$ T 的肺磁场。人体各部分产生的磁场是十分微弱的,显然,一定要采用极灵敏的测量仪器和精密的测量方法,特别需要排除地磁或各种人为磁场的干扰,才有可能对人体产生的微弱磁场进行精密和准确的测量。据有关文献报道,美国的几位学者借助超导量子干涉仪,测出了人体心脏内产生的磁场,并且发现,心脏磁场的产生和人们的心理状态——喜、怒、哀、乐、激动、愤怒、抑郁等有密切关系。这些生物磁主要是由生物体内大分子活动期间生物电流引起的,因此这些磁场能真实反映大分子结构和功能的变化,检测这种磁场随时间变化的规律,无疑能为医生提供关于生物体内生理和病理状态的重要信息。生物磁随时间的变化称为生物磁图,如心磁图,脑磁图等,它已经在基础研究和临床诊断上得到了应用,因而也开创了生物磁在探病、治病方面实际应用的新局面。

2. 磁生物效应

磁场对人体的作用和影响也是不能忽视的。据有关资料报道,磁场对人体的健康以至生命究竟是利还是弊,主要看磁场的频率及其强弱,特别取决于磁场作用于人体的哪个部位和作用时间的长短。譬如长期在高压输电线附近区域工作或居住的人,由于受输电线发出的低频电磁场的影响,这些人会出现情绪容易激动且容易疲劳、大脑工作效率降低等症状。在超高频电磁场——如微波辐射场中,外加微波场会使人体中的一些极性分子做剧烈的振荡而使组织出现高热,这样会使人的体温失控而引发出心血管反应、抽搐、呼吸障碍等一系列高温生理反应,严重地威胁着人们的生命安全。总之,磁能治病,也能致病,这就需要人类运用自己的智慧对磁能做到“去弊取利”。

3. 生物磁学的应用

生物磁学在农业、畜牧业、医药、环境保护和生物工程等方面有着较广泛的应用。例如,利用磁场处理一些作物的种子和幼苗,施加少量的磁性肥料,或者利用经磁处理的水浸种、育苗或浇灌,可以提高种子发芽率,促进作物长势,收到增产效果。应用磁化水浇灌的蔬菜口味甚佳,黄瓜香脆多汁,西红柿甜嫩可口,青椒肉厚籽少。利用磁化水发酵饲料供牲畜食用和以磁化水作为家畜饮用水，可使家畜少病，生长快，而且毛质提高。在医药上，磁石迄今仍是中医处方中的一味药；磁疗对于急性扭伤、肩周炎，腰肌劳损，神经性头痛等疾病疗效显著；利用磁场原理人们还研制出血流计，磁药针，神经刺激器，血球分离器等，已在医疗方面得到了广泛使用。在环保领域中，利用高梯磁分离和加磁性种子的磁分离法，可以将煤中所含的硫除去，也能将城市的污水和各种工业废水中的油污、金属和非金属杂质等除净。

　　关于生物磁现象和磁生物效应的作用机理迄今尚不清楚，尽管人们已较广泛地采用磁疗来治疗病痛，但对磁疗的机理了解甚少，这个问题即包含着物理学的内容，又涉及生命科学、物质结构等方面，目前尚有大量的问题需要人们去探讨。

习　　题

7-1　在静电场中，下列说法正确的是：

A. 若场的分布不具有对称性，则高斯定理不成立；

B. 点电荷在电场力作用下，一定沿电力线运动；

C. 两点电荷间的作用力为 F，当第三个点电荷移近时，两点电荷间的作用力仍为 F；

D. 有限长均匀带电直导线的场强具有轴对称性，因此可以用高斯定理求出空间各点场强。　　　　　　　　　　　　　　　[　　]

7-2　在静电场中通过高斯面 S 的 E 通量为零，则：

A. S 内必无电荷；　　　　　　B. S 内必无净电荷；

C. S 外必无电荷；　　　　　　D. S 上 E 处处为零。　　[　　]

7-3　一个不带电的导体球壳，半径为 R，在球心处放一点电荷，测量球壳内外的电场，然后将此点电荷移至球心 $R/2$ 处，重新测量电场，则电荷移动对电场的影响为

A. 对球壳内外的电场均无影响；

B. 对球壳内外的电场均有影响；

C. 只影响球壳内的电场，不影响球壳外的电场；

D. 不影响球壳内的电场，只影响球壳外的电场。　　　　[　　]

7-4　一平行板电容器，充电后切断电源，然后再将两极板间的距离增大，此时，下列说法正确的是

A. 电容器所储存的能量增加，电容器两极板间的场强不变；

B. 电容器所储存的能量不变,电容器两极板间的场强变小;

C. 电容器两极板间的电势差减小,电容器两极板间的场强减小;

D. 电容器两极板间的电势差增大,电容器两极板间的场强增大。　　[　　]

7-5　一均匀带电球面,若球内电场强度处处为零,则球面上的带电荷量 σdS 的面元在球面内产生的电场强度:

A. 处处为零;　　　　　　　　B. 不一定为零;

C. 一定不为零;　　　　　　　D. 是常量。　　　　　　　[　　]

7-6　一半径为 R 的均匀带电细圆环,带电量为 $+q$,其圆心处的场强大小和电势分别为

A. $\dfrac{q}{4\pi\varepsilon_0 R_2}, \dfrac{q}{4\pi\varepsilon_0 R}$;　　　　　　B. $0, \dfrac{q}{4\pi\varepsilon_0 R^2}$;

C. $\dfrac{q}{4\pi\varepsilon_0 R}, 0$;　　　　　　　　D. $0, \dfrac{q}{4\pi\varepsilon_0 R}$。　　　[　　]

7-7　一运动电荷 q,质量为 m,以初速 $\boldsymbol{v}_0$ 进入均匀磁场 $\boldsymbol{B}$,若 $\boldsymbol{v}_0$ 与 $\boldsymbol{B}$ 的夹角为 θ,则

A. 其动能改变,动量不变;

B. 其动能和动量都改变;

C. 其动能不变,动量改变;

D. 其动能、动量都不改变。　　　　　　　　　　　　　[　　]

7-8　如习题 7-8 图所示,均匀磁场的磁感应强度为 $\boldsymbol{B}$,方向沿 y 轴正向,要使电荷量为 q 的正离子沿 x 轴做速度为 v 的匀速运动,则必须加一个均匀电场 $\boldsymbol{E}$,其大小和方向为

习题 7-8 图

A. $\boldsymbol{E}$ 的大小为 $E = B/v$,方向沿 z 轴正向;

B. $\boldsymbol{E}$ 的大小为 $E = B/v$,方向沿 y 轴正向;

C. $\boldsymbol{E}$ 的大小为 $E = Bv$,方向沿 z 轴正向;

D. $\boldsymbol{E}$ 的大小为 $E = Bv$,方向沿 z 轴负向。　　　　　　[　　]

7-9　下列说法中正确的是

A. $\oint_L \boldsymbol{B} \cdot d\boldsymbol{l}$ 仅与回路所包围的电流 $\sum I$ 有关,与回路外的电流无关;

B. 在 $\oint_L \boldsymbol{B} \cdot d\boldsymbol{l}$ 中的 $\boldsymbol{B}$ 是回路所包围的电流 $\sum I$ 所产生的,与回路外的电流无关;

C. $\oint_L \boldsymbol{B} \cdot d\boldsymbol{l} = 0$ 时,则回路上各点的 $\boldsymbol{B}$ 处处为零;

D. 安培环路定理只适用于具有对称性的磁场。　　　　　　　[　　]

7-10　三根直载流导线 A、B、C 平行地放置于同一平面内,分别载有恒定电流 I、$2I$、$3I$,电流方向相同,如习题 7-10 图所示。导线 A 与 C 的距离为 d,要使导线 B 受力为零,则导线 B 与 A 之间的距离应为

A. $\dfrac{d}{4}$;　　　　B. $\dfrac{3}{4}d$;　　　　C. $\dfrac{d}{3}$;　　　　D. $\dfrac{2}{3}d$。　　[　　]

7-11　欲使习题 7-11 图的阴极射线管中的电子束不偏转,可加一电场,则该电场的方向为

A. 竖直向上;　　　　　　　　B. 竖直向下;

C. 垂直纸面向里;　　　　　　D. 垂直纸面向外。　　　　[　　]

7-12　通有电流 I 的无限长直导线弯成如习题 7-12 图所示的形状,半圆形部分的半径为 R,则圆心 O 处的磁感强度的量值为

A. $\dfrac{\mu_0 I}{4\pi R}$;　　　B. $\dfrac{\mu_0 I}{2\pi R}$;　　　C. $\dfrac{\mu_0 I}{4R}$;　　　D. $\dfrac{\mu_0 I}{2R}$。　　[　　]

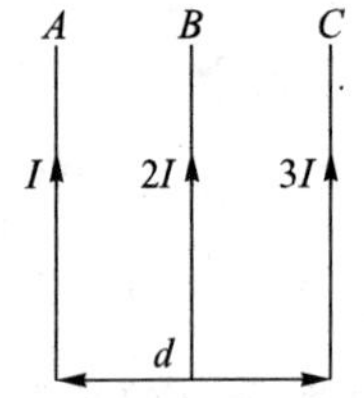

习题 7-10 图 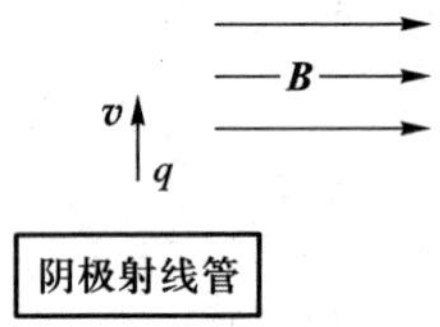　　　　　　习题 7-11 图 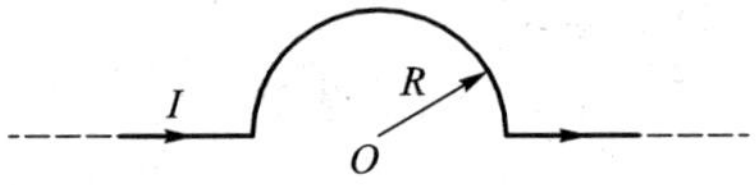　　　　　　习题 7-12 图

7-13　下列说法中正确的是

A. 库仑定律只适用于点电荷;

B. 带负电的电荷,在电场中从 A 点移动到 B 点,若电场力做正功,则可知 $U_A > U_B$;

C. 由点电荷电势公式 $U = \dfrac{q}{4\pi\varepsilon_0 r}$ 可知,当 $r \to 0$ 时,$U \to \infty$;

D. 在点电荷的电场中,离场源电荷越远的点,电场强度的量值就越小。

　　　　　　　　　　　　　　　　　　　　　　　　　　　　[　　]

7-14　静电场的高斯定理表明

A. 高斯面内不包围电荷时,则面上各点的场强处处为零;

B. 高斯面上各点的场强与面内电荷有关,与面外的电荷无关;

C. 穿过高斯面的 $\boldsymbol{E}$ 通量,仅与面内电荷有关;

D. 穿过高斯面的 $\boldsymbol{E}$ 通量为零,则面上各点的场强必为零。　　[　　]

7-15　导体达到静电平衡时,其内部各点的场强为_____,导体上各点的电势_____。

7-16　若把均匀各向同性的线性介质充满电场强度为 E_0 的电场中,将发生_____现象,从而导致原电场发生变化,在介质内的合场强 E _____ E_0。

7-17　两同心导体球壳,内球壳带电荷量为 $+q$,外球壳带电荷量为 $-2q$,静电平衡时,外球壳上的电荷分布为:内表面带电荷量为_____;外表面带电荷量为_____。

7-18　一电子以速度 v 射入如习题 7-18 图所示的均匀磁场中,它所受的洛伦兹力为_____,其大小为_____,方向为_____,该电子在此力的作用下将做_____运动。

7-19　一载有电流 I 的长直螺线管,内部磁感强度为 B_0,现将相对磁导率为 μ_r 的铁磁质插入其中,则此时的磁感强度 $B=$_____,可见此时 B _____ B_0。

7-20　一根通有电流 I 的长直载流导线旁,与之共面地放置一个长为 a,宽为 b 的矩形线框,矩形框的长边 a 与导线平行,且相距为 b,如习题 7-20 图所示。则穿过该线框的磁感应通量为 $\Phi_m=$_____。

7-21　如习题 7-21 图所示,导体框间有一匀强磁场的磁感线垂直穿过,磁感强度 $B=0.4\,\text{T}$,$R_1=6\,\Omega$,$R_2=3\,\Omega$,导体框和可滑动导体 ab 的电阻都不计,ab 长为 $l=0.5\,\text{m}$,不计摩擦,当导体 ab 以 $v=10\,\text{m/s}$ 的速度向右匀速运动时,在 ab 上施加的外力 $F=$_____ N。外力的功率为 $P=$_____ W。

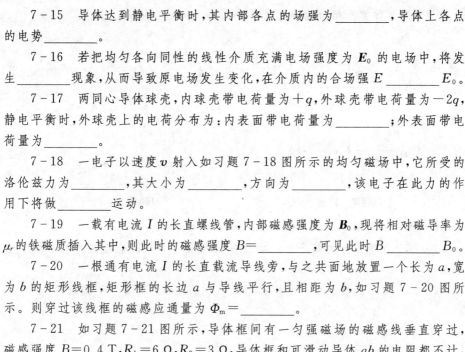

习题 7-18 图　　　　习题 7-20 图　　　　习题 7-21 图

7-22　一无限长直导线中通有电流 I_1,矩形线圈 $CDEF$ 中通有电流 I_2,CD 边长为 d_1,DE 边长为 d_2,直导线与线圈共面,如习题 7-22 图所示。试求:(1) 矩形线圈每边所受的磁力;(2) 矩形线圈所受的合力和合力矩。

7-23　两根导线沿半径方向被引到导体圆环上 A、C 两点,电流方向如习题 7-23 图所示,求环中心 O 处的磁感应强度。

7-24　静止的带电体可以感受哪一种力场:万有引力场,电场,还是磁场?

运动的不带电体呢？运动的带电体呢？

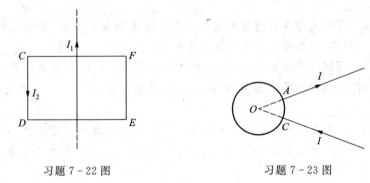

习题 7－22 图   习题 7－23 图

7－25　列出由电荷产生的现象。

7－26　你家中的电路产生电磁场吗？提出一个可以检验你的答案的测量方法。

7－27　电场是物质的一种存在形式吗？加以解释。万有引力场呢？

第8章 电磁感应定律与麦克斯韦电磁理论

8.1 电磁感应定律

自奥斯特(H. C Oersted,1777—1851)发现了电流的磁效应后,当时的物理学家就开始思考这个问题:既然电流能够产生磁,那么磁能否产生电? 根据物质世界的对称性,磁体或电流是否也能在附近导线中感应出电流呢?

1821年,英国《哲学年鉴》(Annals of Philosophy)杂志主编邀请著名化学家戴维(H. Davy,1778—1829)撰写文章,以综合评述奥斯特电流磁效应发现以来的电磁学发展概况。戴维将这一工作交给了他的助手法拉第,此后法拉第便转向了电磁领域的研究工作,并以极大的兴趣和热情持续研究了近10年时间,终于实现了"磁生电",发现了电磁感应现象。在迄今的自然科学史上,法拉第(Michael Faraday,1791—1867)以其准确而可靠的实验和一系列重大发现与技术发明而著称于世。他把一生都献给了科学,尤以精湛的实验技术、深刻的哲学思维和极富创造性的想象力而为人们所津津乐道,被誉为"实验家之王"和"自然哲学家"。本节将围绕法拉第在电磁学方面的研究,重点介绍电磁感应现象的发现、电磁感应定律的确定以及在发现过程中所显示出的创造性和丰富的想象力。

法拉第(1791—1867)

8.1.1 电磁感应现象的发现

19世纪20年代,奥斯特发现了电流的磁效应之后,人们逐渐意识到电现象和磁现象之间存在着某种特殊的内在联系。随着电磁学一些基本定律(如毕奥-萨伐尔定律、安培定律、欧姆定律)的相继建立,磁的电效应问题就更加突出,即磁能不能生电,在什么条件下磁能对电起作用,这种作用将会以什么样的形式表现出来,科学家们对这些问题充满了好奇,并进行了种种努力却迟迟取得不了进展。

为了寻找电磁感应现象,种种在恒定或静止条件下所做的实验均以失败告终。最为人感到遗憾的是科拉顿(Colladon)的实验,他企图把一块磁铁放入螺旋线圈中,在运动中使线圈产生感生电流,用一只灵敏电流计来检测感应,为了排除移动磁铁时操作动作对电流计产生影响,科拉顿将这只电流计放到了另一间实验室里,用长导线将电流计和螺旋线圈连接起来。科拉顿独自一个人从这间房跑到那间房去观察,未看到电流计的偏转。因为移动磁铁时电流计指针摆动的暂态效应已经消失,指针早已回到了指零位置。正是由于科拉顿期许一种持久恒定的效应,最终导致了他与这一伟大发现失之交臂,令人遗憾。

　　法拉第曾仔细分析过电流磁效应等现象,深信各种"自然力的统一性",并始终如一追求这种统一,这是法拉第进行科学研究的哲学思想基础。他曾在实验记录中写下:"长期以来,我就持有一种观点,几乎是一种信仰,我相信其他许多爱好自然知识的人也会共同有的,就是物质的力表现出来时所具有的各种形态,都有一个共同的根源,或者换句话说,他们是相互直接联系的,也是相互依赖的,所以他们似乎是可以相互转化的。"由此出发,法拉第坚信既然电能产生磁,则磁也一定能产生电。

　　法拉第开始时也和其他人一样,认为利用磁铁靠近导线,可在导线中产生稳定的电流。尽管他用尽可能强的大磁铁放在导线旁,结果电流计依然没有检测到丝毫的电流。他尝试了各种方法,甚至他的口袋里经常放着一个小线圈,以提醒自己要不断思考磁生电的问题。在经历了一系列的失败后,法拉第终于在1831年取得了突破性进展,他发现当一块磁铁在导线旁运动时,导线中会产生电流,这种电流被称之为感应电流;一旦磁铁不动,即使非常靠近导线也不会在其中产生感应电流。为了进一步验证电磁感应现象,法拉第进行了一系列实验,成功地检测到了感应电流。实际上,产生感应电流的方法很多,下面就法拉第发现电磁感应现象的几种重要实验方法作一介绍。

　　1831年8月29日,法拉第进行了第一个电磁感应实验,如图8-1所示,线圈A和线圈B绕在软铁环上,当接通线圈A回路的瞬间,处于B线圈旁边的小磁针发生偏转,然后快速回复到初始;同样,当断开线圈A回路的瞬间,线圈B回路边上的小磁针反向偏转并最终回复到原始的位置上。如果在线圈B回路中放置灵敏的检流计,则在线圈A回路接通和断开瞬间,检流计中检测到了有电流通过。

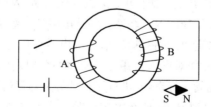

图8-1　法拉第第一个电磁感应实验原理图

　　1831 年 9 月 24 日,法拉第又做了第二个重要的实验。如图 8-2 所示,当一根磁棒在接近或远离圆筒线圈的过程中,回路中的检流计 G 将发生短暂的偏转;磁棒接近或远离线圈的速度越快,检流计偏转幅度越大;磁棒接近或远离线圈时,检流计偏转的方向相反。说明在磁棒接近或远离圆筒线圈时,产生了方向相反的瞬态电流。

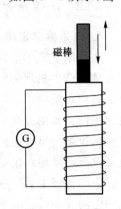

　　以上两个实验得到的结论是磁确实可以产生电,并且产生电的过程是一个暂态过程。

　　图 8-3 是法拉第做的第三个实验,在同一个铁芯上绕上两组线圈,当开关 S 打开或关闭时,检流计中表针都会发生偏转;与他第二个实验不同的是这次法拉第用线圈代替了永磁铁,闭合时相当于磁铁靠近,断开时相当于磁铁远离,闭合时与断开时检流计的偏转方向相反。

图 8-2　法拉第第二个
电磁感应实验原理图

　　图 8-4 所示为一导轨和导体棒 AB 组成的矩形导体回路,放置于垂直纸面向里在一均匀磁场中。当导体棒 AB 向右运动时,回路面积增大,回路中产生感应电流,检流计指针偏转;当导体棒向左运动时,回路面积减小,也有感应电流产生,检流计指针反向偏转。一旦导体棒停止运动,回路中感应电流立即消失。

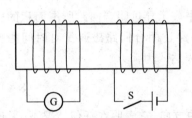

图 8-3　法拉第电磁
感应的第三个实验原理图

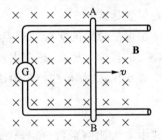

图 8-4　导体棒在磁场中运动

　　上述这些实验现象都反映了"磁生电"的现象,并说明了"磁生电"的主要途径。法拉第于 1831 年 11 月 24 日向英国皇家学会做了有关电磁感应实验的总结报告。根据所做实验,他把产生感应电流的情况归纳为五类:(1) 正在变化的电流;(2) 正在变化的磁场;(3) 运动的稳恒电流;(4) 运动的磁铁;(5) 在磁场中运动的导体,并将他的发现正式命名为电磁感应现象。法拉第奠定了电磁感应定律的实验基础,奏响了物理学又一次大综合的序曲。

8.1.2　法拉第电磁感应定律

1. 电磁感应定律

法拉第发现了电磁感应现象,但他并不满足表面的归纳总结,而是对电磁感应现象的产生机理和物理图像进行了大胆的探索与实践。他敏锐地把握了产生电磁感应现象的本质——感应电动势,并把定量化感应电动势与解释电磁感应定律引向正确的方向。

法拉第一直对电磁相互作用持近距作用观点,虽然由于数学功底上的欠缺,他并没有定量地给出电磁感应的数学表达式,但法拉第还是敏感地把握住了电磁感应的物理本质所在。他认为带电体与磁体周围存在着某种特殊的"状态",他用电场线和磁感应线来描述这种状态。这种场线是一种客观存在的物质,并充满整个空间,场线的疏密分布反映了场线的强弱。磁铁或电流的运动导致物质或空间中的场线出现张力,从而导致了"电紧张状态"(electrotonic state),这种状态的产生、消失以及变化均会产生感应电动势,处于这种状态的导体则会产生感应电流。

法拉第用磁感应线的多寡来描述电紧张状态的强弱,用磁感应线数量的增减描述电紧张状态的变化程度。由于电紧张状态的变化是产生感应电动势的原因,所以磁感应线的增减正好度量了感应电动势的大小。这一近距作用的动态磁感应线作用思想最终被麦克斯韦发扬光大,并完整地总结出了电磁感应定律的定量表达式。

根据法拉第的实验和观点,用磁通量 Φ_{m} 来表示穿过闭合回路所围面积的磁感应线的多少。那么,感应电动势 ε 的大小与穿过闭合回路磁通量对时间的变化率成正比,这就是法拉第电磁感应定律,其表达式为:

$$\varepsilon = -k \frac{\mathrm{d}\Phi_{\mathrm{m}}}{\mathrm{d}t} \tag{8-1}$$

上式中 k 为比例系数;负号代表感应电动势的方向,它表明在任何情况下,无论回路的绕行方向怎样选择,感应电动势 ε 的正负总是与磁通量变化率 $\frac{\mathrm{d}\Phi_{\mathrm{m}}}{\mathrm{d}t}$ 的符号相反。在国际单位制中,感应电动势的单位为伏特(V),磁通量 Φ_{m} 的单位为韦伯(Wb),此时 $k=1$,也即 1 伏特=1 韦伯/秒。于是(8-1)式可写成

$$\varepsilon = -\frac{\mathrm{d}\Phi_{\mathrm{m}}}{\mathrm{d}t} \tag{8-2}$$

如果闭合回路包含 N 匝密绕线圈,这时感应电动势可以表达为

$$\varepsilon = -\frac{\mathrm{d}(N\Phi_{\mathrm{m}})}{\mathrm{d}t} = -N\frac{\mathrm{d}\Phi}{\mathrm{d}t} \tag{8-3}$$

式中 $N\Phi_m$ 叫做磁链。

　　与法拉第同时代的纽曼(Neumann)与韦伯(Weber)曾先后给出了电磁感应定律的定量表达式。但由于他们都是基于超距作用电磁理论,因而在某些方面存在着物理机制上的困难。所谓超距作用是指这种作用超越空间直接地瞬时地发生,以超距作用为基础的电磁理论在解决感生电动势时,遇到了难以克服的困难。这个问题最终通过近距作用理论支撑下的涡旋电场而得到了彻底解决,这也正是麦克斯韦对电磁理论的重要贡献之一,我们将会在后面的章节中进行介绍。

　　2. 楞次定律

　　1834 年楞次提出了一种判断感应电流方向的方法。在如图 8-5 所示的实验中,图(a)是当磁铁 N 极插入线圈时,穿过线圈向下的磁通量增加,实验表明线圈中感应电流的方向如图所示。根据右手定则,感应电流激发的磁场方向向上,其作用相当于阻止线圈中磁通量的增加。图(b)所示是把 N 极拔出的情形,这时穿过线圈向下的磁通量减少,而感应电流激发的磁场方向向下,其作用相当于阻碍磁通量的减少。

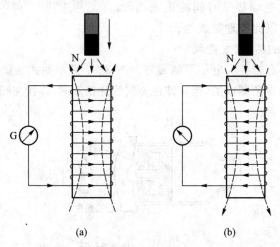

(a)　　　　　　　　　　(b)

图 8-5　楞次判断感应电流方向示意图

　　故得到结论:闭合回路中感应电流的方向,总是使得自己所激发的磁场来阻止引起感应电流的磁通量的变化,这个结论称为楞次定律,它是判断感应电流方向的简单而直观的方法。

　　3. 电磁感应定律的应用

　　电磁感应现象的发现为第二次工业革命奠定了基础,为工业革命提供了源源不断的"电力",在国民经济建设、社会发展、人们生活的各个方面正在发挥着越来越重要的作用。

(1) 交流发电机

美国物理学家特斯拉(N. Telsa,1857—1943)和意大利物理学家费拉里斯 (G. Ferriaris,1847—1897)于 1885 年分别独立地发明了交流发电机。如图 8-6 所示,在均匀磁场 $\boldsymbol{B}$ 中,放置一绕轴 OO' 转动的面积为 S 的 N 匝线圈,若线圈以角速度 ω 做匀速转动,设 $t=0$ 时刻线圈的法线方向 $\boldsymbol{e}_n$ 与磁感应强度 $\boldsymbol{B}$ 的方向相同,那么在 t 时刻穿过线圈的磁链为 $\psi=N\Phi_m=NBS\cos\theta=NBS\cos\omega t$。

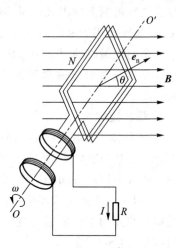

由法拉第电磁感应定律,线圈中的感应电动势为

$$\varepsilon=-\frac{\mathrm{d}\psi}{\mathrm{d}t}=NBS\omega\sin\omega t \qquad (8-4)$$

可以看到,在均匀磁场中匀速转动的线圈所产生的感应电动势是时间的正弦函数,交流发电机就是以此原理制成的。

图 8-6　交流发电机原理图

(2) 扩音器的话筒(麦克风)

话筒是把声音转变为电信号的装置。图 8-7 是动圈式话筒构造原理图,它是利用电磁感应现象制成的,当声波使金属膜片振动时,连接在膜片上的线圈(叫

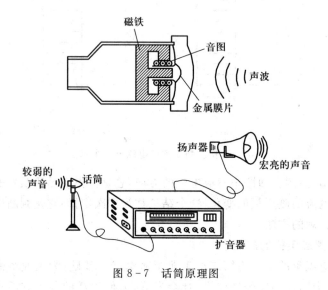

图 8-7　话筒原理图

做音圈)随着一起振动,音圈在永久磁铁的磁场里振动,其中就产生感应电流(电信号),感应电流的大小和方向都变化,变化的振幅和频率由声波决定,这个信号电流经扩音器放大后传给扬声器,从扬声器中就发出放大的声音。

（3）电磁炉原理

电磁炉越来越受到大众家庭的关注,由于其轻巧、快捷、使用方便和功能多样等特点已逐渐走进了普通家庭中,成为现代家庭烹饪食物的电子炊具。

电磁炉是应用电磁感应原理对食品进行加热的。如图 8-8 所示,电磁炉的炉面是耐热陶瓷板,交变电流通过陶瓷板下方的线圈产生磁场,它利用高频的电流通过环形线圈,从而产生变化的无数环状封闭磁场,当变化的磁场通过导磁(如铁质锅)的底部,既会产生无数小涡流(一种交变电流,家用电磁炉使用的是 15～30 kHz 的高频电流),使锅体本身自行高速发热,达到加热食品的目的。

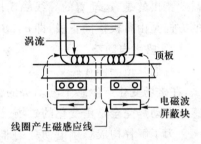

图 8-8　电磁炉原理

8.1.3　动生电动势和感生电动势

从上面的讨论我们可以看出,只要穿过闭合回路的磁通量发生变化,就会在回路中产生感应电动势,从而产生感应电流。根据磁通量改变的原因,我们可以将感应电动势分为两类,一类是稳恒磁场中运动的导体产生的电动势称为动生电动势;另一类是由于磁场的变化而产生的电动势称为感生电动势。

1. 动生电动势

导体在恒定磁场中的运动(切割磁感应线)而产生动生电动势。如图 8-9所示,一均匀磁场垂直于纸面向里,长为 L 的导线 AB垂直于磁场并以速度 v 水平向右运动。这时,金属导线中的自由电子受到的洛伦兹力为

$$\boldsymbol{F}_{m} = -e\boldsymbol{v} \times \boldsymbol{B} \qquad (8-5)$$

方向竖直向下,这相当于有一个非静电性场强 $\boldsymbol{E}_{k}$ 起作用,可将其表示为

$$\boldsymbol{E}_{k} = \frac{\boldsymbol{F}_{m}}{-e} = \boldsymbol{v} \times \boldsymbol{B} \qquad (8-6)$$

这种非静电性电场搬运自由电子的能力就是动生电动势。在此非静电性场强 $\boldsymbol{E}_{k}$ 的作用下,电子沿导线自上而下运动,其结果是在导体 A 端形成正电荷积累,

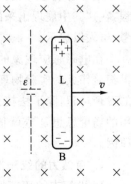

图 8-9　动生电动势

B 端形成负电荷积累。这样,在导体内形成了一个自上而下的静电场,自由电子在这个电场受电场力 F_e 的作用自下而上地运动,达到平衡时,导体内便出现了一个稳定的电动势,此时

$$F_k = F_e$$

按照电动势的定义,得

$$\varepsilon = \int_{-}^{+} \boldsymbol{E}_k \cdot \mathrm{d}\boldsymbol{l} = \int_{A}^{B} (\boldsymbol{v} \times \boldsymbol{B}) \cdot \mathrm{d}\boldsymbol{l} \tag{8-7}$$

需要指出的是,运动着的导线 AB 相当于一个开路的电源,在电源内部,电动势的方向是由负极指向正极,即 $\boldsymbol{v} \times \boldsymbol{B}$ 的方向。

2. 感生电动势

我们知道导体在磁场中运动产生动生电动势,其非静电力是洛伦兹力。那么,在磁场变化产生感生电动势的情况下,非静电力又是什么力呢?实验表明,感生电动势完全是由变化的磁场引起的。

为了解释构成感生电动势的非静电力的起源,物理学家麦克斯韦提出了涡旋电场的假设:即使不存在导体回路,变化的磁场在其周围也会激发一种电场,称为涡旋电场,这种涡旋电场施于电荷的力就是构成感生电动势的非静电力。麦克斯韦的上述假设已为许多实验所证实。

若用 $\boldsymbol{E}_k$ 表示涡旋电场,由麦克斯韦假设,沿任意闭合回路 L 的感生电动势为

$$\varepsilon = \oint_L \boldsymbol{E}_k \cdot \mathrm{d}\boldsymbol{l} = -\frac{\mathrm{d}\varPhi_m}{\mathrm{d}t} \tag{8-8}$$

8.1.4 电磁感应定律发现过程中的物理学思想与方法

电磁感应定律为人们找到了"磁生电"的方法,加速了第二次工业革命的进程,在这其中展现出来的精巧的实验方法和深邃的物理思想,至今仍然将引人思考,给人以启示。

在电磁感应现象的发现过程中,法拉第做出了决定性的工作。法拉第是 19 世纪最伟大的实验物理学家,也是一位杰出的自然哲学家。纵观电磁感应定律的发现过程,除了法拉第非凡的个人才能之外,关于自然力统一的思想和近距作用的场论思想是造就他深邃的洞察力、丰富的直觉和巧妙的物理构思的根本原因。

1. 自然力的统一性与可转化性

18 世纪末的德国哲学家康德(Kant)首先提出关于自然力具有统一性、不可磨灭性和可转化性(可变化性)的学说。法拉第深受这种哲学思想的影响,达到

了坚信不疑的程度。法拉第通过大量的、内容十分广泛的实验研究,执著地寻求联系,追求统一的解释,试图提出一幅统一的物理世界的图画。法拉第正是基于此种观点,长期坚持实验,最终发现了电磁感应现象。除此之外,法拉第还在电解、偏振光转动的磁致旋转,电的统一性、电介质、顺磁体和抗磁体、电磁旋转与发电机等方面进行实验研究,无非是在寻找关于电与磁、电与化学、光与化学、各种不同来源的电、电磁场与物质、电磁能与机械能之间的可能联系和相互影响,并试图提供统一的解释。甚至在 1837 年,法拉第提出过重力、电磁力与化学亲和力等各种力等当的思想,并取得了实验的成功验证。时至今日,引力与电磁作用的统一仍然是物理学尚待探讨的重大课题之一。法拉第曾指出:"有一个古老而不可改变的信念,即自然界的一切力都彼此有关,有共同的起源、或者同一基本力的不同表现形式。这种信念常常使我想到在实验上证明重力和电力之间联系的可能性。"

　　可以这样说,法拉第的一生就是在自然力统一思想的引导下不断探索自然奥秘的一生。的确,从某种意义上讲,物理学的历史就是一部寻找联系、追求统一解释的历史。牛顿找到了天上的星星与地上物体机械运动的联系,并用万有引力定律给出了统一解释;而法拉第所做的工作就是将电与磁、电磁与光的现象联系起来,建立起统一的电磁场理论,这个工作最终由麦克斯韦完成;再到后来,爱因斯坦的相对论揭示了时间、空间与物质运动之间的关系,广义相对论则更是把引力囊括进来;而现在发展火热的大一统理论,正是这种统一思想的延续,诸如此类,形成了一条绵延不断地长河。正如爱因斯坦所说:"要是不相信我们的理论构造能够掌握实在,要是不相信我们世界的内在和谐,那就不可能有科学。这种信念永远是一切科学创造的根本动力。"

2. 极具创造力的场线与场思想

　　物理学中的近距作用观点的场论思想起源于法拉第。有关场线最早的记载出现在 1831 年 11 月 24 日法拉第在英国皇家学会宣读的有关磁现象的论文中。他做了一个有趣的实验。在一张薄纸上撒了铁粉,紧贴纸片下方放一根铁形磁铁,用手轻轻敲打纸片,上面的铁粉就会排列成有规则的曲线,这些曲线被称为磁场线,如图 8-10 所示。法拉第极富想象力地提出可用一系列假想的场线分布来描述磁极周围的磁场力的分布性质,更准确地说法是法拉第用场线来显示磁体周围的空间是物理空间,其中充满着"磁场"。

　　法拉第通过场线描绘近距作用的图像,使许多电磁现象的定性解释变得简明、直观、统一。英国开尔文勋爵对法拉第的场线思想给予了高度评价,他说:"在法拉第的许多贡献中,最伟大的一个就是场线概念了,我想借助于它就可以把电场和磁场的许多性质以最为简单而极富启发性的形式表示出来。"在法拉第

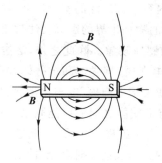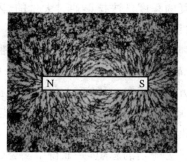

图 8 - 10　永磁铁的磁场线分布

看来,场线是物质的,场线具有重要地位,场线是认识电磁现象必不可少的组成部分。法拉第成功地运用了场线思想说明了感应电动势产生的原因,他把静态相互作用的场线图像发展到动态。法拉第最早在磁学中运用了场线的概念,通过不断发展将其运用到了电学中,并在电磁感应现象的解释中使用了"电紧张状态"。他认为电紧张状态是电流或磁铁产生的一种特殊状态,伴随着电紧张状态升高或降低的程度,便会产生感应电流。

　　场线概念和电紧张状态是法拉第近距作用观点场论思想的最初形式,它始终贯穿于法拉第随后所开展的电化学、电解理论的研究之中。总之,法拉第近距作用的场线概念向当时占统治地位的超距作用发起了挑战,由他萌芽的场的思想,为后人在确立场论的思想上迈出了极为重要的一步。

3. 丰富的想象力及深邃的直觉思维

　　法拉第生于贫苦的铁匠家庭,在家里四个小孩中排行第三,从小生活困难,只读了几年的小学。但他利用在书店做学徒之便阅读了大量的书籍,并逐渐对电学和化学产生了浓厚的兴趣。通过不懈的努力,他终于成为了当时英国著名化学家戴维的助手,从此开始了长达五十年献身科学的光辉历程。正是这样的曲折经历造就了法拉第坚毅不屈的探索精神,更使他脱离了学术教条的束缚。他从未受过系统的正规教育,数学表达及定量描述固然是他的短处,但却迫使他从实验和定性的方法去描述物理世界。在这样的过程中,他的物理直觉思维能力被极大的激发,他丰富的想象力在科学研究中被淋漓尽致地发挥出来。正是基于这样的直觉思维和丰富的想象力,他的实验验证才能够有的放矢。他首先建立了场线的概念,基于这种思想,近距作用的场论思想开始了自牛顿力学以来物理学最为伟大的变革,可以说,法拉第是这个过程中的绝对先驱。继而在电磁感应现象发现的过程中,他又将场线概念从静态发展到动态,用"电紧张状态"的变化程度来解释电磁感应现象,这是何等瑰丽的物理想象力!

　　法拉第关于"场"的概念以及场线思想的引入是物理学史上极具想象力的一笔，是具有开创性意义的见解。爱因斯坦曾高度评价："在物理学中出现了一个新的概念，这是自牛顿时代以来最为重要的发明：场。用来描述物理现象中最重要的不是带电体，也不是粒子，而是带电体之间粒子之间的空间中的场，这需要很大的科学想象力才能理解。"我们理解场的概念都觉得是件困难的事情，要想象在法拉第所处的年代里准确地用语言定性地描述了场线和场的基本概念是多么不容易的一件事。爱因斯坦也曾对科学家的想象力做过精辟的论述："想象力比知识更重要，因为知识是有限的，而想象力概括了世界上的一切，推动者进步，而且是知识进化的源泉。"

　　法拉第甚至凭直觉思维进一步做出过猜想，他认为电磁作用应以波动的形式传播。1832 年，法拉第留下了一封秘密的信，这封信一直在档案馆里尘封了100 多年，直到 1938 年才被发现。在这封信里，法拉第指出："我还认为，电磁感应也可以这样传播，我认为磁力从磁极出发传播类似于水面上的波纹振动或者空气粒子的声振动，也就是说，我打算把振动理论应用于磁现象，就像对声作用的那样，而且这也是光现象最可能的解释"。

　　这封信是关于电磁作用以波动形式传播的最早猜想，也是关于光和电磁现象有某种联系的最早预言。我们不禁要为法拉第对近距作用的阐述以及其丰富的想象力和敏锐的直觉赞叹不已。

　　就法拉第的研究方法，麦克斯韦曾经与安培的研究方法做过评价与比较，他这样写道："安培借以建立电流之间机械作用的实验研究，是科学中最辉煌的成就之一……，然而，安培的方法使我们无法找到指导着他的概念的形成过程，我们很难相信安培真是借助于他所描述的那些实验而发现这种作用规律。使我们怀疑（事实上也是他自己这样说）它是通过某些他没有指给我们的发现过程发现这一规律的。并且后来他在确立一个完整的证明时，拆除了借以树立他的脚手架的一切痕迹。"

　　"在他（法拉第）发表了研究报告中，我们发现这些观念是以一种更适合于一门正在形成中的科学的语言表述的，因为他和那些风格（像安培那样）习惯于建立思想的数学形式的物理学家们的风格是颇为不同的。"

　　"法拉第虽然透彻地了解空间、时间和力的基本形式，却不是一个专门的数学家，这对科学研究或许倒是有益的。他并不试图深入到许多有趣的纯数学研究……，他既不感到有必要强使他的结果采取符合当时数学口味的形式，也不想把他们表示为数学家们会去着手研究的形式。"

　　法拉第这种依靠实验，凭借丰富的想象力和物理的直觉思维进行科学研究对我们的学习和研究有着重要的启示。精确地数学描述固然重要，但当遇到特殊问题时,常规性的思维有可能制约我们的思维扩展到更远和更广的维度。有时直觉和想象也是一种能力,也需要我们在学习中进行有效的释放和练习。

8.2　磁场的能量

在法拉第进行"磁生电"研究的同时,大洋彼岸的美国物理学家亨利(J. Henry,1797—1878)也进行了电磁感应实验。他用纱包铜线在一铁芯上绕了两层,然后在铜线中通电,结果发现,仅仅 3 kg 重的铁芯居然能够吸起 300 kg 的重物,亨利以此为开端,终于发现了自感和互感现象。

8.2.1　互感与自感

1. 互感

如图 8-11 所示,两个邻近的闭合线圈,分别通有电流 I_1 和 I_2。当线圈 1 中电流变化时所激发的变化磁场,会在它邻近的另一线圈 2 中产生感应电动势;同样,当线圈 2 中的电流变化时,也会在线圈 1 中产生感应电动势。这种现象称为互感现象,所产生的感应电动势称为互感电动势。

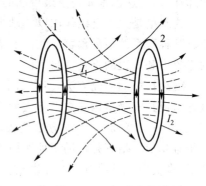

图 8-11　互感现象

设线圈 1 中的电流 I_1 在线圈 2 中产生的磁通量为 Φ_{21};线圈 2 中的电流 I_2 在线圈 1 中产生的磁通量为 Φ_{12}。根据毕奥-萨伐尔定律,线圈中的电流所激发的磁感应强度的大小与电流强度成正比,因此,磁通量 Φ 也应与线圈中的电流强度成正比,故有

$$\Phi_{21} = M_{21} I_1 \qquad (8-9)$$

$$\Phi_{12} = M_{12} I_2 \qquad (8-10)$$

式中比例系数 M_{21} 和 M_{12} 决定于每一个线圈的几何形状、大小、匝数、周围介质的情况及两个线圈的相对位置,称为互感。

可以证明,$M_{21} = M_{12} = M$,所以

$$\Phi_{21} = M I_1 \qquad (8-11)$$

$$\Phi_{12} = M I_2 \qquad (8-12)$$

当线圈 1 中的电流 I_1 改变时,通过线圈 2 的磁通量 Φ_{21} 将发生变化。按照法拉第电磁感应定律,在线圈 2 中产生的感应电动势为

$$\varepsilon_{21} = -\frac{\mathrm{d}\Phi_{21}}{\mathrm{d}t} = -M\frac{\mathrm{d}I_1}{\mathrm{d}t} \qquad (8-13)$$

同理可得

$$\varepsilon_{12} = -\frac{\mathrm{d}\Phi_{12}}{\mathrm{d}t} = -M\frac{\mathrm{d}I_2}{\mathrm{d}t} \qquad (8-14)$$

由此可见,在电流的变化率确定时,互感 M 越大,互感电动势越大,互感现象越显著。而且,如果具有互感的两个线圈中有相同的电流变化率,那么两个线圈中产生的互感电动势相等。

在国际单位制中,互感的单位为亨利(H),其物理意义为:两个线圈的互感 M,在数值上等于一个线圈中的电流随时间的变化率为一个单位时,在另一个线圈中所引起的互感电动势的绝对值。

利用互感现象可以把电能由一个回路转换到另一个回路。这种转移能量的方法在电工、无线电技术中得到了广泛的应用。

互感通常用实验方法测定,只是对于一些比较简单的情况,才能用计算的方法求得。

2. 自感

电流流过线圈时,其磁感应线将穿过线圈本身,从而给线圈提供磁通。如果这电流随时间而变,则通过线圈自身的磁通量也发生变化,使线圈自身产生感应电动势。这种因线圈中电流变化而在线圈自身所引起的感应现象叫做自感现象,所产生的电动势叫做自感电动势。

自感现象可用图 8-12(a)所示的实验来演示。图中 A、B 是两个相同的小灯泡,L 是带铁心的多匝线圈,R 是电阻,其阻值与线圈 L 的阻值相同。接通开关 S,灯泡 B 立刻就亮,而 A 则逐渐变亮。这个实验现象可以解释如下:当接通开关 S 时,电路中的电流由零增加,在 A 支路上,电流的变化使线圈中产生自感电动势,按楞次定律,自感电动势阻碍电流增加,因此在 A 支路中电流的增大要比没有自感线圈的 B 支路来得缓慢些。于是灯泡 A 比灯泡 B 亮得迟缓些。

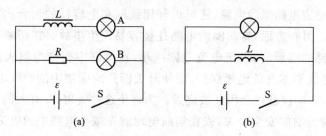

图 8-12　自感现象演示

在图 8-12(b)中可观察到切断电路时的自感现象。当迅速地把开关 S 断开时,可以看到灯泡并不立即熄灭,而是突然地亮一下然后才熄灭。这可解释为当切断电源时,线圈中的电流突然减小,从而使穿过线圈的磁通量减小。感应电流的磁场将阻碍这种减小,故感应电流的磁场与原电流磁场方向相同,在线圈中引起一个很大的感应电动势。这时,虽然电源已切断,但线圈 L 和灯泡组成了闭合回路,线圈中产生的感应电动势在回路中引起感应电流,所以灯泡并不立即熄灭。由于在电源切断时 $\dfrac{\mathrm{d}\varPhi}{\mathrm{d}t}$ 很大,感应电动势和感应电流都很大,因此灯泡能发出短暂的强光。

下面我们来分析自感现象的规律。按照毕奥-萨伐尔定律,可得

$$\varPhi = LI \qquad\qquad (8-15)$$

式中的比例系数 L(与线圈字母 L 含义不同)与线圈的形状、大小、匝数及周围介质的情况有关,定义为自感。在国际单位制中,自感的单位也为亨利(H)。

根据法拉第电磁感应定律及(8-2)式,可得自感电动势为:

$$\varepsilon_L = -\dfrac{\mathrm{d}\varPhi}{\mathrm{d}t} = -L\,\dfrac{\mathrm{d}I}{\mathrm{d}t} \qquad\qquad (8-16)$$

显然,从上式可看出,当电流对时间的变化率为恒值时,自感系数 L 越大,线圈中所产生的自感电动势也越大,即自感作用越强。式中的负号是楞次定律的数学表示,它表明自感电动势将反抗回路中电流的改变。这就是说,当电流增加时,自感电动势与原有电流的方向相反;当电流减小时,自感电动势与原有电流的方向相同。由此可见,要使任何回路中的电流发生变化,都会引起自感电动势阻碍电流的变化,回路的自感系数越大,自感的作用就越强,改变回路中的电流也越困难。

自感现象的应用很广泛,例如我们日常生活中使用的日光灯,它的镇流器就是一个自感线圈。在刚通电时,这个自感线圈中产生的自感电动势比 220 V 大很多倍,从而使灯管中的气体电离并开始工作。在无线电技术中,利用线圈的自感现象可以稳定电路里的电流,还可以利用线圈和电容器的组合构成谐振电路或滤波器等。另一方面,有线圈的电路往往容易发生事故。在切断含有大的自感线圈的电路的电源时,由于电流急剧减小,在电路中会产生很大的自感电动势,以至击穿线圈本身的绝缘保护,或使开关断开的间隙中的空气电离,产生电弧引起火灾,一些仪器也会因此被烧毁。为避免这种灾害,在有大的自感线圈的电路中,要用特制的安全开关,或在切断电源前先减小电路中的电流,然后再断开开关,这样 $\dfrac{\mathrm{d}I}{\mathrm{d}t}$ 较小,产生的自感电动势也就小了。

8.2.2　磁场的能量

我们知道,电场是有能量的。那么,磁场有没有能量呢? 由于在建立磁场时总是伴随有电磁感应现象发生,所以我们可以从能量转换的角度,分析电磁感应现象,来进行探讨。

在只含有电阻的直流电路中,电源供给的能量完全消耗在电阻 R 上而转换为热能。但是,在一个含有电阻和自感的电路中,如图 8-13 所示,情况就不同了。在电键 S 未闭合时,线圈中的电流为零,这时线圈中没有磁场。当把电键闭合时,线圈中的电流由零逐渐增大,线圈内的磁场将逐步建立。由于线圈中自感电动势的存在,它会阻止线圈内的磁场建立。只有在经过一段时间后,回路中的电流 I 才能达到稳态值。因此,在建立磁场过程中,外界(即电源)必须供给能量来克服自

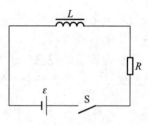

图 8-13　电阻自感电路

感电动势做功。可见,在含有电阻和自感的电路中,电源供给的能量分成两部分:一部分转变为 R 上消耗的热能,另一部分则转换为线圈中磁场的能量。即通电线圈可储存一定的能量,其所储的磁能可以通过电流建立过程中抵抗感应电动势做功来计算。下面我们来计算在电路中建立电流 I 的过程中,电源所做的这部分额外的功。

设在时间 dt 内,电源反抗自感电动势做功为

$$dA = -\varepsilon_L i\, dt \quad (i\text{ 为电流强度的瞬时值})$$

又 $\varepsilon_L = -L\dfrac{di}{dt}$ 所以 $dA = Li\,di$。在建立电流 I 的整个过程中,电源反抗自感电动势做功为

$$A = \int dA = \int_0^I Li\, di = \frac{1}{2}LI^2$$

这部分功将以能量的形式储存在线圈中。可见,在一个自感应系数为 L 的线圈中建立强度为 I 的电流,线圈中所储存的能量为

$$W_m = \frac{1}{2}LI^2 \tag{8-17}$$

实际上,磁能是储存在磁场中的,磁场能量可以用描述磁场的物理量来表示。我们以长直螺线管为例,推出磁场能量表达式,然后加以推广。

当长直螺线管通有电流 I 时,螺线管中磁场的磁感应强度为 $B = \mu nI$,螺线管的自感 $L = \mu n^2 V$,且 $B = \mu H$,将这些关系代入式(8-17),可得螺线管内的磁

场能量为

$$W_\mathrm{m} = \frac{1}{2}LI^2 = \frac{1}{2}\mu n^2 V \left(\frac{B}{\mu n}\right)^2 = \frac{1}{2}\frac{B^2}{\mu}V = \frac{1}{2}\boldsymbol{B} \cdot \boldsymbol{H}V$$

式中 V 为长直螺线管的体积。上式表明磁场能量与磁感应强度、磁导率和磁场所占的体积有关。由此可得出单位体积内的磁场能量即磁场能量密度为

$$w_\mathrm{m} = \frac{W_\mathrm{m}}{V} = \frac{1}{2}\boldsymbol{B} \cdot \boldsymbol{H} \tag{8-18}$$

必须指出,式(8-18)虽然是从长直螺线管这一特例导出的,但是可以证明,对于任意的磁场,其中某一点的磁场能量密度都可以用上式表示,式中的 $\boldsymbol{B}$ 和 $\boldsymbol{H}$ 分别为该点的磁感应强度和磁场强度。可以证明,即使对于非均匀磁场,此式仍然成立。对于磁场分布的某一空间中,磁场所储存的总能量为

$$W_\mathrm{m} = \int_V w_\mathrm{m} \mathrm{d}V = \int_V \frac{1}{2}\boldsymbol{B} \cdot \boldsymbol{H} \mathrm{d}V \tag{8-19}$$

8.3   电磁场的能量

前面已述,电磁场是一种存在于空间的物质,而且具有能量,电磁波传到什么地方,什么地方就有了电磁场,也具有了电磁能量。所以电磁波的传播过程也是电磁能量的传播过程,电磁波携带的电磁能量通常称为辐射能。辐射能的传播速度和方向与电磁场传播的速度和方向相同。

由电磁学的理论可知,在只有电场存在的空间,其能量为电场能量,在只有磁场存在的空间其能量为磁场能量,电磁场的能量是电场和磁场能量的总和。电场和磁场的能量密度分别为

$$w_\mathrm{e} = \frac{1}{2}\boldsymbol{D} \cdot \boldsymbol{E} = \frac{1}{2}\varepsilon E^2 \quad w_\mathrm{m} = \frac{1}{2}\boldsymbol{B} \cdot \boldsymbol{H} = \frac{1}{2}\mu H^2$$

所以电磁场的能量密度为

$$w = \frac{1}{2}(\varepsilon E^2 + \mu H^2) \tag{8-20}$$

在垂直于波传播方向上取一面积元 $\mathrm{d}A$,则在 $\mathrm{d}t$ 时间内,通过面元 $\mathrm{d}A$ 的辐射能为 $wv\mathrm{d}A\mathrm{d}t$,我们把单位时间内通过垂直于传播方向的单位面积的辐射能称为能流密度。在电磁学中通常把能流密度表示成矢量形式,称为坡印亭矢量,用符号 $\boldsymbol{S}$ 表示,其大小为

$$S = wv = \frac{1}{2}v(\varepsilon E^2 + \mu H^2) \tag{8-21}$$

将 $v = 1/\sqrt{\varepsilon\mu}$, $\sqrt{\varepsilon}E = \sqrt{\mu}H$ 代入上式,有

$$S=\sqrt{\frac{\varepsilon}{\mu}}E^2 \quad 或 \quad S=\sqrt{\frac{\mu}{\varepsilon}}H^2 \quad 及 \quad S=EH$$

因为能量的传播方向和电磁波的传播方向相同,即与波的速度方向一致,所以坡印亭矢量可写成如下的矢量形式:

$$S=E\times H \tag{8-22}$$

即 S、E 和 H 三矢量构成右手系。

8.4　麦克斯韦电磁理论

19 世纪是电磁学蓬勃发展的时代,随着静电学、静磁学以及电流磁效应和电磁感应等研究的深入,一个统一的电磁理论呼之欲出,一场伟大的变革近在咫尺。这场物理学史上伟大的综合与变革的引领者就是英国理论物理学家和数学家麦克斯韦。麦克斯韦是法拉第之后集电磁学之大成的伟大科学家。他依据库仑、高斯、欧姆、安培、毕奥、萨伐尔、法拉第等前人的一系列发现和实验成果,建立了第一个完整的电磁理论体系,不仅科学地预言了电磁波的存在,而且揭示了光、电、磁现象在本质上的统一性,完成了物理学史上又一次大综合,从而一举奠定了现代电力工业、电子工业和无线电工业的基础。

在前面的章节中,我们从实验出发,分别研究了静电场、稳恒磁场和变化磁场的基本性质以及电磁感应现象所遵循的规律。但是仅仅用这些还不能完整地概括电磁场的基本性质。麦克斯韦的伟大之处在于他不仅能够集前人之大成,而且还极具创造性地提出了"涡旋电场"和"位移电流",终于科学完整地构建了电磁学的理论体系。时至今日,我们依然为麦克斯韦的电磁理论的科学、严谨、对称的物理学之美所感染。

麦克斯韦在对电磁感应现象做了深入分析后,提出了变化的磁场在其周围激发电场的设想,并指出这种电场不同于静电场,是有旋电场,称之为涡旋电场。按照电与磁的对称性,1861 年麦克斯韦进一步提出了位移电流的概念,指出变化的电场能在其周围产生磁场。

8.4.1　涡旋电场

我们知道导体在磁场中运动产生动生电动势,其非静电力是洛伦兹力。那么,在磁场变化产生感生电动势的情况下,非静电力又是什么力呢? 实验表明,感生电动势完全是由变化的磁场引起的,而与材料无关。

为了给出电磁感应现象的数学表达,纽曼和韦伯曾先后给出了电磁感应现象的数学公式,但他们的前提假设是电磁场的超距作用,虽然可以很好的解释动生电动势,但面对感生电动势时却依然是一筹莫展。麦克斯韦在研究电磁理论时坚定地继承了法拉第近距作用的观点,同时又广泛地吸收了纽曼与韦伯的超距作用电磁学中的合理内容,麦克斯韦提出了涡旋电场的假设,用来解释构成感生电动势的非静电力的起源。麦克斯韦认为,即使不存在导体回路,变化的磁场在其周围也会激发一种电场,称为涡旋电场,这种涡旋电场施于电荷的力就是构成感生电动势的非静电力。麦克斯韦在坚持近距作用的基础下,用"涡旋电场"这个物理量来表示法拉第所提出的磁通量变化时的"电紧张状态"的变化率,很好地将法拉第的定性表述与纽曼和韦伯的定量数学表达结合了起来,完美地用数学的方法表达了电磁感应现象。麦克斯韦的涡旋电场假设已为许多实验所证实。

麦克斯韦将以上思想用数学方程进行了表述,若用 E 表示涡旋电场,由麦克斯韦假设,沿任意闭合回路 L 上的感生电动势为

$$\varepsilon = \oint_L \boldsymbol{E} \cdot \mathrm{d}\boldsymbol{l} = -\frac{\mathrm{d}\Phi_\mathrm{m}}{\mathrm{d}t} \tag{8-23}$$

式(8-23)表示,电场强度矢量 E 绕闭合回路 L 的线积分等于以积分回路为边界的曲面的磁通量变化率的负值。这个方程描述了变化的磁场产生电场的问题,如果一个电荷沿积分路径运动一周,则涡旋电场对电荷做功,其值等于该线积分与电荷的乘积,这与静电场有本质的差别,涡旋电场为非保守场。电子回旋加速器就是利用有旋电场加速电子的原理研制的。

需要说明的是:

(1) 涡旋电场与静电场的共同点就是对位于场中的电荷有作用力。不同点有两个,一是起源不同:静电场是由静止电荷激发的,而涡旋电场是由变化磁场激发的;二是性质不同:静电场的电场线起始于正电荷,终止于负电荷,是有源无旋场(电场线不闭合),从而静电场是保守场。而涡旋电场的电场线则是闭合的,是无源有旋场,从而涡旋电场是非保守场。

(2) 法拉第电磁感应定律式(8-2)只适用于由导体构成的闭合回路;而由麦克斯韦的涡旋电场假设所建立的电磁感应定律式(8-23)则不管是否存在导体回路,都是适用的。

8.4.2 位移电流

麦克斯韦在提出变化的磁场产生涡旋电场的假设后,又提出了随时间变化的电场(即位移电流)产生磁场的假设。既然变化的磁场可以产生涡旋电场,就必然会提出寻找它的逆效应这样一个深刻的命题,麦克斯韦用位移电流假设回答了这个问题。至此,人们才对电场与磁场的内在联系有了全面、完整的认识,并进而揭示了电磁波的产生机理。

　　位移电流假说的中心思想是:变化着电场将激发感应磁场。麦克斯韦提出的"位移电流"假设在电磁场理论中具有非常重要的地位,是麦克斯韦电磁理论的另一重大突破。然而,如果没有足够的胆略和远见卓识,是很难理解和坚持这一假说的,因为直至麦克斯韦逝世时,依然还没有人能够做出可靠地实验,来证明位移电流的存在。相比于涡旋电场的假说解释感生电动势已存在的实验现象,位移电流的假说预言了一种新的假想电流,应该说比涡旋电场的提出更加令人钦佩。

　　位移电流是不同于传导电流的一种假想电流。带电粒子的定向移动形成的电流是传导电流。在一个不含有电容器的闭合电路中,传导电流是连续的。但在含有电容器的电路中,无论是电容器充电还是放电,传导电流都不能在电容器的两极板间流过,这时传导电流就不再连续。为了解决对于像电容器这样一类电路中电流不连续的问题,麦克斯韦假设电容器两极板之间仍然有电流流动,这就是位移电流。如图 8 - 14 中所示。当电容器充电时,不断有电荷涌入电容器的两极板,因为电容器相当于开路,电流在两板之间"断开",所以电容器两板之间没有电流流动。但是充电过程中电容器两极板间的电场发生变化,且两极板间的电场强度变化率正比于极板上电荷随时间的变化率。

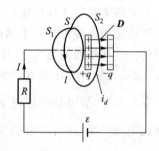

图 8 - 14　位移电流

　　在研究变化电场与磁场之间的数量关系时,麦克斯韦注意到,在电容器充放电过程中,电容器两极板间虽然没有电荷的定向运动,但外电路中仍有电流通过,这就是说,就整个电路而言,传导电流是不连续的。麦克斯韦假设电容器两个极板间存在着一种类似于"电流"的物理量,这个物理量定义为位移电流。麦克斯韦将通过电场中某截面的电位移通量的时间变化率$\dfrac{\mathrm{d}\Phi_D}{\mathrm{d}t}$定义为通过该面的位移电流。即

$$I_D = \frac{\mathrm{d}\Phi_D}{\mathrm{d}t} = \frac{\mathrm{d}}{\mathrm{d}t}\int_S \boldsymbol{D} \cdot \mathrm{d}\boldsymbol{S} \tag{8-24}$$

　　如果把位移电流也考虑在内,那么在电容器充放电过程中整个电流将是连续的。

　　麦克斯韦将两极板间的变化电场看做是电流,并称之为位移电流。这样,在引入位移电流的概念之后,非稳恒电流通过电容器的过程可以用这样的方式来理解:电流以传导电流的形式流入电容器的一个极板,然后以位移电流的形式通过两极板之间的空间,再以传导电流的形式从另一极板流出。传导电流与位移电流的总和称为全电流。那么在整个电路中,各个截面的"全电流"强度是相同

的。因此,全电流是连续的。这样按照麦克斯韦位移电流的假设,在有电容器的电路中,在电容器极板处中断了的传导电流,可以由位移电流接续过去,两者一起保证了电流的连续性。同时麦克斯韦还假设,位移电流与传导电流一样,也会在其周围空间激起磁场。

必须明确,位移电流仅在产生磁场方面与传导电流等价,在其他方面均与传导电流有本质的差别,位移电流不是电荷的定向移动,它实质上是变化的电场,位移电流不会像传导电流那样产生焦耳热。

事实证明,位移电流不仅在电介质、导体中甚至在真空中都可以产生。

8.4.3　麦克斯韦电磁场方程组(积分形式)

麦克斯韦在引入涡旋电场及位移电流两个重要概念后,对静电场和稳恒电流磁场所遵循的规律进行了修改和补充,使之更适用于一般的(包括非稳恒的)电磁场。这样在普遍情况下,电磁场的基本规律既应包含稳恒电场、稳恒磁场的规律,也应该包含变化的电磁场的规律。

我们知道,静电场的环路定理为 $\oint_L \boldsymbol{E} \cdot \mathrm{d}\boldsymbol{l} = 0$。在非稳恒条件下,由于有感应的涡旋电场产生,这时总电场为

$$\boldsymbol{E} = \boldsymbol{E}_{静} + \boldsymbol{E}_{涡}$$

所以上式应由下式所代替

$$\oint_L \boldsymbol{E} \cdot \mathrm{d}\boldsymbol{l} = \oint_L \boldsymbol{E}_{静} \cdot \mathrm{d}\boldsymbol{l} + \oint_L \boldsymbol{E}_{涡} \cdot \mathrm{d}\boldsymbol{l} = -\frac{\mathrm{d}\Phi_{\mathrm{m}}}{\mathrm{d}t}$$

一般情况下,磁场既包括传导电流所产生的,又包括位移电流所产生的。稳恒条件下的安培环路定理为 $\oint_L \boldsymbol{H} \cdot \mathrm{d}\boldsymbol{l} = I_0$,在非稳恒条件下,此式应由下式所代替:

$$\oint_L \boldsymbol{H} \cdot \mathrm{d}\boldsymbol{l} = I_0 + I_D = I_0 + \frac{\mathrm{d}\Phi_D}{\mathrm{d}t}$$

电场的高斯定理　　$\oint_S \boldsymbol{D} \cdot \mathrm{d}\boldsymbol{S} = q_0$

磁场的高斯定理　　$\oint_S \boldsymbol{B} \cdot \mathrm{d}\boldsymbol{S} = 0$

归纳电磁场所满足的基本方程的积分形式,得

$$\oint_S \boldsymbol{D} \cdot \mathrm{d}\boldsymbol{S} = q_0 \tag{8-25}$$

$$\oint_L \boldsymbol{E} \cdot \mathrm{d}\boldsymbol{l} = -\frac{\mathrm{d}\Phi_{\mathrm{m}}}{\mathrm{d}t} \tag{8-26}$$

$$\oint_S \boldsymbol{B} \cdot \mathrm{d}\boldsymbol{S} = 0 \tag{8-27}$$

$$\oint_L \boldsymbol{H} \cdot \mathrm{d}\boldsymbol{l} = I_0 + \frac{\mathrm{d}\Phi_D}{\mathrm{d}t} \tag{8-28}$$

对于各向同性介质，场量之间还满足

$$\boldsymbol{D} = \varepsilon_0 \varepsilon_r \boldsymbol{E} = \varepsilon \boldsymbol{E} \tag{8-29}$$

$$\boldsymbol{B} = \mu_0 \mu_r \boldsymbol{H} = \mu \boldsymbol{H} \tag{8-30}$$

利用上述方程，原则上可解决宏观电磁场的各种问题，其正确性已由它所得到的一系列推论与实验很好地符合而得到证实。

8.4.4　电磁场建立过程中的物理学思想与方法

1. 类比的方法

大千世界，事物与现象是万千变化的，但事物间又存在着相似性，这是事物之间最基本的联系形式之一。在近距作用观点的指导下，麦克斯韦把在一定空间范围内连续分布的电磁场作为研究对象。面对这样一个全新的课题，如何进行研究呢？这涉及方法论的问题。1855—1856 年麦克斯韦发表了关于电磁场理论的第一篇重要论文《论法拉第场线》。在这篇文章中，麦克斯韦用了很大的篇幅来论述不可压缩的流体运动理论，用来证明流速场与电磁场的相似性。通过这样的类比研究，麦克斯韦认识到确定场的空间分布之后，还需要从总体上把握场的性质（是否有源，是否有旋），并且认识到流体力学中常用的通量与环流，高斯定理与环路定理正是描绘矢量场性质的有效手段。由此为突破口，类比研究使麦克斯韦打开了局面，澄清了思想，取得了电磁场统一理论研究的最大进展。

恰当的类比研究，会发现不同事物之间形式上或表面上的相似性，这是自然界提供的暗示和启发。类比研究使我们可以借助于熟知的对象达到对未知生疏的对象的某种理解或认识，可以移植现成的物理图像、概念、数学工具等等。类比研究还促使人们探究形式上相似的真实含义，进一步挖掘可能存在的内在缘由。类比研究甚至还可以起到指点迷津、豁然开朗的作用。

当然，也应该指出，类比研究的本质是猜测，它提供的只是可能性而不是结论，因而类比研究不仅不能取代理论分析和实验研究，而且需要由后者来检验和核实，以决定猜测的弃取或修正。另外，类比研究是有限度的，也是比较形式的，需要进一步寻根究底，值得细细体会。

2. 寻求联系，统一综合的方法

纵观物理学史，观察各种新的现象，寻找其间的联系，发现遵循的规律，揭示深藏的本质，进而建立统一的理论，提供和谐一致的解释，并关注可能的应用前景等，可以说是物理学家代代相传的执著追求，成为推动物理学发展的强劲动力。

麦克斯韦的电磁场理论是继牛顿力学之后又一次理论大综合，这是又一个完

整的理论体系。麦克斯韦总结了电磁学发展所取得的成果时,他对那些已取得成果进行了统一的逻辑整理,将它们放到了他所创建的新的完整的电磁理论体系的合适位置上,再假设了涡旋电场和位移电流,从而构建出了一个全新的理论体系。

3. 严谨、精确的数学表述

严谨、精确、定量的数学表达是物理学趋于成熟的重要标志之一。揭示物理本质的重要概念必须严格定义,精确表达;通过概念之间关系表达的定理、定律、原理等必须有恰当的定量形式;理论体系必须严谨、完备、合乎逻辑;这些都是严谨的物理理论的基本要求。换言之,理论物理必须是可以"工作"和"操作"的,即由物理理论,通过逻辑论证、推理、计算,可以为相关的现象和规律提供定量的解释和预言,同时,也使物理理论的正确与否、是非真伪、成立条件、使用范围等得到定量的检验和界定。

同时,适用于不同领域的物理理论的数学工具和描绘手段往往各具特色,需要有针对性的寻找或创立。例如,建立电磁场理论所需的矢量分析,在当时并不是已有的现成数学手段,而是正在形成和发展的数学分支。实际上,麦克斯韦在建立电磁场理论的同时,也对矢量分析做出了重要贡献。

4. 和谐的意境与启示

自然界是一个和谐的整体,几百年来人们对物理学中的"简单、和谐、对称美"赞叹不已,其实这都是反映出了描述自然界基本特征和运动规律的物理理论是普适的、统一的、简单的与和谐的。麦克斯韦理论较之纽曼和韦伯的理论而言,更显得独树一帜,更优美,更和谐。

丰富多彩、变化万端的自然界,在矛盾斗争中构成了一个相互制约的有机整体。因此,反映、描述自然界基本特征与运动规律的物理理论,也应该和谐、协调、对称、简捷、合乎逻辑,应该赏心悦目,给人以美的感受,这是物理学家自古以来的坚定信念,也是物理理论应该达到的一种意境。回顾那些具有里程碑意义的重大物理理论,可以说无一例外。

8.5　电、磁、光大综合

8.5.1　电磁波预言　赫兹实验

麦克斯韦在稳恒磁场的基础上引入涡旋电场及位移电流两个重要概念:变化的磁场可以在空间激发变化的涡旋电场,而变化的电场也可以在空间激发变化的涡旋磁场,因此,电磁场可以在没有自由电荷和传导电流的空间单独存在。

1865 年,麦克斯韦发表了电磁场理论的第三篇文章《电磁场的动力学理论》。在光的电磁理论这一部分,麦克斯韦根据电磁学的普遍方程,研究了电磁扰动的传播问题。经过计算,麦克斯韦得出了一系列重要的结论:

(1) 在绝缘体内传播的电磁扰动是横波。麦克斯韦指出:"由纯粹的扰动实验得出的电磁场方程显示,只有横波振动才能传播。"

(2) 在空气或真空中,电磁波的传播速度等于光速 c。麦克斯韦指出:"能经过场传播的扰动,就它的方向来说,电磁学导致与光学相同的结论,两者都肯定横振动的传播,两者都给出相同的传播速度。"

(3) 物质的折射率 n 与相对电容率 ε_r 和相对磁导率 μ_r 的关系为 $n = \sqrt{\varepsilon_r \mu_r}$,后来此式称为麦克斯韦关系式。

(4) 在晶体(各向异性)介质中,电磁波的波面为双层曲面,麦克斯韦给出了波面方程。

(5) 光在导体中传播时,强度随传播距离指数下降,并求出了吸收系数与导体电阻率的关系。

麦克斯韦的电磁理论系统地总结了前人的成果,在此基础上做出了创造性的发展,提出了"涡旋电场"和"位移电流"的假说,从而统一了电磁理论。由麦克斯韦方程组可以得出最重要、最惊人的预言就是电磁场的扰动将以波动(横波)的形式传播,由此麦克斯韦预言了电磁波的存在。麦克斯韦发现,如果在空间某处有一电磁源,并假定其能产生交替变化(交变)的电场(或磁场),则在其周围将相应地会产生交变的磁场(或电场)。于是,这种交变的电场或磁场就可以不断由场源向远处传播开来,电磁振荡在空间的传播就形成了电磁波,如图 8-15 所示。

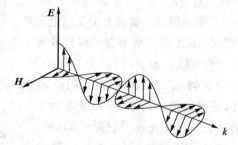

图 8-15　平面电磁波传播示意图

麦克斯韦利用电磁学方程组还计算了电磁波在介质中的传播速度 $v = \dfrac{c}{\sqrt{\varepsilon_r \mu_r}}$ 和真空中电磁波的传播速度为 $c = \dfrac{1}{\sqrt{\varepsilon_0 \mu_0}} = 3 \times 10^8 \text{ m/s}$,这一速度与真空和空气中的光速很接近,由此,麦克斯韦大胆预言光波就是电磁波。麦克斯韦做出这样的论断,说明光波与电磁波的本质是一样的,其实光就是一定波长范围的电磁波,光的本质"是一种按照电磁定律传播的电磁扰动"。麦克斯韦从理论上将光统一到了电磁理论之中,为光的波动学说奠定了坚实的理论基础。这样一来,麦克斯韦就按近距作用的场的思想将电、磁、光三者统一了起来,实现了物理学史上又一次伟大的综合。

　　麦克斯韦的电磁理论是如此的完美,唯一的遗憾是缺少实验上的支持。也因为这样的原因,起初这一理论并没有得到承认。只有很少数的科学家在很多年后才认识到他的重要性。在麦克斯韦去世8年后的1888年,德国物理学家赫兹(H. R. Hertz,1857—1894)首次用实验证明了电磁波的存在及其具有的反射、折射和干涉等性质,这就为麦克斯韦电磁理论的最终确立提供了可靠的实验证据。

　　赫兹在念完中学以后,就自学土木工程。20岁时,是他一生的转折点。他来到柏林,进了柏林大学,在物理学教授赫姆霍兹的指导下,赫兹提高很快。1878年夏天,赫姆霍兹向学生们提出了一个物理竞赛题目,要学生们用实验方法验证电磁波的存在,以验证麦克所韦的理论。从那时起,赫兹就致力于这一重大课题的研究。1880年,赫兹成为赫姆霍兹的助手。1885年,赫兹升调到卡尔斯鲁厄地方高等技术学校当物理教授。1886年10月赫兹做了一个放电实验。在放电过程中;他偶然发现近旁有一个线圈也发出火花,赫兹敏锐地想到这可能是电磁共振。从1886年10月25日开始,赫兹集中力量进行电磁波是否存在的实验研究。1886年12月2日赫兹证实了"两个振荡之间成功地引起了共振现象。"赫兹在实验中用一只感应圈与两根共轴的黄铜杆连接成一个回路,两杆的端点焊有一对磨光的小黄铜球,中间留有空隙,如图8-16所示。赫兹设计的这个发射装置实际上就是一个开口的 LC 振荡回路。赫兹为了探测电磁波的存在,在上述发射装置的附近放置了一个有气隙的金属圆环,称为谐振器。将谐振器放在距振子一定的距离以外,适当地选择其方位,并使之与振子谐振。赫兹发现在发射振子的间隙有火花跳过的时候,谐振器的间隙也有火花跳过。这样,他在实验中第一次观察到电磁波在空间的传播。

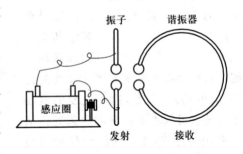

图 8-16　赫兹实验

　　1887年12月5日赫兹寄给赫姆霍兹一篇题为《论在绝缘体中电过程引起的感应现象》的论文,总结了这个重要的发现。接着,赫兹又用类似的方法证明了感应线圈放出的电磁波具有与光类似的特征,如反射、折射、衍射、偏振等。同时证实了在直线传播时,电磁波的传播速度与光速有相同的数量级,从而证实了麦克斯韦的光的电磁理论的正确性。

　　发现电磁波所产生的巨大影响,或许连赫兹本人都没有想到。在发现电磁波的六年后,意大利的马可尼(G. Marconi,1874—1937)、俄国的波波夫(A. C. Попов,1859—1906)分别实现了无线电的传播,并很快进入实际应用,随后无线电报、无线电广播、无线电导航、无线电话……这些技术的相继出现,引领了技术革命,也彻底改变了人们的生活。

8.5.2　电磁波谱

实验证明,电磁波的范围很广,从无线电波、红外线、可见光、紫外线到 X 射线、γ 射线。虽然它们的频率(或波长)不同,而且有不同的特性,但它们的本质完全相同,其在真空中的传播速度都是 c。为了对电磁波有全面的了解和便于比较,我们可以按照频率或波长的顺序把这些电磁波排列成图表,称为电磁波谱,如图 8-17 所示。

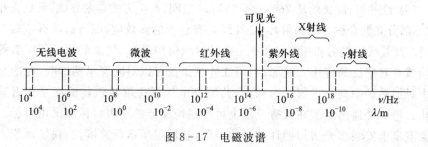

图 8-17　电磁波谱

下面对各种波长的电磁波分别做简单介绍:

(1) γ 射线,波长在 0.04 nm(1 nm = 10^{-9} m)以下,是放射性原子衰变时发出的电磁辐射,也可用高能粒子与原子核碰撞产生,具有能量大,穿透力强等特点,是研究物质微观结构的有力武器。

(2) X 射线,波长在 0.04~5 nm 之间,是高速电子流轰击原子中的内层电子而产生的电磁辐射,也具有能量大、穿透力强的特点。利用这些性质在医疗中可进行透视、拍片,在工业中进行探伤、检测等。另外电子做高速圆周运动所产生的连续 X 射线是一种新型的光源,称同步辐射光源。这种光源具有输出功率大、射线方向性好、能量可调等优点。在微电子技术的发展中用它可进行超微细刻的应用,以满足高技术发展对微电子器件的需求。近年来快速发展的另外一个重要方面是 X 射线深度光刻,用它和电铸、塑铸等工艺结合可制造三维立体微结构器件,如微齿轮、微马达、微泵、微传感器等。

(3) 紫外线,波长约在 5~400 nm 之间,它是由炽热的物体、气体放电或其他光源激发分子或原子等微观客体所产生的电磁辐射。紫外线具有强的荧光作用,某些物质,如煤油,含有稀土元素的纸币,甚至人的牙齿、指甲和皮肤,在紫外线的照射下,都会发出微弱的可见光。移去光源,在极短时间内,可见光也立即消失。另外紫外线还具有显著的生理作用,例如,有较强的灭菌杀虫能力。这是因为它的光子能量刚好能够破坏细胞等生命物质。因此,人若受紫外线的长期照射,将损害人的免疫系统。同时,紫外线的长期照射,对海洋和陆地生态系统也将产生有害影响,抑制农作物生长,使粮食减产;损害海洋生物,破坏海洋食物链。可以说,我们之所以能生活在地球上,全靠地球上空大气中的臭氧层,正是由于它的存在,强烈吸收了大气层中大量的紫外线,使来自太阳的紫外线只有不到1%能到达地面。因此,我们人类有责任保护环境,控制有害气体排放。

(4) 可见光,波长在 $400\sim760$ nm 之间,其产生方式同紫外线相同。在电磁波谱中,只有这部分能使人的眼睛产生感光作用,所以又叫光波。不同颜色的光,实际上是不同波长的电磁波,而白光则是三种或三种以上不同颜色的光混合的结果。

(5) 红外线,波长约从 760 nm ~600 μm 之间,产生方式与紫外线、可见光相同(这三部分光波合称为光辐射)。红外线具有显著的热效应,能透过浓雾或较厚的气层。红外线的发射和探测技术在工业、医疗、资源勘探、气象监测以及军事等许多领域有着广泛的应用。例如,利用红外热像仪可以对肿瘤早期诊断,在冶金工业中对加热炉中高温进行快速探测,监测核电站反应堆建筑物温度是否有异常变化。将红外遥感器装在人造卫星上可监视地面上的军事目标和民用目标。在气象卫星上安装多光谱辐射计等遥感装置,利用卫星运行速度快、视场面积大的特点,在短时间就可获取全球性气象和地质资料。在各种电磁波段的遥感中,红外遥感占有重要的地位,它能摄制云图,特别是地球背对太阳部分的云图,收集地面温度垂直分布、大气中水说分布、臭氧含量及大气环流等宝贵的气象资料。另外,利用红外技术还可进行红外通信、红外安全、报警、文物鉴定和红外防伪等。

(6) 无线电波,波长从几毫米到几千米,无线电波是由线路中电磁振荡所激发的电磁辐射,因波长不同而分为长波、中波、短波、微波四个波段,它们的波长范围和用途见表 8-1 所示。

表 8-1　各种无线电波的范围和用途

名称	长波	中波	短波			微波		
			中短波	短波	米波	分米波	厘米波	毫米波
波长 /m	30 000~ 3 000	3 000~ 200	200~ 50	50~ 10	10~ 1	1~ 0.1	0.1~ 0.01	0.01~ 0.001
主要 用途	越洋长距离通信和导航	无线电广播	电报通信	无线电广播、电报通信	调频无线电广播、电视广播、无线电导航	电视、雷达、无线电导航等		

8.5.3　伟大的综合

"天下大事分久必合"这句话在物理学史上同样适用。19 世纪是电学、磁学、光学等学科蓬勃发展,群雄并起的时代。在牛顿经典力学物理大厦矗立已久、熠熠生辉的情况,物理学家们认为已经发现的电学、磁学现象需要一个统一的理论来进行归纳总结,这符合自然界和谐统一的原理,也是物理学家们一直孜孜以求的梦想。库仑定律、毕奥-萨伐尔定律、安培定律、欧姆定律的相继出现以及电磁感应定律的确立,表明电磁学各个局部的规律已经发现,对各种电磁现象提供统一解释的条件已经具备,时机已经成熟,时代呼唤又一个统一理论的出现。

麦克斯韦正是在这样的背景下,抓住机遇,以让人惊叹的才华与能力统一了电学、磁学、光学理论,建立了统一的电磁学理论,完成了物理学史继牛顿之后的又一次伟大的综合。无怪乎在麦克斯韦诞辰 100 周年(1931 年)时,普朗克指出:"在每一个学科领域都有一些特殊的个人,他们具有天赐之福,他们发射一种超越国界的影响,直接鼓励和促使全世界去探索。麦克斯韦就是他们当中屈指可数的一位。"

自然界是和谐的,表现出来也应该是简单、对称、完备的。这样的力量促使物理学家们对统一的理论情有独钟。牛顿的万有引力定律跨越了"天上"与"人间"的鸿沟。作为物理学中第一个完整理论体系的牛顿三定律与万有引力定律,更是人类认识自然历史中的第一次大综合;麦克斯韦的电磁理论是继牛顿力学之后的又一次伟大的理论综合,它不仅为电磁现象提供了理论解释,而且实现了电磁学与光学的统一。之后,爱因斯坦接过统一综合的大旗,他的狭义相对论把物质的运动与时空联系了起来,建立了新的时空观,实现了电磁学与力学的统一;而爱因斯坦的广义相对论进一步把只适用于惯性系的狭义相对论推广到任意参考系,并且把引力纳入他的理论体系中。近些年来,发展火热的大统一理论,正是要将强相互作用、弱相互作用、电磁相互作用以及引力相互作用统一起来的终极物理学理论。虽然仍在争论与论证之中,但综合方法的运用早已深入物理学家的骨髓之中,并在一次次地验证了它的有效性。随着科学技术的发展,在更加广泛和更加深入的层次上建立新的统一的理论工作将永无止境。

这样一种综合思维模式,不仅对物理学理论的研究提供了有效武器,也为我们了解和学习物理学提供了一种很有效的方法。毫无疑问,初学者总是得逐个学习物理规律,由具体到抽象、由个别到一般、由局部到整体。与此同时,去关注物理学大厦赖以支撑的各个支柱之间的关系,逐步懂得从更"宏观"、"综合"的角度去学习和考察物理学,这不仅是学习物理学有效的方法,也应该是学习其他学科时非常值得参考的一种的学习方法。

习　　题

8-1　激发涡旋电场的场源是

A. 静止电荷;　　　　　　　　　B. 运动电荷;

C. 变化磁场;　　　　　　　　　D. 电流。　　　　　　　　[　　]

8-2　对位移电流,下述四种论述中正确的是

A. 位移电流是由变化的磁场产生的;

B. 位移电流是由变化的电场产生的;

C. 位移电流的热效应服从焦耳定律;

D. 位移电流的磁效应不服从安培环路定理。　　　　　　　[　　]

8-3　法拉第在发现电磁感应定律的过程中所体现出来的物理学思想与方法有哪些?

8-4　法拉第近距作用的场的观点是怎么提出的? 它的重大意义何在?

8-5　什么是自感与互感? 它们之间有什么区别与联系? 在生活中,自感互感的例子有哪些?

8-6　麦克斯韦的涡旋电场和位移电流是怎样提出的?

8-7　静电场和涡旋电场有什么区别与联系? 位移电流与传导电流有什么区别与联系?

8-8　试述麦克斯韦方程组中每个方程的物理含义。

8-9　电现象、磁现象、光现象是怎么统一起来的?

8-10　什么是电磁波谱? 试述各个波段波的特性。

8-11　动生电动势和感生电动势的本质区别是什么,它们之间有什么区别与联系?

8-12　电磁感应定律的应用有哪些? 请用生活中的例子举例说明。

8-13　试述统一综合的方法在物理学发展史中所起的重要作用。麦克斯韦是怎样实现电磁学大综合的?

8-14　如习题 8-14 图所示,一个条形磁铁,迅速靠近绕有 20 圈的圆形线圈。在线圈面上 $B\cos\theta$ 的平均值在 0.25 s 内由 0.012 5 T 增大到 0.45 T,如果线圈的半径是 4 cm,整个线圈导线的电阻是 3.5 Ω,试计算:

(1) 感应电动势的大小;

(2) 感应电流的大小;

（3）在图示条件下，为了使感应电流达到 0.100 A，试问线圈的圈数要增加到多少？

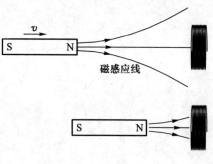

习题 8－14 图

统计量子篇

第 9 章　气体动理论和热力学基础

从 17 世纪的经典牛顿力学起,物理学的发展过程基本上沿三条线索:一是从宏观物体到微观粒子的运动规律,二是电磁场和波的运动规律,三是从单粒子研究发展到对大量粒子组成的复杂体系的研究。本章将从物质的微观结构出发,用统计的方法研究物质的聚集态——气体(主要是理想气体)的热学性质,从而阐明气体的压强、温度、内能等这些宏观量的微观本质,并用气体动理论的观点解释一些实验定律,从而使我们对于用微观观点研究宏观热现象的基本方法有一个概略的了解。

9.1　气体分子的微观结构

本节我们将从气体动理论的观点出发,运用统计方法研究气体的微观量与宏观量之间的关系,从而对于大量气体分子热运动相关的宏观现象做出微观解释。

1. 宏观物体由大量微观粒子组成

无论是气体、液体或固体,都是由大量分子或原子组成的,微粒之间有间隙。例如:在标准状态下(温度 0 ℃,压强 1.013×10^5 Pa),1 cm³气体中含有 2.69×10^{19}个分子,而且气体很容易被压缩,说明气体分子之间空隙很大;水在 40 000 倍大气压强下,体积可以缩小至原来的 1/3,说明液体分子之间也有空隙;20 000 倍大气压强下的压缩钢筒中的油可以通过壁渗出,说明致密的钢分子之间也有空隙。1811 年意大利人阿伏伽德罗提出 1 mol 物质中分子数有 6.02×10^{23} 个。我们把 6.02×10^{23}/mol 称为阿伏伽德罗常量,用符号 N_A 表示,1 μm³水中就有 334 亿个水分子,是目前世界人口的 5 倍。由此可见,我们所研究的宏观热力学系统所包含的分子量非常之大。

2. 分子在不停地做无规则的热运动,运动的剧烈程度与物体的温度有关

扩散现象可以充分说明这个结论:室内打开一瓶乙醚,很快整个房间内都会闻到乙醚的味道;一杯清水中滴入一滴红墨水,过段时间后整杯水都会染上红色;固体之间也存在这种扩散运动,一块铅和一块金相互接触一段时间之后,可以发现它们的接触面上有一层薄薄的铅或者金。这种由于分子无规则运动产生的物质迁移的现象称为扩散,如果提高温度,这种扩散现象在气体、液体和固体中都会加强。

3. 分子之间存在相互作用力

分子之间存在着引力:把一根固体棒拉断需要施以很大的拉力;要把液体分离需要的力就小得多;气体则更容易分开。这些现象都表明分子之间存在的引力随分子之间距离的减小而显著增大,也正是这种引力作用使物体中大量分子凝聚在一起保持一定的体积和形状。

分子之间同样存在着斥力:固体和液体很难被压缩,即使是气体当压缩到一定程度也很难再继续压缩。研究结果表明,斥力发生作用的距离比引力发生作用的距离小得多。

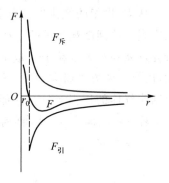

图 9-1　分子之间的引力和斥力

分子之间的相互作用随分子间距离变化的关系可用图 9-1 表示出来。由图可以看出,当两分子中心之间的距离为 r_0 时,$F=0$,表明分子之间的引力和斥力相互抵消,这个距离叫分子之间的平衡距离。对于不同物质的分子,r_0 的数值略有不同,一般在 10^{-10} m 左右。当分子之间距离大于 r_0 时,$F<0$,表明分子之间是引力为其主要作用,当距离增大至 10^{-9} m 时,引力迅速减小到可以忽略不计;当分子中心距离小于 r_0 时,$F>0$,表明分子之间是斥力起主要作用,随着距离减小,斥力急剧增大。

分子间的相互作用力趋于使分子聚在一起并在空间形成某种有序排列,但分子热运动却力图破坏这种趋向,使分子尽量相互散开。物质的三种不同聚集态——气体、液体和固体的基本差别就在于分子相互作用力和分子热运动两种因素在物质中所处的地位不同。气体分子间距离很大,相互作用力微弱,因此分子的无规则热运动处于主导地位;固体分子间距离小,相互作用处于主要地位;液体的情况则处于二者之间。

综上所述,一切的宏观物体都是由大量分子或者原子组成的;所有分子都在不停地、无规则地进行热运动;分子之间存在相互作用力。这就是关于物质微观结构的三个基本观点。

9.1.1　热力学系统的基本概念

气体、液体和固体,这些由大量微观粒子组成的宏观物体都是热学研究的对象,称之为**热力学系统**,简称系统。而能与热力学系统发生相互作用的其他物体称为外界或环境。与外界没有任何相互作用的热力学系统,称为**孤立系统**。

实验研究表明,对于一个孤立系统,经过足够长的时间,系统必将达到一个宏观性质均匀一致且不随时间变化的状态,这种状态称为**平衡态**。当系统处于这种平衡态时,组成系统的分子仍然在不停地运动着,只是分子运动的平均效果不随时间改变,因此,热力学的平衡时是一种动态平衡,我们称之为**热动平衡**。在平衡态下,热力学系统的各种宏观量都具有确定的值。我们把可以独立改变的并足以确定热力学系统平衡态的一组宏观量,称为**状态参量**。实验表明,对于一定质量的气体,其状态可用气体的压强、体积和温度来描写,所以通常把这三个量称为**气体的状态参量**。

体积 V 是气体分子所能到达的空间,即气体容器的容积(在理想情况下),在 SI 中,单位是 m^3。

气体的**压强** p 是气体作用在单位面积容器壁上的垂直作用力,是大量分子对器壁碰撞的宏观表现。在 SI 中,单位是帕(Pa)。

温度 T 与物体内部大量分子热运动的剧烈程度有关,在宏观上可看做是物体冷热程度的量度。温度的数值表示法叫做**温标**,物理学中常用的温标有摄氏温标 t(单位为℃)和热力学温标 T(单位为开尔文,用 K 表示),它们之间的数值关系是

$$\frac{t}{℃} = \frac{T}{K} - 273.15 \tag{9-1}$$

9.1.2　热的本质　热力学温标　理想气体物态方程

1. 热的本质

几千年前,人类从钻木取火时代开始,就懂得通过各种燃料取得热量。但什么是"热"呢? 它的本质却一直到 19 世纪才弄得比较清楚。

在 1667 年,德国化学家贝歇尔(J. J. Becher)首先提出"燃素"(phlogiston,在希腊文中有 burning up 之意)理论。燃素被假定为一种无色、无味、无臭和无质量的物质,认为各种可燃物中都包含燃素,在燃烧过程中不同程度地被释放出来。这一理论被德国化学家斯塔耳(G. E. Stahl)进一步发展,认为燃素是一种气体,燃烧时从燃物中放出与空气结合而发光发热。

法国科学家拉瓦锡（A. Lavoisier）是"近代化学之父"，他弄清楚了物体燃烧时需要空气中的氧气，而后者是有质量的。他通过各种化学变化的研究而建立了"质量守恒定律"，认为燃素理论与实验结果不自洽，于 1783 年提出"热质（Caloric）说"。他认为热质是一种无色、无味、无质量、看不见的"神秘的流体"，在宇宙中热质的总量是守恒的，但可以从热的物体向冷的物体转移。所以后来把热量单位定为卡（Calorie）——今天人们规定 1 g 纯水在标准大气压下的温度每升高 1 ℃（严格地说是从 14.5 ℃升高到 15.5 ℃），所吸收的热量为 1 卡。

从后来热力学发展的历史全局来看，热质说的进步有限，很多问题如受热膨胀物体的质量没有变化等现象仍然无法得到合理的解释。

1798 年伦姆福伯爵（C. Rumford）在德国慕尼黑兵工厂当工程师时发现：炮膛被钻到最后不再有金属屑掉下来时，钻头却可以变得更热，似乎通过摩擦，热量是可以无限制地产生的，这用当时的热质说是无法解释的。伦姆福指出热的来源不是热质，只能是一种运动。这立即得到了英国化学家戴维（H. Davy）的响应，他也通过摩擦生热实验进一步论证说：热质不存在，摩擦和碰撞引起了物体内部微粒的特殊运动或振动，这就是热的本质。

伦姆福的发现是热的动力说的第一个令人信服的实验证据。热的动力说伴随着分子、原子的发现，特别是道尔顿的原子论而逐渐兴起的。"热"不是一种无质量的神秘流体，而是与有质量的分子、原子运动的动能相联系的"机械功"相互对应，即热量与功一样是能量传递的一种方式，热与功之间应有一个当量关系存在。

1845 年焦耳设计了著名的桨叶搅拌实验来测定热功当量，其实验装置如图 9-2 所示。他用绝缘容器盛满水，温度计用来测水温。器内装有若干块固定叶片，中央固定轴上则装有可转动的若干桨片。当两边的重物（砝码）在地球重力场中下落时，靠绳索带动的桨片便在水中搅拌，使水升温。通过重力做的功和量热器中水升温所需的热量可计算热功当量值。

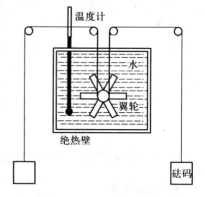

图 9-2 焦耳用桨叶搅拌实验来测定热功当量

焦耳的工作后来得到亥姆霍兹（H. Helmholtz）以及开尔文等多位科学家的重视和合作，经过不断改进实验，到 1878 年，焦耳用桨叶搅拌法测到 1 磅水升高 1 华氏度需要的机械功为 772.24×1.356 焦耳。由此可得到热功当量值为：4.152 J/cal（焦耳每卡）。20 世纪 20 年代后公认的标准值是：

热功当量＝4.186 J/cal

　　焦耳从事热功当量研究达 30 多年,先后实验达 400 多次,其历史贡献在于:热功当量的测定奠定了热力学的基础,并直接导致热力学第一定律的建立,这一定律实质上是能量守恒定律的体现,焦耳的工作使普遍的能量守恒与转化定律建立在牢固的实验基础上。

2. 热力学温标

　　1662 年爱尔兰自然哲学家玻意耳(R. Boyle)在朋友和助手的帮助下,定量地研究了一箱气体的体积 V 与压强 p 的关系,如图 9-3 所示,发现当达到平衡态之后,体积 V 与压强 p 之间有互为反比的规律:

$$pV＝常量 \qquad (9-2)$$

这个规律常被称为玻意耳定律。

　　现在改变实验条件为:固定外部压强 p,测定一定量的气体处于平衡态的体积 V 如何随它的温度 T 而变化? 结果发现:V-T 关系为简单的线性关系,如图 9-4 所示,实验点准确地落在一条直线上,即当压强固定时,理想气体的体积 V 与其热力学温度 T 成正比。

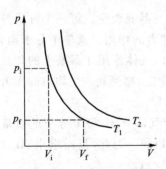

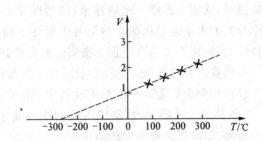

图 9-3　固定温度下,气体　　　　　图 9-4　当压强固定时,理想气体的体积
　　体积 V 与压强 p 的关系　　　　　　　 V 与其热力学温度 T 成线性关系

　　1848 年开尔文勋爵(W. T. Kelvin)发现将此线外推至极低温,大于等于 -273 ℃ 时,此理想气体的体积 V 将趋于零! 因此他引入"热力学温标"(又称绝对温标),它的刻度与摄氏温标一致,但其零点移到 -273 ℃。现在国际上已规定:热力学温标的"绝对零度"等于 -273.15 ℃。

3. 理想气体物态方程

　　理想气体是实际气体的近似。理想气体模型的特点是:由大量分子组成,分子仅做无规则热运动,无转动和振动,分子之间除碰撞外,没有相互作用。

　　对处于平衡态的一定量的气体,其状态参量(体积 V、压强 p、温度 T)都有确定的值。一般情况下，当其中任意一个参量发生变化时，其他两个也随之变化。也就是说，这三个量之间存在着一定的关系。例如，温度 T 是压强 p 和体积 V 的函数，可表示为

$$T = f(p, V) \tag{9-3}$$

这个方程就是**气体的物态方程**。一般来说，这个方程是很复杂的，它与气体的性质有关。而对理想气体，其物态方程为

$$pV = \frac{m}{M}RT = \nu RT \tag{9-4}$$

式中 m 为气体的质量，M 为摩尔质量。$\nu = \frac{m}{M}$ 为气体的物质的量。R 为普适气体常量，其值为

$$R = 8.31 \text{ J} \cdot \text{mol}^{-1} \cdot \text{K}^{-1}$$

在物质的量一定的情况下，理想气体的物态方程在一切温度下都严格成立。

9.1.3　理想气体的压强和温度

1. 理想气体的压强

由于大量分子的无规则运动，分子将不断地与器壁碰撞。每一个分子与器壁碰撞时，就施于器壁一定的冲量，使器壁受到冲力的作用。就单个分子而言，这个冲力的大小是随机的。然而对大量分子而言，气体作用在器壁上的却是一个持续的、恒定不变的力。正如密集的雨点打到伞上，感受到一个均匀的压力一样。下面我们对理想气体的压强公式做一定量推导。

设在一个边长为 l 的正方体容器中，有 N 个气体分子，每个分子的质量为 m。当气体处于平衡态时，器壁各处的压强完全相同。为此，只需求出 A_1 面所受的压强，即可代表整个气体的压强。

如图 9-5 所示，在容器中任选第 i 个分子 a，设其速度为 v_i，在直角坐标系中其速度分量分别为 v_{ix}、v_{iy}、v_{iz}，由于分子 a 与器壁 A_1 面发生完全弹性碰撞，所以碰撞后分子的速度分量为 $-v_{ix}$、v_{iy}、v_{iz}，因此分子在碰撞过程中动量改变为

$$(-mv_{ix}) - mv_{ix} = -2mv_{ix} \tag{9-5}$$

由动量定理，这就是 A_1 面施于分子的冲量。再由牛顿第三定律，分子施于 A_1 面的冲量应为

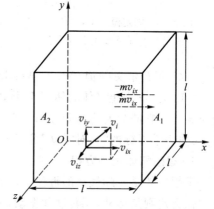

图 9-5　推导气体压强公式

$$I_i = 2mv_{ix} \tag{9-6}$$

a 分子与 A_1 面连续两次碰撞之间,在 x 方向上所经过的路程是 $2l$,所需时间为 $\dfrac{2l}{v_{ix}}$,那么单位时间内 a 分子与 A_1 面碰撞的次数应为 $\dfrac{v_{ix}}{2l}$。所以,单位时间内,a 分子作用于 A_1 面的总冲量是 $\dfrac{v_{ix}}{2l} \cdot 2mv_{ix} = \dfrac{mv_{ix}^2}{l}$,它等于 a 分子作用于 A_1 面的平均冲力,即

$$F_i = \frac{mv_{ix}^2}{l} \tag{9-7}$$

对所有 N 个分子来说,A_1 面受到的平均冲力为

$$F = \sum_{i=1}^{N} F_i = \sum_{i=1}^{N} \frac{mv_{ix}^2}{l} = \frac{m}{l} \sum_{i=1}^{N} v_{ix}^2 \tag{9-8}$$

所以,A_1 面所受的压强为

$$p = \frac{F}{S} = \frac{F}{l^2} = \frac{m}{l^3} \sum_{i=1}^{N} v_{ix}^2 = \frac{mN}{l^3} \sum_{i=1}^{N} \frac{v_{ix}^2}{N} = \frac{mN}{V} \cdot \overline{v_x^2} \tag{9-9}$$

式中 $\overline{v_x^2}$ 表示容器中 N 个分子在 x 轴方向的速度分量平方的平均值。$\dfrac{N}{V} = n$ 表示单位体积内的分子数,称为分子数密度。故上式也可写为

$$p = mn \cdot \overline{v_x^2} \tag{9-10}$$

根据统计假设 $\overline{v_x^2} = \overline{v_y^2} = \overline{v_z^2}$,所以 $\overline{v_x^2} = \dfrac{1}{3}\overline{v^2}$。因此,$p = \dfrac{1}{3}mn \cdot \overline{v^2}$,或

$$p = \frac{2}{3}n\left(\frac{1}{2}m\overline{v^2}\right) \tag{9-11}$$

式中 $\dfrac{1}{2}m\overline{v^2}$ 为气体分子的平均平动动能,简称平均平动能。若用 ε_k 表示,有 $\varepsilon_k = \dfrac{1}{2}m\overline{v^2}$,则上式为

$$p = \frac{2}{3}n\varepsilon_k \tag{9-12}$$

此式表明,理想气体的压强 p 是由大量气体分子的两个统计平均量——分子数密度 n 和分子的平均平动能 ε_k 所决定。

2. 理想气体的温度

由理想气体的状态方程和压强公式,可以导出气体的温度与分子平均平动能的关系,从而揭示温度这一宏观量的微观本质。

设容器中有 N 个气体分子,每个分子的质量是 m,则气体的质量为 $m_0 = Nm$,摩尔质量 $M = N_A m$,$N_A = 6.022\,136\,7 \times 10^{23}$ mol^{-1}(阿伏伽德罗常量)。由

理想气体的状态方程

$$pV = \frac{m_0}{M}RT \tag{9-13}$$

可得

$$p = \frac{N}{V} \cdot \frac{R}{N_A}T = n\frac{R}{N_A}T = nkT$$

式中 $k = \frac{R}{N_A} = 1.38 \times 10^{-23}$ J·K^{-1}，称为玻耳兹曼常量。将上式与式(9-11)比较得

$$\frac{1}{2}m\overline{v^2} = \frac{3}{2}kT \tag{9-14}$$

上式表明，理想气体分子的平均平动能只与温度有关，而与气体的种类无关。气体的温度越高，分子的平均平动能就越大；分子热运动的程度就越剧烈。因此，可以说，温度是标志分子热运动剧烈程度的物理量，是大量分子热运动的集体表现，如同压强一样，温度也是一个统计量，对个别分子来说温度是无意义的。

例1 容器内贮有氧气，其压强 $p = 2.026 \times 10^5$ Pa，温度为 17 ℃。求：(1) 单位体积中的分子数 n；(2) 分子质量 m；(3) 气体质量密度 ρ；(4) 分子间的平均距离 d；(5) 分子的平均平动能 ε_k。

解：(1) 由 $p = nkT$ 得

$$n = p/kT = \frac{2.026 \times 10^5}{1.38 \times 10^{-23} \times 290}\,\mathrm{m^{-3}} = 5.06 \times 10^{25}\ \mathrm{m^{-3}}$$

(2) $m = \dfrac{M}{N_A} = \dfrac{32 \times 10^{-3}}{6.02 \times 10^{23}}\,\mathrm{kg} = 5.32 \times 10^{-26}\ \mathrm{kg}$

(3) $\rho = nm = 5.06 \times 10^{25} \times 5.32 \times 10^{-26}\ \mathrm{kg \cdot m^{-3}} = 2.69\ \mathrm{kg \cdot m^{-3}}$

(4) 平均每个分子占据的空间为 $\dfrac{1}{n}$，即 $d^3 = \dfrac{1}{n}$，所以

$$d = \left(\frac{1}{n}\right)^{1/3} = \frac{1}{(5.06 \times 10^{25})^{1/3}}\,\mathrm{m} = 2.7 \times 10^{-9}\ \mathrm{m}$$

(5) $\varepsilon_k = \dfrac{3}{2}kT = 1.5 \times 1.38 \times 10^{-23} \times 290\ \mathrm{J} = 6.0 \times 10^{-21}\ \mathrm{J}$

9.1.4 能量均分定理——理想气体的内能

前面我们在把分子看做质点的基础上，导出了理想气体在平衡态时分子的平均平动能，实际上，气体分子通常有一定的大小和复杂的结构。如双原子、三原子或多原子分子，它们除平动外，还有转动和振动，因此气体分子的动能一般应包括平动能、转动能和振动能三部分。为了研究分子的平动、转动和振动，首

先引入气体分子自由度的概念。

自由度的概念我们在第 1 章中已学习过,这里将其应用到分子上。我们把决定分子位置所需的独立坐标的数目,称为分子的自由度。下面我们来看单原子、双原子、多原子分子的自由度。

（1）单原子分子

由一个原子组成的分子,称为单原子分子。它可看做是一个自由质点,要确定其在空间的位置需 x、y、z 三个独立坐标,因此,单原子分子只有三个平动自由度。

（2）双原子分子

由两个原子组成的分子称为双原子分子,若两个原子间距离不变,两个原子之间好像由一根质量不计的刚性细杆相连,这种分子称为刚性双原子分子。对于这样的分子需要用三个独立坐标 x、y、z 决定其质心的位置;两个独立坐标决定其连线的方位(三个方位角 α、β、γ 中只有两个是独立的,因 $\cos^2\alpha + \cos^2\beta + \cos^2\gamma = 1$),所以刚性双原子分子有 5 个自由度,3 个平动自由度和 2 个转动自由度。

（3）多原子分子

对三原子以上的气体分子,除上述 3 个平动自由度和两个转动自由度外,还应增加一个独立坐标,确定分子绕其中两分子连线的转动角位置。所以对三原子以上的刚性气体分子,有 6 个自由度,其中 3 个平动自由度,3 个转动自由度。

1. 能量按自由度均分定理

我们已经知道,理想气体分子的平均平动能为

$$\frac{1}{2}m\overline{v^2} = \frac{3}{2}kT$$

又

$$\overline{v^2} = \overline{v_x^2} + \overline{v_y^2} + \overline{v_z^2}$$

所以

$$\frac{1}{2}m\overline{v_x^2} = \frac{1}{2}m\overline{v_y^2} = \frac{1}{2}m\overline{v_z^2} = \frac{1}{3}\left(\frac{1}{2}m\overline{v^2}\right) = \frac{1}{3}\cdot\left(\frac{3}{2}kT\right) = \frac{1}{2}kT$$

上式表明,分子的每一个平动自由度具有相同的平均平动能,其数值为 $\frac{1}{2}kT$。这一结论同样可推广到分子的转动和振动自由度的能量分配上。其表述为:在温度为 T 的平衡态下,气体分子的每一个自由度都具有相同的平均动能,其大小都等于 $\frac{1}{2}kT$,这就是能量按自由度均分定理。

能量均分定理是一条统计规律,是大量分子统计平均的结果。对个别分子在任一瞬时,它的各种形式的动能和总动能完全可能与能量均分定理所确定的平均值有很大差别。但对大量分子而言,动能之所以按自由度均分,是由于分子

的无规则碰撞,使得一个分子的能量可传递给另一个分子;一种形式的动能可转化为另一种形式的动能;一个自由度上的动能可以转移为另一个自由度上的动能。从能量统计平均观点看,任何一个自由度都不占优势,动态平衡时实现能量均分。

2. 理想气体的内能

气体分子不但具有热运动动能,而且分子之间存在着相互作用力,故还存在着分子势能。我们把气体分子的热运动动能与势能的总和称为气体的内能。

理想气体分子之间的相互作用力可以忽略不计,其内能就是所有分子热运动总动能之和。设某种理想气体分子的自由度为 i,一个分子的平均动能为 $\dfrac{i}{2}kT$,所以 1 摩尔理想气体的内能是

$$E_0 = \frac{i}{2}N_A kT = \frac{i}{2}RT \tag{9-15}$$

对物质的量为 $\dfrac{m_0}{M}$ 的理想气体,其内能则为

$$E = \frac{m_0}{M}\frac{i}{2}RT \tag{9-16}$$

上式表明,理想气体的内能不仅与温度有关,而且还与分子的自由度有关。

对给定的理想气体,自由度一定,则内能仅是温度的单值函数,即 $E = E(T)$。对一定的理想气体,当温度改变为 ΔT 时,内能改变量为

$$\Delta E = \frac{m_0}{M}\frac{i}{2}R\Delta T \tag{9-17}$$

上式表明,不论经历什么样的状态变化过程,只要温度改变一定,一定量的理想气体的内能的改变总是一定的,与过程无关。

例 2 求温度为 300 K 时,氦气、氢气分子的平均动能,以及 1 kg 氦气和 1 kg 氢气的内能。

解:氦气为单原子分子,其自由度 $i=3$,所以氦分子的平均动能

$$\varepsilon = \frac{3}{2}kT = \frac{3}{2} \times 1.38 \times 10^{-23} \times 300 \text{ J} = 6.21 \times 10^{-21} \text{J}$$

1 kg 氦气的内能为

$$E = \frac{m_0}{M}\frac{3}{2}RT = \frac{m_0}{M}N_0\frac{3}{2}kT = \frac{m_0}{M}N_0\varepsilon$$

$$= \frac{1}{4 \times 10^{-3}} \times 6.02 \times 10^{23} \times 6.21 \times 10^{-21} \text{ J} = 9.35 \times 10^5 \text{ J}$$

氢气是双原子分子,其自由度 $i=5$,所以氢分子的平均动能

$$\varepsilon = \frac{5}{2}kT = \frac{5}{2} \times 1.38 \times 10^{-23} \times 300 \text{ J} = 1.04 \times 10^{-20} \text{ J}$$

1 kg 氢气的内能

$$E = \frac{m_0}{M}N_0\varepsilon = \frac{1}{2 \times 10^{-3}} \times 6.02 \times 10^{23} \times 1.04 \times 10^{-20} \text{ J} = 3.12 \times 10^5 \text{ J}$$

9.1.5　麦克斯韦分布率和玻耳兹曼分布律

在没有外力场的情况下,气体达到平衡状态时,从宏观上看,其分子数密度、压强和温度是处处相同的;但从微观上看,由于分子的无规则热运动,且彼此间频繁碰撞,因此对每个分子,其速率可取零到无限大之间的任意值。但对大量气体分子而言,处于低速率或高速率的分子数较少,而处于某一速率附近的分子数较多,这是任何气体分子都遵从的一种统计分布规律,称为麦克斯韦速率分布律。

1. 麦克斯韦气体分子的速率分布函数

设在平衡态下,有 N 个气体分子。其中速率在 $v \sim v + \Delta v$ 之间的分子有 ΔN 个,那么 $\Delta N/N$ 就是在这一区间内的分子数占总分子数的比率。而 $\Delta N/N\Delta v$ 为在这一区间内单位速率间隔内的分子数占总分子数比率。一般来说,$\Delta N/N\Delta v$ 与 v 值有关,是速率 v 的函数。当 $\Delta v \to 0$ 时,$\Delta N/N\Delta v$ 就成为 v 的一个连续函数,这个函数叫速率分布函数,用 $f(v)$ 表示

$$f(v) = \lim_{\Delta v \to 0} \frac{\Delta N}{N\Delta v} = \frac{1}{N}\lim_{\Delta v \to 0}\frac{\Delta N}{\Delta v} = \frac{1}{N}\frac{\mathrm{d}N}{\mathrm{d}v} \tag{9-18}$$

可见,速率分布函数代表分布在速率 v 附近单位速率间隔内的分子数(占总分子数)的比率。则气体分子速率在 $v_1 \sim v_2$ 区间内的分子数的比率为

$$\int \frac{\mathrm{d}N}{N} = \int_{v_1}^{v_2} f(v)\mathrm{d}v \tag{9-19}$$

由此可得分布在整个速率范围内所有各个速率间隔中的分子数占总分子数的比率为

$$\int_0^N \frac{\mathrm{d}N}{N} = \int_0^{\infty} f(v)\mathrm{d}v = 1 \tag{9-20}$$

这称为速率分布函数的归一化条件。

1859 年麦克斯韦用概率理论导出了平衡态下理想气体的速率分布函数

$$f(v) = 4\pi\left(\frac{m}{2\pi kT}\right)^{3/2}\mathrm{e}^{-\frac{mv^2}{2kT}}v^2 \tag{9-21}$$

式中 m 是分子质量,T 是气体的热力学温度,k 为玻耳兹曼常量。

气体中速率在 $v \sim v + \mathrm{d}v$ 之间的分子数的比率则为

$$\frac{\mathrm{d}N}{N} = f(v)\mathrm{d}v = 4\pi\left(\frac{m}{2\pi kT}\right)^{3/2}\mathrm{e}^{-\frac{mv^2}{2kT}}v^2\mathrm{d}v \qquad (9-22)$$

这一规律称为麦克斯韦速率分布律。

以 v 为横轴，$f(v)$ 为纵轴，则麦克斯韦分布函数的速率分布曲线如图 $9-6$ 所示。图中小矩形的面积表示气体中速率在 $v \sim v+\mathrm{d}v$ 间的分子数占总分子数的比率 $\frac{\mathrm{d}N}{N} = f(v)\mathrm{d}v$，而任一有限范围 $v_1 \sim v_2$ 内曲线下的面积等于 $\int_{v_1}^{v_2} f(v)\mathrm{d}v = \frac{\Delta N}{N}$，表示分布在这个速率范围内的分子数占总分子数的比率。由归一化条件 $\int_0^\infty f(v)\mathrm{d}v = 1$ 可知，曲线下的总面积等于 1。

从麦克斯韦速率分布函数出发，可以求出气体分子的最概然速率、均方根速率和平均速率。

（1）最概然速率 v_p

与 $f(v)$ 极大值对应的速率叫最概然速率，用 v_p 表示，如图 $9-7$ 所示。对于理想气体，由 $\frac{\mathrm{d}f(v)}{\mathrm{d}v} = 0$ 可得

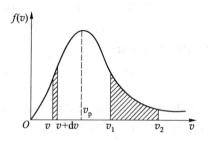

图 9-6　气体分子的速率分布曲线

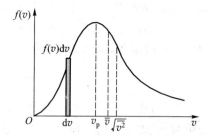

图 9-7　三种速率

$$v_p = \sqrt{\frac{2kT}{m}} = \sqrt{\frac{2RT}{M}} \approx 1.41\sqrt{\frac{RT}{M}} \qquad (9-23)$$

它的物理意义是分子出现在 v_p 附近单位速率区间内的概率最大。当温度升高时，v_p 增大，当分子的摩尔质量 M 增大时，v_p 减小。

（2）平均速率 $\bar{v}$

$$\bar{v} = \int_0^N \frac{v\mathrm{d}N}{N} = \int_0^\infty vf(v)\mathrm{d}v = \sqrt{\frac{8kT}{\pi m}} = \sqrt{\frac{8RT}{\pi M}} \approx 1.60\sqrt{\frac{RT}{M}} \qquad (9-24)$$

（3）方均根速率 $\sqrt{\overline{v^2}}$

$$\overline{v^2} = \int_0^N \frac{v^2\mathrm{d}N}{N} = \int_0^\infty v^2 f(v)\mathrm{d}v = \frac{3kT}{\pi m} \qquad (9-25)$$

由此可得分子的方均根速率为

$$\sqrt{\overline{v^2}}=\sqrt{\frac{3kT}{\pi m}}=\sqrt{\frac{3RT}{M}}\approx1.73\sqrt{\frac{RT}{M}} \tag{9-26}$$

由以上几式可见,分子的三种速率值 v_p、$\bar{v}$、$\sqrt{\overline{v^2}}$ 都与 $\sqrt{T}$ 成正比,与 $\sqrt{M}$ 成反比,且三者相比有 $v_p<\bar{v}<\sqrt{\overline{v^2}}$。这三种速率分别应用于下列不同情况:研究分子速率分布时常用到最概然速率 v_p;计算分子的平均动能时要用方均根速率 $\sqrt{\overline{v^2}}$;计算分子运动的平均自由程时要用平均速率 $\bar{v}$。

对一定的气体,温度增高时,最概然速率 v_p 增大,速率较大的分子数增多,速率较小的分子数减小,于是,曲线的峰值移向速率大的一方。由于曲线下的总面积恒等于 1,所以温度升高时曲线变得较为平坦。1920 年斯特恩从实验上证实了麦克斯韦速率分布定律的正确性。

例 3　计算在 0 ℃时,氧气、氢气、氮气的方均根速率。

解:对氧气,$M=32\times10^{-3}$ kg·mol^{-1},$T=273$ K,则

$$\sqrt{\overline{v^2}}=\sqrt{\frac{3RT}{M}}\approx\sqrt{\frac{3\times8.31\times273}{32\times10^{-3}}}\text{ m/s}=460\text{ m/s}$$

同理可求氢气、氮气的方均根速率分别为 1 800 m/s 和 500 m/s,可以看出,分子的运动速率是相当大的。

2. 玻耳兹曼能量分布律

1868 年,玻耳兹曼推广了麦克斯韦的分子速度分布律,建立了平衡态气体分子的能量分布律——玻耳兹曼分布律。玻耳兹曼分布律是量子统计物理学中最典型的一种分布,其奠定了量子统计物理学的基础,玻耳兹曼认为全同粒子是可分辨的,而且处在一个量子态上的粒子数不受限制。根据这一特性,得出了微观粒子在各个能级的分布规律。由于其理论和所用的数学工具非常复杂,其推导极其深奥。

玻耳兹曼在考察麦克斯韦分布律时发现,指数因子 $\mathrm{e}^{-\frac{mv^2}{2kT}}$ 中的 $\frac{mv^2}{2}$ 就是分子的平动能,将其推广到分子处于外力场(如重力场)中,可认为分子的能量是动能 $\varepsilon_k=\frac{1}{2}mv^2$ 和势能 $\varepsilon_p=mgh$ 之和。这时考虑分子的分布不仅速度限定在一定区间内,而且位置也应限定在一定的坐标区间内。若取分子的速度间隔为 $v_x=v_x+\mathrm{d}v_x,v_y=v_y+\mathrm{d}v_y,v_z=v_z+\mathrm{d}v_z$ 坐标间隔为 $x\sim x+\mathrm{d}x,y\sim y+\mathrm{d}y,z\sim z+\mathrm{d}z$,则在此范围内的分子数为

$$\mathrm{d}N=n_0\left(\frac{m}{2\pi kT}\right)^{3/2}\mathrm{e}^{-\frac{\varepsilon_k+\varepsilon_p}{kT}}\mathrm{d}v_x\mathrm{d}v_y\mathrm{d}v_z\mathrm{d}x\mathrm{d}y\mathrm{d}z \tag{9-27}$$

式中 n_0 表示势能 ε_p 为零处单位体积内含有各种速度的分子数,它反映了气体分子按能量的分布规律,式(9-27)称为玻耳兹曼能量分布律。

如果不考虑分子的动能,即认为分子可以具有各种速度,为此求出在坐标区间 $x \sim x + dx, y \sim y + dy, z \sim z + dz$ 内具有各种速度的分子数,设此数为 dN',则

$$dN' = n_0 \int_{-\infty}^{+\infty} \left[\left(\frac{m}{2\pi kT} \right)^{3/2} e^{-\frac{\varepsilon_k}{kT}} v_z dv_x dv_y dv_z \right] e^{-\frac{\varepsilon_p}{kT}} dx dy dz$$

$$= n_0 e^{-\frac{\varepsilon_p}{kT}} dx dy dz \tag{9-28}$$

dN' 表示势能为 $E_p = mgh$ 处体积元 $dx dy dz$ 中的分子数,则该处单位体积中的分子数为 $n = \dfrac{dN'}{dx dy dz}$,即

$$n = n_0 e^{-\frac{mgz}{kT}} = n_0 e^{-\frac{\varepsilon_p}{kT}} \tag{9-29}$$

此即分子势能的分布律。

把地球表面的大气看做是理想气体,则有 $p = nkT$,代入上式可得

$$p = p_0 e^{-\frac{mgz}{kT}} \tag{9-30}$$

此式称为等温气压公式,式中 p_0 为 $z = 0$ 处的压强。在假定温度不随高度变化的情况下,大气压强随高度按指数减小,说明了高空处气体的压强(或密度)较之地面要小这一自然现象。

玻耳兹曼分布形成了分子动理论的基础,它解释了许多基本的气体性质,包括压强和扩散。玻耳兹曼分布通常指气体中分子的速率的分布,但它还可以指分子的速度、动量,以及动量的大小的分布,每一个都有不同的概率分布函数,而它们都是联系在一起的。

玻耳兹曼分布可以用统计力学来推导。它对应于由大量不相互作用的粒子组成的、以碰撞为主的系统中最有可能的速率分布,其中量子效应可以忽略。由于气体中分子的相互作用一般都是相当小的,因此玻耳兹曼分布提供了气体状态的非常好的近似。

在许多情况下(例如非弹性碰撞),这些条件不适用。例如,在电离层和空间等离子体的物理学中,特别对电子而言,重组和碰撞激发(也就是辐射过程)是重要的。如果在这个情况下应用玻耳兹曼分布,就会得到错误的结果。另外一个不适用玻耳兹曼分布的情况,就是当气体的量子热波长与粒子之间的距离相比不够小时,由于有显著的量子效应也不能使用玻耳兹曼分布。另外,由于它是基于非相对论的假设,因此玻耳兹曼分布不能做出分子的速度大于光速的概率为零的预言。

9.1.6　范德瓦尔斯气体方程

范德瓦尔斯方程(vander Waals equation),简称范氏方程,是荷兰物理学家范德瓦尔斯于 1873 年提出的一种实际气体状态方程。范氏方程是对理想气体状态方程的一种改进,特点在于将被理想气体模型所忽略的气体分子自身大小和分子之间的相互作用力考虑进来,以便更好地描述气体的宏观物理性质。

范德瓦尔斯方程具体形式为

$$\left(p+\frac{a'}{v^2}\right)(v-b')=kT \tag{9-31}$$

式中 p 为气体的压强,a' 为度量分子间引力的唯象参数,b' 为单个分子本身包含的体积,v 为每个分子平均占有的空间大小(即气体的体积除以总分子数量),k 为玻耳兹曼常量,T 为热力学温度,更常用的形式为

$$\left(p+a\frac{n^2}{V^2}\right)(V-nb)=nRT \tag{9-32}$$

在第二个方程里 V 为总体积,n 为物质的量,a 为度量分子间引力的参数 $a=N_A^2 a'$,b 为 1 摩尔分子本身包含的体积之和 $b=N_A b'$,R 为普适气体常量,N_A 为阿伏伽德罗常量.

在上述方程中必须严格区分总体平均性质和单个分子的性质。譬如,第一个方程中的 v 是每个分子平均占有空间的大小(可以理解成分子平均"势力范围"的大小),而 b' 则为单个分子本身"包含"的体积(若为单原子分子如稀有气体,b' 就是原子半径内包含的体积)。

范氏方程对气-液临界温度以上流体性质的描写优于理想气体方程。对温度稍低于临界温度的液体和低压气体也有较合理的描述。但是,当描述对象处于状态参量空间(p,V,T)中气液相变区(即正在发生气液转变)时,对于固定的温度,气相的压强恒为所在温度下的饱和蒸气压,即不再随体积 V(严格地说应该是单位质量气体占用的体积,即比容)变化而变化,所以这种情况下范氏方程不再适用。

与理想气体方程模拟结果比较:

1. 低压状况

在气体压强不太高的情况下,以下事实成立:

(1)排斥体积 b 的影响相对 V 而言极小,可以忽略;以二氧化碳(CO_2)为例,在标准状况($0\,℃$,1 标准大气压)下,一摩尔 CO_2 体积 V 为 $22\,414\,\text{cm}^3$,而相应的 $b=43\,\text{cm}^3$,比 V 小 3 个数量级;

（2）分子间的距离足够大，a/V^2 项完全可以视为 0；譬如在一大气压下二氧化碳气体的 a/V^2 值只有 0.007。

所以此时理想气体方程是范氏方程（也是对实际气体行为的）的一个良好近似。图 9-8 为用理想气体方程和范氏方程模拟的二氧化碳气体 70 ℃时的 p-V 等温线的对比。

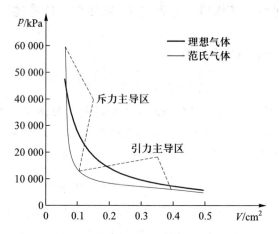

图 9-8 分别用理想气体方程和范氏方程模拟
的二氧化碳气体 70 ℃时的 p-V 等温线

2. 中高压状况

随着气体压力的增加，范氏方程和理想气体方程结果的差别会变得十分明显。

（1）在压强为 5 000～15 000 kPa 的中压区，由于体积被"压小"导致分子间距靠近，分子间的引力（表现为 a/V^2 项）变得不可忽略。a/V^2 项的存在使得气体的压强比不考虑分子间引力的理想气体模型估计结果要小。

（2）在压强为 15 000 kPa 以上的高压区，体积的急剧压缩致使 b 的影响不可忽略，于是范氏方程中的体积项 $V-Nb$（或比容项 $dQ=dE+dA$）将比理想气体方程中的体积项要小（或者说：对应相同体积/比容值的压强项会升高）。这一效应导致在高压区范氏气体的状态线重新赶上并超过理想气体线。

9.1.7 物理学研究路线之二——随机事件的统计规律性（统计规律性与因果律的对立）

英国数学家、哲学家罗素说："所有各派的一切哲学家都以为因果律是科学的基本公理之一，可是奇怪得很，在像天文学那样高深的科学中，原因这个词却从来没有出现过。我认为，因果律是一种历史遗物，它所以能像君主政体那样残存着,在哲学中间代代相传,只是因为错误地以为它是无害的。"原因和结果是我们如此熟悉的两个概念,罗素为什么会这样来评论它呢?这两个概念在人们探索自然现象时曾起过重要的作用。然而,随着统计方法在物理学越来越广泛地应用,因果决定论的思想也日益成为妨碍科学发展的东西。

19 世纪,由于物理学家把统计方法引进物理学领域而使决定论思想受到第一次冲击。1857 年,德国物理学家克劳修斯,在研究热现象时,采用了统计方法。他认为,热是大量分子无规运动的动能。此时,要考虑所有分子的因果联系是不可能的。系统的宏观性质是大量分子的平均效应。克劳修斯用统计方法研究了气体分子运动,得到了理想气体压强公式,解释了气体分子缓慢扩散的事实。

英国物理学家麦克斯韦于 1860 年采用了更彻底的统计方法来研究气体分子的运动。他认为,分子的速度不会由于气体分子的频繁碰撞而趋于一致,而会出现不同速度的一个分布。他用严格的统计方法得到了气体分子的速度分布律。

1877 年奥地利物理学家玻耳兹曼用统计方法解释了热力学第二定律的不可逆性。他指出,熵自发减小过程发生的概率极小。这揭示了热力学第二定律的统计本质,表明这个定律是一个统计规律。随着统计方法在物理学中的应用,出现了一种新的规律——统计规律。统计规律对于物理学领域具有重大的影响。

首先,它打破了力学规律,也即决定论独霸天下的局面。牛顿力学在 18 世纪接连的胜利,这在很大程度上决定了后来物理学的研究方法和实验方向。按照牛顿的看法,用力学方法可以对自然界的一切现象和问题最终解释。这一思想也基本上指引了 20 世纪以前物理学的发展方向。声学最早被纳入力学框架,声音被看做是在弹性介质中传播的机械运动。热学在 18 世纪以热质为基础。在光学方面,牛顿把光看做惯性微粒。后来光的波动说取代了光的微粒说,但坚持波动说的物理学家把以太看成传播光的介质。在电磁学中,库仑定律是比照着万有引力定律得出的;法拉第的力线和场仍与力学有密切联系。德国物理学家赫姆霍兹说:"我们最终发现,所有涉及的物理问题都能归纳为不变的引力和斥力……,整个自然科学的最终目的溶化在力学之中。"英国物理学家开尔文说:"我的目的就是要证明,如何建造一个力学模型,这个模型在我们所思考无论什么物理现象中,都将满足所要求的条件。在我们没有给一种事物建立起一个力学模型之前,我是不会满足的。"为此,物理学家在 19 世纪末以前普遍认为,力学是整个物理学的基础,把力学解释看成是物理学解释的最终标准。然而,统计规律的出现使这一切发生了变化。当物理学家把统计方法引进物理学领域,就发现了事物的一些新的性质和规律,这与力学规律完全不同。从科学本体论来说,这表明严格决定论并不是描述自然现象的唯一有效的方法。

统计规律的出现的另一个影响是它剥夺了规律的严格性。《中国大百科全书·哲学》关于规律的解释是:"规律亦称法则。客观事物发展过程中的本质联系,具有普遍性的形式。规律和本质是同等程度的概念,都是指事物本身所固有的、深藏于现象背后并决定或支配现象的方面。然而本质是指事物的内部联系,由事物的内部矛盾所构成,而规律则是就事物的发展过程而言,指同一现象的本质关系或本质之间的稳定联系,它是千变万化的现象世界的相对静止的内容。规律是反复起作用的,只要具备必要的条件,符合规律的现象就必然重复出现。"这就是哲学家所理解的规律。

统计规律则是要否定对规律这种死板的解释。统计规律的实质是概率性的,涉及自然界的随机现象。由于分子数目很大,没有必要去求解每个分子的轨迹,而只能运用统计方法,求运动着的大量分子各种平均值。趋于平衡状态的过程有极高的概率;然而,相反的过程也不是绝对不可能,只是概率非常小。玻耳兹曼正是这样来解释热力学第二定律的。由于相反方向的过程概率极低,对不可逆性规律作统计解释的实践意义虽然不大,但它的理论意义却极大。人们发现,除了严格的必然性规律之外,还有另一种规律——统计规律。由于这一结果,因果性理论进入了一个新的阶段。

统计规律直接冲击了因果决定论。统计规律使得由前一种状态产生的结果不是完全确定的,那么那种单值的因果链条就不存在了。德国科学哲学家依赖欣巴哈说:"我们没有理由假设分子是由严格规律所控制的;一个分子从同一个出发情况开始,后来可以进入各种不同的未来情况,即使拉普拉斯的超人也不能预言分子的路径。"

9.2　热力学第一定律

9.2.1　热力学第一定律

热力学第一定律(first law of thermodynamics)又叫做能量守恒和转换定律,即热力系统内的能量可以传递,其形式可以转换,在转换和传递过程中各种形式能量的总量保持不变。热力学系统的能量依赖于系统的状态,这种取决于系统内部状态的能量称之为热力学系统的内能。

一般情况下,在系统状态变化的过程中,做功与传递热量往往是同时存在的。假定在系统从内能为 E_1 的状态变化到内能为 E_2 的状态的某一过程中,外界

对系统传递的热量为 Q,同时系统对外界做功为 A,那么根据能量转换与守恒定律有

$$Q=(E_2-E_1)+A \qquad (9-33)$$

式中 Q 与 A 正负号规定为:$Q>0$ 表示系统从外界吸收热量,反之则表示向外界放出热量;$A>0$ 表示系统对外界做正功,反之则表示外界对系统做负功。上式就是热力学第一定律的表达式,它表明系统从外界吸收的热量一部分使内能增加,另一部分则用以对外界做功。可见,热力学第一定律是包括热现象在内的能量转换与守恒定律。要改变系统的内能也有两个途径,一是向系统传递热量,二是外界对系统做功。就改变系统内能而言,做功和传递热量具有相同的效果,但它们的本质是有区别的。做功是通过系统与外界物体之间产生宏观的相对位移来完成的,是外界物体有规则运动和系统内分子无规则热运动之间发生能量转换从而改变系统内能的过程。而传热是系统与外界接触通过边界处分子之间的碰撞来完成的,是系统外分子无规则热运动与系统内分子无规则热运动之间交换能量的过程。

　　对系统状态的微小变化过程,热力学第一定律的数学形式可表示为

$$dQ=dE+dA \qquad (9-34)$$

　　由热力学第一定律可知,要使系统对外做功,必然要消耗系统的内能或由外界吸收热量,或两者兼有。在热力学第一定律建立以前,历史上曾有不少人企图制造一种机器,它可以使系统不断地经历状态变化后又回到原来状态,而不消耗系统的内能,同时又不需要外界供给任何能量,但却可以不断地对外界做功。这种机器叫做第一类永动机。经过无数次尝试,所有的这种企图最后都以失败而告终。热力学第一定律指出,做功必须消耗能量,不消耗能量而获得功的企图是不可能实现的。为了与人类在长期生产实践中积累的经验相联系,热力学第一定律也可表示为:第一类永动机是不可能制成的。

1. 平衡过程中的热力学第一定律

　　系统从一个状态变到另一个状态所经历的过程,叫热力学过程。若热力学过程经历的每一个状态都是平衡态,这种过程叫平衡过程。实际上热力学过程所经历的状态不是平衡态。如用壶烧开水,首先加热是底部的水,水中的温度不是处处相同,系统处于非平衡状态。所以平衡过程是一种理想过程。对于一定量的理想气体,每一个平衡态都有确定的 p、V、T,从理想气体的状态方程可知,一组 (p、V、T) 参量中只有两个是独立的。因此,描述一定量理想气体的平衡态,只要其中任意两个就可以了。

　　以压强 p 表示纵坐标,V 表示横坐标所描绘的热力学状态和过程称为 p-V 图。在 p-V 图上,每一个平衡态都有确定的 p、V、T,因而 p-V 图上每一点代

表系统的一个平衡态,每一条线代表系统的一个平衡过程。对于非平衡态,由于气体系统各部分的压强和温度互不相同,无法在 p-V 图上表示。

若热力学过程所经历的每一个状态都无限接近于平衡态,则称此过程为准静态过程。显然,这是一种理想过程。实际上,我们把进行得无限缓慢的过程都认为是准静态过程,通常除一些极快的过程(如爆炸过程)外,大多数情况下都可以把实际过程看成是准静态过程。

2. 准静态过程中功的计算

设一定质量的气体贮于气缸中,如图 9-9 所示。假定活塞的面积为 S,气体作用于活塞的压强为 p,则当活塞移动一微小距离 $\mathrm{d}l$ 时,气体对活塞所做的元功为

$$\mathrm{d}A = f\mathrm{d}l = pS\mathrm{d}l = p\mathrm{d}V \tag{9-35}$$

气体所做的功可用 p-V 图上曲线下的面积来表示。曲线下的小长条面积 $p\mathrm{d}V$ 表示气体体积膨胀 $\mathrm{d}V$ 时所做的元功,如图 9-10 所示。

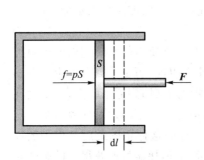

图 9-9　气体膨胀对活塞做功

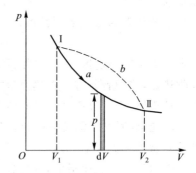

图 9-10　气体膨胀时所做的元功和总功

系统沿实线从状态 I 变到状态 II 的整个过程中,气体所做的功应等于 p-V 图上实线下的面积,即

$$A = \int_{V_1}^{V_2} p\mathrm{d}V \tag{9-36}$$

从图 9-10 中还可看出,若气体从状态 I 沿虚线所示过程变化到状态 II,那么它所做功就等于虚线下的面积。从而看出,系统从一个状态变化到另一个状态时所做的功,不仅与系统的始末状态有关,而且与系统所经历的过程有关。显然,功是一个过程量。

在准静态过程中,热力一定律可表示为

$$Q = (E_2 - E_1) + \int_{V_1}^{V_2} p\mathrm{d}V \quad 或 \quad \mathrm{d}Q = \mathrm{d}E + p\mathrm{d}V \tag{9-37}$$

3. 气体的摩尔热容

摩尔热容是指 1 mol 物质的热容量,数值上等于 1 mol 物质温度升高 1 K 所吸收的热量。若 1 mol 物质在一微小过程中吸收的热量 $\mathrm{d}Q$,温度升高 $\mathrm{d}T$,则摩尔热容为

$$C_{\mathrm{m}} = \frac{\mathrm{d}Q}{\mathrm{d}T} \tag{9-38}$$

摩尔热容的单位是 $\mathrm{J \cdot mol \cdot K^{-1}}$。气体的摩尔热容与热力学过程有关,也是一个过程量。例如对等温过程 $\mathrm{d}Q \neq 0$,而 $\mathrm{d}T = 0$,则 $C_{T,\mathrm{m}} = \infty$;对绝热过程,$\mathrm{d}Q = 0$,则 $C_{Q,\mathrm{m}} = 0$,其他过程的摩尔热容介于二者之间。

9.2.2　热力学第一定律对理想气体准静态过程的应用

热力学第一定律以及它的状态方程可以用来计算理想气体平衡过程中的功、热量和内能的改变量以及它们之间的转换关系。例如理想气体的等容过程、等压过程、等温过程以及绝热过程等。

1. 等容过程

等容过程的特点是气体状态变化时,其体积保持不变;因此等容过程的特点是 $V =$ 常量。在等容过程中,由于理想气体的体积不变,气体既不对外做功,外界也不对气体做功。有热力学第一定律可知,气体从外界吸收和向外界释放的热量就等于气体内能的变化量,即

$$\mathrm{d}Q_V = \mathrm{d}E \tag{9-39}$$

式中 Q_V 表示气体在等容过程中吸收或释放的热量。假设物质的量为 n 的理想气体从状态(p_1, V, T_1)变化到(p_2, V, T_2),摩尔等容热容 $C_{V,\mathrm{m}}$ 是常量,则有

$$Q_V = E_2 - E_1 = \frac{V}{R} C_{V,\mathrm{m}} (p_2 - p_1) \tag{9-40}$$

从上式可以看出,气体从外界吸收和向外界释放的热量全部用来改变内能,而内能只和温度有关,从而使其温度由 T_1 变化到 T_2,等容过程如图 9-11 所示。

由理想气体状态方程可知等容过程中的理想气体遵循关系式

$$\frac{V}{T} = n \frac{R}{p} = 常量 \tag{9-41}$$

由式(9-40)和式(9-41)得

$$Q_V = E_2 - E_1 = \frac{V}{R} C_{V,\mathrm{m}} (p_2 - p_1) \tag{9-42}$$

它给出了理想气体在等容过程中吸收或释放的热量与压强变化的关系。

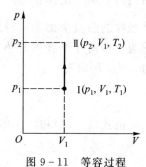

图 9-11　等容过程

2. 等压过程

等压过程的特点是气体状态变化时,其压强保持不变,即 $p=$ 常量。理想气体在任意一等压平衡过程中,在 $p-V$ 图中可表示为平行于 V 轴的一条直线段,如图 9-12 所示。

由理想气体状态方程可知等压过程中的理想气体遵循关系式

$$\frac{V}{T}=n\frac{R}{p}=常量 \tag{9-43}$$

等压过程中的理想气体吸收的热量,一部分用来对外做功,其余部分则用来增加其内能。

3. 等温过程

等温过程的特点是气体状态变化时其温度保持不变,因而其内能不变,内能只和温度有关,因而等温过程的特征是 $T=$ 常量。

$$pV=nRT=常量 \tag{9-44}$$

$p-V$ 图中与它对应的是双曲线,如图 9-13 所示,该曲线称为双曲线。

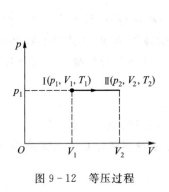

图 9-12　等压过程

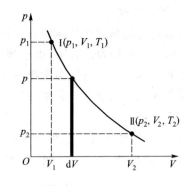

图 9-13　等温过程

由于理想气体的内能只与其温度有关,因此在等温过程中内能保持不变。

由热力学第一定律得 $Q_T=A=nRT\ln\dfrac{p_2}{p_1}Q_T=A$,即在等温膨胀过程中,理想气体吸收的热量全部用来对外做功;在等温压缩过程中,外界对气体做的功,都转化为气体向外界放出的热量。当气体体积由状态 (p_1,V_1,T) 等温变化到状态 (p_2,V_2,T) 时有

$$Q_T=nRT\ln\frac{V_2}{V_1} \tag{9-45}$$

由式(9-44)和(9-45)得

$$Q_T=A=nRT\ln\frac{p_2}{p_1} \tag{9-46}$$

所以热量 Q_T 和功 A 的值相等,都等于等温线下的面积。

4. 绝热过程

绝热过程的特点是系统状态变化时不与外界交换热量,实际上并不存在严格的绝热过程,但被良好绝热材料所隔绝的系统或者由于过程进行较快,来不及和外界交换热量,就可近似地看做绝热过程。

绝热过程的过程方程如下三式:

$$pV^{\gamma} = 常量 \tag{9-47}$$

把理想气体状态方程代入上式并消去 p 或 V 得

$$TV^{\gamma-1} = 常量 \tag{9-48}$$

$$p^{\gamma-1}T^{\gamma} = 常量 \tag{9-49}$$

以上三式均称为泊松方程,也叫做绝热过程方程。

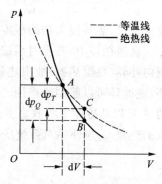

图 9 - 14　绝热线与等温线

在 $p\text{-}V$ 图上画出理想气体绝热过程所对应的曲线称为绝热线。设一条绝热线和一条等温线,二者相交于 A 点,如图 9 - 14 所示。由于 $\gamma > 1$,比较可见绝热线比等温线要陡些,两者的斜率不同,表明同一气体从同一初状态做同样的体积膨胀时,绝热过程中压强降低得要快一些。这是因为在等温膨胀过程中内能不变,压强降低只取决于分子数密度的减小。而绝热膨胀过程中,除分子数密度减少外,系统的内能还要减小。

9.2.3　热机效率与卡诺循环

热力学研究各种过程的主要目的之一,就是探索怎样才能提高热机的效率。所谓热机,就是通过某种工质(如气体)不断地把吸收的热量转变为机械能的装置,如蒸汽机、内燃机、汽轮机等。前面说过,理想气体在等温膨胀过程中,可以把吸收的热量全部转变为机械功。不过仅借助于这种过程,不可能制成热机。这是因为气体在膨胀中体积将越来越大,压强则越来越小,待到气体压强与环境压强相等时,膨胀过程就再也不可能继续下去了。真正的热机要源源不断地吸收并向外做功,这就必须重复某些过程,使工质的状态能够复原才行。如果物质系统的状态经历一系列变化后,又回到原来状态,就说它经历了一个循环过程。热机就是实现这种循环的机器。

1. 热机效率

系统经历一系列变化又回到了初始状态,这样周而复始的变化过程称为循环过程。如果系统所经历的循环过程的各阶段都是平衡过程,则此循环过程可

在 p-V 图上用一闭合曲线表示,如图 9-15 所示。循环方向是顺时针方向的叫正循环,逆时针方向的叫逆循环。

由于系统的内能是其状态的单值函数,所以经历一次循环后,系统的内能不变,即 $\Delta E = 0$。在正循环中,系统从外界吸收的总热量 Q_1 大于向外界放出的总热量 Q_2,由热力学第一定律

$$A = Q_1 - Q_2 > 0 \qquad (9-50)$$

A 是 Q_1 中转化为功的部分,所以正循环也叫热机循环。热机的效率就是 A 与 Q_1 的比值

$$\eta = \frac{A}{Q_1} = \frac{Q_1 - Q_2}{Q_1} = 1 - \frac{Q_2}{Q_2} \qquad (9-51)$$

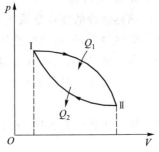

图 9-15 循环过程

效率越大,热转换为功的程度越高。

在逆循环中,外界对系统做功 A,系统从低温热源(也叫冷库)吸收热量 Q_2 而向外界(高温热源)放出热量 Q_1,并且有 $Q_1 = Q_2 + A$,所以逆循环也叫制冷循环,逆循环可以起制冷作用。实际上我们考虑的是在一个循环中,外界对系统做功 A 可以从冷库中吸收多少热量 Q_2。因此,常把一个循环中系统从低温热源吸收的热量 Q_2 与外界对系统所做的功 A 的比值,称为循环的制冷系数,即

$$W = \frac{Q_2}{A} \qquad (9-52)$$

制冷系数越大,则系统的制冷效果越好。

2. 卡诺循环

19 世纪末,蒸汽机虽然得到了广泛的应用,但其效率却一直很低,只有 3%~5%。为了提高热机效率,1824 年法国青年工程师卡诺研究了一种理想热机的效率,并从理论上证明它的效率最大,从而指出了提高热机效率的途径。这种热机称之为卡诺热机,其循环过程称之为卡诺循环。

理想的卡诺机是在两个恒温热源之间进行的无摩擦的准静态循环。其循环过程是由两个等温过程和两个绝热过程所组成。如图 9-16 所示,Ⅰ→Ⅱ 是等温膨胀过程,系统从温度为 T_1 的高温热源吸收热量 Q_1;Ⅱ→Ⅲ 是绝热膨胀过程,系统不吸

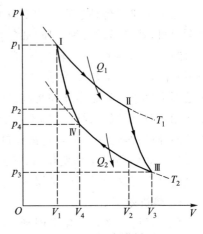

图 9-16 卡诺循环

热；Ⅲ→Ⅳ 是等温压缩过程，系统向温度为 T_2 的低温热源放出热量 Q_2；Ⅳ→Ⅰ
是绝热压缩过程。

所以

$$\eta = 1 - \frac{Q_2}{Q_1} = 1 - \frac{T_2}{T_1} \tag{9-53}$$

由此可见，理想气体平衡过程的卡诺循环的效率只由高温热源和低温热源
的温度决定，且 T_1 越大，T_2 越小，则效率越高。

如果卡诺循环反方向进行，就成为卡诺逆循环，这时气体由 Ⅰ→Ⅳ，Ⅳ→Ⅲ，
Ⅲ→Ⅱ，Ⅱ→Ⅰ。在逆循环中，外界对气体做功为 A，气体从低温热源吸收热量
Q_2 并向高温热源放出热量 Q_1。根据热力学第一定律，可知 $Q_1 = Q_2 + A$。可见卡
诺逆循环是制冷循环。其制冷系数有定义可得

$$\eta' = \frac{Q_2}{A} = \frac{Q_2}{Q_1 - Q_2} = \frac{T_2}{T_1 - T_2}$$

由上式可以看出，当高温热源的温度 T_1 一定时，理想气体的卡诺逆循环的制冷
系数只与低温热源的温度 T_2 有关，T_2 越低制冷系数越小。

9.3　热力学第二定律

前面研究了热力学系统在单一过程中或从某一状态出发经过几个不同过程
又回到原状态时的热功转换，可是生产上却往往要求工作物质能够连续不断地
进行热功转换，需要利用循环过程，也就是热机。自 19 世纪蒸汽机问世以来，在
工业上得到了广泛的应用，但是效率不高，能量消耗大一直困扰着人们。经过长
期的知识积累以及经验实践，人们终于在热力学第一定律的基础上，总结出热力
学第二定律。

9.3.1　热力学第二定律

我们知道，在热机循环中，系统从高温热源吸收热量 Q_1，一部分转化为对外
所做的功 A，同时向低温热源放出热量 Q_2，热机效率 $\eta = 1 - \dfrac{Q_2}{Q_1}$。显然，这个效率
不可能大于 100%。但是，能否使热机的效率等于 100% 呢？也就是说，能否设
计出这样一种热机，从高温热源吸取热量全部转化为功而不放出热量。

热力学第二定律的两种表述

（1）开尔文表述

在对热机的效率能否达到 100% 的研究过程中，开尔文总结了大量的实验

事实,得出了热机进行热功转换的如下结论:

不可能从单一热源吸取热量使之完全变为有用的功,而不产生其他影响。这一结论称为热力学第二定律的开尔文表述。这里应注意"完全变为有用的功"和"不产生其他影响"这两句话。如果工作物质所进行的不是循环过程,那么使一个热源冷却对外做功而不向低温热源放出热量是完全可能的。例如,等温膨胀过程,就可将气体从单一热源吸收的热量全部转化为功。但产生了其他影响,气体的体积膨胀了,不能自动收缩回到初始状态。

历史上曾有许多人试图制造出一种热机,它只从单一热源吸收热量,并将其全部转化为功,这种热机叫第二类永动机。

(2)克劳修斯表述

在对理想制冷机的制冷系数能否达到无穷大的考虑过程中,1850年克劳修斯得出了热力学第二定律的另一种表述:不可能把热量从低温物体传向高温物体,而不引起其他变化。在这里也应注意"不引起其他变化"。我们知道,通过外界做功,是可以把热量从低温物体传向高温物体的,但引起了其他变化,即外界做功。因此,热量是不会"自发"地从低温物体传向高温物体。

热力学第二定律的两种表述说明与热现象有关的变化过程具有一定的方向性,为说明这一点,我们引入可逆过程的概念。

9.3.2　可逆与不可逆过程

从热力学第一定律可知自然界发生的一切过程,必须遵循能量守恒。而热力学第二定律则表明,符合能量守恒的过程并不一定都能自发地发生,它实际上反映了自然界中与热现象有关的一切实际过程,都是沿一定方向进行的。下面我们就来讨论一下可逆过程和不可逆过程的方向问题。假如系统由状态 A 经某一过程变到另一状态 B,如果存在另一过程既能使系统由状态 B 回到状态 A 而使系统完全复原,又能消除由 A 到 B 过程中对外界产生的一切影响,使外界恢复到原来的状态,这样的过程称为可逆过程。反之为不可逆过程。

热力学第二定律的开尔文表述指出了热功转换的不可逆性;克劳修斯表述指出了热传导过程的不可逆性。两种表述的等价性又进一步表明这两种不可逆过程既有内在的区别又有内在的联系,由其中任一种过程的不可逆性可以判断出另一种过程的不可逆性。自然界中不受外界影响而能够自动发生的过程,称为自发过程。一个不受外界影响的热力学系统则称为孤立系统。自发过程也就是孤立系统内发生的与热现象有关的实际过程。功转换为热、热量从高温物体传向低温物体都是自发过程,也是两种典型的不可逆过程。大量的实验事实表明,自然界的一切自发过程都是不可逆的。如摩擦生热、热传导、热扩散、气体的自由膨胀等。下面就以气体的自由膨胀为例来说明一下。

理想气体在自由膨胀中,与外界不交换热量,也不对外做功,所以其内能和温度不变,最后除了体积增大外,并不引起其他变化。显然,自由膨胀是自发过程,即不可逆过程,这一点也可以从热力学第二定律开尔文表述的不可逆性得以证明。我们仍然采用反证法。假设自由膨胀过程是可逆的,按照定义,则必然存在另一种过程 R,它能使气体收缩到原来的体积,保持其内能和温度不变,并且不引起外界的其他变化,如图 9 - 17 所示的循环系统。使气缸的一面为导热壁并与一恒温热源接触,让气体做等温膨胀推动活塞对外做功。在气体从状态 I 变到状态 II 的过程中,从热源吸收的热量 Q 与对外做的功 A 相等。接着再利用上面所说的 R 过程,是气体从状态 II 回到状态 I。由于 R 过程中没有引起外界的任何变化,因此当完成一个循环后,唯一的效果就是气体从单一热源吸热而对外做功。从热力学第二定律的开尔文表述可知,这是不可能的。但是,在这一循环中,除了假设的 R 过程外,其他的过程都是可以实现的。这就证明了 R 过程不可能存在,同时也证明了理想气体自由膨胀的过程不可逆性,以及它与热工转换过程不可逆性之间存在内在联系。

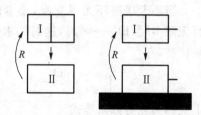

图 9 - 17 可逆与不可逆过程

从以上结论不难看出,自然界的一切自发过程,即存在着共同的特征和内在联系,从一个过程的不可逆性可以推断出其他过程的不可逆性,因而任一自发过程都可作为热力学第二定律的表述。不过无论采用什么样的表述方式,热力学第二定律的实质,就是揭示了自然界的一切自发过程都是单方向进行的不可逆过程。

9.3.3 熵与熵增加原理

热力学第二定律指出,一切与热现象有关的实际过程都是不可逆的。对自发过程、系统会自动地从初态过渡到末态,但不能自发的从末态回到初态。这种自发过程的不可逆性,说明系统的初、末态之间有着本质的不同,即系统存在一个新的态函数。这个态函数在初、末态的差异可作为过程进行方向的数学判据,这个态函数称为熵。熵表示物质系统状态的一个物理量(记为 S),它表示该状态可能出现的程度。

1. 克劳修斯等式

1865 年,克劳修斯引入了熵的概念。对于一个卡诺热机的效率有

$$\eta = 1 - \frac{Q_2}{Q_1} = 1 - \frac{T_2}{T_1} \qquad (9-54)$$

现在我们规定吸收的热量为正,放出的热量为负,则上式可写为

$$\frac{Q_1}{T_1} + \frac{Q_2}{T_2} = 0 \qquad (9-55)$$

说明在可逆卡诺循环中,$\frac{Q}{T}$ 在整个循环过程中的代数和为零。

对任意的可逆循环过程,可以看成是由许多小卡诺循环组成的,如图 9-18 所示。这样可逆循环的热温比近似等于所有小卡诺循环热温比之和,其总和为零,即

$$\sum_{i-1}^{n} \frac{Q_i}{T_i} = 0 \qquad (9-56)$$

当小卡诺循环无限变窄,小卡诺循环的数目无限多时,即 $n \to \infty$ 时,这时的求和可用积分来代替,有

$$\int_{可逆循环} \frac{dQ}{T} = 0 \qquad (9-57)$$

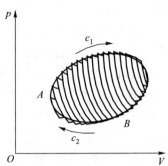

图 9-18　任意可逆循环可看做由无穷多个小卡诺循环组成

上式称为克劳修斯等式。

可逆循环过程 $\int_{可逆循环} \frac{dQ}{T} = 0$,说明系统由状态 1 变到状态 2,积分 $\int_1^2 \frac{dQ}{T}$ 与路径无关,只与系统的初末状态有关。由此可以定义熵变

$$S_2 - S_1 = \int_{1(可逆过程)}^{2} \frac{dQ}{T} \qquad (9-58)$$

上式说明,熵 S 是态函数,对应于任一热力学平衡状态总存在有相应的熵值;熵值的增量只决定于初、末状态,与中间经历的过程无关。

如果系统经历的是一个不可逆过程,可以证明

$$S_2 - S_1 > \int_{1(不可逆过程)}^{2} \frac{dQ}{T} \qquad (9-59)$$

2. 熵增加原理

对于一个与外界无能量交换的孤立系统,系统中发生的任何过程都是绝热的,即 $dQ = 0$。对于可逆过程有

$$S_2 - S_1 = 0$$

对于不可逆过程有

$$S_2 - S_1 > 0 \qquad (9-60)$$

这就是说,孤立系统的熵永不减少:对于可逆过程熵不变,对于不可逆过程

熵增加,这就是熵增加原理。

用熵增加原理可判断过程进行的方向。例如,我们来看热传导过程。设 A、B 两物体的温度分别为 T_A 和 T_B,当它们接触后,会发生一不可逆传热过程。由于传热只发生在 A、B 之间,所以可把它们看做一个孤立系统。今设传热开始,有热量 $dQ>0$ 从 A 传到 B,由于 dQ 很小,A 和 B 的温度基本不变。因此 A 的熵变为

$$dS_A = \frac{-dQ}{T_A} \qquad (9-61)$$

同理,B 的熵变为

$$dS_B = \frac{dQ}{T_B} \qquad (9-62)$$

整个孤立系统的熵变

$$dS = dS_A + dS_B = dQ\left(\frac{1}{T_B} - \frac{1}{T_A}\right) = dQ\,\frac{(T_A - T_B)}{T_A T_B} \qquad (9-63)$$

由于 $dQ>0$,由 $dS>0$,知 $T_A > T_B$,说明热量只能自动地从高温物体传到低温物体。

9.3.4　熵与微观态

对一孤立系统的宏观不可逆过程,可从宏观和微观两个方面来表述。从宏观上看,系统的任一宏观态都有确定的熵值,也就是说,熵是系统状态的单值函数;从微观上看,系统的每一宏观态都对应于一个确定的微观态数,因此熵应当是微观态数的函数,玻耳兹曼给出了如下形式

$$S = k\ln W \qquad (9-64)$$

式中 k 为玻耳兹曼常量,W 是微观态数。这一关系称为玻耳兹曼关系,它指出一个系统的熵是该系统的可能微观态的量度。

如果一个孤立系统的微观态数由 W_1 变至 W_2,且 $W_2 > W_1$,那么由式(9-44)可得

$$\Delta S = S_2 - S_1 = k\ln\frac{W_2}{W_1} > 0 \qquad (9-65)$$

上式表明,孤立系统熵增加的过程是微观态数增大的过程,是系统的无序度增大的过程。

教学参考 9.1　温度的早期认识及其利用

温度是热学中极为重要的一个概念,通常表示物体的冷热程度。我国古代

就已经认识到较冷的物体和较热的物体之间的区别,开始掌握了降温术和高温术。在烧制陶器和冶炼过程中,工匠凭火候、火的颜色,来定性地判断温度的高低。《淮南子》中曾记载"见瓶中之冰而知天下的寒暑",表明已能从水的物态变化来判断气温的高低。西周初期,古人已经将冬季的天然冰,用来在春夏时冷藏食物和保存尸体。由于冶炼业的发展,古人已经掌握了获得高温(摄氏千度以上)和利用高温的技术。

宋代,已有制造保温器的记载,其中最精彩的当推伊阳古瓶。南宋洪迈(1123—1202)的《夷坚甲志》中写道:"张虞卿者文定公齐贤裔孙,居西京伊阳县小水镇,得古瓦瓶于土中,色甚黑,颇爱之。置书室养花,方冬极寒,一夕忘去水,意为冻裂,明日视之,凡他物有水者皆冻,独此瓶不然。异之,试之以汤,终日不冷。张或为客出郊,置瓶于箧,倾水沦(yù)茗,皆如新沸者。自是始知秘,惜后为醉仆触碎。视其中,与常陶器等,但夹底厚二寸。有鬼热火以燎,刻画甚精。无人能识其为何时物也。"这实际上是最早的保温瓶,其原因是有夹底,防止了热传导。

习　　题

9-1　氦气和氧气,若它们的分子平均速率相同,则

A. 它们的温度相同;　　　　　　B. 它们的分子平均平动能相同;

C. 它们的分子平均动能相同;　　D. 以上答案都不对。　　　　[　　]

9-2　若用 N 表示总分子数,$f(v)$ 表示麦克斯韦速率分布函数,下面哪一个积分表示分布在速率区间 $v_1 \sim v_2$ 内所有气体分子的总和?

A. $\displaystyle\int_{v_1}^{v_2} f(v)\mathrm{d}v$;　　　　　　B. $\displaystyle\int_{v_1}^{v_2} Nf(v)\mathrm{d}v$;

C. $\displaystyle\int_{v_1}^{v_2} vf(v)\mathrm{d}v$;　　　　　　D. $\displaystyle\int_{v_1}^{v_2} Nvf(v)\mathrm{d}v$。　　[　　]

9-3　举例说明热能与温度实际上是两种不同的东西。

9-4　举出两种有重大社会意义的普通热机。

9-5　举出汽车的两种代用燃料(汽油或柴油以外)。

9-6　哪个(些)物理学定律区别前向与后向两个时间方向?

9-7　一片生长的叶子增加其有序度,是否违反热力学第二定律? 加以说明。

9-8　试想出至少一种使热能从较冷处流向较热处的技术设备。这种设备违反热传递定律吗? 加以说明。

9-9　能够将一定数量的动能全部转换为热能吗？能够将一定数量的热能全部转换为动能吗？对每种情况给出一个例子或说明不可能的原因。

9-10　以下哪些不是热机：天然气、发电场、水电站、酒精燃料汽车、自行车、太阳能电站、蒸汽机车。

9-11　说明步行与骑自行车的能量输入。步行与骑自行车的行为如何说明了热力学第二定律？

9-12　下面哪些是可再生能源：煤、木柴、核能、风力、水库中的水。

9-13　在汽车消耗的每 100 桶汽油中，大约有多少桶实际上用来驱动一辆小汽车在路上奔驰？

9-14　两座燃煤发电厂的发电量相同。如果第一座发电厂的能量效率是第二座发电厂的两倍，那么它们的污染相比较如何？

9-15　关于平衡态和准静态

（1）什么叫平衡态？如图 9-15(a)所示，将金属棒一端插入盛有冰水混合物的容器，另一端与沸水接触，当金属棒各处温度稳定时，它是否处于平衡态？

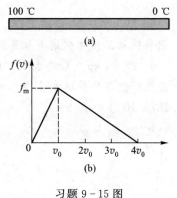

（2）什么是准静态过程？气体绝热自由膨胀是吗？

为了计算简单，将 N 个分子组成的理想气体分子的速率分布曲线简化为图 9-15(b)所示形状，其中 v_0 已知，求：① 速率分布函数最大值 f_m；② $0.5v_0 \sim 2v_0$ 速率区间内的分子数；③ N 个分子的平均速率。

习题 9-15 图

9-16　试计算气体分子热运动速率的大小介于 $v_p - v_p/100$ 和 $v_p + v_p/100$ 之间的分子数占总分子数的百分比。

9-17　某种气体分子在温度 T_1 时的方均根速率等于温度为 T_2 的平均速率，求 $\dfrac{T_2}{T_1}$。

9-18　一条等温线和一条绝热线有可能相交两次吗？为什么？

9-19　一条等温线和两条绝热线是否可能构成一个循环？为什么？

9-20　为提高热机效率，为什么实际上总是设法提高高温热源的温度，而不是从降低低温热源的温度来考虑？

9-21　试证明理想气体可逆过程热温比的积分与过程无关，只与始末两态有关。

9-22 有人声称他制造出了一种工作在温度为 600 K 和 300 K 的两个热源之间的新型热机，每分钟烧 0.5 kg 的燃料（燃烧值为 4.2×10^7 J/kg），其功率为 180 kW，你认为有这种可能么？

9-23 标准状态下 1.6×10^{-2} kg 的氧气，分别经过下列过程并从外界吸热 334.4 J。

（1）经等容过程，求末状态的压强；

（2）经等温过程，求末状态的体积；

（3）经等压过程，求气体内能的改变。

9-24 一卡诺热机在 1 000 K 和 300 K 的两热源之间工作。（1）若高温热源提高到 1 100 K；（2）若低温热源降到 200 K，求热机效率各增加多少？

9-25 一卡诺循环的热机，高温热源的温度是 400 K，每一循环从此吸热 100 J，并向低温热源放热 80 J。求：（1）低温热源的温度；（2）此循环的热机效率。

9-26 设一卡诺机工作于高低温热源（T_1 和 T_2）之间，求每次循环中，两热源和机器工作物质这个总系统的熵变。

9-27 1 kg 0 ℃ 的水和 100 ℃ 的热源接触，当水温达到 100 ℃ 时，水的熵增加多少？热源的熵增加多少？水和热源的总熵增加多少？（水的定压比热容为 4.187×10^3 J·kg^{-1}·K^{-1}）

第 10 章　通往微观世界的三大发现——
原子结构与核辐射

从古代起,人们就开始对宇宙万物的本源进行探索。面对丰富多彩的大自然,人们向往揭开物质结构之谜。古代一些科学家和哲学家抛弃神学论,以物质为基础,寻找自然界的客观规律。大约殷末周初,我国就萌发了古老的物质结构假说。据《尚书·洪范传》记载,人们认为万物是由金、木、水、火、土五种基本元素构成,这就是我国古代的"五行说",而且还说明了五种物质的不同性质。把万物归于少数的几种基本元素的这类朴素的观点,古代在不少国家都有出现。

大约在公元前 400 年,古希腊哲学家德谟克里特认为,物质由最小的不可再分的粒子构成,这即是后来所说的原子论。我国春秋战国时期,墨家学派的代表人物墨翟(约公元前 5 世纪前期—前 4 世纪初)提出了物质不能再分的"端"的思想,"端"和原子的概念相似,指出物质间有空隙,"端"是无空隙的最小原始单位。在《庄子·天下篇》中记述了我国古代各家学派的观点,名家惠施(约公元前370—前 310 年)提出:"至大无外,谓之大一,至小无内,谓之小一"。"小一"的概念就是指物质分割到一定的限度而不能再分。但是名家公孙龙(约公元前320—前 250 年)提出:"一尺之棰,日取其半,万世不竭"的著名论断,他认为物质是无限可分的:这些反映了春秋战国时期,学术思想之活跃。

古代的所谓原子论只是一些哲学家和科学家的主观臆想,各种看法都只是一些哲学观点。直到两千多年后的 19 世纪,才通过大量的科学实验创建了科学的原子论。科学原子论的创始人是英国科学家道尔顿(1766—1844),他于 1807年提出:"气体、液体和固体都是由该物质的不可分割的原子组成的"。他还认为:"同种元素的原子,其大小、质量及各种性质都相同"。道尔顿及此后的许多化学家和物理学家所说的原子已不再是哲学术语,而是实实在在的组成物质的基本单元。

从现代物理学发展来看,人们对物质结构层次的认识已经越来越深入,构成物质的最小单元已经不再是原子,越来越多的物理学家们认为组成物质的最基本的单元可能并不存在,物质是无限可分的。打开奇妙的微观世界研究大门的正是 19 世纪末 20 世纪初的世纪之交的三大发现:X 射线(1895 年)、放射性(1896 年)和电子(1897 年)。本章我们就以此为基础介绍原子结构和核辐射的基本知识。

10.1　电子的发现和 X 射线的发现

10.1.1　电子的发现与汤姆孙原子模型

1. 电子的发现

在发现电子之前,人们对原子的内部状态一无所知,只能把原子看成是一个没有内部结构的不可分的整体。而电子的发现,确认了原子是可分的,才为探索原子结构以及为探索更深层次的结构开辟了道路。

早在 1836 年,英国物理学家法拉第就发现了稀薄气体的放电现象,但因当时只能获得千分之几个大气压的真空度,因此不能够对气体放电现象作进一步的研究。后来随着新兴的灯泡工业发展的需要,发展了真空技术,于 1856 年制成了放电管,从而为研究真空放电现象提供了实验手段。

1859 年,德国物理学家普吕克在用放电管做放电实验时,发现当放电管两端加上高压时,阴极一端会出现放射现象,对着阴极的管壁上会出现绿色辉光,后来称阴极上产生的这种射线为"阴极射线"。进一步的实验表明,阴极射线和阴极的材料、大小及形状无关。阴极射线被发现之后,围绕着阴极射线的本质问题,引起了许多科学家之间长达 20 多年的争论。以克鲁克斯为代表的一些英国物理学家根据阴极射线的直线传播,以及阴极射线在磁场中发生偏转等性质,认为阴极射线是某种带负电的粒子流。而以赫兹和勒纳德为代表的一些德国物理学家则认为阴极射线本质上是一种电磁波,他们也做了一些实验来证实自己观点的正确性。赫兹认为,若阴极射线是带电的粒子流,则应在其周围产生磁场。在 1893 年之前,他曾做过多次实验,但由于设计思想上的差错及受当时真空技术水准的限制,以致不仅未能观察到磁场的出现,甚至连阴极射线在电场作用下的偏转也未观察到。实验不成功的原因是因为当时不了解低压状态下气体导电机制的复杂性。这样,赫兹就更加坚信阴极射线是不带电的电磁波。

对阴极射线作出正确结论的是英国剑桥大学卡文迪许实验室的物理学家汤姆孙。从 1890 年起,他带领一批研究生,如卢瑟福、威尔逊和里查森等研究阴极射线。克鲁克斯认为阴极射线是带电微粒组成的观点对汤姆孙很有影响。汤姆孙首先用实验证明了阴极射线确实是由阴极发射出来的。然后他又重复了赫兹做过的阴极射线在静电场中偏转的实验。赫兹的实验因管

汤姆孙(1856—1940)

中真空度低,引起管内残存气体的电离,使静电场不能建立。汤姆孙做此实验时,真空技术已大有发展,所以他取得了成功。根据实验结果,汤姆孙得出结论,形成阴极射线的那些粒子是带负电的。

为了进一步搞清这些粒子是分子、原子或是更小的微粒,他用了不同的方法对这些带电粒子的速度和荷质比(电荷和质量之比)进行了测量。他通过多次实验,不断更换阴极材料、气体或玻璃管壁,测得的微粒速度均小于光速,说明阴极射线并不是电磁波。汤姆孙用不同方法测得的荷质比都相近,其值约为 $e/m = 10^{11}$ C·kg^{-1}。阴极射线粒子的荷质比 e/m 比起电解的氢离子的荷质比小得多,所以阴极射线的粒子是比分子、原子更小的带电微粒。

后来,汤姆孙又测定了在光电效应和热阴极发射过程中带负电粒子的 e/m,其数值和阴极射线中的 e/m 数值相等。随后,汤姆孙又用威尔逊云室测定了这些带负电粒子的电荷,确认了它的数值就是一个氢原子所带的电量,根据这些结果,他于 1897 年得出了下列结论:

(1) 原子是可以分割的。借助于电力作用,快速运动原子的碰撞,紫外线照射或热的作用,均能够从原子里扯出带负电的粒子。

(2) 这些粒子无论是从哪一种原子得到的,都具有相同的质量并带有相同的负电荷,它们是原子的组成部分。

(3) 这些粒子的质量小于一个氢原子质量的千分之一,汤姆孙称这种粒子为"电子"。

电子是原子的组成部分,是物质的更基本的单元之一。原子不可再分的传统观念被彻底打破了。

2. 汤姆孙原子模型

当 19 世纪的科学家们认为物质由原子组成时,他们对原子本身实际上毫无所知。电子的发现使科学家们感到必须对原子重新认识。所有原子中都含有电子,且所有原子中的电子都是相同的,这给人们第一次提供了原子结构的重要信息。原子本身是中性的,电子带负电荷,因此每个原子必定含有足够的带正电的物质以与电子所带的负电荷相平衡。同时,电子的质量小于氢原子质量的千分之一,这表明原子中带正电荷物质的质量几乎等于原子的全部质量,这些便是当时人们探索原子结构,寻求原子内部负电荷和正电荷如何分布的基础。

关于原子结构问题,在 19 世纪末 20 世纪初曾有许多设想,其中最引人注意的且占支配地位的是汤姆孙于 1904 年提出的"葡萄干面包"模型,如图 10-1 所示。他设想原子是一个球体,带正电的部分以均匀的体密度分布在整个原子的球体内,而带负电的电子则一粒粒地夹在这个球体内的不同位置上,这就如在面包中夹了许多葡萄干。因为假设正电荷是均匀分布的,因而电子也必须是均匀分布的,才能使原子的平均电荷为零,这样以与当时对原子是电中性的认识相符合。汤姆孙还假定,这些电子能在它的平衡位置附近作谐振动并产生辐射,从而定性地解释了原子辐射电磁波的现象,并且认为人们所观察到的原子光谱的各种频率就是电子作谐振动的频率。为了解释元素的周期性,汤姆孙还假定电子分布在一个个同心的球形壳层上,且各个壳层上都只能安置有限个电子。这样汤姆孙模型就把当时所知道的实验事实和理论考虑都概括了进去,并在解释元素周期性方面取得了一定的成功,所以在一段时间内为人们所接受。

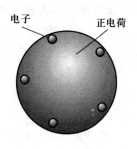

图 10-1 汤姆孙原子模型

10.1.2 X 射线的发现

X 射线的发现是 19 世纪末物理学第一个重大发现,这一发现标志着现代物理学的产生。X 射线的发现为诸多科学领域提供了一种行之有效的研究手段。X 射线的发现和研究,对 20 世纪以来的物理学乃至整个科学技术的发展都产生了巨大而深远的影响。

如前所述,早在 1836 年法拉第就发现在稀薄气体中放电时会产生一种绚丽的辉光,后来物理学家把这种辉光称为"阴极射线",因为它是由阴极发出的。1861 年英国物理学家威廉·克鲁克斯发现通电的阴极射线管在放电时会产生亮光并将其拍了下来,可是显影后干版上一片模糊,什么也没发现,尽管他又用新干版连续照了三次,依然什么也没发现。克鲁克斯认为干版有问题,他也曾发现抽屉里保存在暗盒里的胶卷莫名其妙地感光报废了,他也认为胶卷质量有问题,并把胶卷退回了厂家。就这样,一个伟大的发现与他失之交臂,直到后来伦琴发现了 X 射线,克鲁克斯才恍然大悟。

在伦琴发现 X 射线的五年前,美国科学家古德斯柏德在实验室里偶然洗出了一张 X 射线的透视底片。但他归因于照片的冲洗药水或冲洗技术,并随手把底片丢到废纸堆里,随之也把这一"偶然的"伟大发现丢到了废纸堆里。几年后,他得知 X 射线发现后,才想起此事,重新加以研究。

德国物理学家伦琴(1845—1923)1845 年出生于德国尼普镇。3 岁时全家迁居荷兰并入荷兰籍,1868 年毕业于苏黎世联邦工业大学机械工程系,1869 年获得哲学博士学位,并担任了物理学教授孔脱的助手,1870 年随同孔脱返回德国。1885 年起在维尔茨堡大学任教授,1894—1900 年任维尔茨堡大学校长和慕尼黑物理研究所所长。

1891 年,德国物理学家勒那德根据赫兹的建议发明了勒那德窗,就是把阴

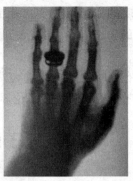

伦琴(1845—1923)及其夫人手指骨的 X 射线照片

极射线碰到管壁放出荧光的地方用一块薄薄的铝箔替换了原来的玻璃,可以使阴极射线透射出去。1895 年,伦琴在利用带勒那德窗的阴极射线管对阴极射线进行实验研究,在暗室中进行实验时,为了防止荧光板受偶尔出现的管内闪光的影响,伦琴用一张包相纸的黑纸把阴极射线管子包了起来。11 月 8 日傍晚,一个偶然事件引起了他的注意。当时房间里一片漆黑,他突然发现在不到 1 m 的桌子上有一块荧光屏发出荧光,更奇怪的是他将荧光转了个面,将没涂荧光物质的一面朝着管子,而且将荧光屏放到 2 m 远的地方,屏上仍可见到荧光。伦琴意识到这不是阴极射线,阴极射线无法穿透玻璃,这种射线却具有巨大的能量,它能穿透玻璃,遮光的黑纸。他决心查个水落石出,一连 7 个星期吃住都在实验室,实验发现这种新射线具有直线传播、穿透力强、不随磁场偏转等性质。伦琴还用这种射线拍摄了他夫人的手的照片,显示出手的骨骼结构。1895 年 12 月 28 日,伦琴向德国维尔兹堡物理和医学学会递交了第一篇研究论文《一种新射线——初步报告》,这是一篇重要历史意义的论文,伦琴在他的通讯中把这一新射线称为 X 射线,因为他当时无法确定这一新射线的本质。同时也公布了历史上第一张 X 射线照片,即他夫人手指骨的 X 射线照片。这一发现立即引起了强烈的反响:1896 年 1 月 4 日柏林物理学会成立 50 周年纪念展览会上展出 X 射线照片;1 月 6 日伦敦《每日纪事》向全世界发布消息,宣告发现 X 射线。这些宣传,轰动了当时国际学术界,论文《初步报告》在 3 个月之内就印刷了 5 次,立即被译成英、法、意、俄等国文字,据统计,仅 1896 年一年内,世界各国发表的相关论文就达 1 千多篇,有关的小册子达 50 种。X 射线的发现,给医学和物质结构的研究带来了新的希望,此后,产生了一系列的新发现和与之相联系的新技术。就在伦琴宣布发现 X 射线的第四天,一位美国医生就用 X 射线照相发现了伤员脚上的子弹。一项重大发现被如此快地应用到实际中也是很少见的。后人为纪念伦琴,也把 X 射线常称为"伦琴射线"。

　　X射线的发现,把人类引进了一个完全陌生的微观国度。X射线的发现,逐步地揭开了原子的秘密,为人类深入到原子内部的科学研究,打破了坚冰,开通了航道。

　　因为这一具有划时代意义的重大发现,1901年12月瑞典皇家科学院将历史上第一个诺贝尔物理学奖授予了伦琴。

10.2　原子的核式模型

10.2.1　卢瑟福的原子核式模型

1. α粒子散射实验

　　任何一个原子模型,都必须经受实验的检验。1903年,勒纳德用电子在金属膜上做散射实验时,发现较高速的电子很容易穿透原子,整个原子并不像汤姆孙模型所述的那样正电荷均匀分布在整个原子内,中间有很大的空隙,这样汤姆孙模型受到了严重的挑战。

　　彻底否定汤姆孙模型的是卢瑟福的α粒子散射实验。图10-2所示为卢瑟福的学生盖革和马斯登所做的α粒子散射实验的示意图。α粒子是氦原子核He^{2+}。他们利用的是镭源所放出的α粒子,其能量为5.5 MeV(兆电子伏)。从图可见,由铅块包围的源R发出的α粒子,经狭缝S_1、S_2后,成为α粒子束射到厚度为10^{-4} cm的金箔F上,带有荧光屏S的放大镜M可以转到不同的方向对散射的α粒子进行观察。散射的α粒子打在荧光屏上,就会发出微弱的闪光。通过放大镜观察闪光,就可以得到某一时间内在某一方向散射的α粒子数。

　　1909年由盖革和马斯登在卢瑟福实验室里所作的α粒子散射实验的结果表明,大多数的α粒子在通过金箔后不偏折或者有偏折但散射角很小,可是却有1/8 000的α粒子,其散射角大于90°,甚至有的接近180°,而返折回去,如图10-3所示。

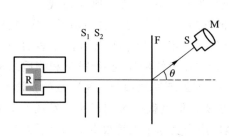

图10-2　α粒子散射实验装置示意图

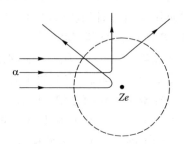

图10-3　α粒子散射示意图

按照汤姆孙模型,上述实验结果是无法解释的。汤姆孙模型认为原子是一个内含电子的、半径为 10^{-10} m 的正电荷球,根据计算,当一个 α 粒子与原子碰撞,或者 α 粒子穿过原子,都只可能有较小角度的散射。

先考虑 α 粒子和原子中电子的碰撞,因 α 粒子的质量是电子质量的数千倍,所以 α 粒子受电子的作用而引起的运动速度或运动方向的改变是十分微小的,可以忽略不计,因此只需考虑原子中的正电荷部分对 α 粒子的作用。

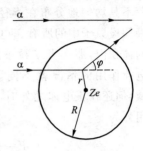

图 10-4　汤姆孙模型下 α 粒子的散射

如图 10-4,设原子半径为 R,原子序数用 Z 表示,则正电荷 Ze 均匀地分布在半径为 R 的球中,α 粒子带正电荷 $2e$,当 α 粒子在球外,即 $r>R$ 时,α 粒子受到原子中正电荷的库仑斥力为

$$F=\frac{2Ze^2}{4\pi\varepsilon_0 r^2} \tag{10-1}$$

式中 ε_0 为真空电容率。

当 α 粒子到达球面时,即 $r=R$,有

$$F_R=\frac{2Ze^2}{4\pi\varepsilon_0 R^2}$$

当 $r<R$,即 α 粒子进入原子内后,对 α 粒子起作用的电荷是以 r 为半径的球内所含的电荷

$$Q=\frac{Ze}{\frac{4}{3}\pi R^3}\times\frac{4}{3}\pi r^3=Ze\,\frac{r^3}{R^3}$$

库仑力大小为

$$F_r=\frac{2eQ}{4\pi\varepsilon_0 r^2}=\frac{Ze^2 r}{2\pi\varepsilon_0 R^3}$$

所以 α 粒子进入原子内后,离球心越近,所受力越小,当 $r=R$ 时,α 粒子受原子的正电荷部分的作用力最大。

如取 α 粒子的能量为 5 MeV,入射到原子序数为 $Z=79$ 的金原子上,设 $R=10^{-10}$ m,经过计算,α 粒子的散射角为 $\varphi=2.27\times10^{-4}$ rad$=0.013°$。

这一结果表明用汤姆孙模型来解释 α 粒子的散射,只能得出小角度散射的结论。因此 α 粒子散射实验无法用汤姆孙模型加以解释。对于大角度的散射,特别对于接近 180° 散射的 α 粒子,正如盖革所说的,就像一枚 15 英寸的炮弹打在一张窗户纸上,却被反弹回来射向了自己。这是他遇到的最不可思议的事情。

2. 卢瑟福的原子有核模型

卢瑟福认真思考了 α 粒子散射的实验结果,认为大角度散射的 α 粒子只能是原子中正电荷与之相互作用的结果。这说明正电荷不是均匀地分布在半径为 $R=10^{-10}$ m 的球内,如果假设原子中的所有正电荷都集中在原子中心很小的体积内,那么当 α 粒子接近原子时受到原子中正电荷作用的情况就不同了。当 α 粒子进入原子区域,但还在正电体之外时,α 粒子受到的正电荷的作用力为

$$F=\frac{2Ze^2}{4\pi\varepsilon_0 r^2}$$

因为 r 可以很小,所以受的力可以很大,这样就可以解释 α 粒子散射中出现大角度的问题。

卢瑟福(1871—1937)

卢瑟福经过反复的实验和理论计算,于 1911 年提出了原子的核式模型。他认为原子具有与太阳系类似的结构。原子中心是一个带正电荷的原子核,电子绕原子核旋转,如图 10-5 所示。实验测出,原子核的半径约为 10^{-14} m。原子核集中了几乎整个原子的质量,原子核所带的正电荷和外面围绕着它的所有电子所带的负电荷相等,整个原子呈电中性。这样原子中有相当大的空间,大多数 α 粒子可沿直线通过金属箔,但当某一个 α 粒子逼近一个原子核时,它就会受到强电场力的作用,因而会产生大角度的散射。原子的这种核型结构为一系列的实验所证实,所以很快为大家所接受。因为卢瑟福同时提出了原子核的概念,所以卢瑟福首先发现了原子核。

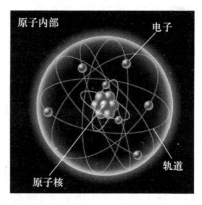

图 10-5 原子核式模型示意图

10.2.2 原子的玻尔理论

卢瑟福的原子核式模型完满地解释了 α 粒子的散射实验,在一些问题上取得了成功。但由于仍然是经典物理理论,所以在某些问题上还是遇到了严重的困难。在第 6 章中我们已经叙述过,按照经典理论,原子辐射的光谱应该是连续光谱,核式结构的原子应是一个不稳定的系统。但实验指出,不仅原子所发射的光谱是线状光谱,而且原子是一个很稳定的系统。这说明研究宏观现象而确立

的经典理论不适用于原子的微观过程,需要进一步探索原子内部的规律性,建立适合于微观过程的原子理论。

1911 年,年仅 26 岁的丹麦物理学家玻尔来到了英国剑桥大学,在汤姆孙的指导下进行工作。当他了解到曼彻斯特大学的卢瑟福实验室关于原子核的惊人发现时,随即转到了曼彻斯特大学,作了卢瑟福的学生。卢瑟福本人的那种富于想象的洞察力、严谨的科学态度对玻尔的影响非常大,玻尔后来的成功与卢瑟福对他的影响、帮助和鼓励是分不开的。

玻尔认真分析了原子结构和光谱之间的矛盾,作为卢瑟福的学生,他深刻了解原子核式模型的正确性。当时,爱因斯坦早已指出了普朗克量子理论的普遍重要性,在这个思想的影响下,玻尔认为要解决原子的稳定性问题,必须对经典概念进行一番改造,把量子假设应用到原子中去。他创造性地继承了前人的成果,勇敢地冲破了旧理论的束缚,进行了详细的计算,于 1913 年大胆地提出了几条假设,详述如下:

1. 定态条件假设

原子中的电子绕核做圆周运动时,并不像经典理论认为的那样,半径可以是任意值,电子只能处于分立的半径为某些值的圆周轨道上运动,每一个可能的轨道半径为 r_n,相应一个确定的分立能级为 $E_n(n=1,2,3,\cdots)$;且假定,电子在这些分立的可能轨道上绕核转动时,虽然有加速度,但不辐射电磁波。这就是说,电子在一些具有确定能量的"定态"轨道上运动,不会损失能量,这就是定态条件。在这个假定下,原子可保持稳定性。

2. 频率条件假设

在以上轨道上运动的电子,当从一个具有较高能量 E_n 的稳定状态跃迁到另一个具有较低能量 E_m 的稳定状态时,会以电磁波的形式放出一个光子,根据能量守恒条件,放出光子的能量为

$$E=h\nu=E_n-E_m \tag{10-2}$$

式中的 ν 为光子的频率。

3. 角动量量子化假设

角动量是描述原子中电子绕核转动的一个重要物理量,玻尔认为角动量不可能取任意值,角动量 L 应该是量子化的。电子不同的可能稳定的圆周运动的状态取决于其角动量的大小,电子的角动量必须等于 $\frac{h}{2\pi}$ 的整数倍。通常令 $\hbar=\frac{h}{2\pi}$,故有

$$L=mvr=n\frac{h}{2\pi}=n\hbar \quad (n=1,2,3,\cdots) \tag{10-3}$$

式中 n 为正整数，称为量子数，式(10-3)称为角动量量子化条件。

下面我们根据玻尔的 3 条基本假设，给出氢原子稳定状态的轨道半径和能量的公式。电子在半径为 r 的定态圆轨道上以速率 v 绕核做圆周运动时，向心力即为库仑力，所以有

$$\frac{mv^2}{r}=\frac{e^2}{4\pi\varepsilon_0 r^2} \tag{10-4}$$

由式(10-3)和式(10-4)消去 v，即可得到原子处于第 n 个定态时电子的轨道半径为

$$r_n=n^2\frac{\varepsilon_0 h^2}{\pi m e^2} \quad (n=1,2,3,\cdots) \tag{10-5}$$

当 $n=1$ 时为氢原子中电子的最小轨道半径，称为玻尔半径，其值为：

$$r_1=\frac{\varepsilon_0 h^2}{\pi m e^2}=0.529\times10^{-10}\ \mathrm{m} \tag{10-6}$$

这和用其他方法求得的数值符合得很好。

当电子在量子数为 n 的定态轨道上运动时，氢原子能量应等于电子的动能和原子系统的电势能之和，即

$$E_n=\frac{1}{2}mv_n^2-\frac{e^2}{4\pi\varepsilon_0 r_n}=-\frac{e^2}{8\pi\varepsilon_0 r_n}$$

将式(10-5)中的 r_n 值代入上式，得

$$E_n=-\frac{me^4}{8n^2\varepsilon_0^2 h^2} \quad (n=1,2,3,\cdots) \tag{10-7}$$

由于电子轨道角动量不能连续变化，所以从式(10-5)和式(10-7)看出，电子轨道半径和氢原子的能量也不能连续变化。氢原子的能量只能取一系列不连续的值，这称为能量量子化，这种量子化的能量值称为能级，令 $n=1$，即可得到氢原子的基态能量

$$E_1=-\frac{me^4}{8\varepsilon_0^2 h^2}=-13.6\ \mathrm{eV} \tag{10-8}$$

基态能量最低，原子最稳定。这能量值与实验结果是一致的。

玻尔第一个将量子化概念应用于卢瑟福的原子核式模型中，在解决氢原子与类氢原子结构上取得了巨大成功，并解开 30 年来令人费解的氢原子光谱之谜，推动了原子结构理论研究的进展。但是玻尔理论本身仍存在着严重的缺陷。首先这个理论仍然是以经典理论为基础的，在旧的经典理论的框架内，加进了一些与经典理论不相容的假设，这些量子化条件的引入并无适当的理论依据。只是经典理论加上一些量子化条件的混合物，后来这被称为旧量子论或早期量子论。玻尔氢原子理论虽然能解释氢原子光谱的频率，但对谱线的强度、宽度及偏

振等一系列问题仍不能解释,它对多电子原子的光谱也难以解释。另一方面,玻尔理论虽然指出了经典理论不适用于原子内部,但在研究原子中的电子运动状态时仍采用了经典物理中的位置、轨道和速度等概念。然而对像原子、电子这样的微观粒子,由于它们和光子一样具有波粒二象性,它们的运动是不能用经典概念来描述的,不存在什么确定的电子运动轨道。应该用相应的波函数来描述,其动量和位置是不能同时精确测定的。这就是量子理论的基本原理,这些量之间遵从的是不确定关系,这被称为原子的量子理论,只有它才能确切地描述微观粒子的运动规律。直至今天,人们还没有发现实验与原子的量子理论不一致的地方。

10.3　核结构和核力

10.3.1　原子核的结构

1. 原子核的电荷和质量

卢瑟福仍就利用 α 粒子的散射现象来测定原子核的电荷,进而探索原子核的结构。因为如果不同的原子核具有不等的电荷,那么由于 α 粒子和不同核所带电荷的库仑相互作用的差别,就会导致散射截面的差别,这样也就反过来测定了不同原子核的电荷。实验表明,所有原子核都带正电荷,电荷量的大小均是氢原子核电荷的整数倍。或者说,其电荷量 q 等于电子电荷量的绝对值 e 的整数倍,亦即 $q=Ze$,整数 Z 也就是这化学元素的原子序数。

我们知道,原子核的质量几乎代表了整个原子的质量。在原子核物理中通常使用一个叫做"原子质量单位"的单位,通常用符号 u 表示。一个原子质量单位 u 定义为:一个处于基态的碳的最丰富的同位素 $^{12}_{6}C$ 原子质量的 1/12,即 $1\ u=1.660\ 540\ 2\times10^{-27}$ kg。

实验表明,各原子的质量如以"原子质量单位"计量时都接近于某一整数,这整数称为原子核的质量数,用 A 表示。电荷数 Z 和质量数 A 是标志原子核特征的两个物理量,常用 $^{A}_{Z}X$ 来标记不同的原子核,其中 X 代表与 Z 相应的化学元素的符号。

2. 原子核的大小和形状

原子核的大小可以用实验来测定。最理想的射击"炮弹"是使用快速的电子和快速的中子。电子同核有电力作用,用电子散射不仅能测定原子核的半径,还能提供核中电荷的分布情况。中子同核仅有核力作用,用中子散射可以提供核中物质的分布情况。实验表明,核的体积总是正比于质量数 A。如果把原子核

看做是球形的,设半径为 R,则可写成

$$R = R_0 A^{1/3} \tag{10-9}$$

R_0 为比例系数,实验测得 $R_0 \approx 1.2 \text{ fm}(1 \text{ fm} = 1 \times 10^{-15} \text{ m})$。

但实验中却发现,大多数原子核并非是球形的。原子核是一个电荷系统,若呈球形分布,就不应存在有电偶极矩、电四极矩等。但用精密光谱仪分析发现原子光谱中有来源于原子核电四极矩的超精细结构。所以推论出原子核的电荷分布大多应为旋转椭球形状,核物质的分布也应为旋转椭球形状,但与球形偏离不大,一般椭球的长轴与短轴之比不大于 5/4,所以可把原子核的形状近似看作球形。另外也有一些原子核的形状本身就是球形的。

3. 原子核的结构

氢原子核以外的所有其他原子核的电荷恰好都为氢原子核电荷的整倍数。那么,人们自然就会提出一个疑问,各种原子核是否均由氢原子核组成呢?1919年卢瑟福曾用 α 粒子轰击氮核,结果产生一个氧核和一个氢核。说明氮核中确实存在氢核,所以断定氢核是构成其他各种原子核的带电的基本粒子。卢瑟福称氢核为质子,即携带质量的粒子,这样卢瑟福又发现了质子。质子的质量为 $m_p = 1.007\ 276\ 470$ u。

卢瑟福的一系列散射实验获得的一项重要成就,就是纠正了门捷列夫周期律里将化学元素按原子质量顺序排列的陈旧观念。卢瑟福认为按原子核中所带正电荷的多少来排列原子序数,才能表现出化学元素的周期性质。氢原子核只有一个基本单位电荷,原子序数为 1,其他原子核的正电荷与氢原子核所带电荷相比的整倍数即为该种原子的原子序数 Z。

质子的发现导致了当时曾有人提出原子结构的所谓质子-电子结构假设,即原子是由当时已发现的两种"基本"粒子质子和电子组成的,原子核中的质子数等于其质量数 A,电子数等于其质量数 A 和原子序数 Z 之差,即为 $A-Z$,而且认为电子紧密地束缚在原子核内。这一假设不仅与许多实验不符,而且也立即面临着理论上的困难,那就是量子力学指出的电子将不可能被紧密地束缚在约 10^{-14} m 大小的半径之内。

1932 年,查德威克发现了中子,解决了这个问题。还在 1930 年时,一些科学家用高速的 α 粒子轰击铍(Be)原子核时,发现了一种穿透能力极大的中性射线,当时被误认为是由光子组成的 γ 射线。1932 年,查德威克对这一现象进行了仔细的分析研究后指出,这种射线粒子不是光子,而是一种质量与质子相近的不带电的中性粒子,称为中子。后来许多实验也确凿无疑地证实了中子的存在,中子是另一个被发现的"基本"粒子。中子的发现具有划时代的意义,是原子核物理发展史上的里程碑。它的发现不仅使人们对原子核结构有了更深入

的了解,而且由于中子不带电,用它作为"炮弹"去轰击其他原子核时,不受静电作用,使它有更多的机会和靶核发生碰撞。中子"炮弹"的利用为原子核物理的研究开辟了崭新的途径,也为后来核能的利用打下了基础。中子的质量为 $m_n = 1.008\ 664\ 904\ \text{u}$。

中子的出现随即受到所有核物理学家的欢迎。海森伯和伊凡宁柯立即创立了原子核的质子-中子结构学说。海森伯还指出,质子和中子不过是同一粒子的两种状态,它们质量上的微小差异是由电性质的不同而引起的。因此把它们统称为核子。根据原子核的质子-中子结构学说,原子核由质子和中子两种粒子组成,原子核中的质子数等于该种原子的原子序数 Z,原子核中的中子数 N 等于原子核的质量数 A 与原子序数 Z 之差,即 $N = A - Z$,原子核中的总核子数等于其质量数 A。近年来的研究表明,质子和中子分别由三种不同的夸克组成,这些我们将在下节中详细讨论。

10.3.2　一种新的相互作用力——核力

1. 原子核的结合能

原子核既然由核子组成,则它的质量应等于全部核子的质量之和。但是所有实验测定都表明,原子核 ${}_{Z}^{A}\text{X}$ 的质量 m_x 总是小于组成它的质子质量 m_p 和中子质量 m_n 之和,其差额记为 Δm,于是

$$\Delta m = Zm_p + (A - Z)m_n - m_x \tag{10-10}$$

这称为原子核的质量亏损。原子核亏损的质量到哪里去了呢? 经研究发现,当质子和中子结合成原子核时,将有一定的能量 ΔE 释放出来。根据爱因斯坦质能关系,与释放能量 ΔE 相联系的质量为

$$\Delta m = \frac{\Delta E}{c^2} \tag{10-11}$$

实验指出,质子和中子结合成原子核时的质量亏损数值和由释放的能量计算出的质量减少是完全符合的。所以所谓质量亏损是由于在中子和质子结合成原子核过程中释放的能量带走了相应的质量,把释放的光子(能量)考虑进去,质量仍然是守恒的。和质量亏损 Δm 相联系的辐射能量 ΔE 称为原子核的结合能。如果要把原子核再分解为单个的质子和中子就必须给予和结合能等值的能量。原子核的结合能的数值是非常巨大的。

由于一般数据表中给出的都不是原子核的质量 m_x,而是相应的原子质量 m';又由于电子结合能对计算结果影响很小,可略去。于是式(10-10)可改写成

$$\Delta m = Zm'_H + (A - Z)m_n - m_x \tag{10-12}$$

原子核结合能也代表要把该原子核拆散时所需做的最小功的数值。科学家还引

入核子的平均结合能(也称为比结合能),即

$$\frac{\Delta E}{A}=\frac{\Delta mc^2}{A}\qquad\qquad(10-13)$$

它表示若把一个核子放到原子里,平均释放的能量,或把一个核子从原子核里取出,则需供给的能量。比结合能越大,从核中拉出一个核子所需做的功就越大,原子核就越稳定,因而,比结合能可代表原子核的稳定程度。图 10-6 表示的是比结合能随质量数的变化曲线。从图中可看出:轻核和重核的比结合能都小于中等质量原子核的比结合能,这一事实是核能得以利用的基础。不难看出,在使两个很轻的原子核聚集变成为一个稍重的原子核或使一个重原子核分裂变为两个中等质量原子核的过程中,由于比结合能增大,都将释放出巨大的能量。通常把前者称为核聚变,相应的能量称为核聚变能;后者称为核裂变,相应的能量称为核裂变能,两者皆属核能。

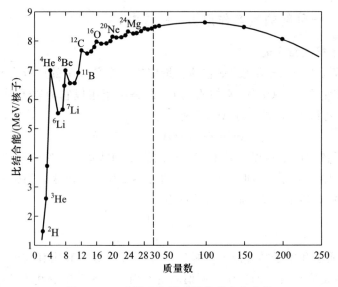

图 10-6　比结合能随质量数的变化曲线

例 1　已知氘核($A=2,Z=1$)相应的原子质量为 $m'_x=2.014\ 102\ \text{u}$,试计算氘核的结合能和比结合能。已知氢原子的质量 $m'_H=1.007\ 825\ \text{u}$。

解:根据前面给出的数值,氘核的质量亏损为

$$\Delta m=1.007\ 825\ \text{u}+1.008\ 665\ \text{u}-2.014\ 102\ \text{u}=0.002\ 388\ \text{u}$$

根据爱因斯坦质能关系 $\Delta E=\Delta mc^2$,1 u 的质量相当于

$$\Delta E=\frac{1.660\ 540\ 2\times10^{-27}\times(2.997\ 924\ 6\times10^8)^2}{1.602\ 176\ 4\times10^{-13}}\ \text{MeV}=931.49\ \text{MeV}$$

的能量。因此,结合能为

$$\Delta E = 0.002\,388 \times 931.49 \text{ MeV} = 2.224 \text{ MeV}$$

比结合能为

$$B = \frac{\Delta E}{A} = \frac{2.224}{2} \text{ MeV} = 1.112 \text{ MeV}$$

2. 一种新型的相互作用力——核力

从结合能的计算已知,由质子和中子组成的原子核的能量比它们各自独立时的总能量要低,这就从能量观点上说明原子核是较为稳定的。但是带正电的质子之间有很大的斥力,中子又不带电,使质子和中子聚集在 10^{-14} m 的范围内的力不可能是电磁力,更不可能是万有引力,因为引力比电磁力小得多,电磁力大约是万有引力的 10^{39} 倍。那么是一种什么力使质子与质子、质子与中子、中子与中子紧紧地束缚在一起呢?既然这种力不可能是人们所熟悉的万有引力和电磁力,那么我们推断必然存在第三种基本力。

这第三种力必须保证当质子之间相距约为 10^{-15} m 的距离时能使它们相互吸引,这种吸引力必须足够大,以克服两个质子之间巨大的排斥力。这种力还必须能使中子之间及中子和质子相互吸引在一起,若不然中子将脱离原子核。另外这种力又不能延伸得很远,即它不能延伸到两个原子核之间的距离,否则该力将把所有的原子核聚集在一起。这种力称为强力或叫强相互作用,因为这是核子之间的相互作用力,故也叫核力。当然这也是一种粘合力。

我们把能将物体绑在一起的三种粘合力的作用范围区分一下。在原子内部,强力把核子聚在原子核内;在原子、分子中,电磁力把电子束缚在原子内,把原子束缚在分子内,聚集成液体、固体;在天文学的领域,万有引力将行星、星云、太阳系和各天体系统聚在一起,并通过聚在一起的天体来决定宇宙的组成。

现在认识到的强力有如下特点:

(1) 这种作用力非常强,且主要是吸引力,在吸引力范围内核力约比静电库仑力大 100 倍。

(2) 强力是短程力,只有两个核子间距离为原子核的尺度时,才有相互作用。当距离大于 0.8 fm 时,表现为吸引力,且随距离增大而减小;到 10 fm 时,核力几乎减小到零。而当距离小于 0.8 fm 时,表现为斥力,以阻止核子互相融合在一起。

(3) 强力有饱和性。实验指出核子结合成原子核时的结合能近似与总的核子数 A 成正比,且每个核子的平均结合能为常数,这就是核力的饱和性。这种饱和性使原子核的密度近似为常数,近似计算原子核的密度为 $\rho = 2 \times 10^{17}$ kg/m³。

可见,$1\ cm^3$ 的核物质的质量将达 2 亿吨。

10.4　原子核的放射性

10.4.1　放射性的发现

物质的放射性是法国的物理学家贝克勒尔首先发现的。

1896 年的一天,贝克勒尔用一张黑纸包好一张感光底片,在底片上放置两小块铀盐和钾盐的混合物,他本来是要研究其在太阳光照射下是否会放射出一些类似于 X 射线的射线。恰逢一连数日阴云密布,不见阳光,他只好放入抽屉内。待天晴后着手去做实验时,发现被黑纸包着的底片已经明显地感光了。经过研究之后,贝克勒尔得出结论:含铀的物质不需要太阳光的作用,就能不断地、自发地放射出某种看不见的、穿透能力相当强的射线,这些射线透过黑纸使底片感了光。贝克勒尔进一步研究发现,所有铀的化合物,都自发地发出这种射线。于是,贝克勒尔首先发现了一种天然放射性的物质——铀。贝克勒尔对放射性的发现具有重大的意义,它是通向原子核研究的第一步。

贝克勒尔的发现引起了许多物理学家的兴趣。居里夫人很快投入了这一研究。经过反复的实验,她发现铀化合物的辐射强度正比于化合物中铀的含量,而与化合物中其他元素无关。这表明,贝克勒尔所发现的放射性是仅与铀元素有关的一种性质。她还系统地检验了所有当时已知的化学元素,发现金属钍也有这种放射性。她把铀和钍称为放射性元素。

居里夫人还检查了矿物中的样品,结果发现某一种矿物中发射出的放射性比其中的铀和钍的含量所预计的应有强度大得多。经过居里夫妇艰苦的工作,终于从矿物中分离出一点灰色的斑块,它是一种化学性质和铋非常相似但能放出比铀强许多倍射线的新元素,居里夫妇把这种新元素取名为钋。居里夫妇又花费了将近 4 年的时间,从 8 吨沥青铀矿渣中提炼了 1/10 克的新的放射性金属物质,其放射强度为铀的 200 多万倍,这种新元素被取名为镭。镭的发现,使物理学家们感到震惊,很快在全世界形成了放射性研究的热潮,正如彭加勒所说的那样,当"伟大的革命家镭"登上科学舞台时,从根本上震撼了经典物理。

居里夫人(1867—1934)

　　由于镭的发现,居里夫妇会在一夜之间变成百万富翁。居里夫妇是具有高尚情操的杰出人物,他们没有想从中获取分文之利。居里夫人写道:"我们一起商定,拒绝由于我们的发明所带来的一切物质利益;我们决定不要求专利权,对于自己的研究成果,包括提取镭的技术,我们都详尽地、毫无保留地公布于世。"

　　由于他们在放射性研究中的卓越贡献,1903 年,贝克勒尔和居里夫妇,共同获得了诺贝尔物理学奖。

　　居里夫人是位曾两度获得诺贝尔奖的科学家,1911 年,她因化学方面的卓越贡献而获得诺贝尔化学奖。

　　由于铀和镭的放射性的发现,激励了许多科学家陆续发现了很多元素的放射性。一类具有确定质子数和核子数的原子称为一种核素。具有相同质子数和核子数的原子是相同的核素,具有不同质子数或核子数的原子都是不同的核素。质子数相同的不同核素(它们的核子数不同)在周期表中处于同一位置上,称为同位素。由于很多元素都具有同位素,所以虽然在周期表中只有 100 多种元素,但自然界中发现的天然存在的核素却共约有 332 种之多,其中约 270 种是稳定核,62 种具有放射性。除了天然存在的核素外,现在通过人工方法又制成了 1 600 多种核素,这些核素都是具有放射性的。

10.4.2　α、β 和 γ 放射性衰变

　　实验表明,各种放射性元素所放出的射线中包括α、β 和 γ 三种射线。其中 α 射线(也称 α 粒子)是带两个正电荷的氦核;β 射线是带负电荷的电子流;γ 射线是电中性的电磁辐射,但与可见光及 X 射线比较,其电磁波的波长更短。根据它们在磁场中的不同运动轨迹可以区分这三种射线。如图 10 - 7 所示,磁场方向垂直纸面向内,R 为放在铅室 P 内的放射源,带正电的氦核向左偏,由于质量大而偏转小;带负电的电子流(β 射线)向右偏,由于质量小而偏转大;电中性的 γ 射线不发生偏转。放射性元素放射出这三种射线的过程,又分别称为 α 衰变、β 衰变和 γ 衰变。在具有放射性的元素中,有的可放出 α 射线,有的能放出 β 射线,而 γ 射线一般是伴随 α 和 β 射线的发射而放出。

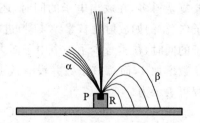

图 10 - 7　三种射线在磁场中的运动

　　进一步研究表明,这些射线是由自然核中产生的,产生这些射线的过程称为放射性衰变过程。在 α 射线衰变中,放射性的核喷发出一些称为 α 粒子的物质,α 粒子是由两个质子和两个中子被强大的核力束缚在一起组成的,这个 α 粒子就是氦核,即 $^4_2$He。当 α 粒子被射入空气中时,与空气分子发生碰撞,将会很快

慢下来,它可以俘获附近的两个电子与之结合成一个普通的氦原子。

在 β 衰变中,放射性的核喷发出一些电子,为了描述这种放射过程,我们称这些电子为 β 粒子。这些电子飞入空中,与空气分子发生碰撞,也将慢下来,被附近的一些离子抓住变为普通的轨道电子而结合成原子。

具有天然放射性的一些核被称为不稳定的核,这是因为这些核不能很好地聚在一起,而导致最终自然分裂。另外,在一些稳定的核中,核力的平衡能把核子永远束缚在一起,直至外界的作用将之分开。

大多数放射性同位素是通过以上两种过程进行放射性衰变的。例如,最早发现具有放射性的铀和镭放射出的是 α 粒子,而 $^{14}_{6}C$ 是 α 粒子的发出者。因 α 和 β 衰变过程强烈地扰乱了核,因而使核发出电磁辐射,所以 α 和 β 每一种衰变都伴随着 γ 射线的发出。尽管 α 和 β 射线也常被称为辐射(因为它们由核向外部辐射),但它们并不是电磁辐射,它们是由物质微粒组成的一束细流。而 γ 射线确是一种电磁辐射。

在放射性衰变过程中,原子核自身也同时转变为不同元素的同位素。例如镭是我们最早认识的发出 α 射线的元素之一。放射性核素为 $^{226}_{88}Ra$,含有 226 个核子,其中有 88 个质子,138 个中子,放出 α 粒子后,剩下 86 个质子,136 个中子,这就是核素 $^{222}_{86}Rn$(氡)的核,衰变过程可表示为

$$^{226}_{88}Ra \rightarrow {}^{222}_{86}Rn + {}^{4}_{2}He(\alpha) \qquad (10-14)$$

α 放射性衰变的一般表达式为

$$^{A}_{Z}X \rightarrow {}^{A-4}_{2-2}Y + {}^{4}_{2}He(\alpha) \qquad (10-15)$$

对于 β 放射性衰变,是会令人感到惊讶的,因为核中并无电子,怎么会放射出电子呢? 电子是带一个单位负电荷的粒子,其质量只有质子质量的 1/1 836。在 β 衰变中,一个中子放出一个电子后变为一个质子,这话说来很简单,实际的情况要复杂得多,在放出电子的同时,还放出一个更轻的不带电的粒子,叫做反中微子($\bar{\nu}$)。例如放射性核素 $^{14}_{6}C$(碳)进行 β 衰变时,在放出一个电子和一个反中微子的同时,核本身少了一个中子而多了一个质子。由于质子多了一个,所以原子序数增加 1,而总核子数并没有改变,这就是核素 $^{14}_{7}N$(氮)的核,$^{14}_{6}C$ 的 β 衰变过程可表示为

$$^{14}_{6}C \rightarrow {}^{14}_{7}N + e^{-} + \bar{\nu} \qquad (10-16)$$

而 β 衰变过程的一般表达式为

$$^{A}_{Z}X \rightarrow {}^{A}_{Z+1}Y + e^{-} + \bar{\nu} \qquad (10-17)$$

应该指出,衰变除了大家熟知的上述形式外,还有另外两种形式。一种形式是放射性核素放射出一个正电子 e^{+} 和一个中微子,为了区别起见,放出负电子的记为 β^{-} 衰变,放出正电子的记为 β^{+} 衰变,β^{+} 衰变是一个质子放出一个正电子变为

中子,同时放出一个中微子。由于质子数少了一个,所以原子序数减少 1,而总核子数不变。如核素 $_7^{13}\text{N}$(氮)的 β^+ 衰变过程可表示为

$$_7^{13}\text{N} \rightarrow {}_6^{13}\text{C} + e^+ + \nu \tag{10-18}$$

它变成了核素 $_6^{13}\text{C}$(碳)的核。β^+ 衰变过程的一般表达式可表示为

$$_Z^A\text{X} \rightarrow {}_{Z-1}^A\text{Y} + e^+ + \nu \tag{10-19}$$

β 衰变的另一种形式是母核俘获核外某个轨道上运动的一个电子所发生的衰变,这过程也同时放出一个中微子。由于母核俘获一个电子,而少了一个质子,增加了一个中子,原子序数减少 1,总核子数不变。例如核素 $_{23}^{47}\text{V}$(钒)经过该衰变后变为 $_{22}^{47}\text{Ti}$(钛)的核,其衰变过程可表示为

$$_{23}^{47}\text{V} + e_k^- \rightarrow {}_{22}^{47}\text{Ti} + \nu \tag{10-20}$$

式中 e_k^- 表示 $_{23}^{47}\text{V}$ 俘获的是核外 K 层电子。该衰变过程的一般表达式可表示为

$$_Z^A\text{X} + e^- \rightarrow {}_{Z-1}^A\text{Y} + \nu \tag{10-21}$$

在原子核进行 α、β 放射性衰变后,通常处于激发能态,在它们跃迁到较低能态的过程中便放出光子。由于核能级间隔较大,所以跃迁中发出的光子的能量较大,将这种光子称为 γ 射线,其过程称为 γ 衰变,所以 γ 衰变总是伴随着 α 衰变与 β 衰变。当核从能量较高的 E_m 能级跃迁到能量较低的 E_n 能级时它将发射一个频率为

$$\nu = \frac{E_m - E_n}{h} \tag{10-22}$$

的 γ 射线光子。这和在玻尔原子假设中原子系统由高能级跃迁到低能级时发射光子的情况完全类似,γ 射线光子和 X 射线光子以及其他光子在本质上是相同的。不过 γ 射线光子通常是指由核发射的光子,而原子内电子跃迁发射的光子,当波长在 X 射线光子的波长范围内时,称为 X 线光子。

由于 γ 射线的产生只涉及原子核各能级间的跃迁,所以原子核的质量及电荷等都不发生改变。

例 1　核素 $_{84}^{210}\text{Po}$(钋)是常用的 α 衰变的放射源,试写出它的衰变表达式。

解:核素 $_{84}^{210}\text{Po}$ 进行 α 衰变后,质子少了两个,原子序数变成了 82,查周期表,这是铅(Pb)元素,总核子数少了 4 个,所以衰变表达式为

$$_{84}^{210}\text{Po} \rightarrow {}_{82}^{206}\text{Pb} + {}_2^4\text{He}$$

10.4.3　核子结构

至今为止,在一些实验中曾用能量非常高的粒子束探测电子,这些粒子曾接近到离电子中心 10^{-18} m 以内,也未发现电子有任何内部结构,看来电子似乎无什么内部结构而言。与此相反,实验表明核子是有内部结构的。类似于 α 粒子

轰击原子的实验一样,科学家们用高能电子去轰击质子,发现质子内部包含有一些半径很小的散射中心(硬心),与原子不同,质子中的散射中心不止一个,质子中的电荷不是均匀分布的,电荷集中在这些硬心处,其半径约为 0.7 fm。中子虽然整体是电中性的,但根据对中子的实验表明,其内部仍有电荷分布,大体上内部和外部带正电,中间部分带负电,分布半径约 0.8 fm。这些充分说明核子是有结构的。

1964 年美国物理学家盖尔曼和茨瓦格同时提出了强子(泛指能产生强相互作用的粒子)结构的夸克模型,认为所有的强子都是由夸克、反夸克和胶子组成的。几乎同时,中国一些科学家也提出了强子是由层子组成的模型。这两种模型中都认为核子是由三个夸克(层子)组成的。

一系列实验支持了夸克模型的正确性。今天科学家们预言的六种夸克已经全部被发现,它们分别是上夸克(u)、下夸克(d)、奇异夸克(s)、粲夸克(c)、底夸克(b)和顶夸克(t),它们是组成强子的基本单元。按夸克模型,质子由两个上夸克和一个下夸克(即 uud)组成,而中子是由一个上夸克和两个下夸克(即 udd)组成。值得注意的是夸克所带的电荷是分数电荷,其中 u 夸克的电荷为 $\frac{2}{3}e$,而 d 夸克的电荷为 $-\frac{1}{3}e$。不过,这里要说明,至今人们还没有将夸克从强子中打出来,即尚未得到自由夸克。到目前为止,绝大多数科学家认为,由于"夸克禁闭"的存在,得到自由夸克似乎是不可能的。

夸克的发现是科学家艰辛工作的结果。1994 年美国费米实验室发现了最后一种夸克——顶夸克,这是由不同国家的几百名科学家经过 8 年的奋斗,利用在地下环形隧道中的长 64 km 的加速器,将质子和反质子流加速到接近光速相碰时产生的。

一个世纪以来,人类在探索和认识微观世界的道路上取得了辉煌的成果,从分子、原子开始,到原子核、强子、夸克及轻子(如电子等),这是一条物质结构链。目前认为未被进一步分割的物质微观结构的基本粒子有夸克、轻子和规范玻色子。随着人们认识的进一步深化,必将取得更加惊人的发现。

10.5　放射性的衰变规律

10.5.1　半衰期

量子理论的特征是微观的个别粒子的运动是不可预测的。对于原子核的放射性衰变,具体点说,例如有一块能发出 α 射线的铀,当然里面含有很多的铀核,对于某个时间,这些铀核不可能一个也不衰变,否则铀就没有放射性了,但这些铀核也不可能在某个时间内同时都衰变。实际情况是,在不同时间内,都有一些铀核在衰变,但具体对某一个铀核,它在何时衰变是完全不可预测的,即不可能确定在某个特定时间内哪个核将衰变或哪个核不衰变。但是,不论 α、β 或 γ 衰变,都具有一个共同的衰变规律。实验发现,任何放射性物质,由于放射性衰变,它们的原子核数量总量按指数规律减少。如果开始时刻($t=0$)的原子核数为 N_0,若到 t 时刻尚未衰变的原子核数为 N,则有

$$N = N_0 e^{-\lambda t} \qquad\qquad (10-23)$$

式中 λ 为与该核素的放射性有关的常数。时间 t 越长,这个数目 N 越小,N 随 t 而减少的曲线如图 10-8 所示。把衰变掉一半原子核所需的时间 $T_{1/2}$,称作该核素的半衰期,则半衰期 $T_{1/2}$ 可由下列式子求得

$$\frac{N_0}{2} = N_0 e^{-\lambda T_{1/2}}$$

$$T_{1/2} = \frac{1}{\lambda}\ln 2 = 0.693\,\frac{1}{\lambda} \qquad (10-24)$$

或 $\qquad\qquad \lambda = 0.693\,\dfrac{1}{T_{1/2}}$

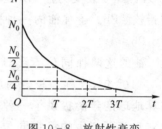

图 10-8　放射性衰变

λ 称为衰变常量,与半衰期成反比。比较具有同样原子核数目 N 的两种放射性核素,半衰期长的,放射性弱(单位时间内的衰变数少),半衰期短的,放射性强。各种放射性核素的半衰期差别很大,表 10-1 给出了一些放射性核素的放射性类型和半衰期。

表 10-1　一些放射性核素的放射性类型和半衰期

放射性核素		放射性类型	半衰期
钍	$^{232}_{90}\text{Th}$	α	1.39×10^{10} 年
铀	$^{234}_{92}\text{U}$	α	2.48×10^{5} 年
镭	$^{226}_{86}\text{Ra}$	α	1620 年
铯	$^{137}_{55}\text{Cs}$	β	26.6 年
碘	$^{131}_{53}\text{I}$	β	8.04 天
铅	$^{214}_{82}\text{Pb}$	β	26.8 分
钋	$^{212}_{84}\text{Po}$	α	3.04×10^{-7} 秒

10.5.2 核衰变时间的估计及其应用

辐射衰变就像是一个核时钟,假定你能知道某种放射性物质有多少已经衰变,你就能从这种物质的放射性衰变曲线中求得衰变的时间。要在普通物质中发现某些放射性核素,就要求这些放射性核素的寿命和地球的年龄差不多,或者在自然界中存在着再生这些放射性核素的机制。否则,它们应该已全部衰变成稳定的核了。例如,自然界中有一种钾的同位素$^{40}_{19}$K,它的半衰期是1.27×10^9年。由于地球的年龄大约是4.5×10^9年,自地球形成以来只过了不多几个半衰期的时间,所以很容易明白,为什么在许多岩石中都能找到一些放射性钾。放射性核衰变后不一定产生出稳定的核,它也可能产生出别的放射性核。比如,铀的衰变就是这样。以$^{238}_{92}$U(铀)为例,经α衰变为$^{234}_{90}$Th(钍),再经β衰变为$^{234}_{91}$Pa(镤),再次经β衰变为铀的同位素$^{234}_{92}$U,再经α衰变为$^{234}_{88}$Th(钍),再经α衰变为$^{226}_{88}$Ra(镭)……最后衰变为稳定的铅核$^{206}_{82}$Pb。还有铀的一种同位素$^{235}_{92}$U,最后衰变为稳定的另一种铅的同位素$^{207}_{82}$Pb。

铀的这两种同位素$^{235}_{92}$U和$^{238}_{92}$U的半衰期都很长,分别为7×10^8年和4.5×10^9年,这称为长寿的放射性原子核。研究长寿的同位素(例如铀)为估算地球的年龄提供了一种方法。把样品中存在着的长寿同位素的数量和由它衰变而产生的稳定同位素的数量相比较,就可以得到较为准确的地球的年龄。若利用含铀的矿石,通常是测定其中$^{206}_{82}$Pb对$^{238}_{92}$U的比率及$^{207}_{82}$Pb对$^{235}_{92}$U的比率,由这两个比率计算并取平均值可以得岩石样品的年龄。由于钍也经常出现在这些岩石样品中,它具有与铀相似的由$^{232}_{90}$Th衰变为$^{208}_{82}$Pb(铅)的序列,因此,可以用测量$^{208}_{82}$Pb对$^{232}_{90}$Th比率的方法来核对前面的两个测量值。

另外还有一种产生放射性核的重要机制。有些放射性物质是由穿透地球大气层的宇宙射线产生的。宇宙射线主要由极高速飞行的质子组成。宇宙射线进入大气中时,这些质子同大气中的原子发生碰撞,就产生出快中子。中子同空气分子中的原子核相碰撞,速度会减慢下来,最后中子的动能和空气分子的动能相近。这样的中子很容易被原子核俘获而形成放射性同位素,宇宙射线所产生的一些重要的同位素及其半衰期列在表10-2中。这些同位素中的$^{14}_6$C(碳)经常用于放射性鉴定法中,用来鉴定有价值的古代文物的年代。生成$^{14}_6$C的反应式为

$$^{14}_7\text{N}+\text{n}\rightarrow{}^{14}_6\text{C}+\text{p} \qquad (10-25)$$

表 10 - 2　宇宙射线所产生的一些同位素

同位素	半衰期	同位素	半衰期
$^{3}_{1}H$	12.3 年	$^{32}_{14}Si$	2.8×10^{2} 年
$^{7}_{4}Be$	53 天	$^{32}_{15}P$	14 天
$^{10}_{4}Be$	1.6×10^{6} 年	$^{33}_{15}P$	25 天
$^{14}_{6}C$	5.73×10^{3} 年	$^{35}_{16}S$	87 天
$^{22}_{11}Na$	2.6 年	$^{36}_{17}Ci$	3×10^{5} 年

碳的放射性同位素很快就形成二氧化碳,二氧化碳在光合作用中被植物所吸收,最后进入所有活的植物和动物体内。任何活的机体中存在的^{14}C的数量几乎是一个常数。在机体死亡之后,不能再吸收新的放射性^{14}C,其数量就开始减少,其半衰期为 5 730 年。因此,残留在机体死亡后结构中的^{14}C的数量就可以用来作为核时钟,它能指示出机体死亡的年代。但这种测量有一个假定,即那个年代和现今宇宙射线的发射情况是不变的,因此才能够用现今活的机体中^{14}C的数量标准作为机体死亡时那个年代的活的机体中的^{14}C的数量。

例如,如果我们发现一点古代的谷物,考古学家测定其中残留的^{14}C的数量,就可能推算出这些谷物是何年代收割的。由于^{14}C的半衰期为 5 730 年,所以这种方法不能测量太早的时代。对于很早的物品,由于其中残留的^{14}C太少,以致无法测定出来。这种原子核年代鉴定法为过去数万年内出现的事件提供了一种最重要的鉴定技术,误差不超过几百年。比如用这种方法鉴定出居住在北美洲的最早人类大约出现在 12 000 年以前;最后一次冰川从大湖地区退却大约发生在 80 000 年以前。

我国是一个具有悠久历史的国家,地下埋藏了许多几千年前的古代文物,大量文物的出土,重要的是确定这些古物的年代。例如,1972 年在长沙发掘出来的马王堆一号墓,对墓内不同物品,通过^{14}C含量的鉴定,分别得出应为公元前145 年到 165 年之间,相差仅 20 年,考虑到误差因素很多,相差 30 年内应认为是正常的。最后再查证有联系的文字记载,确定该墓下葬年代在公元前 168 年(汉文帝 12 年)前后。

对于比数万年更早的年代鉴定,一般应采用上面介绍的用铀的同位素(结合钍的同位素)的年代鉴定法。这些方法的配合使用,给研究从地球生成一直到人类不同时期的发展情况提供了很好的一种方法。这些研究结果可以帮助我们了解地球和人类的过去。表 10 - 3 给出了与我们人类相关的一些事件的大约时期。

表 10 - 3　与人类相关的一些事件的大约时期

事件		距现在的大约年代
地球的产生		46 亿年
生命的出现	早期的化石(单细胞生命的出现)	33 亿年
	脊椎动物的出现	500 百万年
	爬行动物(两栖动物)的出现	300 百万年
	哺乳动物的出现	200 百万年
	灵长类动物的出现	70 百万年
人类的出现	最早的人类	4 百万年
	石器时代	2 百万年
	近代人类	10 万年
人类文明时期	农业的出现	10 000 年
	城市和文字的出现	5 000 年
	科学的出现(哥白尼时代)	500 年
	工业的出现	250 年
	20 世纪	100 年

10.6　探索微观世界的近代技术

本节仅简单介绍探索微观世界的近代技术中的电子显微镜及高能粒子加速器。

10.6.1　电子显微镜

人眼的分辨本领,即用眼睛直接观察物体可分辨物点之间的最小距离约为 0.2 mm,如果两个物点距离比这距离再小一些,看到的就是一个点了,也就分辨不清楚了。要想能分辨出仍是两个点,那就要借助于光学显微镜。从道理上讲,只要显微镜的放大倍数足够大,对于小物体,人们总可以看清楚。例如借助光学显微镜,人可以直接观察到细胞、细菌和其他一些微生物,即可以观察到 0.1 μm 大小的物体。但不管放大倍数有多大,比 0.1 μm 还要小的物体就看不清了,这时再提高放大倍数也就失去意义了。这是因为由于光的衍射现象的存在,利用点光源所发出的光(或物点反射的光)进入显微镜时,其成的像不是一个完全清晰的点,而是有一定大小的斑,这就限制了光学显微镜的分辨本领。光波的衍射理论得出,光学仪器的分辨本领与观察所使用的波长成反比。光学显微镜所用的是可见光,其波长范围为 $0.40\sim0.76\ \mu\mathrm{m}$,所能观察清楚的只能是大于 $0.1\ \mu\mathrm{m}$ 的物体。要能观察更小的物体,必须借助于波长更短的波才行。自从发现电子的波动性之后,注意到电子束的德布罗意波的波长比可见光的波长要短得多,这就给提高显微镜的分辨本领开辟了光明的前景。随着生产和科学技术的发展,人们对微观世界的探索要求越来越迫切,于是推动科学家发明了电子显微镜。1931 年,25 岁的德国柏林大学鲁斯卡博士发明了世界上第一台透射式电子显微镜。电子显微镜的发明开创了物质微观世界研究的新纪元。因电子显微镜的发明,鲁斯卡获得 1986 年诺贝尔物理学奖。

根据德布罗意假设,一个微观粒子的德布罗意波的波长 λ 与它的动量之间的关系为

$$\lambda = \frac{h}{mv} \tag{10-26}$$

式中 h 为普朗克常量,由于在通常情况下电子的速度远小于光速,故其中的 m 可取作电子的静止质量 m_0。在电子显微镜中,通过提高电子的加速电压 U 来提高电子的速度,从而缩短电子的德布罗意波(也称电子波)的波长。当所加的加速电压为 U 时,可得电子波的波长 λ 为

$$\lambda = \frac{h}{\sqrt{2em_0U}} \tag{10-27}$$

但是当 $U > 10^5$ V 时,电子的速度接近光速,就必须根据相对论效应来计算电子波的波长,应用的计算公式为

$$\lambda = \frac{h}{\sqrt{2em_0U\left(1+\dfrac{eU}{2m_0c^2}\right)}} \tag{10-28}$$

表 10-4 中给出了常用的加速电压与相应的电子波的波长。

表 10-4　常用加速电压与相应的电子波波长

加速电压/kV	60	80	100	200	500	1 000
电子波波长/nm	0.004 86	0.004 17	0.003 70	0.002 50	0.001 42	0.000 87

由上表可以看出,当加速电压为 10^5 V 时,电子波的波长为 3.7×10^{-3} nm,要比可见光小 5 个数量级还多。在一般的电子显微镜(俗称电镜)中,从电子枪出来的电子束正是得到了 10^5 V 以上的电压的加速,这时电子波的波长已经比原子的半径(0.1~0.2 nm)还小得多,因此可用这种高能电子作为探针来探测样品中原子的分布情况。目前电子显微镜在材料科学、医学和生物学等领域得到了广泛的应用。

我国在 1958 年自行设计和制造了第一台分辨率为 10 nm,放大倍数为 2 万~3 万倍的电子显微镜,填补了我国在这方面的空白。1977 年,我国成功地制成了分辨率为 0.14 nm,放大倍数为 80 万倍的大型电子显微镜,使我国电子显微镜技术进入了世界先进行列。

为了便于说明电子显微镜的成像原理,在图 10-9 中画出了电子显微镜与光学显微镜相对照的原理示意图。大家熟知的光学显微镜是利用光源发出的光经过不均匀介质时的折射现象,使从一点向各方向发出的光束,通过由玻璃制成的透镜组重新会聚到一点上,达到成像和放大的目的。电子显微镜也采用了类似的原理,电子通过电场及磁场时都要发生偏转,可以由轴对称的分布不均匀的电场和磁场组成静电透镜和磁透镜,使电子在这样的电磁场中的运动服从几何光学的规律。这样使电子波折射后重新聚集成像并达到放大的目的。

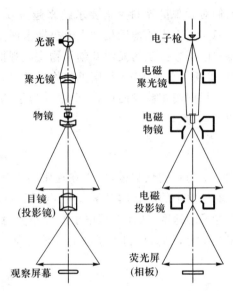

图 10-9　光学显微镜和电子显微镜成像比较

静电透镜由阴极、栅极和阳极组成,其主要作用是发射电子并形成细的电子束。在阳极上加有高达数万伏的电压(加速电压),同时在栅极上加一比阴极负几千伏的电压,这样便形成了一个静电透镜,灯丝上通以电流以间接使阴极加热到高温,使阴极发射出大量的电子。阴极射出的电子被阳极强电场加速飞向阳极,在运动过程中同时又受到栅极负电场的排斥作用,二者共同作用的结果便在阳极中间的出孔处会聚成一束很细的电子束,所以静电透镜相当于光学显微镜中光源的作用。

磁透镜由大的电磁线圈组成,其作用类似于光学显微镜中的物镜和目镜。利用导体构成一定型的磁路,以使在极靴腔内形成钟罩状的磁场,当电子束通过时,由于磁场的作用使电子发生聚焦。电子显微镜利用这种磁透镜的聚焦作用使物体成像和放大。

和光学显微镜形成的放大的虚像不同,电子显微镜形成实像。由于人眼不能直接看到电子,所以必须把放大成像的电子束转换成可见光后才能进行观察。通常是用放大成像的电子束轰击感光板或荧光屏将放大了的物体显示出来。

10.6.2　高能粒子加速器

天然放射性中释放出来的 α,β 射线虽然有不少的应用,但强度太小,能量范围有限,又不能调节,用来做核反应实验进而探测物质的更深层次的结构是不够的。能量这样低(如 α 粒子的能量为 $4\sim8$ MeV)的带电粒子甚至不能克服原子核对它的库仑斥力而进入到原子核的内部去。因此要想用一些粒子做核反应实验,必须设法把粒子的速度(确切地说是能量)加大到一定数值才行。能利用人为的方法加速带电粒子束达到高能量的装置,叫做高能粒子加速器或简称加速器。当然,确切地说是加能器。

通常可利用电场对电子、质子、离子等带电粒子进行加速,作为最简单的原理,设带电粒子所带电荷量为 q,质量为 m,若将高电压 U 加在加速装置的两个极板间,则带电粒子从一个极板处到另一个极板处被加速,即可获得相当于大小为 qU 的动能,若带电粒子初速为零,则最终的动能为 $E_k=\dfrac{1}{2}mv^2=qU$。若初速为 v_1,设末速为 v_2,则末动能 $\dfrac{1}{2}mv_2^2=qU+\dfrac{1}{2}mv_1^2$,动能的增量仍为 $\Delta E_k=qU$。利用这种方法首先要具有能获得很高直流电压的装置;另外这种加速装置对带电粒子是一次性加速方式,这种一次性加速使带电粒子获得的能量还较小,远远达不到作核反应所需要的程度。

因此,人们自然想到采用多次加速或说重复加速的方法,这种方法主要是以高频和微波技术的发展作为背景并成为可能。这里应注意到,重复加速采用的是高频交流电压,而上述的一次性加速使用的是高压直流电压。使用交流电压存在一个改变极性的问题,装置的要害问题是要保证带电粒子一直处于被加速状态。这可以有不同的结构设计,我们以图 10-10 所示的驱送管式直线加速器的原理示意图来说明重复加速的原理。这种直线性加速器,加速的主要是质子。沿直线排列着许多柱形金属管(称为漂移管)交替地接到一高频发生器的两电极上。设具有一定速度 v 的一个质子,从左方进入第一个管子,因为管内没有电场,质子保持匀速前进,当这质子穿出第一个管子时,由于第一个管子极性为正,第二个管子极性为负,对带正电的质子是加速电场,质子得到加速,以较高速度进入第二个管子。同样在第二个管子内匀速前进。当它穿出第二个管子时,图上各管极性刚好已全部反转,第二个管子极性为正,第三个管子极性为负,质子再一次得到加速,设计好管子的长度和各管间的距离,使得每前进一个管子所需时间 t 都刚好等于固定的高频电压的半个周期,这样就可以使质子一次又一次的得到加速,加速到进行核反应所需的速度(或能量)。作为这种加速器的初级装置,可先由静电加速器将质子加速到一定速度再进入第一个管子。

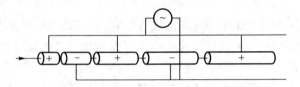

图 10-10 驱送管式直线加速器示意图

还有一种加速电子的直线加速器叫做"波导式电子直线加速器",它更重要,其原理和上面加速质子的"驱送管式直线加速器"不同,原因在于电子速度很快就能接近光速。1 MeV 的电子有 $0.94c$ 的速度,10 MeV 的电子的速度已达 $0.999c$。利用这种特性可将电子在微波的波导管中加速。例如美国斯坦福大学有一个大的电子直线加速器,全长 3.2 km,能产生 20 GeV 能量的电子。电子分三级加速,先被加速到 80 keV,再加速到 30 MeV,然后进入主加速器,一直加速到 20 GeV。

直线加速器在最初试用时,由于受当时高频技术水平的限制,高频发生器得到的频率满足不了加速器的需要。要获得更高的能量就需用很长的电极筒,1930 年劳伦斯想出一种回旋加速的方式,并取得成功,即把带电粒子放在磁场中,使它一面作圆周运动,一面进行重复加速。在磁感应强度为 B 的磁场中,质量为 m、电荷为 e 的粒子以某一速度 v 在垂直于磁场的平面内作半径为 R 的圆周运动时,受到洛伦兹力的大小为 evB,则有

$$evB = \frac{mv^2}{R} \qquad (10-29)$$

粒子转动的频率为

$$\nu_e = \frac{v}{2\pi R} = \frac{eB}{2\pi m} \qquad (10-30)$$

如果 B 和 m 不变,则粒子的旋转频率是一定的,它与粒子的速度因而与粒子的能量无关。图 10-11 所示为回旋加速器的示意图。在直流电磁铁磁极之间的真空室中,对放两个 D 字形电极,将两电极接频率为 ν_r 的高频振荡器,如果使得 $\nu_e = \nu_r$,则和直线加速器的重复加速情形完全相同。一旦受到加速力的粒子,每当它转过半圈通过 D 形电极间的狭缝时,必定受到加速力的作用,这就是回旋加速器的原理。随着粒子能量(及速度)的增高,粒子的旋转半径

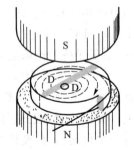

图 10-11 回旋加速器
示意图

$$R=\frac{v}{2\pi\nu_e} \tag{10-31}$$

也相应地增大,因此粒子描绘出螺旋形轨道。最后将粒子用致偏电极 M 引出,从而获得高能粒子束,以便进行实验。使用回旋加速器获得的粒子的能量有一定的限值。当把粒子加速到 20 MeV 左右,这时粒子的速度已接近光速,由于相对论效应,粒子的质量开始显著地增大,因而粒子的旋转频率 ν_e 也不再是定值而开始变小。因此,为了能使粒子每次穿过狭缝时仍能不断得到加速,必须使交变电场的频率随着粒子的加速过程而同步变化,即要相应地降低高频振荡器的频率 ν_r,使它时刻与改变后的旋转频率 ν_e 保持一致。根据这个原理设计的回旋加速器叫做同步回旋加速器。

把式(10-29)可以改写成

$$R=\frac{mv}{eB} \tag{10-32}$$

从式子可以看出,当粒子速度增加(因而 m 也增加)时,可以用增加磁感应强度 B 的办法来保持粒子的轨道半径不变。这样磁极可以做成环形,从而减少原材料和投资,这是同步加速器在技术上的一大改进。加速器的种类很多,有的加速器已能加速粒子的能量达 5 000 亿电子伏特或更高。

10.7 同步辐射的发现和特性

10.7.1 同步辐射的发现

早在 19 世纪末,科学家已经预言,一个具有加速度的带电粒子,不管是作直线运动时具有加速度,还是作圆周运动时具有向心加速度,都会产生电磁辐射。这种预言不仅很快得到了证实,而且很快得到了广泛的应用。在无线电广播和电视广播中,传递声音、图像、信息的电磁波就是从在天线中振荡着的(作振荡运动必定有加速度)电子所辐射出来的。

在上节中我们叙述了为了得到高能量的粒子去探索微观世界,从 20 世纪 30 年代起,科学家们就发明了加速器,这种需要又不断地促进了加速器的发展,加速器的种类也由直线加速器发展到各种环形加速器。但不管是直线形加速器,还是环形加速器,其作用都是对粒子不断加速,即粒子具有加速度,于是各种加速器中的带电粒子一面得到能量,一面不断产生辐射而损失能量。实验证明,带电粒子在环形加速器中辐射的能量要比在直线形加速器中辐射的能量强得多。这样一方面损失了能量,另一方面又使带电粒子所能获得的能量有所限制。

因此早期科学家把这种辐射看做是一件"坏事"。实验还证明,在环形加速器中,带电粒子由于辐射所产生的能量损失率和粒子质量的四次方成反比。因此,一般说来,只有最轻的带电粒子——电子在环形加速器中运动时,对其所产生的辐射能量才值得加以考虑。

在1947年4月16日,美国纽约州的通用电气公司的实验室中,正在调试一台新设计安装的能量为70 MeV的电子同步加速器。以前的加速器的真空室都是密封不透光的,这台加速器与其他加速器的不同之处在于,为了在加速器的工作过程中可以方便地观察到真空室内的装置(如电极)情况,将真空室作成了透光的,这一改进却导致了一个重大的发现。就在某一天的调试中,一位技工偶然从反射镜中看到了在水泥防护墙内的加速器里有强烈的"蓝白色的弧光"。经过认真研究,证实这种弧光不是气体放电,而是在加速器中加速运动的电子所产生的电磁辐射,这被称为"同步辐射"。实验还指出,这种辐射光的颜色随加速电子的能量的变化而变化,能量越低,辐射光的波长越长,频率越低。看到的蓝色辐射光是相应于70 MeV的情况;当电子能量降到40 MeV时,光的颜色变为黄色;降到30 MeV时,变为红色,且光强变得很弱;降到20 MeV时,就看不见光了。

同步辐射的发现在当时轰动了科学界,许多科学家立即着手研究这种辐射的性质。但在当时,由于对这种辐射的应用价值认识不足,而这种辐射又阻碍了加速粒子能量的进一步提高,所以总的说来,这种辐射是使科学家们感到头痛的事。直到这种同步辐射发现后约20年之久,科学家们才逐步认识到它所具有的重要的应用价值。

1946年秋,中国的一位年青学者朱洪元(1917—1992)在英国曼彻斯特大学攻读博士学位。他的导师是因在核物理和宇宙射线研究方面的卓越贡献而获得1948年诺贝尔物理学奖的布莱克特(1897—1974)。布莱克特当时考虑着一个问题:宇宙射线中的高能电子在未到达地球大气层之前,便已经在地球磁场中运动而产生辐射,放出高能光子。这些光子进入地球的大气层后,都可能通过和空气原子碰撞而转化成一个正负电子对。这些负电子和正电子在飞行中,又会和原子相碰撞产生新的光子。这样连续不断发展下去,接连产生的光子和正负电子对落到地球表面上时,是不是有可能扩展成一个大的范围,或说是否将会形成一个广延大气簇射,他把这个问题交给了朱洪元。

经过两个月的研究,朱洪元解决了这个问题。他的研究结果是不可能有广延大气簇射发生。他的理论研究指出:电子在地球磁场中运动时,虽然由辐射产生出大量光子,但这些光子基本上都集中在沿电子运动的切线方向上,集中在小的角度里,而且电子能量越高,就越集中,即这种辐射具有非常好的方向性。所以,在地球表面不可能出现一个大范围的光子、正负电子对区域,即不会观察到广延大气簇射。这结果虽然出乎他的导师布莱克特的意料,但他的理论是很经得起推敲的。1947 年由朱洪元所撰写的论文《论高速的带电粒子在磁场中的辐射》在他的导师的推荐下,送到英国皇家学会会刊上发表了。这篇论文是同步辐射早期研究的一篇重要的基础文章。就在他的论文刊出前,如前所述,发现了同步辐射,并观察到了辐射的前向集束性,这也可以看做是朱洪元研究出的理论的实验验证。

10.7.2　同步辐射的特性

上面已述,在发现同步辐射的初期,因为这种辐射阻碍了加速器中加速粒子能量的进一步提高,所以同步辐射的存在是使科学家们感到颇为头痛的事。随着对同步辐射重要的应用价值的认识,开始把加速器也兼作电磁辐射源,即已开始将同步辐射作为环形加速器的附带用途。接着,随着基于同步辐射的研究的重要性的提高,出现了专门用于产生同步辐射的加速器。例如,中国科技大学有一台能量为 800 MeV 的专门用于产生同步辐射的加速器。现今世界上正在运行或建造中的同步辐射加速器有 20 多台。同步辐射的研究之所以会越来越重要,这和它的特性是分不开的。我们将其主要特性分述如下:

(1) 辐射光的波长覆盖面大,且连续可调。一般同步辐射的光子能量范围从几个电子伏到几十万电子伏,相应的波长为几微米(10^{-6} m)到几百皮米(10^{-12} m),即从可见光到紫外线和 X 射线。可根据需要选择波长(或说选择频率),对研究工作提供了极大的方便。

例如,北京的中科院高能物理研究所的一台电子能量为 22×10^{10} eV 的正负电子对撞机,主要用于高能物理实验,对撞机的一部分是北京同步辐射装置,一机两用。辐射的光子能量为 $3 \sim 20$ MeV,相应的光子波长约为 $4 \times 10^3 \sim 6 \times 10^{-2}$ nm,即从远红外到硬 X 射线范围,而且不同波长,亮度不同。

(2) 有强的辐射功率。目前的大功率的 X 射线管所输出的 X 射线的最大输出功率约 10 W。而同步辐射的输出功率可高达几万瓦,可见同步辐射的辐射功率要强得多。例如,我国北京同步辐射装置的辐射功率达 6 万瓦。

(3) 有很好的准直性。X 射线管所产生的 X 射线是各向同性的,即向四面八方发射,没有什么准直性。由于同步辐射光是沿着电子运动轨道的切线方向发射出来的,且在与轨道平面相垂直方向上所张的角度很小,所以有很好的准直性。

(4) 具有很高的亮度。由于同步辐射光的功率很强,且又有很好的准直性,即在一个很小的立体角内发射出来,能量高度集中,所以必然有很高的亮度。光亮度定义为每秒钟从单位面积(取二次方毫米),向单位立体角(取二次方毫弧度)内所发射的能量范围在光子能量的千分之一范围(即取 0.1% 带宽)内的光子数目。北京同步辐射装置所发光的最高亮度为 10^{13} 个亮度单位。目前有的最高已达 $10^{17} \sim 10^{18}$ 亮度单位。

(5)"光谱纯"的光。同步光是非常"纯"的光,通常也称为"干净"的光。因为同步辐射光是由电子在超高真空的环境中产生的,管内没有什么残余气体,这是与 X 射线管所不同的。利用这种"干净"的辐射光,可作微量元素的分析、表面物理研究、超大规模集成电路的光刻等。

(6)偏振光。同步辐射光是完全的(百分之百的)线偏振光,光的电矢量就在电子的轨道平面内。这种偏振特性很有用,利用它可研究生物分子的旋光性,也可研究磁性材料。

另外同步辐射光作为脉冲光源,有特定的时间结构,这种辐射还有高度稳定性等。同步辐射光源有如此多的优良特性,使得它在许多领域得到越来越多的重要应用。

10.8 裂变与聚变——原子能及其和平利用

正如 10.3.2 节所述,重核的裂变和轻核的聚变是取得原子能最常见的两条途径。此外,在原子核的衰变和碎裂等过程中,也可释放原子能。原子能的开发及其和平利用十分重要,可以说人类已从由以薪炭为主向以化石能源为主转化的第一次能源革命,进入了由以化石能源为主向以核能为主转化的第二次能源革命。

10.8.1 核裂变与裂变能——电能的源泉

1. 裂变能的释放

核裂变能是目前人类利用核能量最为广泛和有效的方法。核裂变有两种模式,一种是由重原子核,如 ^{235}U 核自发地碎裂成两块碎片,并释放出约两亿电子伏特的能量,这种裂变模式称为自发裂变。显然,自发裂变释放的原子能利用率不高。另一种裂变模式是在一个中子作用下而引发的核裂变,同时释放出 2 或 3 个中子,一般地其裂变过程可表示为

$$^{1}_{0}n + ^{235}_{92}U \rightarrow 两块质量差不多的碎片 + 2 或 3 个中子 + 200\ MeV$$

如

$$^{1}_{0}n + ^{235}_{92}U \rightarrow ^{141}_{56}Ba + ^{92}_{36}Kr + 3^{1}_{0}n \tag{10-33a}$$

$$^{1}_{0}n + ^{235}_{92}U \rightarrow ^{140}_{54}Xa + ^{94}_{38}Sr + 2^{1}_{0}n \tag{10-33b}$$

这表明,同一裂变核的裂变产物并不唯一。一般地 ^{233}U、^{235}U、^{239}Pu 等都可直接

作为裂变核。另外 ^{232}Tu、^{238}U 等虽然是不能直接发生裂变的核,但它们在吸收中子后可变为 ^{233}U 或 ^{239}Pu 等裂变核,故它们也可作为核燃料。

显然,利用中子激发所引起的核裂变,在释放出能量的同时会释放出 2～3 个中子,这些新释放的中子会进一步引起新的裂变,如此不断,就会释放出大量的原子能。原子弹的原理就是利用这种不断增殖的链式反应而引起强烈的核爆炸。原子弹利用化学炸药使处于次临界状态的裂变装料(主要常用 ^{235}U 或 ^{239}Pu 等)瞬间达到超临界状态,并适时用中子源提供若干中子,触发链式反应。达到超临界状态的方法有枪法和内爆法两种,与枪法相比,内爆法可少用裂变装料,是较好的引爆方法。美国在 1946 年 7 月 16 日所进行的核试验就是一颗内爆钚弹。我国一开始即采用比较先进的内爆型,裂变装料是 ^{235}U,于 1964 年 10 月 16 日试爆成功。

然而我们要让原子能造福人类,实现其和平利用,就必须对这种链式反应加以控制。

2. 自持链式裂变反应

简单地讲,自持链式裂变反应就是一旦开始核裂变后能自动地像链条一样,一环扣一环持续进行下去的核裂变反应。

我们已知道,每次核裂变会释放出 2～3 个新中子(常称为快中子),这显然具备自持链式反应的潜在可能性。但实际上,这些快中子并不一定每一个都能引起新的裂变,它们会被散射和吸收。因此要使裂变反应能自持地进行下去,就必须使中子增殖系数(某一代中子数与相邻上一代中子数之比)大于 1,这就要克服造成中子损失的不利因素。核反应堆就做到了这一点,它是受人工控制的链式反应装置,通常选用易裂变的同位素作为核燃料。

^{235}U 固然可用作核燃料,但自然界中存在的天然铀由三种同位素组成,其中 ^{238}U 占 99.282%,^{235}U 只占 0.712%,余下的是微量的 ^{236}U。若用一块天然铀做核燃料,^{235}U 由中子引发裂变而放出新的快中子,但快中子在天然铀里遇到 ^{238}U 的可能性要比 ^{235}U 大得多。而只有当中子能量大于 1.1 MeV,其击中 ^{238}U 才有可能引起核裂变,即使能量大于 1.1 MeV 的中子与 ^{238}U 核发生碰撞,但因非弹性散射而损失掉一部分能量的可能性比引起裂变的可能性要大近十倍。因此,一般来说,只有 1% 左右的很少一部分快中子能引起 ^{238}U 核裂变。当中子能量降到 1.1 MeV 以下时,就不再会引起 ^{238}U 核裂变,而很容易被其吸收。这是由于中子的质量约为 ^{238}U 核质量的 1/238,中子与 ^{238}U 核碰撞时,每次损失的能量很小。因此,如果要把 1.1 MeV 的快中子变为 0.025 eV 的热中子(对 ^{235}U,这一能量的中子最容易引起裂变反应),平均要与 ^{238}U 碰撞两千多次才行,在这么多次的碰撞中,中子被 ^{238}U 吸收的可能性十分大,特别是当中子能量降到几十个电

子伏特时,^{238}U 对其吸收非常强烈。

为了减少 ^{238}U 对中子的大量吸收,使链式裂变反应能自持地进行,常有两种办法,一种就是仍用快中子来维持自持链式裂变反应,但把铀燃料中 ^{235}U 的含量提高。原子弹就常采用气体扩散法把质量数不同的 ^{235}U 和 ^{238}U 分离开来,使得燃料中 ^{235}U 的含量达 99% 以上。这样,即使快中子也能维持自持链式裂变反应。

另一种方法就是采用中子慢化技术。中子慢化技术就是利用中子与质量数较小的原子核碰撞时,会很快损失能量的特点。实际上,1.1 MeV 的快中子与氢核碰撞不到 20 次,就能使中子能量降到 0.025 eV 左右。因此在燃料中配制像重水、轻水、石墨等(称为慢化剂)物质,就能减慢中子的速度,就能达到用这种热运动状态下的中子维持自持链式裂变反应,这样的反应堆,被称为热中子堆。

另外,为了控制裂变反应速度,使用对热中子有很强吸收能力的镉所制成的控制棒。利用自动控制,镉棒在反应堆芯中可以抽出、插入,通过其吸收中子的多少而达到对裂变反应速率的控制。

3. 核电站

我们熟悉的火电站是靠燃烧化石燃料来加热锅炉里的水,使其变成蒸气,然后通过汽水分离器,将所带水分除掉,干燥后的高压蒸气进入汽轮机气缸做功,推动发电机发电。核电站是用核反应堆代替火电站的锅炉,利用反应堆中核燃料发生裂变反应放出的热量,再由一回路冷却剂将热量带出堆外,然后通过蒸气发生器,把一回路冷却剂的热量传递给二回路冷却剂,使二回路水变成高压蒸气,最后通过汽水分离器后,送往汽轮发电机做功。核电站的工作原理见图 10-12 所示。

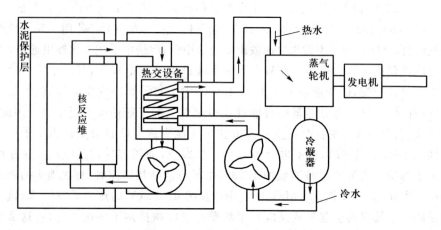

图 10-12 核电站工作原理图

总体上核电站由核蒸气供应系统和常规系统组成。核蒸气供应系统主要包括核反应堆、一回路系统等（有时也将反应堆归于一回路系统内），而常规系统主要指二回路系统。

目前，全世界的核电机组，因反应堆类型不同，其系统和设备也存有差异，但基本原理都是相同的。目前工业上已成熟的核电站堆型有轻水堆（包括压水堆和沸水堆，占 80%）、重水堆（占 5%）和天然铀石墨气冷堆（占 12%），而大多数核电站采用压水堆，它是用加压的轻水（普通水，以区别重水）作为慢化剂和冷却剂，而且不允许水在堆内沸腾（若允许水在堆内沸腾，就称为沸水堆）。

压水堆本体由压力容器、堆芯、堆内构件、控制棒等组成。压力容器是压水堆的关键设备之一，堆芯就装在钢制压力容器内。堆芯由上百束燃料组件组成，燃料是二氧化铀烧结块，一般呈圆柱体状，装在锆合金制成的耐腐蚀、耐辐射的包壳（常称为燃料包壳）管内。通过抽插其中部分束燃料棒（即控制棒）组件和改变一回路水中硼酸浓度来控制反应堆功率。

一回路系统的主要设备有蒸气发生器、主泵、稳压器等。主泵将高压冷却剂送入反应堆，吸收裂变放出的热量后，流出压力容器，进入蒸气发生器，通过传热管把热量传给二回路系统的水，然后自身流回主泵，又被重新送至反应堆，如此不断重复。稳压器主要在反应堆正常运行时，起保持压力的作用，而在事故工况下，提供超压保护措施。

通常，一回路系统置于完全壳内，完全壳是一个预应力钢筋混凝土建筑物。这样燃料包壳、压力壳、完全壳就构成了三道安全屏障，有效地防止了放射性物质泄漏，确保了核电站的安全性。

二回路系统的主要设备有汽轮发电机组和冷凝器等，一回路系统中产生的蒸气，通过汽轮发电机组进行发电。流出的乏汽，经冷凝器冷却、除气、预热、升压后再返回到蒸气发生器的二回路侧复用。

核电站已成为安全、清洁、经济的工业能源。从 1993 年底的统计来看，已运行的装机容量美国居首位，其次是法国、日本等。美国装机容量达近 10^{11} W，为世界之首，占世界总装机容量的 1/3，核供电量占总供电量的 21%。法国装机容量近 6×10^{10} W，供电量约占总供电量的 77%，为世界之最。我国装机容量约为 3×10^9 W，占总供电量的 13%。秦山核电站是我国自行设计建造的第一座核电站，装机容量为 300 兆瓦。目前正运行的有广东大亚湾（装机容量为 2×900 兆瓦）、秦山二期（2×600 兆瓦）和三期（2×700 兆瓦，重水堆）、广东岭澳、田湾（压水堆）等核电站。

我国核电发展经历了从无到有，到目前核电在建规模世界第一，核电发展步入了快车道。2009 年 4 月 19 日，世界上最先进的第三代压水堆核电站浙江三门核电站一期工程正式开工,标志着我国核电技术发展出现重大突破。虽然仅仅 20 多年的发展历程,但是我国核电发展不断加快。2009 年,我国核电基本建设投资完成额比 2008 年增长了 74.91%。截至 2009 年底,我国已核准 10 个核电项目 28 台机组,其中在建 20 台机组,规模达到 21 920 兆瓦。我国已成为世界上核电在建规模最大的国家。规划到 2015 年、2020 年核电装机分别达到 40 000 兆瓦、86 000 兆瓦。

10.8.2 核聚变与聚变能——无限丰富的优越能源

前面我们提到的反应堆称为裂变堆,利用重核在人工控制的条件下裂变而释放能量,比如裂变核电站。裂变燃料主要是铀,这不是我们理想的长期资源,总有一天我们要面临铀矿枯竭的危机。除裂变外,人们还寻求到原子能的另一有效释放途径——轻核的聚变反应,它为人类展示出获取更加安全、清洁且又取之不竭新能源的途径及美好前景。核聚变就是由轻原子核融合成为质量数较大的核,同时释放出一定的能量,常用的轻核聚变反应有

$$_1^2H + {}_1^2H \rightarrow {}_2^3He + {}_0^1n + 3.25 \text{ MeV} \qquad (10-34a)$$

$$_1^2H + {}_1^2H \rightarrow {}_1^3H + {}_1^1H + 4.0 \text{ MeV} \qquad (10-34b)$$

$$_1^2H + {}_1^3H \rightarrow {}_2^4He + {}_0^1n + 17.6 \text{ MeV} \qquad (10-34c)$$

$$_1^2H + {}_2^3He \rightarrow {}_2^4He + {}_1^1H + 18.3 \text{ MeV} \qquad (10-34d)$$

上面四个反应的总效果是

$$6{}_1^2H \rightarrow 2{}_2^4He + 2{}_1^1H + 2{}_0^1n + 43.15 \text{ MeV}$$

由上面的反应可见,这些轻核都带正电荷,其之间存在长程的库仑斥力。我们知道,核力是短程力,其作用距离在几飞米。因此,两个轻核为了靠短程的核力聚合在一起,首先必须克服长程的库仑斥力。所以,实现轻核聚变反应的一个条件就是,反应中的原子核必须具有一定的初始能量,通常需要约几千电子伏特或更高一些的能量。注意到轻核聚变过程中要释放出能量,这样的能量就能用来维持持续的轻核聚变所需的初始能量。太阳和其他许多恒星之所以能不断光芒四射,就是引力约束下轻核聚变的结果。在太阳内部,主要有两种反应过程:质子-质子反应链和碳-氮反应链。但两个反应链的总效果是一样的,相当于四个质子聚变,放了一个 α 粒子和两个质子、两个正电子和两个中微子,释放出 26.2 MeV 能量。这两个反应链哪一个为主,主要取决于反应温度。当恒星中心温度低于 1.8×10^7 K 时,产生的能量主要来源是质子-质子反应链;温度高于 1.8×10^7 K 时,产生的能量主要来源是碳-氮反应链。太阳的中心温度达 1.5×10^7 K,在产生能量的机制中,质子-质子反应链占 90%。在许多比较年轻的热星体中,情况相反,碳-氮反应链更重要。

太阳主要靠它巨大的质量把外层温度为 6 000 K、中心温度为 1.5×10^7 K 的等离子体约束在一个半径为 7×10^5 km 的"大容器"内,以十分缓慢的速率进行聚变反应。太阳质量的巨大,一方面产生巨大的引力,从而实现了高温等离子体约束;另一方面,又弥补了反应速率的缓慢,使它产生的能量仍旧相当可观,它每时每刻照到地球上的能量只是它所产生的能量的万亿分之五,相当于地球上目前使用的所有能量的十万倍。但由于反应速率太低,我们无法在地球上建造这样的聚变反应堆,除了恒星能产生巨大的引力条件外,地球上不可能把这么高温的等离子体约束那么长的时间。为了用人工方法获取聚变能,我们还得另想办法。

在各种利用聚变能源的方式中,最吸引人们的是设法持续地缓慢地实现轻核的聚变反应,这就是受控热核反应的设想。惯性约束和磁约束聚变是受控热核反应的两种主导方式。氢弹就是利用惯性力将高温等离子体进行动力性约束,简称惯性约束。氢弹是一种人工实现的、不可控制的热核反应,也是至今为止在地球上用人工方法大规模获取聚变能的唯一方法,它必须用裂变方式来点火,因此,它实质上是裂变和聚变的混合体,总能量中裂变能和聚变能大体相等。1952 年 11 月 1 日,美国进行了世界上首次氢弹原理试验。该装置以液态氘作为热核装料,重 65 吨,只能放在地面爆炸,爆炸威力相当 1 000 万吨 TNT(一千吨 TNT 当量等于 4.2×10^{12} J)。1966 年 12 月 28 日,我国成功地进行了氢弹原理试验,1967 年 6 月 17 日由飞机空投当量相当于 330 万吨 TNT 的氢弹试验成功,成为继美、俄、英之后第四个掌握氢弹技术的国家。

有没有办法用人工可控制的方法实现惯性约束?多年来人们作了各种探索,激光惯性约束是其中一个方案,另外还有电子束、重离子束等惯性约束方案。不过,惯性约束方案至今为止还没有一个成功。

磁约束是可控热核聚变最有希望的途径之一。磁约束方式亦即将轻核(主要是氘核)放置在强磁场中,注入能量后使轻核升温实现热核反应。磁约束的研究已有三四十年历史,是研究可控聚变的最早的一种途径,也是目前看来最有希望的途径。在磁约束实验中,带电粒子(等离子体)在磁场中受洛伦兹力的作用而绕着磁感应线运动,因而在与磁感应线相垂直的方向上就被约束住了。同时,等离子体也被电磁场加热。由于目前的技术水平还不可能使磁场强度超过 10 T,因而磁约束的高温等离子体必须非常稀薄。如果说惯性约束是企图靠增大离子密度来达到点火条件,那么磁约束则是靠增大约束时间。

轻核聚变时,比重核裂变每核子释放的能量要多,更重要的是,地球上聚变燃料的储量比裂变燃料丰富得多。海洋中约有 40 万亿吨氘,氚的储量虽比氘少得多,但也有两千多亿吨。聚变能源不仅极其丰富,而且更加安全、清洁。要产生裂变链式反应,并使裂变堆能运行一段时间,必须使核燃料的装载量超过临界质量,这就使得裂变堆核燃料的装载量很大,高达数吨。如果出现瞬发临界等事故,就会释放大量的能量和放射性物质。因此,必须采用一定的安全措施。而聚变燃料是按一定速度加入的,聚变反应时没有临界质量问题,燃料的数量少,即使失控也不会产生严重事故。

可控核聚变尽管还处于研究阶段,距商业应用还有一定的距离,但其为人类展现出美好的前景,将"一劳永逸"地解决人类的能源需求。

习　　题

10-1　具有下列哪一能量的光子,能被处在 $n=2$ 的能级的氢原子吸收

A. 1.51 eV;　　B. 1.89 eV;　　C. 2.16 eV;　　D. 2.40 eV。　　[　　]

10-2　根据玻尔理论,H 原子中的电子在 $n=4$ 的轨道上运动的动能与在基态轨道上的动能之比为

A. 1/4;　　　　B. 1/8;　　　　C. 1/16;　　　　D. 1/32。　　[　　]

10-3　处于第一激发态($n=2$)的氢原子的电离能是

A. 10.2 eV;　　B. 13.6 eV;　　C. 6.8 eV;　　D. 3.4 eV。　　[　　]

10-4　质量数为 A,原子序数为 Z 的原子核,俘获了电子后如何改变?

A. A 不变,Z 减少 2;　　　　　B. A 不变,Z 减小 1;

C. A 不变,Z 增加 1;　　　　　D. A 减少 2,Z 减少 2。　　[　　]

10-5　$^{226}_{88}$Ra 经过一系列衰变后变为 $^{206}_{82}$Pb,它经过了

A. 3 次 α 衰变和 6 次 β 衰变;　　B. 4 次 α 衰变和 5 次 β 衰变;

C. 5 次 α 衰变和 4 次 β 衰变;　　D. 6 次 α 衰变和 3 次 β 衰变。　　[　　]

10-6　处于基态的 H 原子吸收了 13.06 eV 的能量后,可激发到 $n=$ _____的能级(激发态),当它跃迁时,可能辐射的光谱线有_____条。

10-7　普通光源的发光机制是_____辐射占优势。激光器发出的激光是_____辐射占优势,要实现这些条件,必须使激光器的工作物质处于_____的粒子数超过处于_____的粒子数,这种粒子分布状态称为_____。

10-8　光和物质相互作用产生受激辐射时,辐射光和照射光具有完全相同的特性,这些特性是指_____、_____、_____、_____。

10-9　试述各种原子模型以及它们的区别与联系。

10-10　卢瑟福是怎样根据 α 粒子的散射实验得出原子的核式模型的?卢瑟福的原子核式模型在解释原子现象上存在什么困难?

10-11 根据玻尔理论,计算氢原子中的电子在 $n=1$ 至 $n=4$ 轨道上运动时的速度、轨道半径及原子系统的能量。

10-12 实验中观察到氢原子的下列一组谱线,它们的波长(单位 10^{-10} m)为

$\lambda_1 = 1\ 215.66$ $\lambda_6 = 4\ 861.33$

$\lambda_2 = 1\ 025.83$ $\lambda_7 = 4\ 340.47$

$\lambda_3 = 972.54$ $\lambda_8 = 18\ 751.1$

$\lambda_4 = 949.76$ $\lambda_9 = 12\ 818.1$

$\lambda_5 = 6\ 562.79$ $\lambda_{10} = 4.05 \times 10^4$

试以公式说明它们分别是由哪些能级间跃迁产生的谱线。

10-13 下面的氘-氘反应是可控聚变中的重要反应:

$$D + D \rightarrow {}^3He + n$$

试计算此反应中可放出的能量(已知氘 D 的原子质量为 2.014 102 u,氦(^{3}He)的原子质量为 3.016 029 u,中子(n)的质量为 1.008 665 u)。

10-14 试写出 α、β 衰变过程的一般表达式,并说明各项的意义。

10-15 β 衰变有几种形式? 试叙述它们的意义与区别。

10-16 $^{210}_{84}$Po 具有 α 放射性,它的质量为 209.982 863 u,又知衰变产物 $^{206}_{82}$Pb 的质量为 205.974 55 u,试计算这一衰变过程所释放的能量(衰变能)以及 α 粒子的能量。

10-17 测得地壳的铀元素中 $^{235}_{92}$U 只占 0.720%,其余为 $^{238}_{92}$U。已知 $^{238}_{92}$U 的半衰期为 4.468×10^9 年,$^{235}_{92}$U 的半衰期为 7.036×10^8 年。设地球形成时地壳中的 $^{238}_{92}$U 和 $^{235}_{92}$U 是同样多的,试估计地球的年龄。

10-18 求下列各粒子的德布罗意波波长:

(1) 能量为 100 eV 的自由电子。

(2) 能量为 0.1 eV 的自由电子。

(3) 能量为 0.1 eV 的质量为 1 g 的质点。

10-19 已知放射性元素 a 的衰变常数为 λ_a,子核 b 也是放射性的,衰变常数为 λ_b;开始时只有核素 a 存在,数量为 N_{a0},求核素 b 的数量随时间变化的规律。

10-20 已知 ^{224}Ra 的半衰期为 3.66 天,试求 1 天和 10 天中分别衰变了多少份额? 若开始有 1 μg,则 1 天和 10 天中分别衰变掉多少个原子?

10-21 根据玻尔理论,求基态氢原子中的电子绕核运动的等效电流。

10-22 已知 ^{238}U 核 α 衰变的半衰期为 4.50×10^9 年,问:

(1) 它的衰变常数是多少?

(2) 要获得 1 Ci 的放射性强度,需要 ^{238}U 多少克?

(3) 1 克 ^{238}U 每秒将放出多少 α 粒子？

10-23　每个 ^{235}U 核裂变可放出 200 MeV 的能量，若想获得 1 kW 的能量输出，那么每秒需要发生多少次 ^{235}U 裂变？

10-24　放射性原子核发射哪几种射线或粒子？

10-25　在放射性衰变中，什么量是不能预言的？这是什么基本原理的实例？

10-26　说明 ^{14}C 年代测定法的工作原理。它用在哪几种物体上？放射性碳来自何处？

10-27　举出放射性同位素一些有用的应用。

10-28　切尔诺贝利事故对健康的长期后果是什么？

10-29　我们正常的居住环境里，氡气在什么地方？它是怎么去到那里的？

第 11 章 量子物理基础理论

　　量子理论是物质世界真实性最精确和最完整的描述,它是人们研究微观世界的一套思想,其核心观点是自然界在微观上是不连续的或"量子化"的,即微观粒子的突出特点是二象性和量子性。量子论建立于 1900—1930 年期间,人们对微观粒子运动规律的认识,从 1900 年普朗克提出的量子概念开始,经历了实验、理论的多次反复,完成了从经典理论到半经典以至到全新的量子理论的过渡。今天,这个理论的影响已扩展到微观领域的各个方面乃至高新科技:电子装置、计算机、信息及通信技术、现代化学、生物学、激光,从超导到中子星不同种类的物质分布以及核武器、核能等。量子理论的建立不仅导致了物理学及其他科学领域的高速发展,而且也导致了哲学和物理学文化、艺术方面的发展。

　　16 世纪中叶以来,物理学经历了几次重大的突破。首先是伽利略、牛顿、克劳修斯等建立了力学和统计物理,后来,法拉第、麦克斯韦建立了电磁理论。到 19 世纪末期,物理学理论在当时看来已发展到了相当完善的阶段,形成了一整套比较完整的经典物理理论体系。这套理论在实践中显示出强大的威力,那时一般的物理现象都可以从相应的理论中得到令人信服的解释:物体的机械运动在速度远小于光速时,准确地遵循牛顿力学规律;电磁现象的规律被总结为麦克斯韦方程;光的现象有光的波动理论,最后也归结为麦克斯韦方程;热现象遵从完整的热力学和统计物理学规律。这标志着经典物理学已取得了巨大成功,当时许多人认为物理现象的基本规律已被完全揭露,物理学的大厦已经落成,人类对自然界的认识已经到了尽头,剩下的工作只是把这些基本规律应用到各种具体问题上,进行一些计算而已。

　　正当物理学家欢庆胜利的时候,突然在物理学晴朗的天空中出现了几朵乌云。黑体辐射、光电效应、原子的光谱线系以及固体在低温下的比热等,新的实验事实都是用经典理论无法解释的,经典理论陷入了不可克服的矛盾之中。这充分揭示出了经典物理学的局限性,突出了经典物理学与微观世界规律性的矛盾,从而为发现微观世界的规律打下了基础。物理学家开尔文在 1900 年对经典物理学的灾难做过如下的描述,他把迈克耳孙所做的以太漂移实验的零结果和紫外灾难分别比作经典物理学晴朗天空中的第一和第二朵乌云;并且预言:人们在 20 世纪就可以使遮蔽了热和光的动力学理论上空的这两朵乌云消散。历史表明,相对论和量子论的诞生拨开了这两朵乌云。黑体辐射和光电效应等现象使人们认识到能量的量子化和光的波粒二象性,玻尔为解释原子的光谱线系而提出了原子结构的量子论,由于这个理论只是在经典的基础上加进了一些新的假设,因而未能反映微观世界的本质。由此更突出了认识微观粒子运动规律的迫切性。直到 20 世纪 20 年代,人们在光的波粒二象性的启示下,开始认识到微观粒子的波粒二象性,才开辟了建立量子力学的途径。

11.1 物质世界的量子化

11.1.1 黑体辐射——能量量子化

19 世纪末,由于欧洲和美国的工业发展以及城市照明的需要,促使了人们探求新光源和寻求有效的发光方式,引起了人们探究热辐射的规律性以及黑体辐射能量按波长的分布函数的极大兴趣。

黑体辐射是 19 世纪末德国实验物理学家卢梅尔等人所做的一个著名实验。我们知道,当物体的温度升高时,就会向周围空间放射出热量,这称为热辐射(即由温度所决定的电磁辐射),热辐射实际上是一定波长范围内的电磁波。物体的颜色不同,吸收电磁辐射的本领也不相同。深色物体吸收电磁辐射的本领大,黑色煤炭对电磁辐射的吸收率达 90% 以上。如果一个物体能全部吸收投射到它上面的辐射(各种波长)而无反射和透射,这种物体就称为绝对黑体,简称黑体。

一个空腔可以看做是黑体。因为一束光一旦从空腔上的小孔射入后,就很难再通过小孔反射出来,腔壁将对光线每次反射并将能量全部吸收。当空腔内部的辐射处于平衡时,腔壁单位面积所发射出的辐射能量和它吸收的辐射能量相等,这种热辐射称为平衡热辐射。所谓热辐射就是物体所发射的电磁波能量按波长的分布随温度而不同的电磁辐射。

德国物理学家斯忒藩(1835—1893)从英国物理学家丁译尔和法国物理学家所做的黑体辐射能量测定实验中得出了黑体单位面积单位时间内发出的各种波长的热辐射的总能量 M 与热力学温度的关系为

$$M(T) = \sigma \cdot T^4 \qquad (11-1)$$

式中 $\sigma = 5.67 \times 10^{-8}$ W/m^2 · K^4 为斯忒藩-玻耳兹曼常量。这一关系反映了单位面积黑体表面辐射功率与温度的关系,未能反映辐射能量随波长的变化。

1893 年,德国物理学家维恩(1864—1928)由电磁理论与热力学理论得到了维恩位移定律

$$\lambda_m T = 2.897 \times 10^{-3} \text{ m} \cdot \text{K} \qquad (11-2)$$

此式表明黑体温度 T 越高,辐射最强的波长 λ_m 越向短波方向移动。若把太阳看

成黑体并对其连续谱线进行分析,可发现其黄、绿色光最强,其 $\lambda_m \approx 0.5~\mu m$,由(11-2)式所估算的太阳表面光球内层温度为 5 700 K 左右。(11-2)式是维恩在研究黑体辐射问题时首先得出的,维恩于 1911 年获得了诺贝尔物理学奖。

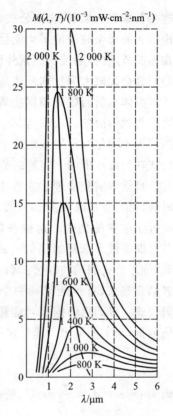

$M(\lambda, T)/(10^{-3}~\mathrm{mW \cdot cm^{-2} \cdot nm^{-1}})$

图 11-1　黑体热辐射
的能谱曲线

黑体辐射实验发现,处于热平衡状态下的黑体,可以辐射出各种波长的电磁波,其辐射能量密度按波长分布的曲线,其形状和位置只与黑体的温度有关,而与空腔的形状及组成的物质无关。

为了定量地描述热辐射能量按波长的分布,引入单色辐射本领的概念。其定义为物体单位面积、单位时间内所发出的波长在 λ 附近单位波长间隔内的电磁波能量。通常用 $M_\lambda(\lambda, T)$ 表示单色辐射本领,其单位为 $\mathrm{W/m^3}$。可见,$M_\lambda(\lambda, T)$ 与辐射能量密度 $\rho(\lambda, T)$ 具有相同含义。图 11-1 表示黑体在不同温度下单色辐射本领按波长的分布曲线。

许多人企图用经典物理理论来说明这种能量分布的规律,推导出与实验结果符合的能量分布公式,但都未成功。1896 年,维恩采用热力学原理与特殊假设得到了一个辐射强度随波长增加而按指数衰减的公式,即辐射空腔中能量密度分布函数为

$$\rho(\nu, T) = C_1 \nu^3 \exp(-C_2 \nu / T) \tag{11-3}$$

式中 ν 为频率,C_1、C_2 为常量,这一关系称为维恩公式。其在短波部分,与实验曲线符合得很好,但在长波范围内与实验结果完全不符。普朗克于 1899 年 5 月根据经典电动力学理论,使谐振子平衡时发射率与吸收率相等,得到了空腔内辐射物的能量密度 $\rho(\nu, T)$ 与同频率的谐振子平均能量 $U(\nu, T)$ 的关系:

$$\rho(\nu, T) = \frac{8\pi\nu^2}{c^3} U \tag{11-4}$$

1900 年 6 月,英国物理学家瑞利(1842—1919)从经典物理学的原理出发,认为能量是一种连续变化的物理量,采用经典电动力学与统计物理推出了电磁辐射强度同温度以及频率的平方成正比的关系,后来英国年轻的天文学家金斯(1877—1946)纠正了其中一个错误的因子,使辐射能量密度的表达式成为

$$\rho(\nu, T) = 8\pi\nu^2 kT/c^3 \tag{11-5}$$

这一公式称为瑞利-金斯公式,式中 c 为光在真空中的传播速度,kT 是由经典理论得到的每个驻波的平均能量。在长波范围,该公式与实验曲线符合得很好,而在短波范围内,随波长向紫外区的变短而趋于无限大。在一个有限的空腔内,能量怎么会无限大呢? 这显然与实际不符,人们称此为"紫外灾难"。

黑体辐射问题是德国物理学家普朗克(1858—1947)1900 年引进量子概念后才得到解决的。1899 年末,普朗克了解到德国实验物理学家卢梅尔和普林海姆等人于同年 9 月发表的实验结论中指出了维恩的公式在长波范围内与实验结果有明显偏离。同年 10 月 7 日德国实验物理学家鲁本斯夫妇在访问普朗克时告诉他:在长波段分布函数正比于热力学温度 T,接近于瑞利的公式。这使普朗克受到了极大启发,并立即尝试寻求新的辐射公式。他经过苦思后意识到,维恩公式和瑞利的公式都包含着一定真理,把二者结合起来,有可能得到一个与实验结论相符的辐射公式。普朗克依据熵对能量二阶导数的两个极限值内推,当天便得出了辐射定律

普朗克(1858—1947)

$$\rho(\nu, T) = \frac{C'_1 \nu^3}{e^{C'_2 \nu/T} - 1} \tag{11-6}$$

因为 $\nu = c/\lambda, \mathrm{d}\nu = -c\mathrm{d}\lambda/\lambda^2$,所以上式又可表示为

$$\rho(\lambda, T) = \frac{C_1}{\lambda^5} \frac{1}{e^{C_2/\lambda T} - 1} \tag{11-7}$$

式中 C_1、C_2 为常量。普朗克将自己推导的辐射公式(11-7)告诉了鲁本斯,鲁本斯把自己的实验数据同公式进行了认真的比较,发现非常符合。

这一结果极大地鼓舞了普朗克,但他完全明白这一公式是侥幸中获得的,尚不具备明确的理论基础,寻求对黑体辐射公式的理论解释当时成为普朗克的执著追求。普朗克假设空腔中的每个振子的能量只能取一些分立值,总能量 E 应当是某一能量元 ε 的整数倍。在此思想指导下,他通过熵与概率的联系从理论上得到了新的辐射公式

$$\rho(\nu, T) = \frac{8\pi\nu^2}{c^3} \frac{\varepsilon}{e^{\varepsilon/kT} - 1} \tag{11-8}$$

将这一公式与公式(11-6)对照,可见要使二者相符,则必须使

$$\varepsilon = h\nu \tag{11-9}$$

式中 $h = 6.62606876 \times 10^{-34}$ J・s(1999 年报道的数据,误差为 5.2×10^{-41} J・s),是一个与振子特性无关的普适恒量,称为普朗克常量。普朗克将 $h\nu$ 称为能量子,可

见不同频率的振子将具有不同的能量。将 $\varepsilon = h\nu$ 代入(11-8)式得到了与实验结果符合得很好的黑体辐射公式——普朗克公式:

$$\rho(\nu, T) = \frac{8\pi h\nu^3}{c^3} \frac{1}{e^{h\nu/kT}-1} \qquad (11-10)$$

或

$$\rho(\lambda, T) = \frac{8\pi ch}{\lambda^5} \frac{1}{e^{hc/\lambda kT}-1} \qquad (11-11)$$

式中 $k = 1.380\,658 \times 10^{-23}$ J/K 为玻耳兹曼常量。图 11-2 表示黑体辐射能量密度按波长的分布曲线,其中实线为理论公式——普朗克公式得出的曲线,小空心圆点代表实验所得结果。这就是普朗克1900 年 12 月 14 日在德国物理学会上宣读的论文"关于正常光谱的能量分布定律的理论"中所提出的普朗克辐射公式。可见,它是在能量子假设下建立的,人们将这一天看做是量子论的诞生日。

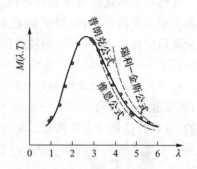

图 11-2　黑体辐射理论公式
与实验结果的比较

　　如何从理论上加以解释呢?普朗克意识到上面得到的半经验公式已不能用经典物理学的能量连续性原理来解释,他大胆地背离经典理论,提出了能量不连续的新概念。普朗克假设:黑体以 $h\nu$ 为能量单位不连续地发射和吸收频率为 ν 的辐射,而不是像经典理论所要求的那样可以连续地发射和吸收辐射能量。基于这个假设普朗克成功地解释了黑体辐射公式。

　　普朗克的公式是在能量子假设下建立起来的,普适常量 h 体现了微观世界的基本特征,反映了新理论的本质。普朗克的能量子假设揭示了自然现象中客观存在的不连续的量子性质,开始突破了经典物理学在微观领域内的束缚,标志着物理学上一场伟大革命的开始。普朗克因此而荣获了 1918 年诺贝尔物理学奖。

11.1.2　光电效应——光量子

　　1887 年,德国物理学家赫兹发现,当光照射到金属上时,金属表面有电子逸出,这种电子称为光电子,这种现象称为光电效应。后来,勒纳德等人进行了深入的研究,提出了光电效应的四条实验规律:

　　(1) 只有当光的频率大于一定值时,才有光电子发射出来;如果光的频率低于这个值,则不论光的强度多大,照射时间多长,都没有光电子产生(这个最小频

率 ν_0 称为该种金属的光电效应截止频率,也叫做红限,红限常用对应的波长 λ_0 表示,不同物质,红限不同)。

(2) 光电子的能量只与光的频率有关,而与光的强度无关。光的频率越高,光电子的能量就越大。

(3) 光的强度只影响释放的光电子的数目,强度增大,光电子的数目增多。

(4) 光照和光电子发射是即时的,滞后时间不超过 10^{-9} s。

光电效应的这些规律是经典理论无法解释的。按照光的电磁理论,光的能量只决定于光的强度,而与频率无关,其能量应连续分布在电磁场中。另外,电子从金属中逸出,应有一个能量的积累过程,也就是光照和电子发射之间应有一个时间差,不应是即时的。这些都与实验结论产生了尖锐的矛盾。

正当人们对光电效应的解释陷于困境之时,爱因斯坦毅然背离光的电磁理论,高举起普朗克树起的量子论的大旗,提出了光子假说:空间传播的光不是连续的,一束光就是一束以光速运动的粒子流,这些粒子称为光子。频率为 ν 的光的每一个光子所具有的能量为 $h\nu$,它不能再分割,而只能整个地被吸收或产生出来。

按照光子说,当光照射到金属表面上时,能量为 $h\nu$ 的光子被吸收,电子把这能量的一部分用来克服物质内部原子对它的引力而做功,这个功称为脱出功。另一部分就是电子离开金属表面后的动能。光电效应方程式为

$$h\nu = A + \frac{1}{2}m v_m^2 \tag{11-12}$$

A 为脱出功,v_m 为电子逸出金属时的最大速度。

如果 $h\nu$ 小于脱出功 A,则没有光电子产生。光的频率决定了光的能量,光的强度只决定光子的数目,光子多产生的光电子也多。光电效应的全部规律由此得到了圆满的解释,爱因斯坦因此荣获了 1921 年诺贝尔物理学奖。

这里要提到的是,在量子论建立初期,认为一个电子一次只能吸收一个频率大于 ν_0 的光子,而且实验结果和此设想符合。20 世纪 60 年代激光出现后,发现了多光子吸收,即金属中的自由电子可从入射光中吸收多个光子而产生光电效应,其光电效应方程可写为 $nh\nu = A + m v_m^2/2$,式中 n 为一个光电子吸收的光子数。

11.1.3　氢原子光谱——原子结构量子化

人们发现氢原子光谱是由许多分立的谱线组成的。1885 年,巴尔末(1825—1898)从实验中总结出了在可见光区域内氢原子所遵从的谱线规律——巴尔末公式:

$$\sigma = \frac{1}{\lambda} = R\left(\frac{1}{2^2} - \frac{1}{n^2}\right) \quad n = 3, 4, 5, \cdots \tag{11-13}$$

玻尔(1885—1962)

σ 为波数，$R = 1.0967758 \times 10^7 \ \mathrm{m}^{-1}$ 为里德堡常量。n 不同，则对应不同的谱线，每一个 n 值相应地代表一条谱线，可见谱线是分立的。

经典理论在解释氢原子光谱实验规律时遇到了严重困难，不能对实验规律做出令人信服的解释。按照经典理论，带电粒子加速运动时，就会产生辐射；能量逐渐降低，电子轨道半径逐渐变小，最后落到原子核上。原子将是不稳定的，而事实上原子很稳定。另一方面，原子辐射时，电子轨道连续缩小，运动频率应连续增大，发射出来电磁波的频率等于辐射体运动的频率，所以发光频率连续变化，原子光谱应是连续的，这和实验事实完全不符。

如何对氢原子光谱做出正确解释呢？丹麦物理学家玻尔大胆背离经典理论，在光谱的实验资料和经验规律、卢瑟福的原子核式模型以及黑体辐射事实发展出来的量子论三方面进展的基础上，建立了新的原子模型：原子中的电子只能沿着一些特殊的轨道运动，电子在这些轨道上处于稳定状态（定态）。原子在这些状态时，不发出或吸收辐射（能量），各定态有一定的能量，其数值是彼此分立的；当原子从一个定态跃迁到另一个定态（即电子从一个轨道跳到另一个轨道）而发射或吸收辐射时，辐射的频率是一定的。如用 E_1, E_2 表示两定态能级，则辐射的电磁波频率为

$$\nu = \frac{E_2 - E_1}{h} \tag{11-14}$$

上述两条，一是关于原子的量子化的定态的陈述，二是辐射的频率法则。

玻尔用新的原子模型，成功地解释了氢原子的光谱的实验规律，自然地得到了巴尔末公式。玻尔最伟大的贡献，就在于把量子化的原则推广到原子结构和电子运动的研究中，揭示了原子行为中存在的特殊的量子化原则，使量子论进入了原子物理学。由于玻尔的杰出贡献，他荣获了 1922 年的诺贝尔物理学奖。

11.2　波粒二象性

人们对光的本性的认识，从光是物质的微粒流，经历了光是以太的振动，光是电磁波到光是波粒二象性的统一等认识阶段。在干涉、衍射、偏振现象中，光显示出波动性；在光电效应等问题中，光又显示出微粒性。光的波粒二象性统一

在以下两式中

$$E=h\nu,\quad p=h/\lambda \tag{11-15}$$

能量 E 和动量 p 是描写粒子的,频率 ν 和波长 λ 则揭示了波的特性。

人们怎么会相信光既具有波动性同时又具有粒子性呢? 光子能量等于普朗克常量乘以辐射频率,光子怎么会有频率呢? 光的干涉现象需要光的波动理论来解释,而与光子理论相矛盾;光电效应需要光子理论去解释,而与光的波动理论相矛盾。

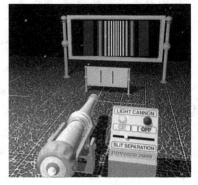

图 11-3 光的双缝干涉实验

图 11-3 为双缝干涉实验,从光源发出的光波被双缝分割,在双缝后形成新的波面,两波在空间相遇发生干涉,屏幕上得到的是平行等间隔的明暗相间条纹。这里丝毫未看到光子的轨迹,这充分说明了光的波动性。

如果在双缝干涉实验中,我们用很微弱的光源且曝光时间极短,则可以清楚地观察到单个光子撞击胶片的亮点。这时在照相胶片上得到的不是条纹,而是一个个位置随机的光子撞击胶片所留下的亮点。如果曝光时间较长,则会看到光子撞击胶片的亮点逐步显示出条纹的轮廓,如图 11-4 所示。用光的波动理论是无法解释这一个个亮点的,这充分显示了光的粒子性,干涉条纹实际上是大量光子撞击屏幕的统计结果。因为普朗克常量很小,光子携带的能量非常小,所以通常人们无法观察到单个光子,以致使大量光子组成的光束到达物体表面时,我们似乎看到的是连续地扩展到物体表面的光波。可见在辐射中波和粒子共存是自然界的本质现象。

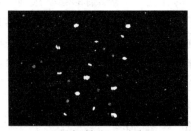

(a) 爆光时间短,14个光子
撞击胶片留下的亮点

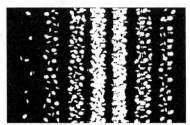

(b) 爆光时间长, 数百个光子撞击
胶片亮点呈现出条纹轮廓

图 11-4 光子逐个通过双缝撞击胶片所形成的图样

法国物理学家德布罗意受到爱因斯坦光量子假设的启发,发展了关于光的

到的干涉图上,始终没有电子撞击到屏幕上的 0 处。

　　实验还发现,在双缝同时打开的情况下,无论电子束的强度多么弱,只要曝光时间足够长,总能观察到双缝干涉图样。现代实验技术可使电子发射的时间为电子飞越时间的 3×10^4 倍,即让电子一个一个地通过双缝装置,这时屏幕上记录的电子撞击屏幕的亮点分布开始完全是随机的,但随着时间的延长,我们得到的仍是双缝干涉图样。图 11-8(a)表示 3 000 个电子通过双缝后的干涉图样,从电子撞击屏幕得到的亮点看,电子是一个一个撞击屏幕的,这充分体现了电子的粒子性。开始的几个电子到达屏幕上的位置是随机的,但并不是无规律可循,每个点都落在了干涉极大处,避开了干涉极小处。图 11-8(b)、(c)分别表示 20 000 个电子和 70 000 个电子逐个通过双缝后所形成的干涉图样。可见,随着曝光时间的延长和电子数目的增多,大量电子撞击屏幕的亮点呈现规则的明暗相间的双缝干涉图样。

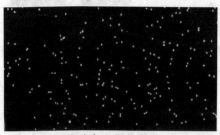

(a) 3 000个电子,爆光时间3 s

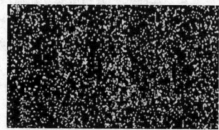

(b) 20 000个电子,爆光时间20 s

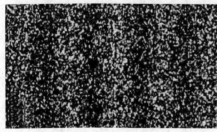

(c) 70 000个电子,爆光时间70 s

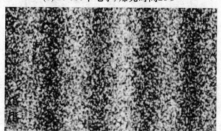

(d) 实际得到的干涉图

图 11-8　电子双缝衍射形成的概率波

　　在双缝同时打开的情况下,电子一个一个通过狭缝怎么会在屏幕上形成波的干涉图样呢?是电子同另一个电子干涉吗?事实上不存在另外一个电子。似乎好像是一个电子同自身在相互干涉,电子表现得像一束扩展的波到达屏幕。是否这个波在经双缝时被分割成两个子波,两个子波在屏幕上相遇而形成干涉图样呢?显然,这与电子的粒子性相矛盾。那么是否有时电子仅通过一个缝,而有时同时会通过两个缝呢?这就要求将电子分割成两部分,两部分进行干涉。

波粒二象性的思想。1923 年,德布罗意在巴黎大学攻读博士学位,当他获得波动力学的基本想法时,萌发了把辐射的二象性推广到实物粒子尤其是电子的想法。德布罗意认为在物质和辐射之间,应该存在着某种对称性,既然辐射具有波粒二象性,那么物质的行为为什么总表现为粒子性呢? 德布罗意推想,光既然在某种情况下具有波动性,在一些情况下又具有粒子性,那么从对称角度考虑,实物粒子如电子、质子等,是否也具有波动性呢? 他认为,19 世纪对光的研究中,注意了光的波动性,而忽视了另一面即光的粒子性;对实物的研究中,可能出现了相反的情况,即注意了实物粒子的粒子性,而忽视了它的波动

德布罗意(1892—1987)

性。他于 1924 年提出了物质波的学说:原子、电子等一切微观粒子和光一样,也具有波粒二象性。一个动量为 p,能量为 E 的自由运动粒子,相当于沿着粒子运动方向传播的平面波,其波长和频率分别为

$$\lambda = \frac{h}{p} = \frac{h}{mv} = \frac{h\sqrt{1-v^2/c^2}}{m_0 v} \tag{11-16}$$

$$\nu = \frac{E}{h} = \frac{mc^2}{h} = \frac{m_0 c^2}{h\sqrt{1-\frac{v^2}{c^2}}} \tag{11-17}$$

(11-16)式称为德布罗意关系式,这种和实物粒子相联系的波称为德布罗意波或物质波。$\lambda = h/p$ 和 $E = h\nu$ 后来称为爱因斯坦—德布罗意关系。德布罗意的物质波思想比普朗克、爱因斯坦的辐射的粒子性更加奇异和不可理解,开始人们对它的真实性表示怀疑。

　　尽管当时缺乏实验证据支持物质波假设,但德布罗意认为,自己大胆的创造性思想是如此的漂亮以至于把它写进了博士学位论文,于 1924 年递交给由佩兰、朗之万、卡坦和英格温组成的论文答辩委员会。德布罗意的导师朗之万在审阅了德布罗意的论文后认为:"除了思想上的独创性外,德布罗意以非凡的技巧做出努力来克服阻碍物理学家的困难。"但答辩委员会还是不能理解德布罗意的假设,对物质波的真实性表示怀疑,于是将论文送给爱因斯坦征求其看法。爱因斯坦一生所追求的是物质世界的统一理论和欣赏物理学中的对称性,德布罗意的物质波思想给爱因斯坦极其深刻的印象,爱因斯坦评论这对于揭示我们物理学中最难以捉摸的迷,开始露出了一线微弱的光芒。答辩委员会通过了德布罗意的学位论文。爱因斯坦对德布罗意的思想很感兴趣并意识到其重大意义,他将德布罗意的论文推荐给洛伦兹、玻恩等著名物理学家。他对玻恩说:"您一定

要读它,虽然看起来有点荒唐,但很可能是有道理的。"玻恩对爱因斯坦回信说:"我读了德布罗意的论文,并逐渐明白了他们搞的是什么名堂,我现在相信物质波理论可能是非常重要的。"

最早从实验上证实德布罗意假设的是 1927 年两个独立的实验:一个是美国物理学家戴维孙与合作者革末所做的电子在晶体表面上的衍射实验。将电子束投射到镍单晶体表面上,在满足布拉格公式的衍射角时,从实验所测得的散射电流与电子射向镍单晶的加速电压之间的关系,当电子的波长满足德布罗意关系式时,其理论计算与实验结果完全相符,证明了德布罗意假设的正确性。

证实电子波动性的另一个实验是英国物理学汤姆孙所做的电子通过金属薄箔的衍射实验。当高能电子束(能量在 $10\sim40$ keV)透射金属薄箔后,在薄箔后的照相胶片上得到的是同心环状的衍射图样,与光波通过圆孔的衍射图样相似,如图 11-5 所示。由衍射图样的圆环半径计算出的电子波长与德布罗意关系式相符,从而令人信服地证实了电子的波粒二象性。戴维孙和汤姆孙同时获得了 1937 年的诺贝尔物理学奖。

图 11-5　电子通过多晶薄箔后的衍射图样

其后,接连发现了许多物质波的衍射现象,一系列的实验证实了不仅是电子,而且原子、质子、中子等一切实物粒子都具有波粒二象性。图 11-6 是 1989 年日本物理学家所做的电子双缝干涉图样,与光波的双缝干涉图样相同。

从爱因斯坦-德布罗意关系式 $E=h\nu, \lambda=h/p$ 可知,普朗克常量在两式中起了重要作用。由于普朗克常量很小,所以实物粒子的波长很小,以至于粒子的波动性很难探测,这就是为什么通常我们认为物质是由粒子组成而不是由波组成的原因。

物质波假设的建立,标志着人类对物质世界认识的深化。电子(包括其他微观粒子)具有波动性的预言,为量子论的发展开辟了一条崭新的途径。爱因斯坦曾高度地评价物质波的假设,认为它揭开了自然界巨大面罩的一角。1929 年,德布罗意由此而荣获了诺贝尔物理学奖。

图 11-6　电子双缝干涉图样

11.3　概　率　波

1925 年,奥地利物理学家薛定谔在德布罗意物质波假设的基础上创立了量子力学理论,提出了用物质波的波函数来描述粒子运动状态的方法。那么和物质粒子相联系的波或波函数到底与粒子运动有什么关系呢? 1926 年,德国物理学家玻恩首先提出了概率波的概念解决了这一问题。

在上节中,我们已经知道,实物粒子具有波粒二象性。一方面,实物粒子呈现波的性质;另一方面,它又呈现粒子的性质,这与我们通常的"实物不能同时既是粒子又是波"的观念相矛盾。那么,伴随实物粒子的波到底是什么样的波? 对物质波又如何解释呢?

玻恩(1882—1972)

下面我们通过分析电子双缝干涉实验来阐明物质波的本质。如图 11-7 所示,电子源发射的电子束到达双缝 A 和 B,经双缝后在屏幕 D 上形成干涉图样。其中(a)表示只有缝 A 打开时的图样;(b)表示只有缝 B 打开时的图样;(c)是双缝同时打开时我们预想的图样;(d)是实际得到的电子波干涉图样。

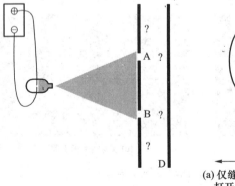

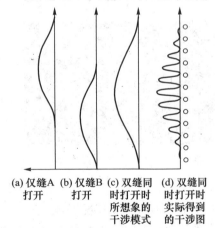

(a) 仅缝A 打开　(b) 仅缝B 打开　(c) 双缝同时打开时所想象的干涉模式　(d) 双缝同时打开时实际得到的干涉图

图 11-7　电子双缝实验装置及干涉模式

可以看出,当关闭一个缝时,电子将会通过打开的缝撞击到整个屏幕上的任何点,这时干涉图被毁坏。打开另一个缝期望的是增加撞击屏幕的电子数目,想象获得(c)的图样,但实际得到的是干涉图(d)。奇特的是,在双缝同时打开所得

目前的理论认为,电子是不可分割的。另外,人们还进行了用探测器来探测电子究竟是通过一个缝还是同时通过两个缝的实验,结果表明,电子仅仅通过一个缝。有趣的是,当在缝后放置探测器时,我们只能得到图 11-7(c) 的图样而得不到图 11-7(d) 的干涉图样。即探测器的放置毁坏了干涉图,电子好像知道探测器的存在,它将应该通过一个缝而不是两个缝,另一个缝好像被关闭一样。

那么是否认为电子仅从双缝中的一个缝中通过就认为只有一个缝起作用呢? 即电子通过缝 A 时,缝 B 是否打开对其没有影响;通过缝 B 时,缝 A 是否打开与其毫无关系。这样便会得到单独打开缝 A,然后再单独打开缝 B,得到的干涉图样应与同时打开缝 A、缝 B 得到的干涉图样完全相同。事实上,单独依次打开缝 A 与缝 B,在屏幕上得到的必然是两个单缝衍射图样的叠加,强度显然是二者之和,不可能得到双缝干涉图样。可见,粒子性要求一个电子仅从一个缝中通过,但双缝对它同时起作用,与单独打开一个缝,电子的行为是不同的。

实验中无论人们怎样调节电子源欲使所有电子完全相同且使它们都能撞击到屏幕上的同一点是不可能的,不同的电子将撞击到不同的位置,我们最后得到的总是相同的干涉图样。不管怎样精细的调节装置和你怎样努力,微观粒子总是按自己的方式运动,可见微观世界有自己的规律可循。波粒二象性实际上就是不确定性,也称其为量子不确定性。尽管在实验中单个电子撞击屏幕位置具有随机性,但大量电子撞击的统计结果,干涉图样是可以预言的。

1926 年,玻恩首次提出了电子干涉模式应该是一个概率模式。一个电子将由一个概率波所描述,即描述一个电子的概率波就是对这个电子可能位置的描述。玻恩明确提出了德布罗意波的统计解释,认为波函数的意义指的是发现粒子的概率,这是每个粒子在所处环境中所具有的性质。某处粒子的密度与该处发现一个粒子的概率成正比。光的强弱与光子数目的多少成正比,某处的光子数同该处发现一个光子的概率成正比。我们还知道光的强弱与光波的电场或磁场强度的平方成正比,可见某处发现一个光子的概率同光波的电场或磁场强度的平方成正比。类比来看,可见某处发现一个实物粒子的概率同物质波的波函数 Ψ 的平方成正比。由于 Ψ 为复数,Ψ^2 应写为 $\Psi\Psi^*$。

波函数模量的平方代表 t 时刻粒子在 r 处单位体积中出现的概率,称为概率密度

$$w = \Psi_{(r,t)}\Psi_{(r,t)}^* = |\Psi_{(r,t)}|^2 \tag{11-18}$$

这就是波函数的物理意义。波函数既然具有这样的物理意义,它必须满足一定的条件,即连续、单值和有限。因为概率不会在某处发生突变,所以波函数应该连续;每处只有一个概率,波函数应该单值;概率不可能为无限大,波函数应该有限。那么,t 时刻 r 处体积元 dV 中发现一个粒子的概率显然为

$$\mathrm{d}w = w\mathrm{d}V = \Psi_{(r,t)}\Psi^{*}_{(r,t)}\mathrm{d}V = |\Psi(r,t)|^{2}\mathrm{d}V \tag{11-19}$$

因为粒子必定在空间中的某一点出现,因此粒子在空间各点出现的概率总和等于 1,即有

$$\iiint |\Psi_{(r,t)}|^{2}\mathrm{d}V = 1 \tag{11-20}$$

即为波函数的归一化条件,上式积分遍布粒子到达的全部空间。

概率波表示的是电子出现的概率,每个电子都有通过缝 A 和缝 B 的两种机会即概率,并不要求分割电子,保障了电子的粒子性。另外,电子的概率又完全由波函数决定,所以能够给出干涉图样,同时体现了波动性。一个电子经双缝后只能撞击在屏幕上的一个点,至于落在哪个点完全是由概率波给出的概率所决定。显然,电子落在亮纹处的概率大,暗纹处的概率小(概率为零)。

用概率波还可以清楚地说明同时打开双缝与单独先后打开缝 A 和缝 B 所得的图样不同的原因。上面已经说过,在双缝同时打开时,电子有通过 A 缝和 B 缝的两种机会,但单独打开一个缝时,电子只存在一种机会。二者的波函数表达式不同,则必然得到的是双缝干涉和单缝衍射的不同图样。玻恩由于他对波函数的统计解释及其基础研究,荣获了 1954 年诺贝尔物理学奖。

11.4　不确定关系

不确定关系(测不准关系)是德国物理学家海森伯在 1927 年根据对一些理想实验的分析及德布罗意关系而得出的。海森伯认为,波粒二象性意味着微观世界存在着一个可以用数量表示的内在的不确定性。在经典力学中,一个粒子的位置和动量是可以同时精确测定的。即一质点在任一时刻的运动状态是完全确定的,并可由此精确地预言下一时刻质点的运动状态。在量子理论发展后,揭示出要同时测出微观粒子的位置和动量,其精度是有一定限制的,这个限制来源于波粒二象性。由于实物粒子的粒子性,可以附给其粒子的属性——位置和动量。由于实物粒子的波动性,其位置要用概率波来描

海森伯(1901—1976)

述,而概率波所给出的只是粒子在各处所出现的概率。所以实物粒子在任何时刻并不具有确定的位置,同时也不具有确定的动量,其位置和动量存在着一个不确定量。

上述思想称为海森伯的不确定原理:每一实物粒子在位置和动量(速度)上

波粒二象性的思想。1923 年,德布罗意在巴黎大学攻
读博士学位,当他获得波动力学的基本想法时,萌发了
把辐射的二象性推广到实物粒子尤其是电子的想法。
德布罗意认为在物质和辐射之间,应该存在着某种对
称性,既然辐射具有波粒二象性,那么物质的行为为什
么总表现为粒子性呢? 德布罗意推想,光既然在某种
情况下具有波动性,在一些情况下又具有粒子性,那么
从对称角度考虑,实物粒子如电子、质子等,是否也具
有波动性呢? 他认为,19 世纪对光的研究中,注意了光
的波动性,而忽视了另一面即光的粒子性;对实物的研

德布罗意(1892—1987)

究中,可能出现了相反的情况,即注意了实物粒子的粒子性,而忽视了它的波动
性。他于 1924 年提出了物质波的学说:原子、电子等一切微观粒子和光一样,也
具有波粒二象性。一个动量为 p,能量为 E 的自由运动粒子,相当于沿着粒子运
动方向传播的平面波,其波长和频率分别为

$$\lambda = \frac{h}{p} = \frac{h}{mv} = \frac{h\sqrt{1-v^2/c^2}}{m_0 v} \tag{11-16}$$

$$\nu = \frac{E}{h} = \frac{mc^2}{h} = \frac{m_0 c^2}{h\sqrt{1-\dfrac{v^2}{c^2}}} \tag{11-17}$$

(11-16)式称为德布罗意关系式,这种和实物粒子相联系的波称为德布罗意波
或物质波。$\lambda = h/p$ 和 $E = h\nu$ 后来称为爱因斯坦—德布罗意关系。德布罗意的
物质波思想比普朗克、爱因斯坦的辐射的粒子性更加奇异和不可理解,开始人们
对它的真实性表示怀疑。

　　尽管当时缺乏实验证据支持物质波假设,但德布罗意认为,自己大胆的创造
性思想是如此的漂亮以至于把它写进了博士学位论文,于 1924 年递交给由佩
兰、朗之万、卡坦和英格温组成的论文答辩委员会。德布罗意的导师朗之万在审
阅了德布罗意的论文后认为:"除了思想上的独创性外,德布罗意以非凡的技巧
做出努力来克服阻碍物理学家的困难。"但答辩委员会还是不能理解德布罗意的
假设,对物质波的真实性表示怀疑,于是将论文送给爱因斯坦征求其看法。爱因
斯坦一生所追求的是物质世界的统一理论和欣赏物理学中的对称性,德布罗意
的物质波思想给爱因斯坦极其深刻的印象,爱因斯坦评论这对于揭示我们物理
学中最难以捉摸的迷,开始露出了一线微弱的光芒。答辩委员会通过了德布罗
意的学位论文。爱因斯坦对德布罗意的思想很感兴趣并意识到其重大意义,他
将德布罗意的论文推荐给洛伦兹、玻恩等著名物理学家。他对玻恩说:"您一定

要读它,虽然看起来有点荒唐,但很可能是有道理的。"玻恩对爱因斯坦回信说:"我读了德布罗意的论文,并逐渐明白了他们搞的是什么名堂,我现在相信物质波理论可能是非常重要的。"

最早从实验上证实德布罗意假设的是 1927 年两个独立的实验:一个是美国物理学家戴维孙与合作者革末所做的电子在晶体表面上的衍射实验。将电子束投射到镍单晶体表面上,在满足布拉格公式的衍射角时,从实验所测得的散射电流与电子射向镍单晶的加速电压之间的关系,当电子的波长满足德布罗意关系式时,其理论计算与实验结果完全相符,证明了德布罗意假设的正确性。

图 11-5　电子通过多晶薄箔后的衍射图样

证实电子波动性的另一个实验是英国物理学家汤姆孙所做的电子通过金属薄箔的衍射实验。当高能电子束(能量在 $10\sim40$ keV)透射金属薄箔后,在薄箔后的照相胶片上得到的是同心环状的衍射图样,与光波通过圆孔的衍射图样相似,如图 11-5 所示。由衍射图样的圆环半径计算出的电子波长与德布罗意关系式相符,从而令人信服地证实了电子的波粒二象性。戴维孙和汤姆孙同时获得了 1937 年的诺贝尔物理学奖。

其后,接连发现了许多物质波的衍射现象,一系列的实验证实了不仅是电子,而且原子、质子、中子等一切实物粒子都具有波粒二象性。图 11-6 是 1989 年日本物理学家所做的电子双缝干涉图样,与光波的双缝干涉图样相同。

图 11-6　电子双缝干涉图样

从爱因斯坦-德布罗意关系式 $E=h\nu,\lambda=h/p$ 可知,普朗克常量在两式中起了重要作用。由于普朗克常量很小,所以实物粒子的波长很小,以至于粒子的波动性很难探测,这就是为什么通常我们认为物质是由粒子组成而不是由波组成的原因。

物质波假设的建立,标志着人类对物质世界认识的深化。电子(包括其他微观粒子)具有波动性的预言,为量子论的发展开辟了一条崭新的途径。爱因斯坦曾高度地评价物质波的假设,认为它揭开了自然界巨大面罩的一角。1929 年,德布罗意由此而荣获了诺贝尔物理学奖。

11.3 概　率　波

1925 年,奥地利物理学家薛定谔在德布罗意物质波假设的基础上创立了量子力学理论,提出了用物质波的波函数来描述粒子运动状态的方法。那么和物质粒子相联系的波或波函数到底与粒子运动有什么关系呢? 1926 年,德国物理学家玻恩首先提出了概率波的概念解决了这一问题。

在上节中,我们已经知道,实物粒子具有波粒二象性。一方面,实物粒子呈现波的性质;另一方面,它又呈现粒子的性质,这与我们通常的"实物不能同时既是粒子又是波"的观念相矛盾。那么,伴随实物粒子的波到底是什么样的波? 对物质波又如何解释呢?

玻恩(1882—1972)

下面我们通过分析电子双缝干涉实验来阐明物质波的本质。如图 11-7 所示,电子源发射的电子束到达双缝 A 和 B,经双缝后在屏幕 D 上形成干涉图样。其中(a)表示只有缝 A 打开时的图样;(b)表示只有缝 B 打开时的图样;(c)是双缝同时打开时我们预想的图样;(d)是实际得到的电子波干涉图样。

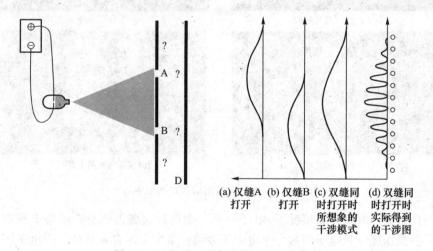

(a)仅缝A 打开 (b)仅缝B 打开 (c)双缝同时打开时所想象的干涉模式 (d)双缝同时打开时实际得到的干涉图

图 11-7　电子双缝实验装置及干涉模式

可以看出,当关闭一个缝时,电子将会通过打开的缝撞击到整个屏幕上的任何点,这时干涉图被毁坏。打开另一个缝期望的是增加撞击屏幕的电子数目,想象获得(c)的图样,但实际得到的是干涉图(d)。奇特的是,在双缝同时打开所得到的干涉图上,始终没有电子撞击到屏幕上的 0 处。

　　实验还发现,在双缝同时打开的情况下,无论电子束的强度多么弱,只要曝光时间足够长,总能观察到双缝干涉图样。现代实验技术可使电子发射的间隔时间为电子飞越时间的 3×10^4 倍,即让电子一个一个地通过双缝装置,这时在屏幕上记录的电子撞击屏幕的亮点分布开始完全是随机的,但随着时间的延长,我们得到的仍是双缝干涉图样。图 11-8(a) 表示 3 000 个电子通过双缝后的干涉图样,从电子撞击屏幕得到的亮点看,电子是一个一个撞击屏幕的,这充分体现了电子的粒子性。开始的几个电子到达屏幕上的位置是随机的,但并不是无规律可循,每个点都落在了干涉极大处,避开了干涉极小处。图 11-8(b)、(c) 分别表示 20 000 个电子和 70 000 个电子逐个通过双缝后所形成的干涉图样。可见,随着曝光时间的延长和电子数目的增多,大量电子撞击屏幕的亮点呈现规则的明暗相间的双缝干涉图样。

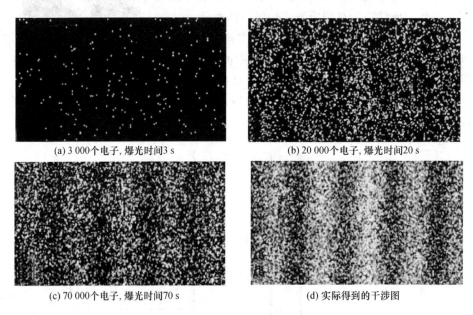

(a) 3 000个电子, 爆光时间3 s　　　　　　(b) 20 000个电子, 爆光时间20 s

(c) 70 000个电子, 爆光时间70 s　　　　　(d) 实际得到的干涉图

图 11-8　电子双缝衍射形成的概率波

　　在双缝同时打开的情况下,电子一个一个通过狭缝怎么会在屏幕上形成波的干涉图样呢?是电子同另一个电子干涉吗?事实上不存在另外一个电子。似乎好像是一个电子同自身在相互干涉,电子表现得像一束扩展的波到达屏幕。是否这个波在经双缝时被分割成两个子波,两个子波在屏幕上相遇而形成干涉图样呢?显然,这与电子的粒子性相矛盾。那么是否有时电子仅通过一个缝,而有时同时会通过两个缝呢?这就要求将电子分割成两部分,两部分进行干涉。

目前的理论认为,电子是不可分割的。另外,人们还进行了用探测器来探测电子究竟是通过一个缝还是同时通过两个缝的实验,结果表明,电子仅仅通过一个缝。有趣的是,当在缝后放置探测器时,我们只能得到图 11－7(c)的图样而得不到图 11－7(d)的干涉图样。即探测器的放置毁坏了干涉图,电子好像知道探测器的存在,它将应该通过一个缝而不是两个缝,另一个缝好像被关闭一样。

那么是否认为电子仅从双缝中的一个缝中通过就认为只有一个缝起作用呢?即电子通过缝 A 时,缝 B 是否打开对其没有影响;通过缝 B 时,缝 A 是否打开与其毫无关系。这样便会得到单独打开缝 A,然后再单独打开缝 B,得到的干涉图样应与同时打开缝 A、缝 B 得到的干涉图样完全相同。事实上,单独依次打开缝 A 与缝 B,在屏幕上得到的必然是两个单缝衍射图样的叠加,强度显然是二者之和,不可能得到双缝干涉图样。可见,粒子性要求一个电子仅从一个缝中通过,但双缝对它同时起作用,与单独打开一个缝,电子的行为是不同的。

实验中无论人们怎样调节电子源欲使所有电子完全相同且使它们都能撞击到屏幕上的同一点是不可能的,不同的电子将撞击到不同的位置,我们最后得到的总是相同的干涉图样。不管怎样精细的调节装置和你怎样努力,微观粒子总是按自己的方式运动,可见微观世界有自己的规律可循。波粒二象性实际上就是不确定性,也称其为量子不确定性。尽管在实验中单个电子撞击屏幕位置具有随机性,但大量电子撞击的统计结果,干涉图样是可以预言的。

1926 年,玻恩首次提出了电子干涉模式应该是一个概率模式。一个电子将由一个概率波所描述,即描述一个电子的概率波就是对这个电子可能位置的描述。玻恩明确提出了德布罗意波的统计解释,认为波函数的意义指的是发现粒子的概率,这是每个粒子在所处环境中所具有的性质。某处粒子的密度与该处发现一个粒子的概率成正比。光的强弱与光子数目的多少成正比,某处的光子数同该处发现一个光子的概率成正比。我们还知道光的强弱与光波的电场或磁场强度的平方成正比,可见某处发现一个光子的概率同光波的电场或磁场强度的平方成正比。类比来看,可见某处发现一个实物粒子的概率同物质波的波函数 Ψ 的平方成正比。由于 Ψ 为复数,Ψ^2 应写为 $\Psi\Psi^*$。

波函数模量的平方代表 t 时刻粒子在 r 处单位体积中出现的概率,称为概率密度

$$w = \Psi_{(r,t)}\Psi_{(r,t)}^* = |\Psi_{(r,t)}|^2 \tag{11-18}$$

这就是波函数的物理意义。波函数既然具有这样的物理意义,它必须满足一定的条件,即连续、单值和有限。因为概率不会在某处发生突变,所以波函数应该连续;每处只有一个概率,波函数应该单值;概率不可能为无限大,波函数应该有限。那么,t 时刻 r 处体积元 dV 中发现一个粒子的概率显然为

$$dw = w dV = \Psi_{(r,t)} \Psi_{(r,t)}^* dV = |\Psi(r,t)|^2 dV \qquad (11-19)$$

因为粒子必定在空间中的某一点出现,因此粒子在空间各点出现的概率总和等于 1,即有

$$\iiint |\Psi_{(r,t)}|^2 dV = 1 \qquad (11-20)$$

即为波函数的归一化条件,上式积分遍布粒子到达的全部空间。

概率波表示的是电子出现的概率,每个电子都有通过缝 A 和缝 B 的两种机会即概率,并不要求分割电子,保障了电子的粒子性。另外,电子的概率又完全由波函数决定,所以能够给出干涉图样,同时体现了波动性。一个电子经双缝后只能撞击在屏幕上的一个点,至于落在哪个点完全是由概率波给出的概率所决定。显然,电子落在亮纹处的概率大,暗纹处的概率小(概率为零)。

用概率波还可以清楚地说明同时打开双缝与单独先后打开缝 A 和缝 B 所得的图样不同的原因。上面已经说过,在双缝同时打开时,电子有通过 A 缝和 B 缝的两种机会,但单独打开一个缝时,电子只存在一种机会。二者的波函数表达式不同,则必然得到的是双缝干涉和单缝衍射的不同图样。玻恩由于他对波函数的统计解释及其基础研究,荣获了 1954 年诺贝尔物理学奖。

11.4　不确定关系

不确定关系(测不准关系)是德国物理学家海森伯在 1927 年根据对一些理想实验的分析及德布罗意关系而得出的。海森伯认为,波粒二象性意味着微观世界存在着一个可以用数量表示的内在的不确定性。在经典力学中,一个粒子的位置和动量是可以同时精确测定的。即一质点在任一时刻的运动状态是完全确定的,并可由此精确地预言下一时刻质点的运动状态。在量子理论发展后,揭示出要同时测出微观粒子的位置和动量,其精度是有一定限制的,这个限制来源于波粒二象性。由于实物粒子的粒子性,可以附给其粒子的属性——位置和动量。由于实物粒子的波动性,其位置要用概率波来描

海森伯(1901—1976)

述,而概率波所给出的只是粒子在各处所出现的概率。所以实物粒子在任何时刻并不具有确定的位置,同时也不具有确定的动量,其位置和动量存在着一个不确定量。

上述思想称为海森伯的不确定原理:每一实物粒子在位置和动量(速度)上

都具有固有的不确定性。虽然每一个不确定量可取任意数值,但二者的乘积约等于某一确定的值。海森伯应用波包的概念首先定量地导出了粒子坐标和动量之间的不确定关系。设测量一个微观粒子的位置时,如果不确定范围为 Δx,那么同时测得其动量也有一个不确定范围 Δp_x,二者乘积满足

$$\Delta x \Delta p_x \geqslant h \qquad (11-21)$$

此式称为海森伯的坐标和动量的不确定关系式。

不确定关系可由电子单缝衍射实验来说明。如图 11-9 所示,设一束电子沿 y 轴正向以某一动量射入狭缝,缝宽为 Δx,则在屏幕上可得到单缝衍射图样,充分显示了电子的波动性。由单缝衍射理论,中央主极大的半角宽(即第一级暗纹到中央主极大中心的角距离)φ 满足下式

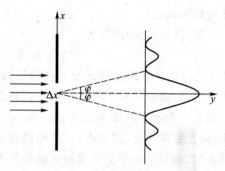

图 11-9 电子单缝衍射实验

$$\Delta x \sin \varphi = \lambda \qquad (11-22)$$

式中 λ 为电子波的波长,由德布罗意关系

$$\lambda = h/p \qquad (11-23)$$

现在我们来考虑一个电子通过狭缝时的位置和动量。因为电子是从宽度为 Δx 的缝中通过的,因此在 x 方向上位置的不确定量显然就是 Δx。从衍射图样来看,屏上电子落点沿 x 方向展开,当电子垂直于狭缝(y 轴方向)入射时,缝前其动量沿 x 轴的分量 p_x 为零。显然电子通过狭缝到达屏幕时,其 p_x 不为零。采取主峰近似,认为电子全部落入中央明纹内,略去所有次极大,由图中矢量关系可得

$$0 \leqslant p_x \leqslant p \sin \varphi$$

即电子动量在 x 方向上的不确定量为

$$\Delta p_x = p \sin \varphi$$

考虑到一些电子落在中央明纹以外区域的情况,故有

$$\Delta p_x \geqslant p \sin \varphi \qquad (11-24)$$

由(11-22)、(11-23)、(11-24)式,即可得

$$\Delta x \Delta p_x \geqslant h \qquad (11-25)$$

运用量子力学推导出的不确定关系为

$$\Delta x \Delta p_x \geqslant \hbar/2 \qquad (11-26)$$

式中 $\hbar = h/2\pi = 1.545\,887 \times 10^{-34}$ J·s。

不确定关系表明,粒子位置的不确定量越小,动量的不确定量就越大,二者之间存在着反比关系。电子单缝衍射实验确实证明了这一点,缝越窄,即 Δx 越小,衍射现象就越显著,中央主极大的衍射角越大,电子落点在屏幕上沿 x 轴展得越宽,说明 Δp_x 越大。如果粒子的位置精确地被测定,即 $\Delta x \to 0$,则其动量就非常地不确定,则 $\Delta p_x \to \infty$;反之,动量精确测定,$\Delta p_x \to 0$,则 $\Delta x \to \infty$,即位置就非常地不确定。

将式(11-26)改写为

$$\Delta x \Delta v_x \geqslant \hbar/2m \qquad (11-27)$$

式中 Δv_x 为粒子速度沿 x 轴方向分量的不确定值,m 为粒子的静止质量。从上式可见,大质量的粒子有较小的可能性活动范围。例如一个质子的可能性活动范围比一个电子的要小 200 倍。对一个粒子(质子或电子),当 Δx 减小(或增大)时,Δv 则增大(或减小)。另外假设将一个粒子位置的不确定量挤压到很小的范围,则粒子速度必有大的不确定范围 Δv_x,Δv_x 增大必然引起 v_x 增大,这意味着粒子位置不确定范围越小,粒子就运动得越快。例如原子核内的质子和中子被限制在一个比原子尺度小 10 000 倍的区域内,这时质子和中子必然运动得越快,这就是为什么原子核具有很大能量的原因。

不确定关系是普遍原理,凡是力学中共轭的动力变量之间都存在着这种关系,如能量与时间、角位移与角动量之间也同样满足

$$\Delta E \Delta t \geqslant \hbar/2 \qquad (11-28)$$

$$\Delta \varphi \Delta L \geqslant \hbar/2 \qquad (11-29)$$

如何对不确定关系做出正确的解释呢?目前人们认为"不确定关系是微观粒子波粒二象性的宏观表现",微观粒子的波动性使得粒子在某一时刻不具有确定的位置,也不具有确定的动量。例如,波长反映了波在空间上的周期性,描述了波在空间变化的快慢程度,是与整个波相联系的量。因此,在空间某一点的波长提法是没有意义的。那么,由 $p = h/\lambda$,微观粒子在某一点的动量这种提法同样是毫无意义的。

20 世纪 50 年代后,人们提出了不确定关系的统计解释,即不确定量应是多次测量值偏离其平均值的统计散布,不确定关系就是两种(如坐标和动量)统计散布(即涨落)的乘积所受的限制。

不确定关系反映了物质世界的基本规律,对当今科技的发展具有重大的指导意义。不确定关系为人们提出了划分微观世界和宏观世界的标准:凡是 h 在其中起作用的,则认为属微观领域。否则,则为宏观领域。例如在具体问题中,h 可以忽略,即认为 $h \to 0$,则 $\Delta x \Delta p_x \geqslant 0$,即 $\Delta x = 0$ 时,Δp_x 也可以等于零。这样即可同时准确地测出粒子的位置和动量,这时粒子可以作为经典粒子来处理,经典

力学是适用的。若 h 不可忽略,这就必须考虑波粒二象性,运用量子理论去处理。从而可以看出不确定关系在微观世界中已成为一条重要规律。

不确定关系还阻止原子的进一步塌缩。当电子辐射能量跃迁时,它的速度及活动范围将缩小,但 $\Delta x \Delta v_x$ 最小值不能小于 $\hbar/2m$,故电子受到不确定关系的制约不能继续塌缩。量子不确定性还可以告知人们粒子衰变的概率,但不能告知那个粒子什么时候衰变。量子不确定性在微观领域遗传基因方面起着重要作用。孩子在某些方面显示其父亲或母亲的特征,这与父、母亲的 DNA 分子随机过程有关,在这里 DNA 的量子特性起了重要作用。宇宙论还认为,今天的宇宙来源于宇宙之初由于量子不确定性的微小涨落。

11.5　泡利不相容原理

泡利不相容原理的提出是在量子力学产生之前,也即在电子自旋假设提出之前。泡利发现在原子中要完全确定一个电子的能态,需要四个量子数,并提出了不相容原理。原来已知的三个量子数(主量子数 n、角量子数 l、磁量子数 m_l)只与电子绕原子核的运动有关,第四个量子数表示电子本身的自旋特性。

在乌伦贝克和古兹米特提出电子自旋假设后,泡利的第四个量子数就是电子自旋量子数 m_s 被提出来了,它可以取 $\pm 1/2$ 两个值。

泡利不相容原理表述为:在一个原子中不可能有两个或两个以上的电子具有完全相同的四个量子数(n, l, m_l, m_s),即原子中不能容纳运动状态完全相同的两个电子,也就是说原子中的每一个状态只能容纳一个电子。它是泡利于1925 年为说明化学元素周期律提出来的,根据泡利原理可很好地说明化学元素的周期律。一个原子中不可能有电子层、电子亚层、电子云伸展方向和自旋方向完全相同的两个电子。如氦原子的两个电子,都在第一层(K 层),电子云形状是球形对称、只有一种完全相同伸展的方向,自旋方向必然相反。

核外电子排布遵循泡利不相容原理、能量最低原理和洪特规则。能量最低原理就是在不违背泡利不相容原理的前提下,核外电子总是优先占有能量最低的轨道,只有当能量最低的轨道占满后,电子才依次进入能量较高的轨道,也就是尽可能使体系能量最低。洪特规则是在等价轨道(相同电子层、电子亚层上的各个轨道)上排布的电子将尽可能分占不同的轨道,且自旋方向相同。量子力学证明,电子这样排布可使能量最低,所以洪特规则可以包括在能量最低原理中,作为能量最低原理的一个补充。

泡利不相容原理是微观粒子运动的基本规律之一。泡利原理是全同费米子遵从的一条重要原则,在所有含有电子的系统中,在分子的化学价键理论中、在固态金属、半导体和绝缘体的理论中都起着重要的作用。后来知道泡利原理也适用于其他如质子、中子等费米子。泡利原理是认识许多自然现象的基础。

11.6 描述微观粒子状态的基本方程

描述微观粒子运动规律的系统理论是量子力学,它是薛定谔、海森伯、玻恩等人于 1925—1926 年期间初步建立的。本节将简要介绍量子力学的基本概念和基本方程。

11.6.1 波函数

我们已经知道,实物粒子具有波粒二象性,其运动状态需用物质波的波函数来描述,波函数模量的平方代表概率密度。

那么,什么是波函数呢? 所谓波函数即概率波的数学表达式。

根据德布罗意的物质波理论,一个动量为 p、能量为 E 的粒子,除具有粒子性之外,同时还具有波动性,其波长为 $\lambda=h/p$,频率 $\nu=E/h$。这是一种什么波? 其波函数 Ψ 又如何表示呢? 下面考虑一个自由粒子的波,所谓自由粒子就是一个未受力作用的粒子,其动量、能量不变,所以与其联系的波其波长、频率不变,传播方向不变,显然是单色平面波。其波函数可表示为

$$\Psi=\psi_0\cos\omega(t-r_n/v)=\psi_0\cos 2\pi(\nu t-r_n/\lambda)$$

式中 r_n 为坐标原点到波面的垂直距离。将上式改写成复数形式(只取实数部分)

$$\Psi=\psi_0\exp[-\mathrm{i}2\pi(\nu t-r_n/\lambda)]$$

将 $E=h\nu,p=h/\lambda$ 代入,得

$$\Psi=\psi_0\exp\left[-\mathrm{i}2\pi\left(\frac{E}{h}t-\frac{p}{h}r_n\right)\right]=\psi_0\exp\left[-\frac{\mathrm{i}}{\hbar}(Et-\boldsymbol{p}\cdot\boldsymbol{r})\right]$$

通常写成下列形式

$$\Psi=\psi_0\exp\left[\frac{\mathrm{i}}{\hbar}(\boldsymbol{p}\cdot\boldsymbol{r}-Et)\right] \tag{11-30}$$

上式即为自由粒子的德布罗意波的波函数。其中 $\boldsymbol{r}$ 为考察点的位置矢径,ψ_0 为待定常量。$\psi_0\exp\left[\frac{\mathrm{i}}{\hbar}\boldsymbol{p}\cdot\boldsymbol{r}\right]$ 相当于 $\boldsymbol{r}$ 处波函数的复振幅,而 $\exp\left[-\frac{\mathrm{i}}{\hbar}Et\right]$ 则反映了波函数随时间的变化。

11.6.2 描述微观粒子状态的基本方程——薛定谔方程

薛定谔方程是量子力学的基本方程,它揭示了微观物理世界物质运动的基本规律,它的重要性犹如牛顿运动方程对于经典力学、麦克斯韦方程对于经典电

动力学一样，它是原子物理学中处理一切非相对论问题的有力工具，在原子、分子、固体物理、核物理、化学领域中己被广泛应用。

我们知道，微观粒子的状态要用物质波的波函数来描述。只要波函数 $\Psi_{(r,t)}$ 确定了，那么在空间任一位置 r、任一时刻 t 发现一个粒子的概率就确定了，任何一个力学量的测量概率也就完全确定了。可见，波函数是如此重要，那么，到哪儿去找波函数呢？这就成为当时人们探讨的重要问题。量子力学最核心的问题就是要找出在各种具体情况下描述系统状态的各种可能的波函数，1926 年薛定谔提出了波动方程，圆满地解决了这个问题。

描述粒子运动的波函数和粒子所处条件的关系称为薛定谔方程，薛定谔方程是采用类比的物理学方法得到的。薛定谔从德布罗意物质波理论出发，通过经典力学与光学的类比，建立了波动力学。光具有粒子性，又具有波动性，描述它的是几何光学和波动光学，几何光学是波动光学的近似。实物粒子具有粒子性，又具有波动性，那么描述实物粒子运动的除了质点力学外，对应的也应有波动力学。

哈密顿（1805—1865）早在 19 世纪就证明了质点力学和几何光学相似，那么，薛定谔想到，可能波动力学也和波动光学相似，质点力学也应该是波动力学的近似。基于以上思想，他提出了微观力学过程是波动过程的论断，建立了描述微观粒子运动状态的基本方程——薛定谔方程。

薛定谔方程是一个微分方程，其解波函数一般是时间 t 和位置坐标的函数。在特殊情况下，粒子所处的势场不随时间变化，这时波函数不随时间变化，称其为定态波函数，对应的方程称为定态薛定谔方程。所谓定态，就是能量不随时间变化的状态。下面我们来介绍建立薛定谔方程的主要思路。

设想一个能量为 E、动量为 p 的自由粒子，由(11-30)式可知，其波函数为

$$\Psi_{(r,t)} = \psi_{(r)} \exp\left(-\frac{i}{\hbar}Et\right)$$

其中 $\psi_{(r)} = \psi_0 \exp\left(\frac{i}{\hbar}p \cdot r\right) = \psi_0 \exp\left[\frac{i}{\hbar}(p_x x + p_y y + p_z z)\right]$，显然 $\psi_{(r)}$ 只是位置坐标的函数，而与时间无关。由上式知

$$\frac{\partial^2 \psi}{\partial x^2} = -\frac{p_x^2}{\hbar^2}\psi, \frac{\partial^2 \psi}{\partial y^2} = -\frac{p_y^2}{\hbar^2}\psi, \ \frac{\partial^2 \psi}{\partial z^2} = -\frac{p_z^2}{\hbar^2}\psi$$

相加即得

$$\nabla^2 \psi = -\frac{p^2}{\hbar^2}\psi \tag{11-31}$$

其中 $\nabla^2 = \dfrac{\partial^2}{\partial x^2} + \dfrac{\partial^2}{\partial y^2} + \dfrac{\partial^2}{\partial z^2}$ 称为拉普拉斯算符。设粒子在势场中运动，其总能量

可表示为

$$E = p^2/2m + V$$

式中 m 为粒子的质量，V 为粒子在外力场中的势能函数。从此式中解出 p^2 代入 (11−31)式，得

$$-\frac{\hbar^2}{2m}\nabla^2\psi + V\psi = E\psi$$

或

$$\nabla^2\psi + \frac{2m}{\hbar^2}(E-V)\psi = 0 \qquad (11-32)$$

即为定态薛定谔方程。

　　量子力学对于各种微观粒子运动问题的研究与求解，类似于经典力学求各种条件下牛顿运动方程的解一样，归结为求在各种条件下薛定谔方程的解。处理具体问题时，只要将此问题的势能函数 V 代入方程(11−32)求解，即可得出波函数。

　　薛定谔方程是微观粒子运动必须遵循的规律。在薛定谔方程中，波函数 ψ 表示波动性，E 和 V 表示粒子性，所以方程描述了微观粒子运动的波粒二象性。另一方面，薛定谔方程还揭示了微观世界的量子性，只有满足单值、有限、连续条件的波函数才代表物理上实际存在的状态。波函数要满足上述条件，物理量必须取一些分立的数值，即在微观世界中，物理量是不连续的，这是从薛定谔方程很自然推出的结论。运用薛定谔方程，可方便地得出振动电子的能量只能取 $(n+1/2)h\nu(n=0,1,2,\cdots)$ 以及氢原子的能量为 E_1/n^2 $(n=1,2,3,\cdots,E_1 = -13.6\ \text{eV}$ 为氢原子的基态能量)等许多量子化的结论。对氢原子中电子运动规律的研究以及对氢原子光谱的理论解释是量子力学早期最重要的应用之一，理论与实验的精确相符证明了量子理论的正确性。

　　今天，量子力学已成为近代物理中研究物质微观结构的理论基础，它的影响已扩展到微观领域的各个方面乃至高新技术和宇宙中星系的研究。1927 年，薛定谔与狄拉克共同获得了诺贝尔物理学奖。

习　　题

11−1　微观粒子满足不确定关系是由于

A. 测量仪器精度不够；　　　　　　　B. 粒子具有波粒二象性；

C. 粒子线度太小；　　　　　　　　　D. 粒子质量太小。　　　　[　　]

11−2　要使金属发生光电效应，则应

A. 尽可能增大入射光的强度；

B. 选用波长比红限波长更短的光波为入射光波；

C. 选用波长比红限波长更长的光波。　　　　　　　　　　[　　]

11-3　由氢原子理论可知,当氢原子处于 $n=3$ 的激发态时,可发射

A. 一种波长的光；　　　　　　　B. 两种波长的光；

C. 三种波长的光；　　　　　　　D. 各种波长的光。　　　[　　]

11-4　根据德布罗意假设,

A. 辐射不能量子化,但粒子具有波的特性；

B. 粒子具有波的特性；

C. 波长非常短的辐射有粒子性,但长波辐射却不然；

D. 波动可以量子化,但粒子不可能有波动性。　　　　　　[　　]

11-5　1900 年,物理学家_____提出了能量量子化假设,并发现自然界的一个重要常量 h,称为_____,其量值为 $h=$_____ J·s。

11-6　根据爱因斯坦的光子理论,每个光子(频率为 ν,波长为 $\lambda=c/\nu$)的能量 $E=$_____；动量 $p=$_____；质量 $m=$_____。

11-7　物质波概念是由物理学家_____提出的。动量为 p 的粒子,其物质波波长为_____。最早证实实物粒子具有波动性的实验是_____；该实验是由_____和_____共同完成的。

11-8　普朗克量子理论是在什么情况下提出来的? 简述其主要思想,并解释能量子、量子化、量子态。

11-9　试述光电效应的实验规律,讨论：

(1) 用经典理论解释光电效应规律时,遇到了哪些困难,其原因何在?

(2) 试用爱因斯坦的光电效应方程 $h\nu=A+\dfrac{1}{2}mv^2$,解释光电效应的实验规律。

(3) 已知钨的红限波长为 230 nm,现用波长为 180 nm 的紫外线照射时,则从表面逸出电子的最大动能为多少电子伏特。

11-10　试用玻尔理论(三条基本假设：定态、跃迁和量子化条件),解释氢原子的光谱规律。并计算：

(1) 巴尔末系的最大、最小波长各为多少?

(2) 氢原子从第四激发态($n=5$)跃迁到基态,可发出几条可见光谱线?

11-11　试述微观粒子的波粒二象性,并讨论：

(1) 德布罗意是怎样提出这个概念的?

(2) 简述证实德布罗意波存在的关键性实验,并解释实验规律。

（3）德布罗意波与机械波、电磁波的物理图像有什么不同？

（4）试说明物质波波函数的统计意义。若粒子的波函数为 $\Psi(x,t)$，则 $\Psi(x,t)\Psi^*(x,t)$ 表示什么？

11-12   证明：若确定一个运动粒子位置时，其不确定量等于该粒子的德布罗意波长，则同时确定该粒子的速度时，其不确定量就等于该粒子的速度。

11-13   试举出粒子与波之间的差异和相同点。

11-14   试举出牛顿物理与量子物理之间的几点差异和相同点。

11-15   我们是怎样知道辐射是由波组成的？又怎样知道辐射是由粒子组成的？怎样知道波伴随着实物粒子？

11-16   在电子双缝干涉实验中，一个电子在屏幕上的撞击亮点位置是不可预言的。那么，什么是可以预言的？

11-17   从光子理论出发，解释为什么超紫外线能损坏我们皮肤的细胞，而可见光却不然。

11-18   试举出光子和电子之间的相同点和差异。假设用光子进行双缝实验，你在屏幕上还能得到干涉图吗？这个干涉图与电子双缝实验的干涉图有何不同？

11-19   量子不确定性与硬币投掷中的概率有联系吗？

11-20   描述光电效应及其两个引起麻烦的特性。这个效应关于辐射告诉我们什么？

11-21   讨论实物和辐射之间的相似之处和差异？

11-22   为什么在正常情况下我们注意不到辐射是由光子构成的？

11-23   在单个电子通过双缝实验中仪器时，有什么东西穿过两条缝吗？我们是怎么知道的？

11-24   在双缝实验中，当我们用一个检测器来判定每个实物粒子是通过哪一条缝时，会发生什么？

11-25   如果你拍一张照片时用的快门速度是如此之快，使得只有 10 个光子进入镜头，那么你在照片上会看到什么？

11-26   叙述牛顿世界观的至少两个与量子力学理论相矛盾的基本观点。

部分习题答案

概述篇

第 0 章　绪论

0-4　是的。哥白尼时代的已知事实与哥白尼理论和托勒密理论都一致就是一个例子。

0-5　这不是一个可检验的假说,所以不应该认为包括这一假说的任何超感官知觉"理论"是一门科学。

0-6　1 000 亿×1 000 亿＝$1×10^{22}$。

0-7　它爆发于公元 1054 年之前大约 3 500 年,即大约公元前 2446 年。

力学篇

第 1 章　天体运动与牛顿力学

1-1　D

1-2　B

1-3　B

1-4　0.1 m/s²

1-5　C

1-6　5 m/s²

1-7　(1) $R=(3t)\boldsymbol{i}+(2-2t^2)\boldsymbol{j}$,$v=\dfrac{\mathrm{d}R}{\mathrm{d}t}=3\boldsymbol{i}-(4t)\boldsymbol{j}$,$a=\dfrac{\mathrm{d}v}{\mathrm{d}t}=-4\boldsymbol{j}$

(2) $v_{t=1}=3\boldsymbol{i}-4\boldsymbol{j}$,$a_{t=1}=-4\boldsymbol{j}$

1-8　$v=\dfrac{\mathrm{d}y}{\mathrm{d}t}=-a\sqrt{\dfrac{k}{m}}\sin\left(\sqrt{\dfrac{k}{m}}t+\dfrac{\pi}{2}\right)$　(SI 单位)

$a=\dfrac{\mathrm{d}v}{\mathrm{d}t}=-a\dfrac{k}{m}\cos\left(\sqrt{\dfrac{k}{m}}t+\dfrac{\pi}{2}\right)$　(SI 单位)

1-9　(1) 角速度的定义式为　$\omega=\dfrac{\mathrm{d}\theta}{\mathrm{d}t}$

$$\omega_{t=2\,s}=2t+4=8 \quad \text{（SI 单位）}$$

又角加速度的定义式为 $\quad \alpha=\dfrac{\mathrm{d}\omega}{\mathrm{d}t}=\dfrac{\mathrm{d}^2\theta}{\mathrm{d}t^2}$

$$\alpha_{t=2\,s}=2 \quad \text{（SI 单位）}$$

(2) $v=\dfrac{\mathrm{d}\theta}{\mathrm{d}t}R=\omega R=1.6 \quad \text{（SI 单位）}$

$a_n=\dfrac{v^2}{R}=\omega^2 R=12.8 \quad \text{（SI 单位）}$

$a_t=\dfrac{\mathrm{d}v}{\mathrm{d}t}=\alpha R=0.4 \quad \text{（SI 单位）}$

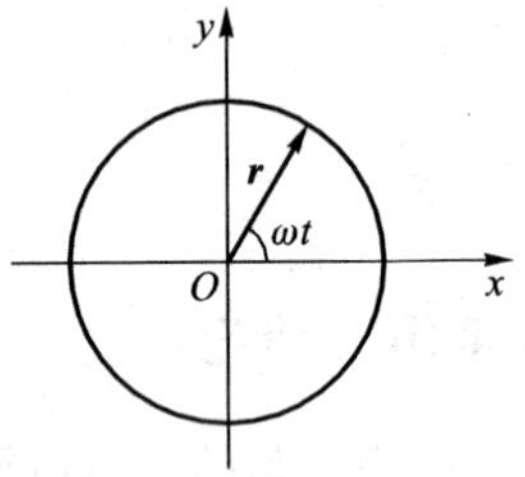

习题 1-9 图

1-10 $\quad a_n=\dfrac{v^2}{R}=0.3 \quad \text{（SI 单位）}$

1-11 （1）$a=\dfrac{F-13mg\mu}{13m} \quad \text{（SI 单位）}$

（2）第 7 节车厢以后的车厢的加速度 $a_{78}=a$

$$\dfrac{F-13mg\mu}{13m}=\dfrac{F_{78}-6mg\mu}{6m}$$

$$F_{78}=\dfrac{6}{13}F \quad \text{（SI 单位）}$$

习题 1-11 图

1-24 $\quad \dfrac{v^2 r}{G}=2.02\times10^{30} \text{ kg}$

第 2 章　对称性与守恒定律

2-1　D

2-2　C

2-3　B

2-4　290 J

2-5　$m_0\omega_0/(m_0+2m)$

2-6　$\dfrac{m_B g}{m_A+m_B+\dfrac{1}{2}m_C}$

2-7　冲量

2-8　对

2-9　$\dfrac{2mv}{(m_0+2m)R}$

2-10　（1）设摆球与细杆碰撞时速度为 v_0，碰后细杆角速度为 ω，系统角动量守恒得：

$$J = mv_0 l$$

由于是弹性碰撞,所以单摆的动能变为细杆的转动动能

$$\frac{1}{2}mv_0^2 = \frac{1}{2}J\omega^2$$

代入 $J = \frac{1}{3}m_0 l^2$,由上述两式可得　　$m_0 = 3m$

(2)由机械能守恒式

$$\frac{1}{2}mv_0^2 = mgl \text{ 及 } \frac{1}{2}J\omega^2 = \frac{1}{2}Mgl(1 - \cos\theta)$$

并利用(1)中所求得的关系可得　　$\theta = \arccos\frac{1}{3}$

2 - 11　(1) 0.003;(2) 0.6

2 - 12　隔离圆柱体和物体,分析受力情况,建立方程。

$$mg - F_T = ma$$
$$F_T R = I\beta$$
$$a = R\beta$$

因此(1) $a = \dfrac{mgR^2}{(mR^2 + I)} = \dfrac{2mg}{2m + m_0}$

$$v = at = \frac{2mg}{2m + m_0}t$$

(2)绳的拉力 $F_T = m(g - a)$

2 - 23　C

2 - 27　食物形式的化学能;化石燃料形式的化学能。

2 - 29　化学能,重力势能(引力能),弹性势能,化学能,化学能。

第 3 章　运动与时空

3 - 1　D

3 - 2　C

3 - 3　B

3 - 4　D

3 - 27　2.5 h

3 - 28　$l = 6\sqrt{5}$ m

3 - 29　$\rho = \dfrac{m}{V} = \dfrac{m_0}{a_{31} - v_2/c_2}$

3 - 44　不能

3 - 48　30 000 年。不,从地球上测量用的时间要多于 30 000 年。是的,一个

人(理论上)可以在他自己测量得随便多么短的时间里到达那里,这是因为时间的相对性,但这个人必须在他的旅途的几乎全程上以非常接近光速的速度运动.

第 4 章 引力与时空——广义相对论

4-12 纬线都是圆的,但仅赤道是"大圆",其他不是,它们不相交。

波动篇

第 5 章 振动与波动

5-1 D

5-2 D

5-3 E

5-4 $A\cos(\omega t+\varphi_0)$ A 振幅,ω 角频率,φ_0 初相位

5-5 $\dfrac{3}{2}\pi,\dfrac{\pi}{2}$

5-22 不是,因为水本身真正向山下运动。

5-25 没有,其速率取决于人群的反应时间。

第 6 章 波动光学

6-1 B

6-2 D

6-3 C

6-4 B

6-5 子波,子波相干

6-6 $n(r_2-r_1)$, $\dfrac{2\pi}{\lambda}n(r_2-r_1)$

6-7 频率相同,振动方向相同,相位差恒定

6-8 大,大,小

6-9 6 个,暗

6-10 0.644 mm

6-11 3,5(整数部分)

6-12 惠更斯原理是关于波面传播的理论,对任何波动过程它都是适用的。不论是机械波或电磁波,只要知道某一时刻的波面,都可以用惠更斯作图法求出下一时刻的波面,由此可以导出波的反射定律和折射定律。这既适用于光

波,也适用于声波。不过声波的波长比光波大得多,反射面或折射面太小时,衍射现象严重。

6-13 双缝移近,即双缝的间隔 d 变小,根据条纹间距公式 $\Delta x = D\lambda/d$ 可知,此时条纹间距变大,条纹变稀,其他性质不变。

6-14 水面上的汽油层呈现彩色是白光照射下油层薄膜干涉的结果。薄膜表面的两相干光线的光称差为

$$\Delta L = 2nh\cos i$$

从而相位差为

$$\Delta\varphi = \frac{2\pi}{\lambda}2nh\cos i$$

在膜厚 h 和倾角 i 不变时,相位差还与波长 λ 有关。相干叠加结果使某些波长的光强加强,某些波长的光削弱。因白光中含有各种波长成分,所以薄膜干涉的结果使原来无色透明的汽油呈现彩色。又由于相位差 $\Delta\phi$ 与倾角 i 有关,因此当改变观察方向时,油膜呈现的色彩也要发生变化。

6-16 (1)对于等厚条纹,严格观测必须用傍轴窄光束照明。扩展光源照明将导致条纹对等厚线的偏离和条纹衬比度的下降。对于等倾条纹,扩展光源照明有利无害,不但不会影响条纹的衬比度,反而可以增加亮纹的强度,使等倾条纹变得更加明亮。反之,若照明光源方向性太强会使等倾条纹图样残缺不全。在平行光照明的极端情形下,屏幕上相干光束的交叠区收缩为一个点,不可能出现干涉条纹。

(2)等厚条纹出现在非均匀薄膜表面,只能用成像系统接受或肉眼直接观察,不能用屏幕接收;等倾条纹出现在无穷远处,宜用屏幕接收。如果用一小片黑纸遮住薄膜表面的某一部位,对等厚条纹来说,会遮去这部分条纹,其他地方条纹不变;对等倾条纹来说,只会使条纹变暗,不会影响干涉图样的完整性。

6-17 这一现象与衍射效应有关。衍射效应是否明显,取决于波长与障碍物线度的比值:两者比值较小,则衍射效应不明显;反之,就较为明显。无线广播中中波段载波波长为数百米,与山的高度数量级差不多,因此衍射效应比较明显,无线电波不易被挡住。而电视广播的载波是超短波,其波长在米或分米量级,比山或高大建筑的高度要小得多。此时,电磁波的衍射效应不明显,近乎直线传播,极易被挡住。

6-19 (1)由于衍射效应的限制,人眼的最小分辨角 $\theta = \frac{1.22\lambda}{D}$($D$ 为瞳孔直径)。若 λ 与 D 同数量级,则 $\Delta\theta$ 为 $1\,\text{rad}$(几十度)的数量,已经不能成像了。

(2)人耳不是靠声波成像的,不怕衍射效应。与之相反,不希望声音只沿直

线传播。否则声音连人体自身大小的障碍物都绕不过，在日常生活中会感到很不方便。

6-20　蝙蝠是靠声波来判断障碍物的，使用的波长必须远小于障碍物的尺度。人类可闻声波波长是米的数量级，比蝙蝠要探测的障碍物的尺度大得多，故不能用。

6-21　由第一暗斑条件 $\sin\theta=\dfrac{\lambda}{a}$ 可知，欲得 0 级以外的衍射斑，必须有 $\lambda<a$，即光波长不能大于缝宽。晶体结构分析的光波长不能大于晶格常量 a，其数量级为 10^{-10} m，而可见光的波长具有 10^{-7} m 的数量级，远大于晶格常量。X 射线的波长具有 10^{-10} m 以下的数量级，故可用于晶体结构分析。

6-22　白光是由各种波长的成分按一定比例组成的，经夫琅禾费衍射后，各种波长的 0 级斑中心仍重合于几何像点，该处仍呈白色。但由衍射反比关系可知，0 级斑的半角宽度长波的比短波的大，这就导致 0 级斑外围有彩色，短波（蓝紫色）偏里，长波（红色）偏外，形成这种不饱和的非光谱色。

6-24　它们的主要区别在于前者光振动矢量的两个正交分量之间没有稳定的相位关系，而后者的两个正交分量之间有确定的相位差 $\pm\dfrac{\pi}{2}$。部分偏振光和椭圆偏振光的主要区别也在相位关系上：前者两正交分量之间无稳定的相位关系；后者两个正交分量之间有稳定的相位差。

6-25　自然光通过偏振片后，变成振动平行于透振方向的线偏振光。当线偏振光再入射到偏振片上时，只能透过与偏振片透振方向平行的分量。因此，自然光通过一对正交的偏振片时，其透射光的强度必然为 0. 如果在一对正交的偏振片之间插入第三块偏振片，只要插入的偏振片的透振方向与已知的两正交偏振片中任意一透振方向不重合时，从前一偏振片出射的线偏振光入射到下一偏振片时，都有平行分量能透过，于是有光通过。但是如插入的偏振片的透振方向与已知的两正交偏振片之一的透振方向重合，则结果与一对正交偏振片相同，出射光强为 0.

6-26　望远镜物镜孔径　　$D=2.24$ m
该望远镜的角放大率　　$M=893$

6-27　(1) $d=1.42\ \mu\text{m}$；
(2) $k_{\max}=2$（取整数部分）；
(3) $D=4.26\times10^4\ \mu\text{m}$

6-28　(1) $I_3=\dfrac{3}{32}I_0$；

(2) $I_3 = \dfrac{I_0}{8} \sin^2 \left(8\pi t + \dfrac{\pi}{3} \right)$;

6-29　(1) Q 的入射光是圆偏振光;(2) 透明物 P 即为偏振片与 1/4 波片组成的系统。

电磁篇

第7章　静电场和恒定磁场

7-1　D

7-2　A

7-3　C

7-4　A

7-5　C

7-6　D

7-7　C

7-8　D

7-9　A

7-10　A

7-11　B

7-12　C

7-13　D

7-14　C

7-15　零,相同

7-16　极化,小于

7-17　$-q,-q$

7-18　$-e\boldsymbol{v} \times \boldsymbol{B}, ev B$,向下,圆周

7-19　$\mu_r B_0$

7-20　$\dfrac{\mu_0 I a}{2\pi} \ln 2$

7-22　(1) $F_{CD} = b I_2 \dfrac{\mu_0 I_1}{2\pi d}$,方向向右;$F_{EF} = b I_2 \dfrac{\mu_0 I_1}{2\pi d+a}$,方向向左;

$$F_{CF} = I_2 \dfrac{\mu_0 I_1}{2\pi} \ln \dfrac{d+a}{d}, 方向向下; F_{DE} = I_2 \dfrac{\mu_0 I_1}{2\pi} \ln \dfrac{d+a}{d}, 方向$$

向上。

（2）$F_合 = bI_2 \dfrac{\mu_0 I_1}{2\pi d} - bI_2 \dfrac{\mu_0 I_1}{2\pi d + a}$，向右；$M = 0$。

7-23 0

7-26 是的，因为电流产生磁场。你可以用一个灵敏的小指南针检测这些场。

第 8 章　电磁感应定律与麦克斯韦电磁理论

8-1 C

8-2 B

统计量子篇

第 9 章　气体动理论和热力学基础

9-1 D

9-2 B

9-8 冰箱；它不违反第二定律，冰箱中的热能流动不是自发的（冰箱的运转将热能从里面抽出）。

9-9 可以，例子是将一本书扔到桌上。不可以，因为第二定律禁止这样做。

9-10 水电站、自行车。

9-13 假定效率为 13%，大约有 13 桶。

9-14 第一座发电厂的污染是第二座的一半。

9-16 按题意

$$v = v_p - \frac{v_p}{100} = \frac{99}{100}v_p$$

$$\Delta v = \left(v_p + \frac{v_p}{100}\right) - \left(v_p - \frac{v_p}{100}\right) = \frac{v_p}{50}$$

在此利用 v_p，引入 $W = v/v_p$，把麦克斯韦速率分布律改写成如下简单形式：

$$\frac{\Delta N}{N} = f(W)\Delta W = \frac{4}{\sqrt{\pi}}W^2 e^{-W^2}\Delta W$$

现在　　　　　　$W = \dfrac{v}{v_p} = \dfrac{99}{100}$　　　$\Delta W = \dfrac{\Delta v}{v_p} = \dfrac{1}{50}$

把这些量值代入，即得　　　$\dfrac{\Delta N}{N} = \dfrac{4}{\sqrt{\pi}}\left(\dfrac{99}{100}\right)^2 e^{-\left(\frac{99}{100}\right)^2}\dfrac{1}{50} = 1.66\%$

9-17 由 $\sqrt{\overline{v^2}} = \sqrt{\dfrac{3RT}{M}}$ 和 $\overline{v} = \sqrt{\dfrac{8RT}{\pi M}}$ 得

$$\sqrt{\frac{3RT_1}{M}}=\sqrt{\frac{8RT_2}{\pi M}}$$

即 $\dfrac{T_2}{T_1}=\dfrac{3\pi}{8}\approx1.18$

9-24　(1) 2.7%；(2) 10%

9-25　(1) 320 K；(2) 20%

第10章　通往微观世界的三大发现——原子结构与核辐射

10-1　B

10-2　C

10-3　D

10-4　B

10-5　C

10-6　5,10 条

10-7　自发,受激,高能级,低能级,粒子数反转。

10-8　相位、频率、偏振态、传播方向。

10-20　17.25%，84.95%，4.64×10^{14}，2.28×10^{15}

10-21　1.06×10^{-3}A

10-22　(1) $4.88\times10^{-18}\,\mathrm{s}^{-1}$；(2) 3 g；(3) $1.23\times10^{4}\,\mathrm{g\cdot s^{-1}}$；

10-23　$3.13\times10^{13}\,\mathrm{s}^{-1}$

第11章　量子物理基础理论

11-1　B

11-2　B

11-3　C

11-4　B

11-5　普朗克,普朗克常量,6.63×10^{-34}

11-13　差异:粒子有尺度限制,而波是扩展的而没有尺度定义;粒子有确定质量而不能给波定义质量;粒子是物体而波是一个模式;粒子可自身存在而波仅能存在于某些介质中(电磁波除外)。

相同点:二者都有速度;都能传递能量;传递信息。

11-19　没有联系,丢硬币游戏是"牛顿事件"——硬币遵从牛顿物理学,因此量子不确定性是无足轻重的。丢硬币的不确定性是来自投掷者缺乏详尽的信息和不能实行预言其结果所需的计算。

附录 1　基本物理常量表

物理量	符号	数值	不确定度(10^{-6})
真空中光速	c	299 792 458 m/s	（精确）
真空磁导率	μ_0	$4\pi\times10^{-7}$ N/A^2	（精确）
真空介电常量	ε_0	8.854 187 817 F/m	（精确）
万有引力常量	G	6.672 59(85)$\times10^{-11}$ m^3/ kg $\cdot$ s	128
普朗克常量	h	6.626 075 5(40)$\times10^{-34}$ J $\cdot$ S	0.60
元电荷	e	1.602 177 33(49)$\times10^{-19}$ C	0.30
电子质量	m_e	0.910 938 97(54)$\times10^{-30}$ kg	0.59
质子质量	m_p	1.672 623 1(10)$\times10^{-27}$ kg	0.59
中子质量	m_n	1.674 928 6(10)$\times10^{-27}$	
阿伏伽德罗常数	N_A	6.022 136 7(36)	0.59
摩尔气体常数	R	8.314 510(70) J/mol $\cdot$ K	8.4
玻尔兹曼常数	k	1.380 658(12) $\times10^{-23}$/ J/K	8.4
里德伯常数	R_∞	10 973 731.534(13)/m	0.001 2
康普顿波长	λ_C	2.426 310 58(22)$\times10^{-12}$ m	0.089

附录2 物理量的名称、符号和单位

物理量名称	符号	单位名称	单位符号
长度	L,l	米	m
面积	S	平方米	m^2
体积	V	立方米	m^3
时间	t	秒	s
速度	v,u,c	米每秒	m/s
加速度	a	米每二次方秒	m/s^2
角速度	ω	弧度每秒	rad/s
角加速度	β	弧度每二次方秒	rad/s^2
质量	m	千克	kg
力	F	牛顿	N
功	A	焦耳	J
能量	E	焦耳	J
功率	P	瓦特	W
动量	p	千克米每秒	kg·m/s
力矩	M	牛顿米	N·m
转动惯量	I	千克二次方米	$kg·m^2$
角动量	L	千克二次方米每秒	$kg·m^2/s$
热力学温度	T	开尔文	K
摄氏温度	t	摄氏度	℃
压强	p	帕斯卡	Pa
摩尔质量	M	千克每摩尔	kg/mol
分子平均自由程	$\bar{\lambda}$	米	m
分子平均碰撞次数	$\bar{z}$	次每秒	1/s
热量	Q	焦耳	J

物理量名称	符号	单位名称	单位符号
摩尔定体热容	$C_{V,\mathrm{m}}$	焦耳每摩尔开尔文	J/mol·K
摩尔定压热容	$C_{p,\mathrm{m}}$	焦耳每摩尔开尔文	J/mol·K
熵	S	焦耳每开尔文	J/K
电量	Q,q	库仑	C
电流	I,i	安培	A
电荷线密度	λ	库仑每米	C/m
电荷面密度	σ	库仑每平方米	C/m^2
电荷体密度	ρ	库仑每立方米	C/m^3
电场强度	E	伏特每米	V/m
电势	U	伏特	V
真空介电常量	ε_0	法拉每米	F/m
电偶极矩	p	库仑米	C·m
电极化强度	P	库仑每平方米	C/m^2
电位移	D	库仑每平方米	C/m^2
电位移通量	Φ_{e}	库仑	C
电容	C	法拉	F
电动势	ε	伏特	V
电阻	R	欧姆	Ω
磁感应强度	B	特斯拉	T
磁导率	μ	亨利每米	H/m
磁通量	Φ	韦伯	Wb
磁化强度	M	安培每米	A/m
磁场强度	H	安培每米	A/m
自感	L	亨利	H
互感	M	亨利	H
电磁能密度	w	焦耳每立方米	J/m^3
振幅	A	米	m

续表

物理量名称	符 号	单 位 名 称	单 位 符 号
周期	T	秒	S
频率	ν	赫兹	Hz
波长	λ	米	m
波速	u	米每秒	m/s
波的强度	I	瓦特每平方米	W/m^2
光程差	Δ	米	m
辐射出射度	M	瓦特每平方米	W/m^2
核的结合能	E_B	焦耳	J
衰变常数	λ	每秒	s^{-1}
半衰期	$T_{1/2}$	秒	s

附录3 诺贝尔物理学奖历届获奖者名录
(1901—2011)

1901 年,W. K. 伦琴(德国人),发现 X 射线。

1902 年,H. A. 洛伦兹,P. 塞曼(荷兰人),研究磁场对辐射的影响。

1903 年,A. H. 贝克勒尔(法国人),发现物质的放射性;P. 居里,M. 居里(法国人),从事放射性研究。

1904 年,J. W. 瑞利(英国人),研究气体密度并发现氩元素。

1905 年,P. 勒纳德(德国人),从事阴极射线的研究。

1906 年,J. J. 汤姆孙(英国人),从事气体放电理论和实验研究。

1907 年,A. A. 迈克耳孙(美国人),发明了光学干涉仪并进行光谱学和度量学的研究。

1908 年,G. 李普曼(法国人),发明了彩色照相干涉法。

1909 年,G. 马可尼(意大利),K. 布劳恩(德国人),开发了无线电通信。

1910 年,J. D. 范德瓦尔斯(荷兰人),研究气态和液态状态方程式。

1911 年,W. 维恩(德国人),发现热辐射定律。

1912 年,N. G. 达伦(瑞典人),发明了用于灯塔和浮标照明的储气器的自动调节装置。

1913 年,H. 卡末林-昂内斯(荷兰人),从事液体氦的超导研究。

1914 年,M. V. 劳厄(德国人),发现晶体中的 X 射线衍射现象。

1915 年,W. H. 布拉格,W. L. 布拉格(英国人),借助 X 射线,分析晶体结构。

1916 年,未颁奖。

1917 年,C. G. 巴克拉(英国人),发现元素的次级 X 辐射的特性。

1918 年,M. 普朗克(德国人),对确立量子理论做出巨大贡献。

1919 年,J. 斯塔克(德国人),发现极隧射线的多普勒效应以及光谱线的分裂现象。

1920 年,C. E. 纪尧姆(瑞士人),发现镍钢合金的反常现象及其在精密物理学中的重要性。

1921 年,A. 爱因斯坦(德国人),发现了光电效应定律等。

1922 年,N. 玻尔(丹麦人),研究原子结构和原子辐射。

1923 年,R. A. 密立根(美国人),研究基本电荷和光电效应。

1924 年,K. M. G. 西格班(瑞典人),发现了 X 射线中的光谱线。

1925 年,J. 弗兰克,G. 赫兹(德国人),发现原子和电子的碰撞规律。

1926 年,J. B. 佩兰(法国人),发现沉积平衡。

1927 年,A. H. 康普顿(美国人),发现康普顿效应;C. T. R. 威尔孙(英国人),发明了云雾室。

1928 年,O. W. 理查森(英国人),发现理查森定律。

1929 年,L. V. 德布罗意(法国人),发现物质波。

1930 年,C. V. 拉曼(印度人),发现拉曼效应。

1931 年,未颁奖。

1932 年,W. 海森伯(德国人),创建了量子力学。

1933 年,E. 薛定谔(奥地利人),P. A. M. 狄拉克(英国人),发现原子理论新的有效形式。

1934 年,未颁奖。

1935 年,J. 查德威克(英国人),发现中子。

1936 年,V. F. 赫斯(奥地利人),发现宇宙射线;C. D. 安德森(美国人),发现正电子。

1937 年,C. J. 戴维孙(美国人),G. P. 汤姆孙(英国人),发现晶体对电子的衍射现象。

1938 年,E. 费米(意大利人),发现中子轰击产生的新放射性元素并用慢中子实现核反应。

1939 年,E. O. 劳伦斯(美国人),发明和发展了回旋加速器并取得了有关人工放射性等成果。

1940—1942 年,未颁奖。

1943 年,O. 斯特恩(美国人),开发了分子束方法以及质子磁矩的测量。

1944 年,I. I. 拉比(美国人),发明了著名的核磁共振法。

1945 年,W. 泡利(奥地利人),发现泡利不相容原理。

1946 年,P. W. 布里奇曼(美国人),发明了超高压装置,并在高压物理学方面取得成就。

1947 年,E. V. 阿普顿(英国人),发现高空无线电短波电离层。

1948 年,P. M. S. 布拉开(英国人),改进了威尔孙云雾室方法。

1949 年,汤川秀树(日本人),提出核子的介子理论,并预言介子的存在。

1950 年,C. F. 鲍威尔(英国人),开发了研究核破坏过程的照相乳胶记录法并发现各种介子。

1951 年,J. D. 考克饶夫(英国人),E. T. S. 沃尔顿(爱尔兰人),通过人工加速的粒子轰击原子,促使其产生核反应。

1952 年,F. 布洛赫,E. 珀塞尔(美国人),创立原子核磁力测量法。

1953 年,F. 泽尔尼克(荷兰人),发明了相衬显微镜。

1954 年,M. 玻恩(德国人),在量子力学和波函数的统计解释及研究方面做出贡献;W. 博特(德国人),发明了符合计数法。

1955 年,W. E. 兰姆(美国人),发明了微波技术,进而研究氢原子的精细结构;P. 库什(美国人),用射频束技术精确地测定出电子磁矩,创新了核理论。

1956 年,W. H. 布拉顿,J. 巴丁,W. B. 肖克利(美国人),研究半导体并发现晶体管效应。

1957 年,李政道,杨振宁(美籍华裔),对宇称定律做了深入研究。

1958 年,P. A. 切伦科夫,I. Y. 塔姆,I. M. 弗兰克(苏联人),发现并解释了切伦科夫效应。

1959 年,E. G. 塞格雷,O. 张伯伦(美国人),发现反质子。

1960 年,D. A. 格拉塞(美国人),发明气泡室,取代了去雾室。

1961 年,R. 霍夫斯塔特(美国人),利用直线加速器从事高能电子散射研究,并发现核子;R. L. 穆斯堡尔(德国人),从事 γ 射线的共振吸收现象研究,并发现了穆斯堡尔效应。

1962 年,L. D. 朗道(苏联人),开创了凝聚态物质理论。

1963 年,E. P. 威格纳(美国人),发现基本粒子的对称性以及原子核中相互作用的原理;M. G. 迈耶(美国人),J. H. D. 延森(德国人),研究原子核壳层模型理论。

1964 年,C. H. 汤斯(美国人),N. G. 巴索夫,A. M. 普罗霍罗夫(俄国人),发明微波激射器和激光器,并从事量子电子学方面的基础研究。

1965 年,朝永振一郎(日本人),J. S. 施温格,R. P. 费曼(美国人),进行对粒子物理学具有深刻影响的基础研究。

1966 年,A. 卡斯特勒(法国人),发现和开发了把光的共振和磁的共振结合起来,使光束与射频电磁波发生双共振的双共振法。

1967 年,H. A. 贝蒂(美国人),发现了星球中的能源。

1968 年,L. W. 阿尔瓦雷斯(美国人),通过发展液态氢气泡室和数据分析技术,从而发现许多共振态。

1969 年,M. 盖尔曼(美国人),发现粒子的分类和作用。

1970 年,L. 内尔(法国人),从事铁磁和反铁磁方面的研究;H. 阿尔文(瑞典人),磁流体力学的基础研究。

1971 年,D. 伽博(英国人),发明并发展了全息摄影法。

1972 年,J. 巴丁,L. N. 库柏,J. R. 施里弗(美国人),从理论上解释了超导现象。

1973 年,江崎玲於奈(日本人),贾埃弗(美国人),通过实验发现半导体中的隧穿效应和超导物质;B. D. 约瑟夫森(英国人),发现约瑟夫森效应。

1974 年,M. 赖尔,A. 赫威斯(英国人),从事射电天文学研究。

1975 年,A. N. 玻尔,B. R. 莫特森(丹麦人),J. 雷恩沃特(美国人),从事原子核内部结构的研究。

1976 年,B. 里克特(美国人),丁肇中(美籍华裔),发现中性介子——J/ψ 粒子。

1977 年,P. W. 安德森,J. 范弗莱克(美国人),N. F. 莫特(英国人),从事磁性和无序系统电子结构的基础研究。

1978 年,P. 卡皮察(俄国人),从事低温物理学方面的研究;A. A. 彭齐亚斯,R. W. 威尔孙(美国人),发现宇宙微波背景辐射。

1979 年,S. L. 格拉肖,S. 温伯格(美国人),A. 萨拉姆(巴基斯坦人),预言存在弱中性流,并对基本粒子之间的弱作用和电磁作用的统一理论作出贡献。

1980 年,J. W. 克罗宁,V. L. 菲奇(美国人),发现中性 K 介子衰变中的宇称(GP)不守恒。

1981 年,K. M. 西格巴恩(瑞典人),开发出高分辨率测量仪器;N. 布洛姆伯根,A. 肖洛(美国人),对发展激发光谱学和高分辨率电子光谱学作出贡献。

1982 年,K. G. 威尔孙(美国人),提出临界现象理论。

1983 年,S. 钱德拉塞卡,W. A. 福勒(美国人),从事星体进化的物理过程研究。

1984 年,C. 鲁比亚(意大利人),S. 范德梅尔(荷兰人),对导致发现弱相互作用的传递者场粒子 W$^\pm$Z^0 的大型工程作出了决定性贡献。

1985 年,K. 冯. 克里津(德国人),发现量子霍尔效应并开发了测定物理常数的技术。

1986 年,E. 鲁斯卡(德国人),开发了第一架电子显微镜;G. 宾尼格(德国人),H. 罗雷尔(瑞士人),设计并研究扫描隧道显微镜。

1987 年,J. G. ,贝德诺尔斯(德国人),K. A. 米勒(瑞士人),发现氧化物高温超导体。

1988 年,L. 莱德曼,M. 施瓦茨,J. 斯坦伯格(美国人),发现 μ 子型中微子,从而揭示了轻子的内部结构。

1989 年,W. 保罗(德国人),H. G. 德默尔特,N. F. 拉姆齐(美国人),创造原子钟,为物理学测量作出杰出贡献。

1990年,J. I. 费里德曼,H. W. 肯德尔(美国人),R. E. 泰勒(加拿大人),首次实验证明了夸克的存在。

1991年,P. G. 热纳(法国人),从事对液晶、聚合物的理论研究。

1992年,G. 夏帕克(法国人),开发了多丝正比计数管。

1993年,R. A. 赫尔斯,J. H. 泰勒(美国人),发现一对脉冲双星。

1994年,B. N. 布罗克豪斯(加拿大人),C. G.,沙尔(美国人),发展了中子散射技术。

1995年,M. L. 佩尔,F. 莱因斯(美国人),发现了自然界中的亚原子粒子:τ轻子、中微子。

1996年,D. M. 李,D. D. 奥谢罗夫,R. C. 理查森(美国人),发现在低温状态下可以无摩擦流动的氦-3。

1997年,朱棣文(美籍华裔),W. D. 菲利普斯(美国人),C. 科昂-塔努吉(法国人),发明了用激光冷却和俘获原子的方法。

1998年,R. 劳克林(美国人),H. 施特默(德国人),崔琦(美籍华裔),发现电子能够形成新型粒子。

1999年,N. 霍夫特,M. 韦尔特曼(荷兰人),提出亚原子结构和运动的理论。

2000年,Z. I. 阿尔费罗夫(俄罗斯人),H. 克勒默,J. S. 基尔比(美国人),发明快速晶体管、激光二极管和集成电路。

2001年,E. A. 科纳尔(美国人),W. 凯特纳(美籍德裔),C. E. 威依迈(美国人),发现了一种新的物质形态——碱金属原子稀薄气体的玻色-爱因斯坦凝聚态(BEC),以及在冷凝物性质方面的早期基础研究。

2002年,R. 戴维斯(美国人),小柴昌俊(日本人),R. 贾科尼(美国人),探测了宇宙中的中微子和发现了宇宙X射线源。

2003年,A. A. 阿布里科索夫(美籍俄裔),V. L. 金茨堡(俄罗斯人),A. J. 莱格特(美籍俄裔),在超导体和超流体理论上作出了开创性贡献。

2004年,D. J. 格罗斯,H. D. 波利策,F. 维尔切克(美国人),发现了粒子物理强相互作用理论中的渐近自由现象。

2005年,R. J. 格劳伯,J. L. 霍尔(美国人),T. W. 亨施(德国人),对光学相干的量子理论和对基于激光的精密光谱学发展做出了巨大贡献。

2006年,J. C. 马瑟,G. F. 斯莫特(美国人),发现了黑体形态和宇宙微波背景辐射的扰动现象。

2007年,A. 费尔(法国人),P. 克鲁伯格(德国人),发现巨磁电阻效应。

2008年,南部阳一郎(美籍日裔)发现亚原子物理学中的自发性对称破缺机制;小林诚,益川敏英(日本人)发现有关对称性破缺起源。

2009 年,高锟(美籍华裔),在光学通信领域光在光纤中传输方面取得开创性成就;W. S. 博伊尔,J. E. 史密斯(美国人),发明了一种成像半导体电路,即CCD(电荷耦合器件)传感器。

2010 年,A. 盖姆,N. 诺沃肖洛夫(英国人),对二维空间材料石墨烯进行了突破性实验。

2011 年,S. P. 马特,B. P. 施密特(美、澳双重国籍),A. G. 赖斯(美国人),对超新量研究和对宇宙加速扩张研究的贡献,通过观测遥远超新星发现宇宙的加速膨胀。

参 考 文 献

[1] 王晓鸥. 物理学概论[M]. 上海:同济大学出版社,2007.

[2] 吴宗汉. 文科物理十五讲[M]. 北京:北京大学出版社,2004.

[3] 张淳民. 物理学[M]. 北京:电子工业出版社,2003.

[4] 吴百诗. 大学物理[M]. 北京:科学出版社,2001.

[5] [美]霍布森 A. 物理学:基本概念及其与方方面面的联系[M]. 秦克诚等,译. 上海:上海科学技术出版社,2001.

[6] 陈秉乾,舒幼生,胡望雨. 电磁学专题研究[M]. 北京:高等教育出版社,2001.

[7] 马文蔚. 物理学[M]. 第4版. 北京:高等教育出版社,1999.

[8] 高崇寿,谢柏青. 今日物理[M]. 北京:高等教育出版社,2004.

[9] [英]格里宾 J. 大宇宙百科全书[M]. 黄磷,译. 海口:海南出版社,2001.

[10] 张淳民. 大学物理[M]. 西安:西安交通大学出版社,2001.

[11] 黄润生. 混沌及其应用[M]. 武汉:武汉大学出版社,2000.

[12] [美]John Stacheldel. 爱因斯坦全集[M]. 赵中立等,译. 长沙:湖南科技出版社,1999.

[13] 倪光炯,王炎森. 文科物理——物理思想与人文精神的融合[M]. 北京:高等教育出版社,2005.

[14] 袁运开,徐在新主编. 20世纪物理学概观[M]. 上海:上海科技教育出版社,1999.

[15] 张三慧. 大学物理学——电磁学[M]. 第2版. 北京:清华大学出版社,1999.

[16] 程守洙,江之永. 普通物理学[M]. 第5版. 北京:高等教育出版社,1998.

[17] [英]J. P. Mcevoy. 史蒂芬霍金[M]. 李精益,译. 广州:广州出版社,1998.

[18] 廖耀发. 大学物理教程[M]. 武汉:武汉测绘科技大学出版社,1998.

[19] 陆果. 基础物理学[M]. 北京:高等教育出版社,1997.

[20] 康颖. 大学物理[M]. 长沙:国防科技大学出版社,1997.

[21] 杨振宁. 美与物理学[J]. 物理通报,1997(12):1~4.

[22] 北玉允. 中国科学院院士谈21世纪科学技术[M]. 上海:上海三联书店,1995.

[23] 赵凯华,罗蔚茵. 新概念物理教程,力学[M]. 北京:高等教育出版社,1995.

[24] 张三慧. 大学物理学[M]. 北京:清华大学出版社,1991.

[25] 喻传赞. 天文学及其应用[M]. 昆明:云南大学出版社,1990.

[26] 杨振宁. 20世纪物理学中各种对称性观念的起源[M]. 自然,1988,19(6):311~315.

[27] 陈宗镛,甘子钊,金庆祥. 海洋潮汐[M]. 北京:科学出版社,1979.

[28] 卢侃,孙建华. 混沌学传奇[M]. 上海:上海翻译出版公司,1991.

［29］格雷克 J.混沌:开创新科学［M］.北京:高等教育出版社,2004.

［30］斯特恩 E,沙拉奇 R.傅里叶分析导论［M］.北京:世界图书出版公司,2006.

［31］潘文杰.傅里叶分析及其应用［M］.北京:北京大学出版社,2000.

［32］吴岱明.科学研究方法学［M］.长沙:湖南人民出版社,1988.

［33］赵树智,许廉.新兴交叉学科概观［M］.长春:吉林大学出版社,1991.

［34］王德胜.当代交叉学科实用大全［M］.北京:华夏出版社,1992.

［35］向义和.大学物理导论:物理学的理论与方法、历史与前沿［M］.北京:清华大学出版社,1987.

［36］潘永祥.自然科学概论［M］.北京:北京大学出版社,1986.

［37］王巍.科学哲学问题研究［M］.北京:清华大学出版社,2005.

［38］郭贵春,成素梅.当代科学哲学问题研究［M］.北京:科学出版社,2009.

［39］李浙生.物理科学与认识论［M］.北京:冶金工业出版社,2004.

［40］齐欣.物理之光［M］.上海:上海科学技术文献出版社,2005.

［41］朱鋐雄.物理学思想概论［M］.北京:清华大学出版社,2009.

［42］朱鋐雄.物理学方法概论［M］.北京:清华大学出版社,2008.

［43］项红专.物理学思想方法研究［M］.杭州:浙江大学出版社,2005.

［44］吴宗汉,周雨青.物理学史与物理学思想方法论［M］.北京:清华大学出版社,2007.

［45］坦纳卡 T.统计物理学方法［M］.北京:世界图书出版公司,2003.

［46］张宪魁,李晓林,阴瑞华.物理学方法论［M］.杭州:浙江教育出版社,2007.

［47］刘佑昌.现代物理思想渊源:物理思想纵横谈［M］.北京:清华大学出版社,2010.

郑重声明

高等教育出版社依法对本书享有专有出版权。任何未经许可的复制、销售行为均违反《中华人民共和国著作权法》,其行为人将承担相应的民事责任和行政责任;构成犯罪的,将被依法追究刑事责任。为了维护市场秩序,保护读者的合法权益,避免读者误用盗版书造成不良后果,我社将配合行政执法部门和司法机关对违法犯罪的单位和个人进行严厉打击。社会各界人士如发现上述侵权行为,希望及时举报,本社将奖励举报有功人员。

反盗版举报电话　(010)58581897　58582371　58581879
反盗版举报传真　(010)82086060
反盗版举报邮箱　dd@hep.com.cn
通信地址　北京市西城区德外大街4号　高等教育出版社法务部
邮政编码　100120